中国科学技术协会　主编

中国矿山安全学科史

中国学科史研究报告系列

中国煤炭学会 / 编著

中国科学技术出版社
·北　京·

图书在版编目（CIP）数据

中国矿山安全学科史 / 中国科学技术协会主编；中国煤炭学会编著 . —北京：中国科学技术出版社，2021.10

（中国学科史研究报告系列）

ISBN 978-7-5046-9102-6

Ⅰ. ①中… Ⅱ. ①中… ②中… Ⅲ. ①矿山安全—技术史—中国 Ⅳ. ①TD7-092

中国版本图书馆 CIP 数据核字（2021）第 136566 号

策划编辑	秦德继　许　慧
责任编辑	彭慧元
封面设计	李学维
版式设计	中文天地
责任校对	焦　宁
责任印制	李晓霖

出　版	中国科学技术出版社
发　行	中国科学技术出版社有限公司发行部
地　址	北京市海淀区中关村南大街 16 号
邮　编	100081
发行电话	010-62173865
传　真	010-62173081
网　址	http://www.cspbooks.com.cn

开　本	787mm×1092mm　1/16
字　数	452 千字
印　张	18.25
版　次	2021 年 10 月第 1 版
印　次	2021 年 10 月第 1 次印刷
印　刷	北京顶佳世纪印刷有限公司
书　号	ISBN 978-7-5046-9102-6 / TD・47
定　价	108.00 元

（凡购买本社图书，如有缺页、倒页、脱页者，本社发行部负责调换）

《中国学科史研究报告系列》

总 主 编　沈爱民
副总主编　宋　军　刘兴平
项目策划　杨书宣　黄　珏

本书编委会

首席科学家　袁　亮

专家顾问组成员（按姓氏汉语拼音排序）

常心坦	程远平	窦林名	冯　涛	傅　贵	侯水云
胡千庭	景国勋	李　峰	李国君	李树刚	林柏泉
卢鉴章	孟祥军	潘一山	孙继平	王德明	王继仁
王显政	王志坚	武　强	吴　强	于　斌	俞启香
张光德	张建国	张铁岗	周世宁	周心权	

主　　编　刘　峰

编　　委（按姓氏汉语拼音排序）

白希军	程卫民	邓　军	邓志文	董东林	都平平
段超红	高建良	郭立稳	何学秋	霍中刚	金龙哲
梁云涛	李孜军	刘　剑	刘泽功	穆亚凤	石必明
田水承	王爱国	王恩元	王海宁	王海桥	王魁军
王　蕾	王向荣	王一斐	文光才	许开立	张宝勇

　　　　　　张　农　张瑞皋　张瑞新　周传国　周福宝　朱红青

秘　书　组（按姓氏汉语拼音排序）

　　　　　　季淮君　苏贺涛　王瑞钰　吴冬梅

丛书序

学科史研究是科学技术史研究的一个重要领域，研究学科史会让我们对科学技术发展的认识更加深入。著名的科学史家乔治·萨顿曾经说过，科学技术史研究兼有科学与人文相互交叉、相互渗透的性质，可以在科学与人文之间起到重要的桥梁作用。尽管学科史研究有别于科学研究，但它对科学研究的裨益却是显而易见的。

通过学科史研究，不仅可以全面了解自然科学学科发展的历史进程，增强对学科的性质、历史定位、社会文化价值以及作用模式的认识，了解其发展规律或趋势，而且对于科技工作者开拓科研视野、增强创新能力、把握学科发展趋势、建设创新文化都有着十分重要的意义。同时，也将为从整体上拓展我国学科史研究的格局，进一步建立健全我国的现代科学技术制度提供全方位的历史参考依据。

中国科协于2008年首批启动了学科史研究试点，开展了中国地质学学科史研究、中国通信学学科史研究、中国中西医结合学科史研究、中国化学学科史研究、中国力学学科史研究、中国地球物理学学科史研究、中国古生物学学科史研究、中国光学工程学学科史研究、中国海洋学学科史研究、中国图书馆学学科史研究、中国药学学科史研究和中国中医药学科史研究12个研究课题，分别由中国地质学会、中国通信学会、中国中西医结合学会与中华医学会、中国科学技术史学会、中国力学学会、中国地球物理学会、中国古生物学会、中国光学学会、中国海洋学会、中国图书馆学会、中国药学会和中华中医药学会承担。六年来，圆满完成了《中国地质学学科史》《中国通信学科史》《中国中西医结合学科史》《中国化学学科史》《中国力学学科史》《中国地球物理学学科史》《中国古生物学学科史》《中国光学工程学学科史》《中国海洋学学科史》

《中国图书馆学学科史》《中国药学学科史》和《中国中医药学学科史》12卷学科史的编撰工作。

上述学科史以考察本学科的确立和知识的发展进步为重点，同时研究本学科的发生、发展、变化及社会文化作用，与其他学科之间的关系，现代学科制度在社会、文化背景中发生、发展的过程。研究报告集中了有关史学家以及相关学科的一线专家学者的智慧，有较高的权威性和史料性，有助于科技工作者、有关决策部门领导和社会公众了解、把握这些学科的发展历史、演变过程、进展趋势以及成败得失。

研究科学史，学术团体具有很大的优势，这也是增强学会实力的重要方面。为此，我由衷地希望中国科协及其所属全国学会坚持不懈地开展学科史研究，持之以恒地出版学科史，充分发挥中国科协和全国学会在增强自主创新能力中的独特作用。

序 言

矿山安全学科是一门从矿山灾害防治技术逐渐发展起来的应用与理论并重的学科。在社会化大生产的环境下，矿企工作者的直觉和经验已无法保证矿山安全生产，发展矿山安全科学及技术是提高矿山行业安全生产水平的关键。矿山安全学科是安全工程的骨干支撑学科，涉及工程地质、采矿工程、岩土工程、地下通风、防灾减灾、消防安全、安全管理等多个领域。

中华人民共和国成立以来，尤其是党的十一届三中全会以后，矿山安全学科取得了长足的进步。这得益于党和国家对矿山安全生产的高度重视，一系列与安全生产和劳动保护相关的法律法规、管理制度相继颁布和实施。矿山安全学科围绕矿山安全体系三角形理论模型中的突发事件、承灾载体、应急管理三条主线及其相互作用开展研究，在矿山安全科学技术、教育、科研等方面取得了重大成果，使得矿山安全技术及装备不断完善，专业人才队伍不断壮大，安全生产及管理水平大幅提高，极大地推动了国民经济发展。

中国科学技术协会立足于总结学科发展规律和经验，启动了系列学科史的编撰工作。中国煤炭学会在中国科学技术协会的领导下，承担了《中国矿山安全学科史》的编撰工作，编写组力求从教育、科研、技术、理论、应用、政策、法律、经济和社会的角度探索，总结矿山安全学科发展的特点和规律。这项工作不仅填补了中国矿山安全学科史的研究空白，还将为推动中国矿山安全学科史体系研究和持续提高矿山安全生产水平提供宝贵的经验，这是我国矿山安全的一件大事，意义重大。

中国矿山安全学科史编写是一项全新的研究工作，在中国煤炭学会的统筹指导下，通过专家多方征求意见和反复讨论，确立了以矿山安全学科在社会背景中的建制发展与学科知识体系发展为两条主线的基本写作线索来阐述矿山安全学科的发展。本书从矿山安全学科形成前对安全的认识（19世纪前）、现代矿山安全学科的构建（19世纪—1949年）、矿山安全技术的发展（1949年至今）3个方面阐述矿山安全学科建制的历史进程。从矿山安全教育的发展、矿山安全学科科研体系的发展、矿山安全学科学术共同体的发展3个方面阐述矿山安全学科科研知识体系的发展历程。同时阐述了矿山安全学科与矿山安全生产的相互关系。

本书将面向从事矿山安全领域的科研人员、工程技术人员、高等院校师生以及政府相关决策者，力求具有史料性、学术性和可读性。希望本书的出版不仅能为矿山安全企业留下一本系统、全面的中国矿山安全学科史，还能为中国矿山安全学科的发展提供有益的启迪。由于编写组水平有限，书中不足之处，恳请读者批评指正。

中国煤炭学会
2019年10月20日

目 录

第1章 矿山安全学科前史（史前至19世纪中期） ... 1

1.1 史前期采矿技术的启示与影响 ... 1
1.1.1 石器时代采石活动对采矿技术的启发 ... 1
1.1.2 原始水井开凿对竖井支护技术的启示 ... 2
1.1.3 原始建筑技术对平巷支护技术的启示 ... 2

1.2 古代矿山开采的发展历程 ... 2
1.2.1 夏商周时期（公元前22世纪末—公元前476年） ... 3
1.2.2 战国和秦汉时期（公元前475年—公元220年） ... 4
1.2.3 隋唐时期（581—907年） ... 6
1.2.4 宋元时期（960—1368年） ... 7
1.2.5 明清时期（1368—1911年） ... 9

1.3 古代矿山安全技术的发展及标志 ... 10
1.3.1 矿井开凿技术的发展 ... 11
1.3.2 井巷支护技术的演变 ... 16
1.3.3 采矿辅助技术的发展 ... 21

1.4 古代煤矿开采与安全技术分析 ... 23
1.4.1 煤矿开采技术体系及特征 ... 23
1.4.2 煤矿安全防护技术的沿革 ... 24
1.4.3 煤矿开采辅助技术的发展 ... 26
1.4.4 古代煤矿事故及原因分析 ... 28

1.5 古代矿山安全监管体制的发展 ... 30
参考文献 ... 33

第 2 章　现代矿山安全学科的构建（19 世纪中期—1949 年） 34

2.1　矿山安全学科形成的背景 34
2.1.1　典型矿山安全事故及原因分析 34
2.1.2　矿山安全学的形成 38

2.2　西方矿山安全研究对中国的影响 39
2.2.1　西方传教士和专家与技术的传入 39
2.2.2　西方科学家对中国的贡献 48
2.2.3　中西学术交流 49

2.3　现代矿山安全学科的早期发展 51
2.3.1　矿山安全研究机构建立 51
2.3.2　兴办矿山安全学科与专业人才培养和所用的书籍 53
2.3.3　现代学术共同体的设立与发展 58
2.3.4　现代矿山安全学者和组织的科学精神与科学成就 59
2.3.5　矿山安全管理机构和政策 63
参考文献 68

第 3 章　矿山安全学科教育的发展 70

3.1　矿山安全学科教育的开始与发展 70
3.1.1　中华人民共和国成立前矿山安全学科教育的发展 70
3.1.2　中华人民共和国成立后矿山安全学科教育的发展 75

3.2　矿山安全学科教育的沿革与现状 87
3.2.1　本专科教育的专业设置与资源分布 87
3.2.2　研究生教育的学科设置与资源分布 94
3.2.3　矿山安全学科的教材建设与人才培养 97
3.2.4　矿山安全职业教育培训的发展历程 102

3.3　矿山安全学科的教育体制及发展特点 107
3.3.1　矿山安全学科发展迅速 107
3.3.2　与不同历史时期的国家政策与教育方针密切相关 108
3.3.3　与社会和法律的发展密切相关 108
3.3.4　矿山事故及安全经济带来的损失推动矿山安全学科的发展 109
3.3.5　依托行业开展研究，推动矿山安全学科的发展 109
参考文献 109

第 4 章 矿山安全学科科研体系的发展 111

4.1 矿山安全学科研究发展历程 111
4.1.1 矿山安全学科科研体系初创期（1949—1979 年） 111
4.1.2 矿山安全学科科研体系跟踪发展期（1980—2000 年） 116
4.1.3 矿山安全学科科研体系创新发展期（2001 年至今） 119

4.2 矿山安全学科科研发展情况 124
4.2.1 科技创新计划及基金项目 124
4.2.2 国家重点实验室发展情况 130

4.3 矿山安全学科主要科研成就 143
参考文献 154

第 5 章 矿山安全学科学术共同体的发展 156

5.1 矿山安全学术共同体的发展历程 156
5.1.1 矿山安全学术共同体的功能 156
5.1.2 矿山安全学术共同体的发展 158
5.1.3 矿山安全学术共同体的改革与创新 159

5.2 学术共同体的组织与活动 161
5.2.1 部科技委的设立与发展 161
5.2.2 学会、协会的设立与发展 162
5.2.3 矿山报刊媒介的创立与发展 167
5.2.4 矿山安全知识的普及与传播 171
5.2.5 国内外学术交流 174

5.3 国外矿山安全学术共同体 179
5.3.1 国外学术共同体的形成 179
5.3.2 国外重要矿山安全期刊 179
5.3.3 国外主要矿山安全协会及展会 181
参考文献 183

第6章 矿山安全学科科学技术与安全管理的发展 ... 184

6.1 矿山安全科学技术发展趋势与重要变化 ... 184
6.1.1 矿山安全科学技术起步与发展 ... 184
6.1.2 矿山安全科学技术重要变化与发展趋势 ... 188

6.2 矿山安全科学技术的发展轨迹 ... 190
6.2.1 奠定基础及初步发展（1949—1978年） ... 190
6.2.2 快速发展（1978—2003年） ... 194
6.2.3 创新发展（2003年至今） ... 197

6.3 煤矿安全技术的发展 ... 203
6.3.1 矿山顶板支护 ... 203
6.3.2 矿山通风安全 ... 206
6.3.3 矿山火灾防治 ... 212
6.3.4 矿山瓦斯灾害防治 ... 215
6.3.5 矿山水害防治 ... 218
6.3.6 矿山热害防治与防尘 ... 221
6.3.7 矿山安全避险 ... 225

6.4 非煤矿山安全技术的发展 ... 227
6.4.1 矿山爆破 ... 228
6.4.2 尾矿库治理 ... 229
6.4.3 矿山辐射防护 ... 233
6.4.4 矿山采空区治理 ... 237

6.5 矿山安全管理的发展 ... 239
6.5.1 安全监管体制与模式 ... 239
6.5.2 职业卫生管理 ... 242
6.5.3 现代矿山安全管理技术 ... 243

6.6 矿山安全学科发展的推动力 ... 245
6.6.1 矿山安全生产法规的发展对学科的推动 ... 245
6.6.2 矿山安全生产监督管理体制改革对学科的推动 ... 252
6.6.3 现代科学进步对矿山安全技术的推动 ... 255

参考文献 ... 258

第 7 章 中国矿山安全学科的评价与展望 ... 261

7.1 矿山安全学科发展的有利形势 ... 261
7.1.1 相关矿山安全法律法规的支撑 ... 261
7.1.2 矿山安全是中国经济快速发展的需要 ... 263
7.1.3 矿山安全是国家长治久安的保障 ... 263

7.2 矿山安全学科发展面临的挑战 ... 264
7.2.1 人才培养面临困境 ... 264
7.2.2 科学研究和创新有待提升 ... 264
7.2.3 学科发展滞后于矿山科技的进步 ... 265

7.3 矿山安全学科发展展望 ... 265
7.3.1 矿山安全学科发展趋势 ... 265
7.3.2 矿山安全学科发展对策 ... 266
参考文献 ... 267

附录：矿山安全学科发展大事记 ... 268

第1章 矿山安全学科前史
（史前至 19 世纪中期）[①]

矿业开发是人类从事生产劳动古老的领域之一。最早的采矿可以追溯到石器时代对石器材料的选取，后来，随着冶金业的兴起，采矿技术也逐渐发展起来。矿业的发展与矿产资源的开发利用，对人类社会文明的发展与进步起到了巨大的、无可替代的促进作用。中华民族的祖先和世界上许多民族一样，从他们诞生之日起，就开始从事矿产开发利用活动。

我国具有悠久的采矿历史，六千年以前的新石器时代就开始有了地下采石场；商代就有多种井巷联合开拓方法、合理的地压控制技术与提升矿石的机械设备；明清时代，古代采矿技术就已经非常成熟。矿产的开发与利用在我国古代社会和经济发展中占据了重要地位，其开采技术代表了整个古代历史时期手工业生产技术的最高水平。因此，通过总结采矿及安全防护技术的沿革过程，可以窥视古代安全生产技术的整体概貌，探索矿山安全学科的萌生。

1.1 史前期采矿技术的启示与影响

在人类史前的生产活动中，与采矿业关系较为密切的生产技术主要是石器开采和制作技术、水井开凿技术以及原始的建筑技术。这三项技术对于矿石的识别和开采、坑道的开凿和支护，在技术上和思想上，都曾产生过许多有益的启示和影响。

1.1.1 石器时代采石活动对采矿技术的启发

人类制造和使用工具的历史大约已有 400 万年的时间。旧石器时代所制造和使用的石器、骨器不但是人类制造工具的明证，也是人类接触岩石、矿石的最早起点。根据考古证明，在距今 100 万年左右，中国南方和北方广大区域范围内，存在着直立人，他们在这些地方制造石器，已经认识并采用了 13 种矿物和岩石，而且有些地方的旧石器制造场已具相当规模，是开采燧石并制作石器的早期遗存。

在旧石器时代，人类采石技术的主要成就是在旧石器时代晚期发明了石器磨光技术和穿

---

① 除按照时间序列排列事件外，第一章正文中出现的时间以 1912 年为时间节点。1912 年之前的写作年号（公历年份），如雍正元年（1723 年）。1912 年后的只写公历年份。按时间顺序排列的事件为表达清楚，采用公历年份（年号）的形式，如 1723 年（雍正元年）。

孔技术。根据考古发现，新石器时代的先民主要用投击法和楔裂法采石，开采工具是鹿角、火石镐头、石锤和磨光石斧。考古发现的广东南海西樵山采石场，证明当时已经有了比较成熟的平硐开拓技术。

人类的各种生产知识和技能，都是在漫长的岁月中逐渐积累起来的，这些最为原始的选择、采集和制作石器的实践，尤其是一些采矿实践，对于人们后来识别矿石、开采矿石，都有一定的启发和帮助。

1.1.2　原始水井开凿对竖井支护技术的启示

中国开凿的水井，远在新石器时代就已经出现。早期水井的特点首先在于井口截面积较大，水井井壁均采用木构件或竹席支护，在井筒下段多采用圆木或半圆木架设呈井字形的支架。

中国先秦时期的矿井支护和凿井方法，不仅在形式上同水井一样（即采用"井干"式方框支撑），而且在井干的交接处（即节点结构）乃至井筒护壁方面，都继承了水井的支护方式，可见矿井支护技术源于新石器时代的水井支护技术是无可置疑的。

1.1.3　原始建筑技术对平巷支护技术的启示

旧石器时代，人类主要居住在自然洞穴中；新石器时代以后，才逐渐住进人工构筑工事中。各种建筑物的基本构件是立柱和横梁，以承重和防止侧面的压力，这与矿山中的井巷支护是相通的。

中国古代建筑从原始社会起，一脉相承，以木构架为主要结构方式。在我国考古发掘的早期建筑物中已发现木构架建筑，包括木材制作的梁、枋、板等。构件上保存有多种类型的榫卯、榫头，加工比较细致。其木材制作的梁、枋、板等建筑构件，以及构件上多种类型的榫卯节点方式，是矿山巷道支护结构的先河。中国早期矿山的木支柱间隔支护，显然是借鉴了房屋建筑中的木构梁柱技术。

综上所述可以看出，中国早期矿山竖井井筒支护技术是从水井的支护方式中借鉴的，平巷支护技术是从房屋建筑木结构方式中借鉴的。在建井和筑屋的长期实践中，以木为主的材料和构筑结构与方式，接受了实践的检验，证明有许多优越性，遂成为矿山支护技术的规范，其影响贯穿于中国传统手工采矿业的整个历史发展时期。

1.2　古代矿山开采的发展历程

我国采矿历史悠久（见表1-1），远古时代我国原始人类已能采集石料，打磨成生产工具，采集陶土供制陶，这是最早采矿的萌芽。从湖北大冶铜绿山古铜矿遗址出土有用于采掘、装载、提升、排水、照明等的铜、铁、木、竹、石制的多种生产工具及陶器、铜锭、铜兵器等物，证实春秋时期已经使用了立井、斜井、平巷联合开拓，初步形成了地下开采系统。成书于春秋末战国初（约公元前5世纪）的《山海经·五藏山经》说，"女床之山""女儿之山""多石涅"，因为煤的颜色黝黑，状似石头，因而在古代有"石涅""石炭""石墨""乌金

表 1-1 采矿发展史

	年代	时间段	概述	使用方法
原始采矿活动	旧石器时代 新石器时代	距今 60 万年—距今 1 万年 距今 1 万年—距今 4000 年	制造简单的石器、选择性开采玛瑙玉髓；开采陶土烧制各种陶器；开采花岗岩作为建筑材料；将花岗岩制成石犁	露天采矿
铜器、铁器时代采矿活动	夏朝至商朝	公元前 2000 年—公元前 1100 年	开采铜矿石，炼制金属铜、青铜并制造各种生产生活工具	露天采矿
多金属采矿活动	商朝以后—西方工业革命以前	公元前 1100 年—公元 1700 年	西方工业革命以前，由于没有获得现代意义上的动力，采矿活动一直处于人力破岩和运输的水平，除了建材类矿物，绝大多数金属矿物都是通过地下采矿方式开采	地下采矿为主，露天采矿为辅
高效率大规模采矿活动	工业革命后至今	公元 1700 年至今	西方工业革命发明了内燃机、炸药，使矿用炸药和现代装运设备迅速发展起来，炸药的应用使瞬间破碎大量岩石成为可能，大型装运设备又可以将破碎的矿岩搬运至指定地点，大大提高了露天采矿效率	露天开采为主，地下开采为辅

石""黑丹"等名称。"女床之山"在今陕西，"女几之山"在今四川，说明当时这些地区已经发现了煤，这是我国关于煤的最早记载。至西汉时期，在河北、山东、湖北等地的铁、铜、煤、砂金等矿都已开采。战国末期秦国蜀郡太守李冰在今四川省双流县境内开凿盐井，汲卤煮盐。明代以前主要有铁、铜、锡、铅、银、金、锌的生产。因此，我国古代矿业的发展大致可划分为以下五个阶段。

1.2.1 夏商周时期（公元前 22 世纪末—公元前 476 年）

20 世纪 50 年代中期和 70 年代中期，考古工作者先后在陕西省 4 处西周墓中出土了煤雕制品，其中，宝鸡市茹家庄一处就出土了 200 余枚之多。据此可以判断，早在西周时期，作为当时全国政治、经济中心的陕西地区，煤炭已经被开采利用。据考古学家研究，青铜时代始于公元前 21 世纪至公元前 500 年，共 1500 多年。这个时代相当于中国历史上的夏、商、西周和春秋时期（公元前 21 世纪至公元前 476 年）。在这 1500 年里，在中国历史的古代传说和文献资料中，关于金属矿产的开采地及矿床所在地的史料如下：

黄帝采首山铜，铸鼎于荆山下（《史记·封禅书》）。黄帝修教十年，而葛庐之山发而出水，金从之。蚩尤受而制之，以为剑铠矛戟。雍狐之山发而出水，金从之。蚩尤受而制之，以为雍狐之戟，芮戈（《管子·地数》）。禹收九牧之金，铸九鼎（《史记·孝武本纪》）。禹铸鼎于荆山（《帝王世纪辑存》夏第二）。昔者夏后开（即启），使蜚廉折金于山川，而陶铸之于昆吾（《墨子·耕柱》）。禹以历山之金，汤以庄山之铜，铸币（《盐铁论·力耕》）。丹、章有金铜之山（《盐铁论·通有》）。青州，厥贡金三品；梁州，厥贡镠铁银镂砮石；雍州，厥贡球琳琅（《尚书·禹贡》）。汤以庄山之金铸币，禹以历山之金铸币（《管子·山权数》）。玉起于禹氏，金起于汝汉。东西南北，距周七千八百里（《管子·国蓄》）；玉起于牛氏边山，金起于汝汉之右湾，此皆距周七千八百里（《管子·地数》）。荆州，其利丹、银（《逸周书·大聚解》)。扬州,其利金锡(《逸周书·职方解》)。昆吾山之下多赤金(《拾遗记》卷10)。遂赋晋国一鼓铁,以铸刑鼎,著范宣子所为《刑书》焉(《左传》昭二九年)。赤堇之山,破而出锡;若耶之溪,涸而出铜。欧冶子、干将凿茨山,洩其溪,取铁英,作为铁剑三枚(《越绝书·记宝剑》)。

从以上史料,我们大致可以了解青铜时代的主要金属为:铜(包括金、赤金),其产地为首山(今山西永济市南)、昆吾山(今山西夏县至平陆一带)、庄山、历山(中条山)、荆州(今中南各省区)、扬州(今中国东南各省)、梁州(汉中和西南各省),葛庐之山(东汉莱州有葛庐山)、雍狐之山(今山西稷山)、若耶之溪(今浙江绍兴市南)。黄金:扬州,荆州,汝水、汉水上游,梁州。银:梁州、荆州。铁:晋、梁州、荆州(今中南各省区)、扬州(今中国东南各省)。铅:青州(今山东省)。锡:赤堇之山。丹砂:荆州。玉:雍州(西北各省区)、禺氏之边山。这些地名,都在今中条山及其南北。从青铜时代的早期至春秋时期,中条山是中国早期的重要铜矿产区。扬州和梁州代表了中国东南和西南金属矿产的开发。湖北大冶铜绿山发现从西周至汉代的铜矿遗址,则代表了中国南方开采铜矿的历史。铜绿山古矿遗址在全国乃至世界都有很大的影响。该遗址的发现和发掘,揭示了中国青铜文化的独立起源。

1.2.2 战国和秦汉时期(公元前475年—公元220年)

战国时期,除继续利用煤炭雕刻生活用品外,还在当时的著作中出现了关于煤的记载。先秦时期的地理著作《山海经》就有3处有关石涅的记载:一处见于该书的《西山经》,"女床之山,其阳多赤铜,其阴多石涅";另两处见于《中山经》,"岷山之首,曰女几之山,其上多石涅","又东一百五十里,曰风雨之山,其上多白金,其下多石涅"。据有关专家考证,女床之山、女几之山、风雨之山,分别位于今陕西凤翔、四川双流、什邡和通江、南江、巴中一带。古今对照,以上各地均有煤炭产出,证明《山海经》的记载基本是对的。同时,说明当时这些地方的煤炭已被发现,而且古人已积累了一些找煤的初步地质知识。

(1)战国时期

这个时期约254年,矿产的开发有了较大的进展,在战国时期到西汉初年还出现了一些矿业家。

关于战国时期(公元前475—前221年)的矿产地的史料,主要是司马迁(公元前145—前86年)的《史记·货殖列传》有所记载:"山西(崤山或华山以西地区即今西北地区)饶玉石、江南出金、锡、连、丹砂、铜、铁则千里往往山出棋置,此其大较也。""巴蜀饶丹砂、石、铜、铁。""吴,东有海盐之饶,章山之铜。""豫章出黄金,长沙出连、锡。"

这样就把当时中国西北、东南、西南、中南等地的矿产开发情况,作了大致的概括。

同时,华北地区也有相应记载:"邯郸郭纵以铁冶成业,与王者埒富。""蜀卓氏之先,赵人也,用铁冶富。""程郑,山东迁虏也,亦冶铸。""孔氏之先,梁人(即魏人),用铁冶为业。"

这是说,战国至西汉开发铁矿主要是从赵国开始的,在战国时期开矿冶铁发家的矿业家们,其后代是在秦汉时期开发巴蜀、南阳等地铁矿的重要力量。而秦代在巴蜀开发丹砂的巴寡妇(名清)还曾受到秦始皇以客礼相待,建筑了一座女怀清台以表彰她。

从考古资料得知，战国时期的七国都开发过铜、铁等矿产，并用以铸造货币和兵器、农具等。有些铸件，特别是货币，钱、布、刀，常铸有地名铭文。从这些地名，可以推知铜矿及其合金所需的铅锡等矿产地的所在。因为古代主要是"即山冶铸"，就是在矿山附近就地冶铸的。

根据考古资料，铁器出土地点和古铁矿遗址推断，计有：赵城（今邯郸）有冶铁遗址，武安、午汲（今武安南），棠溪（今河南西平），宛（今南阳），湖北大冶，河北兴隆古洞沟铁矿井遗址，鞍山羊草庄战国村落遗址（有铁器出土），锦州大泥洼燕国文化层及内蒙古等地发现的铁器农具，长沙发现的铁剑等。

从以上历史文献和考古资料可知，战国时代的铜矿产地南到湖南南部、湖北东部，北到涿郡（今涿州）、渔阳（今北京市密云区），东北到襄平（今辽阳），西到关中，均有开采，而以山西南部的中条山地区开发最早，而且产地也比较集中。铁矿为北到内蒙古赤峰等地，东北到鞍山。河北有兴隆古洞沟铁矿井，武安、邯郸赵城冶铁遗址。南到长沙，东到吴、越，都有所开发，但以赵国的武安比较著名。河南的南阳、西平也是重要地区。其他矿产涉及不多，应比春秋时期有所发展。

（2）秦朝

秦统一中国后只有十余年（公元前221—前206年）便灭亡了，故开发矿产无多大进展。但是在开国之初就把赵国的一些矿冶家迁到蜀和宛（今南阳），对南方和四川的矿产开发是有促进作用的。

（3）汉代

汉代矿产开发是中国古代的一个重要发展时期。

1）铁：汉武帝时期实行盐铁官营政策（即国家垄断经营），对全国统一管理和开发起了重要作用。东汉共40个郡国，48个铁官。这些铁官所在地覆盖了长江以北，四川西部到陇西以东，长城以南，辽东以西的广大地区。战国时代的铁矿区如武安、棠溪、宛、临邛都包含在内。

2）铜：汉代的铜产地，文献资料不多，考古工作者在山西运城县洞沟发现的汉代铜矿遗址，地质工作者1951年以来在中条山的铜矿峪、南和沟、篦子沟发现的古铜矿遗址，都说明这里汉代仍在开采铜矿。汉代文献所载铜矿产地，主要在东南至西南一带，如丹阳郡（治宛陵、今安徽宣城）的丹阳铜，可能就是今铜陵铜矿，丹阳是汉代唯一的铜官所在地；浙江故鄣县（今安吉县）章山的铜，是汉初吴王刘濞（公元前215—前154年）开发铸钱之所。汉文帝时（公元前202—前157年）邓通则开发四川汉嘉郡严道（今荥经县）的铜山。湖南桂阳郡（治郴县）西汉设有金官，可能是为主管这里的铜、铅、锌、银等金属矿产的开发而设。益州（今汉中以南至川黔滇地区）据《汉书·地理志》是汉代新开发的矿产区，其中铜产地有邛都（今西昌），灵关（今芦山），俞元（今澄江），来唯（今越南莱州），哀牢（今保山西），堂琅（今会泽县北，辖今会泽、巧家，是今东川铜矿的主要产地）。

3）锡：郧西（今湖北西北部），长沙（今邵阳、耒阳以北湘资二水流域），律高（弥勒南），贲古（今云南蒙自南），哀牢。

4）铅：堂琅，律高，贲古，哀牢，龟兹（今新疆库车）等。

5）银：朱提（今云南昭通），堂琅，贲古，葭萌（今四川广元昭化）。

6）金：豫章（今江西），长沙，汉中，葭萌，博南（今云南永平县东），哀牢。

7）汞：涪陵（今四川彭水），谈指（今贵州桐梓），徙县（今四川天全）。

8）石炭：宜阳（今宜阳西），山阳（今焦作东），巩县，安阳（邺西伯阳城有魏石墨井，即石炭井）。

9）石油：在西汉时已有所利用。据《汉书·地理志》记载："高奴（今陕西延长），有洧水，肥可燃。"又据西晋司马彪《续汉书·郡国志》中记载："《博物记》曰：酒泉郡延寿县（今玉门）南有山石出泉水，大如莒筳，注池为沟，其水有肥，如煮肉洎，蒙莱永永，如不凝膏，燃之极明，不可食，县人谓之石漆。"当时人们已将石油用于燃料、照明、膏车、制药等方面。

10）天然气：西汉末已经在四川临邛（今邛崃）、成都、自流井、南充一带钻凿盐井，发现天然气，主要用于煮卤熬盐，生火烧饭。四川井盐的开发及提取，其技术在当时世界史上也是独一无二的。

11）铁：这一时期的铁矿，以相州（邺）牵口铁最优。产地已见上述。

从东汉后期到魏、晋、南北朝数百年的长期战乱，矿产形势顿见衰落。这一时期，甚至因没有开发矿产而形成货币短缺、以谷帛为币的局面。三国时期的魏国，曾开采邺（今安阳）西的石墨（即石炭）。吴国，曾因铸币开采过丹阳（今宣城）的铜矿。蜀国，采过汉嘉（今雅安北）的金矿，朱提的银矿，越嶲（今西昌）的铁矿。南朝宋采过始兴郡（今韶关市）的银。南齐开采过四川严道的铜矿。北魏开采过陕西骊山的银矿，大同白登山的铜矿、银矿，河南王屋山的铜矿，南青州（今沂水）的铜矿，商山的铜矿，汉中的金矿（见《魏书·食货志》），但不久即废。

1.2.3　隋唐时期（581—907年）

隋、唐至元代，煤炭开发更为普遍，用途更加广泛，冶金、陶瓷等行业均以煤作燃料，煤炭成了市场上的主要商品，地位日益重要，人们对煤的认识更加深化。特别应该指出的是，唐代用煤炼焦开始萌芽，到宋代炼焦技术已臻成熟。1978年秋和1979年冬，山西考古研究所曾在山西省稷山县马村金代砖墓中发掘出大量焦炭。1957年冬至1958年4月，河北省文化局文物工作队在河北峰峰矿区的砚台镇发掘出3座宋、元时期的炼焦炉遗址。焦炭的出现和炼焦技术的发明，标志着煤炭的加工利用已进入了一个崭新的阶段。

这个时期矿产开发达到了一个新的阶段。在隋初，为了结束长期缺乏货币的局面，大力开采铜、铁、锡、铅等矿，《隋书·地理志》载有冶官4处，即延安郡的金明（今安塞北）、河南郡的新安（今新安县）、隆山郡隆山（今四川彭山）、蜀郡的绵竹（今绵竹县）。其中四川占全国的二分之一。此外，河东郡安邑有银冶。开皇五年（公元585年），令晋王杨广于扬州（治今南京市）立五炉铸铁，开皇八年（公元588年）令汉王杨谅于太原（今太原西南）并州立五炉铸钱，又令杨广于鄂州（治今鄂城县）白纻山铜矿处置十炉铸钱，又令蜀王杨秀于益州（今成都）立五炉铸钱。说明隋代所开发的银、铜矿（及其伴生矿产）在今陕北，山西南部，四川西部，河南，长江中下游（大冶至南京）。

唐初于洛（洛阳）、并（太原）、幽（今北京）、益（成都）等州置钱监，武德五年（622年）置桂州（今桂林）监，大历四年（769年）于绛州（今新绛）置汾阳、铜原两监。据《新唐书·食货志》："天宝时（742—755年），天下（全国）炉九十九。绛州三十，扬（州）、润（州，治今镇江市）、宣（今宣城）、鄂（治今武昌）、蔚（治今灵丘）皆十，益（州）、郴（州）皆五，洋州（治今陕西西乡）三，定州（治今定县）一。"

又说："凡银、铜、铁、锡之冶一百六十八。陕（今河南陕县）、宣（今安徽宣城）、润（今江苏镇江）、饶（今江西波阳）、衢（今浙江衢州）、信（今江西上饶）五州，银冶五十八，铜冶九十六，铁山五，锡山二，铅山四。汾州矾山七。麟德二年（665年）废陕州铜冶四十八。""元和初（806年）天下银冶废者四十。"

此事可见天宝时统计数字中，钱炉和银冶数字均不实。另外，这些数字也表明唐代中期矿冶较汉代大有发展。在大框架上还是继承了汉代的矿产分布格局，但铜矿仍以山西南部为主，绛州的钱监占全国二分之一，铸钱炉约占全国三分之一弱。郴州有桂阳监钱官。有平阳（今桂阳）冶及马迹、曲木等古铜坑二百八十余井，采铜铸钱。也开辟了新的矿产地，润州、饶州、衢州、信州（本与饶州为一州，唐乾元元年即公元758年，分立饶、信两州），是唐代新开辟的位于江、浙、赣的矿产地。而且江南矿冶当时占全国一半以上，明显看出了开发重点的南移。隋唐至五代，均在鄂州白纻山采冶铜矿。南唐时升为大冶县。

唐代所开发的铁矿产地，据《新唐书·地理志》，有104处。其中山西15处，四川22处，陕西10处，河北9处。长江以南达32处，岭南的福建、广东、广西也得到了开发。金、银、铅、锡、汞大部分产于南方各省，而以江西、福建、湖南、两广为多。其中银多为铅锌矿的伴生矿产，并非纯银矿。

1.2.4 宋元时期（960—1368年）

作为一个矿产开发的鼎盛时期，宋代矿业发展已远远超过隋唐时期。但北方地区被辽、金长期统治，发展比两宋要落后得多。元代的矿产开发也较宋时期逊色。就宋代而言，北宋时期是全面发展，而南宋时期，只保有淮河以南及四川等地，发展以南方为主。

据《宋史·食货志》，北宋以英宗治平年间（1064—1066年）为代表，全国共有"坑冶（即矿冶）总二百七十一。"其中：金之冶十一，银之冶八十四，铜之冶四十六，铁之冶七十七，铅之冶三十，锡之冶十六。

到了南宋，北方已失，只能发展江淮以南的矿业。与北宋相比，江淮以北各冶全弃，南方的矿区有所增加。

南宋绍兴至乾道年间（1131—1165年）全国金属矿产的重点矿区，以铁、铜、锡、铅为例，如安徽铜陵，湖北大冶，江西德兴、铅山，湖南浏阳，福建浦城，广东韶州等处的铜矿、铁矿，浙江永康，江西弋阳，福建南平、邵武，广东连山的铜矿，江西大余，铅山，建宁，南平，湖南桂阳、郴州、宜章、常宁，广西贺州等地的锡矿、铅矿都有所开发；而胆水浸铜即湿法炼铜，兴于宋代，从北宋中期至南宋，为采冶铜矿的主要方法。浸铜最著名的四大场：江西信州的铅山场、饶州德兴的兴利场、湖南浏阳的永兴场和广东韶州的岑水场。宋代的水银产于秦州、阶州、商州、凤州。朱砂产于商州、宜州（今广西宜山）和富顺监（今四川富顺县）。

石炭（煤）在隋以前，民间已用作燃料。至北宋时期，河东（今山西）最盛。元符三年（1100年）因"官鬻石炭，市直遽增，皆不便民。"即官卖石炭，市价顿涨，不便于民，取消官卖。两年后，崇宁（1102年）官卖石炭又增加二十余场。"汴京数百万家，尽仰石炭，无一家燃薪者。"这些石炭，据《文献通考·征榷》："熙宁元年（1068年）诏石炭自怀至京不征。"就是从怀州到开封的煤炭，不准中途征税，知煤炭来自怀州（今沁阳）焦作煤矿。元丰元年（1078年）苏东坡在徐州太守任内，访获州西南白土镇之北的石炭，随即开发，用以冶铁，作兵器。这里今属淮北煤田，应为此煤田发现之始。

石油：北宋沈括（1031—1095年）考察延安附近的产地后，在《梦溪笔谈》中记曰："鄜延境内有石油，旧说高奴县出脂水，即此也。生于水际沙石，与泉水相杂，惘惘而出。土人以雉尾之。乃采入缶中，颇似淳漆，燃之如麻，但烟甚浓，所沾幄幕皆黑。余疑其烟可用，试扫其煤以为墨，黑光如漆，松墨不及也，遂大为之，其识文为'延川石液'者是也。此物后必大行于世，自予始为之。盖石油至多，生于地中无穷，不若松木有时而竭。"

这一时期，辽、金在北方的矿产开发，较宋朝逊色。辽代只在黑龙江的室韦部有金银铜铁矿。其后有三个铁冶在柳湿河、三黜古斯和手山。前两处地址不详，手山即今鞍山的首山。又在襄平（今辽阳）置采炼铁民300户，在辽河之源和阴山北发现金银矿，兴冶采炼。

金代曾在代州（今山西省忻州市代县）、曲阳采铜铸铁，不久即废。隋唐以来北方地区的矿业基本没有恢复，只有少数地区由民间开采。

元代矿业有所衰落，但恢复了江淮以北广大地区和云南等省区的矿业。据《元史·食货志》，金属产地如下：

金：在腹里（又称腹裏，元朝对中书省直辖区的通称）为益都、檀（今密云）、景（今遵化），辽阳行省为大宁（今内蒙古宁城）、开元（今辽宁开原），江浙行省为饶、徽、池、信，江西行省为尤兴（今南昌）、抚州，湖广行省为岳、澧、沅、靖、辰、潭、武冈、宝庆，荆湖行省为江陵、襄阳，四川行省为成都、嘉定（今乐山），云南行省为威楚（今楚雄）、丽江、大理、金齿（今永德）、临安、曲靖、元江、会川（今会理）、乌撒（今威宁）、东川、乌蒙（今昭通）。

银：在腹里为大都、真定、保定、云州、般阳（今淄博）、晋宁、怀孟、济南、宁海，辽阳行省为大宁，江浙行省为处州、建宁、延平，江西行省为抚、瑞、韶，湖广行省为兴国、郴州，江北行省为汴梁、安丰、汝宁，陕西行省为商州，云南行省为威楚、大理、金齿、临安、元江。

铜：在腹里为益都，辽阳行省为大宁，云南行省为大理、澄江。

铁：在腹里为河东、顺德、檀、景、济南，江浙行省为饶、徽、宁国、信、庆元、台、衢、兴、吉安、抚、袁、瑞、赣、临江、桂阳，湖广行省为沅、潭、衡、武冈、宝庆、永、全、常宁、道州，陕西行省为兴元，云南行省为中庆（治今昆明市）、大理、金齿、临安、曲靖、澄江、建昌。

铅锡：在江浙行省为铅山、台、处、建宁、延平、邵武，江西行省为韶州、桂阳，荆湖行省为庐州，河南（治今洛阳）。

朱砂、水银：在辽阳行省为北京（今宁城），湖广行省为沅、潭，四川行省为思州（辖今贵州凤冈）。

非金属矿产：有玉、碧甸子、矾、硝、煤等，不详录。煤在元代已大量开发，以大都（今北京）、大同为盛。从宋末元初开始，在中国北京一带，民间已将"石炭"称为"煤炭"或"煤"。

石油：《元一统志》说"延长县南近河有凿开石油一井。井出石油。其地名石油沟。""延川县石油井在县西北八十里永平村。""石油，在宜君县西二十里姚曲村石井中，汲水澄而取之。""鄜州（今富县）东十五里，有一石窟，中出石脂，就窟可灌成烛。"

天然气：在四川自贡、荣县一带开采浅层天然气。

1.2.5　明清时期（1368—1911 年）

从明朝到清道光二十年（1840 年）的时间里，当时的封建统治者比较重视煤炭的开发，对发展煤炭生产采取了一些措施，矿业管理政策也发生了某些利于煤业的变化，煤炭行业的各个环节，比以前都有较大的进步。煤炭开发技术得到了发展，形成了丰富多彩的中国古代煤炭科学技术。尽管当时都是手工作业煤窑，但因其开采利用早于其他国家，因此，17 世纪以前，中国煤炭技术和管理许多方面都处于世界领先地位，这是值得我们自豪的。但是，日益衰败腐朽的封建制度阻碍了古代煤业的继续前进，这就导致了中国近代煤矿的诞生。

（1）明代

矿产较元代有所发展。据不完全统计，明代铜、铁、铅、锡、银、金、炉甘石（菱锌矿）等金属矿产，产地有401处。其中：铜：53处，铅：22处，锡：40处，银：74处，金：66处，锌（炉甘石）：8处，汞：26处，铁：124处。

洪武二十八年（1395），库存铁多，逐步停止官冶，发展民冶。民冶最著名的为河北遵化和广东佛山。

煤：明代已成为重要燃料，南方各省的煤也逐渐开发。李时珍《本草纲目》说："石炭，南北诸山，产处亦多"。据《明一统志》，明代采煤以北京、山西、河南最盛。

石油：据曹学佺撰《蜀中广记》：正德末年（1521 年），四川"石油所出不一。国朝正德末年，嘉州开盐井，偶得油水，可以照夜，其光加倍。近复开出数井，官司主之，此亦石油，但出于井尔。"陕北延川、延长、鄜州仍出石油。

（2）清代

基本上是继明代矿业的发展趋势，但也开辟了新的产区，如新疆、内蒙古和东北各省；也开发了一些新矿种，如锌（白铅）、锑、锰、钨等，这已是 1840 年以后即近代矿产发现史的内容。

清代可划分为两个时期，即道光二十年（1840 年）以前，划入明清时代，以后划入近代。

清初期矿产：以民间私采为主，产地史料甚少。官营采矿始于顺治初开山东临朐、招远银矿，顺治八年（1651 年）停采。顺治十四年（1657 年），开古北、喜峰口铁矿，康熙初开山西应州，陕西临潼，山东莱阳银矿。康熙二十二年（1683 年），均已停采。云南铜矿自康熙四十四年（1705 年）准许开采，雍正时期以后产量较大。乾隆二年始准开山东铜矿、煤矿。乾隆四、五年间（1739—1740 年），开云南铜矿，汤丹、碌碌、大水、茂麓、狮子山、大功各厂最盛，大功厂矿丁人数达到六七万。其次为宁台、金钗、义都、发古山、发度、万象等厂，各厂矿丁也有万余，即今东川—易门铜矿，到乾隆三十八、三十九年（1773—1774 年），云南铜产量达到年产一千二三百万斤（约合 750 万千克），是滇铜的极盛时期。

这时贵州的思安、镇远，陕西的哈布塔海哈拉山，甘肃的扎马图、敦煌、沙洲，伊犁的皮里沁山、古内、双树子，乌鲁木齐的迪化、奎腾河、呼图壁、玛拉纳、库尔哈喇乌苏、条金沟各金矿，贵州的法都、平远、达摩山，云南的三嘉、丽江、回龙、昭通乐马各银矿相继开采。

广东自康熙五十四年（1715年）封禁矿山，至乾隆初英德、阳春、归普、永安、曲江、大埔、博罗等县，广州、肇庆两府铜、铅（包括黑铅、白铅，下同），云贵、两湖、两粤、四川、陕西、江西、直隶开铜铅矿达百数十处。云南铜矿最为重要，号称48厂，到乾隆四十八年（1783年）还有35厂，包括东川、澄江、大理、楚雄、临安等府的铜厂。

清代的铅锌矿开发，目的也是与铜配合铸钱，盛于雍正、乾隆、嘉庆时期（1723—1820年）约100年。

开发的矿产地有：贵州的威宁、普安（今盘县）、大定、南笼、遵义、绥阳、水城、思州、松桃等县，以白铅（锌）为主；云南的罗平、东川、临安等县，四川的会理、冕宁、云阳、长宁等4县，湖南的郴州、桂阳州（以白铅为主）；广西的临桂、义宁、宣化（南宁）、怀集、恭城、思恩、上林、融县（四顶山），以白铅为主。广东的丰顺、阳山、大埔、永安等县，江西的玉山、长宁，甘肃的皋兰、安西、灵州（今属宁夏），新疆的伊犁、吐鲁番、乌鲁木齐，直隶（河北）的昌平、延庆、房山、赤峰，山西的交城、阳城、平定、盂县、平陆。其中有的曾长期开采，有的旋开旋闭，收效不等。

台湾在咸丰末年（1861年）发现苗栗出磺坑石油、天然气，光绪四年（1878年），始聘美国技师用机械钻井生产取油。

这一时期，开采的其他金属矿产还有金矿、银矿、锡矿、磺硝、朱砂和水银。除银、锡、朱砂、水银只涉及云贵、两广、湖南、新疆外，其他各矿开发已基本遍及全国各省区。

1.3　古代矿山安全技术的发展及标志

我国在春秋战国时期冶金技术有了较大发展，而大规模的冶炼必然要以矿产资源的大量开采为基础。人们在长期的采矿活动中积累了大量的安全知识与经验，发明和创造了一系列有效的安全防护技术。最迟在春秋战国时期，人们就已不仅能开采露天矿藏，而且可以开采地下矿藏，开采及安全防护技术也已达到了相当高的水平。从湖北铜绿山出土的春秋到汉代的古铜矿遗址来看，春秋时期的矿井开采深度在20—30米，有竖井八个，斜井一个，井筒的支护结构采用"密集法搭口式接头"；战国到汉代的矿井开采深度在40—50米，有竖井五个，斜巷一条，平巷十条，组成较合理的矿井体系，采掘和支护技术较春秋时期有明显进步。古矿遗址表明，早在两千多年前，在开采铜矿的作业中我国就已经采用竖井、斜巷和平巷相结合的方法多段开采，并有效解决了井下通风、排水、提升、照明和巷道支护等一系列安全防护技术问题。其后，历代的地下开采一直都是采用这种井巷结合的方法，并在矿物运送、井下通风和排水、安全保障等方面不断加以改进和完善。

中国古代采矿及安全防护技术的历史进程，大体上可分为萌芽期、初步形成期、初步发展期、创新期、充实提高期、全面发展期六个发展阶段。

（1）萌芽期：或叫史前期，即旧石器和新石器时代

旧石器时代，人们选择、采集和制作石质工具的工作虽然十分原始，但其中孕育了最初的找矿和采矿方法；新石器时代，采石活动已分出露天开采和地下开采两种，并开始了最为原始的金属矿开采实践，安全防护技术处于萌芽状态。

（2）初步形成期：夏商时期

多种探矿方法与井巷联合开拓技术已经形成，地下井巷支护技术已有一定发展，并达到了可以控制采空区地压的功能要求；采掘工具已使用铜质专用器；矿山提升采用了滑车等简单的机械，已经初步形成安全防护体系。

（3）初步发展期：西周时期

露天开采规模扩大，破岩能力增强，采掘工具已有了斧、锌、铲、镢等合范铸造的多种青铜专用器；对地压的认识进一步深化，不断改进井巷支护型式，以提高对地压的控制能力；创造了多种地下采矿方法，特别是水平棚子支柱充填法；创建了比较完善的矿井防水和排水系统，安全防护技术进一步发展。

（4）创新期：春秋至战国中期

铁矿得到了开采，铁器开始使用，凿岩技术有所创新，新的井巷支护技术代替了旧的技术，表现出多方面的优越性；多种采矿方法进一步完善；矿山提运机械有了新的发展；竖井支护技术与平巷支护技术登上辉煌时期。

（5）充实提高：秦汉至元代

采矿安全防护技术在三个方面得到了充实提高：一是各项技术使用越来越成熟，二是一些先进技术的使用面越来越广泛，三是矿山规模不断增大。这整个时期大体上是持续发展的，除魏晋南北朝和五代以外，秦汉、隋唐、宋元历史阶段，安全防护技术都相当发达。

（6）全面发展期：明清时期

中国古代采矿安全防护技术得以全面发展，矿业生产以十几倍的数量增加。明代中叶之后，采矿业中出现了资本主义萌芽，有关典籍记录了许多矿业方面的技术成就。

由于封建制度的桎梏，古代采矿及安全防护技术在发展历程中并没有本质上的巨变，基本上都是用简单的生产工具和器械，以笨重的体力劳动进行生产，但是，中国传统的安全防护技术在许多方面与同时代的其他国家相比，还是先进的，其中有许多独特的创造，凝聚着古代劳动人民的智慧和心血，这是需要我们认真加以总结的。

1.3.1 矿井开凿技术的发展

采矿支护技艺的多样性统一，是中国古代采矿安全防护技术的重要特征之一，而开拓方法的不断创新，是安全防护技术的又一重要特征。在中国木架支护井巷的特色下，由地表下掘数个井筒或在井底掘进平巷或斜巷，边掘进边开采边支护，由此而产生别于西亚空场采矿法的方框开采法，这种区别是由中国古代特殊的文化与哲学背景所导致的。

1.3.1.1 井巷开拓技术的演进

中国古代的采矿及安全防护技术在商周时期已经达到很高的水平。根据1988年在江西瑞昌发掘的商周时期的古铜矿遗址发现，当时的矿工能将开拓系统延伸至数十米深的富矿带，利用木立框支撑在底层深部构筑庞大的地下采场。地下开采已利用井口高低不同所产生的气压差形成自然风流解决了通风问题。遗址出土的开采工具有铜斧、钱、凿；翻土工具有木锨、木铲；装载工具有竹筐、竹簸箕；提升工具有木辘轳、木钩等。这些工具说明当时矿井已有效解决了装载、通风、排水、提升等一系列的安全防护技术问题，展示了中国早期辉煌的采矿技术成就。

据1989年1月27日《中国文物报》报道，江西瑞昌铜岭发现一处商代中期大型铜矿遗址，是目前发现的中国最早的一处采铜遗址。遗址面积约二十五万平方米，在已发掘的三百平方米范围内，有竖井二十四口，平巷三条，露天采矿坑一处，选矿槽一处。这说明当时已经采用竖井、平巷、坑采等联合开采方法。井巷有木材支护结构，井壁贴有扁平木板或小木棍，井体采用榫卯式和内撑式方框支架组接，井深大都在八米以上。还有一条斜巷。提升工具有辘轳，采掘工具有青铜弧刃钺形斧。

商代中晚期是我国古代采矿业的第一个繁荣期，地下开拓方面采用了竖井、斜井、平巷及其多种井巷联合开拓的方法。从考古资料看，商代矿山开拓方法分为露采、竖井开采和井巷联合开拓。矿工们已能根据地质条件，用木框支护井巷，保证采矿的安全顺利进行。商代的地下联合开拓主要有三种形式：

（1）槽坑和竖井联合开拓

这是一种边探矿边开拓的有效方法。为了追踪富矿，继槽坑尾端向下开挖井筒（图1-1）。

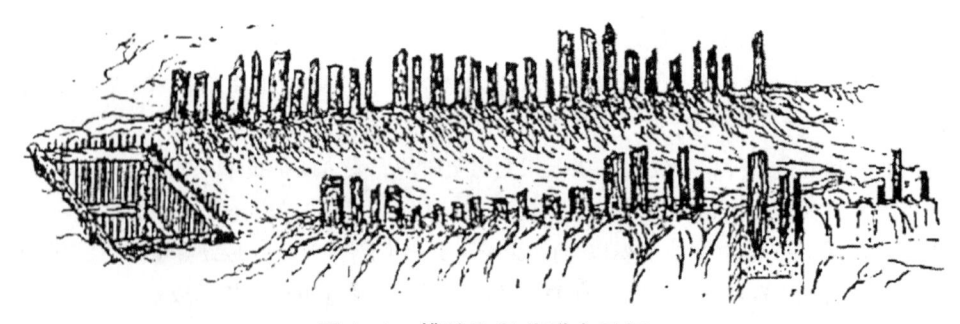

图1-1 槽坑和竖井联合开拓

（2）竖井→平巷→盲竖井联合开拓

这种方法与上述方法的开拓过程相反。即先凿竖井，然后在井壁一侧开凿很短的独头平巷，在巷端底部再凿盲竖井。

（3）竖井→斜巷→平巷联合开拓

即依据地形和矿体相互关系，从山脚顺矿体至山腰分步实现这一开拓方法。由竖井底部开拓平巷或斜巷，形成采矿生产系统即井巷联合开拓，其优点是工程量小，运输简易。

西周地下开拓方式与商代晚期并无太大变化，南方矿区的地下开采系统大致为：地表或露天采场底→竖井或斜井→平巷→盲竖井或斜井→平巷（或组成采场）。竖井如果挖到品位高的矿层，便向旁侧开拓平巷。在平巷的底部，常常有向下挖的井筒，即盲井。总之，西周时期的开拓系统已初具规模，但是仍处于井多巷少、井巷还不是很远、断面还比较狭小的状态。

春秋战国时期，原有的地下联合开拓方式虽没有改变，但井巷开拓方面却发生了较大变化。开拓深度、广度以及井巷断面尺寸等方面有了新的突破，井巷布置更为合理，相互间的联系更为紧密，且发展到了联合开采。另外，古人还在废巷中充填矿石，以减轻采空区的压力，增强采掘工作的安全系数。战国时期井巷联合开拓已具相当的规模。从图1-2与图1-3所示的铜绿山战国井巷开拓复原图中可以看出，当时的开采系统已相当完整，地下联合开拓方式已不再是春秋时期的那种小井短巷，而是发展到相当大的规模。

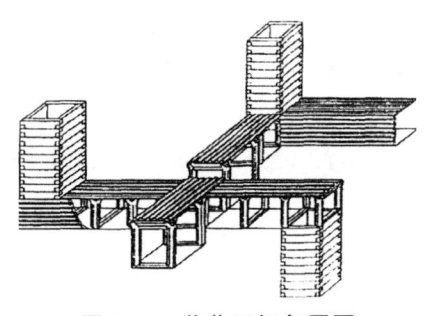

图 1-2 井巷开拓复原图 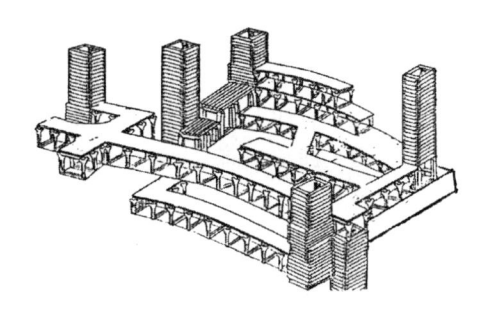　　　图 1-3 矿井开拓系统复原图

秦汉时期是我国古代采矿及安全防护技术全面发展的一个高涨期。虽然我国地下联合开拓系统在商代便已出现，但当时因受技术上的限制，只能达到井浅巷短的效果，并且规模不大。自从铁制工具在矿山运用后，矿山开拓发生了突破性的变化。从战国晚期到西汉时期，矿山开拓的平巷净高由原来的 1 米多发展到近 2 米，接近于现代民办采矿巷道的高度。巷道的采深，不少地方已经达到百米以上。联合开拓系统，已不再是小规模布局，而是多中段的复合联合开拓，即由两到三个以上开拓中段组成，每个中段内都布局竖井（或盲竖井）→平巷（或斜巷）→采场→盲竖井。汉代矿山开拓系统较有代表性的有安徽铜陵金牛洞联合开拓、河北承德铜矿联合开拓、山西运城洞沟联合开拓和湖北铜绿山联合开拓。其中，铜绿山采场在西汉时期达到了其技术上的全盛期，单体开采的规模有了很大的提高。其中，竖井采用经加工的方木或圆木密集垛盘支护，相当稳固，完全可以与现代的木结构井架相媲美，斜井采用类似现代木结构的"马头门"支护；在掘进破碎带或松散岩体内的巷道则采用完全棚子封闭式支架，与现代采用的钢筋混凝土封底的封闭式支护形式相同；平巷断面大，距离长，支护坚固，人可以直立行走，采掘作业比较方便。

隋唐时期是我国采矿及安全防护技术的持续充实提高期，但并无太多建树。基本上是沿用传统的井巷开拓方法，并无太多创新，但开拓工具、设施等方面却有所发展，各项技术使用得更加纯熟。总体来说，隋唐矿山开拓规模进一步扩大，地下联合开采已发展到相当成熟的阶段，上下采场分为多层，地下采场井深较大，已深入地下近百米，地表与地下连通，巷道布局规整、合理。

宋代采矿及安全防护技术有较大发展，井巷开采规模增大，深度也明显增加；矿山开拓、采准、回采更为规则；矿房布局也更为规整，具体表现在：地下开采中已普遍使用井巷联合开拓方式；金属矿山开拓、回采设计日趋规范，而且竖井→平巷联合开拓方式已被应用到非金属矿的开采中；矿山开拓系统方案的设计思路比前代明确，即依照矿体走向合理布置切割巷道，减少地下运输量。

明清两代是我国古代采矿及安全防护技术集大成的阶段，开拓方法和开拓技术都更加完善。地下开拓系统的布局较为规范，开拓技术较此前大为提高，其矿井开拓系统及技术主要表现为：

（1）深井开凿与联合开拓技术全面发展

中国古代矿山开拓技术历经几千年，至清代发展到较为合理的阶段。明清时代，对矿山开拓技术已有了较为系统的认识，并出现了一些相对统一的专业名词。如"井""井洞""蟹"即巷道、"天平"即平巷、"牛吸水"即斜巷等。明代陆容《寂园杂记》和宋应星《天工开物》

中都详细记载了井巷联合开拓的有关技术。清代吴其溶《滇南矿厂图略》上卷"铜第二"篇中也记载了地下开拓技术："窝路平进曰平推，稍斜曰牛吃水，斜行曰陡腿，直下曰钓井，倚木连步曰摆夷梯，向上曰钻篷。左谓之褪手边，右谓之凿手边，上谓之天篷，下谓之底板，褪凿处谓之尖（即掌子面）。本铜曰行尖，有大行尖、二行尖之分。计辨曰客尖，分路曰斯尖，以把计数，自一以至一百。"这把"平巷→竖井→斜巷→盲井→阶梯式斜巷"的联合开拓方法描述得十分清楚。根据书中的记载，当时矿山地下开采中所有的开拓形式几乎都用上了，并且和各矿房有机地联通成一个开拓回采系统。

（2）采掘工具的充实和采掘分工的进步

我国古代在机械工程领域取得了辉煌的成就。商周时期就发明了一些矿山提升机械，但受到井下作业条件的限制，井下开拓工具却长时期停留在较为原始的基础上。至明清时期，井下开拓已有一套完整规范的程序，开拓工具种类繁多，且具有携带方便、使用灵活、凿岩有力等特点。关于井下开拓工匠的分工也比较明确，矿工各司其职，分工作业。这在王裕《矿厂采炼篇》中有比较详细的记载"一人掘土凿石，数人负而出之。用锤者曰锤手，用契者曰茎手，负土石曰背塘，统名砂丁"。

1.3.1.2 采矿方法的不断完善

研究湖北铜绿山古代地下采矿方法可以得出它有一条从单一的群井开采法到方框支柱开采法，再到护壁小空场开采法等多种采矿方法的发展道路。群井开采法虽然具有简单易行的特点，但毕竟难以适应矿体赋存状况，而后两种方法可以适应多种产状矿脉的开采，具有减少采场地压管理工作量等特点。虽然早在商代，人们便能按照矿沿稳固状况对地下采空区进行地压管理，稳固性较好的矿沿采取自然支护，稳固性较差的则采用人工支护，但总体上较为简单、原始。至西周，支护技术有了较大发展，将方框支护用到了地下采区地压管理中，创立了方框支柱法及废石填充法等多种采矿方法。

西周时期，我国的方框支柱开采法已经发展到相当高的水平，从单一功能结构的方框开采法发展到多功能结构的方框设计，即将两个或三个回采工作层分层自下而上开采推进，用方框棚子支撑采空区，下面的采空区被用手选出来的废石或低品位的矿石局部或全部填充，支柱法与充填法配合使用，从而形成古代中国具有特色的水平分层棚子支柱充填法（图1-4）。充填法在西周时期运用十分广泛。在采掘时，废石和贫矿不必运到地表，便就近充填到废巷内，从而提高了废石回收率，减少了废石的提升运输量，减弱了采空区的地压，增强了采掘工作的安全性。

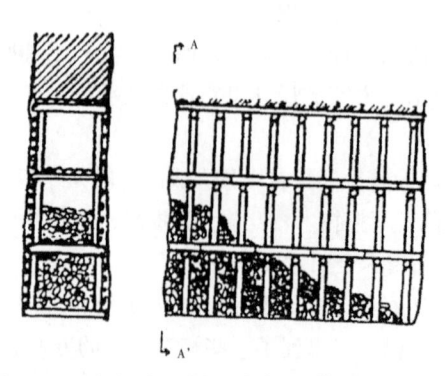

图1-4 水平分层棚子支柱充填开采示意图

随着上古时期木架支护技术的快速发展，到东周时期创新了更多的地下采矿方法，有的虽始创于西周，但在地压管理上又有一些创新。从大量考古资料及其科学研究来看，春秋战国时期的开采方法大体有7种类型，分别是单框竖井分条开采法、单层方框开采法、链式方框支柱法、横撑支架开采法、房柱法、方框支柱充填法和护壁小空场法。其中以链式方框支柱法和方框支柱充填法最具代表性。

（1）链式方框支柱法

在单框竖井分条开采和单层方框开采两种方案的基础上演变出来的，其特点是，为有效地支护采空区，将框式支架进行系统的架设，形成链式框架；回采顺序由下而上进行，支架也随着工作面的向前、向上推进而敷设；框架的每分层之间都用凸榫连接，上面铺有木板或圆木，以减少矿石的损失贫化，人站在上面工作，既方便又安全；开采时留下一定的矿柱，废石和低品位的矿石倒在底部框架内，这样既有效处理了下层采空区，保证了上层开采的安全，又减少了大量废石的运输。

（2）方框支柱充填法是支柱法与充填法的结合

其特点是在用方框支柱的同时充填采场维护采区，回采工作在等于方框容积大小的分间内进行，采出矿石后立即架设方框。当采完一个分层后，向上开采另一个分层时就把采下的废石和低品位的矿石充入底层（图1-5）。

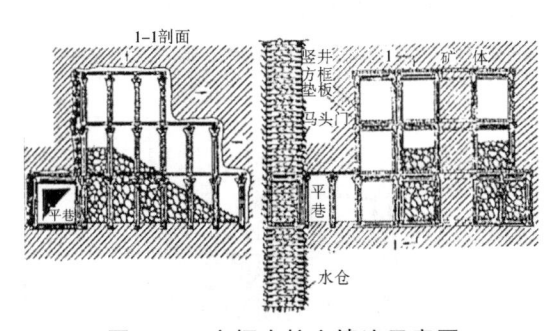

图1-5 方框支柱充填法示意图

采矿方法发展到秦汉时期已经在全国形成了一套较为成熟的模式。先秦矿山所使用的一些采矿方法，如水平分层采矿法、方框支护充填采矿法、房柱采矿法、横撑支架采矿法等发展到汉代便达到了相当成熟的阶段且被确定下来，成为后世长期沿用的工艺模式，而且，我国始创于先秦时期的地压管理技术，不管是人工支护的还是自然支护的，在汉代也都有了一定的发展。

隋唐时期，采矿方法得到进一步完善，切割矿柱法、上向式、横撑支柱台架式、充填法等开采方法都得到了较为广泛的应用，开采方法灵活多样，既适应了矿体的地质构造又符合安全开采的要求。

宋代，采矿方法已发展到较为完善的阶段。露天开采中采用了阶梯状剥离法，其技术思想与近代已相当接近。房柱法开采技术已经相当娴熟，开始普遍推广开来。

我国古代采矿业长期并存的两大开采方法——露天开采和地下开采，发展到明清时期已经走过了漫长的道路，达到了集大成的阶段，各种采矿方法更加完善，并被普遍使用。

1.3.2 井巷支护技术的演变

为了控制地层的顶压、侧压，维护井筒或巷道围岩稳定，防止采空区坍塌事故的发生，古代矿师摸索出一整套行之有效的支护方法。最简单的井巷支护便是木架支护，它是沿竖井井帮或巷道道帮用木材、竹材、荆芭等构筑成支架和背板的地下结构物。中国古代采矿及安全防护技术以井巷木架支护最具特色。研究表明，以中国为代表的古代木架井巷支护技术和以西亚为代表的古代井巷自然支护技术，是明显地分属于两种不同的技术路线，并最终反映了技术观念和安全思想的差异。中国传统的井巷支护体系，在木架支护的前提下，文化的多元性又决定了各地区各自浓重的木架节点结构的地方特色，各种形式的井巷支护，成为反映不同地区、不同时代的采矿安全防护技术的重要标志，但无论是"碗口"节点结构井巷框架，还是"榫卯"节点结构井巷框架，都是在木架结构上进行改进，以提高抗压能力为目的的发展路线。

1.3.2.1 竖井支护技术

古代竖井支护技术基本是沿着"碗口接内撑式"竖井支护和"榫卯接内撑式"竖井支护两条路线发展的。

以江西铜岭铜矿山为代表的"碗口接内撑式"竖井支护的发展顺序是：

（1）商代中期，同壁碗口接内撑式竖井支护（图1-6）

由四根圆木组合成一副框架，框架间隔支撑于井筒内，其特点是有碗口状托槽的内撑木都在同一井壁安装。

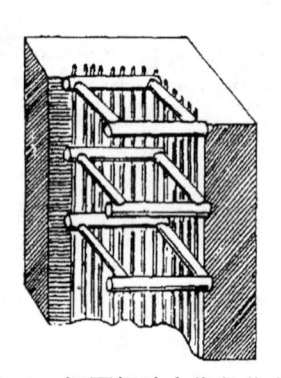

图1-6 江西铜岭商代竖井支护

（2）商代晚期，同壁碗口接加强内撑式竖井支护

优点是于相对的两木之间再内撑一木，使木架四面都能抵抗侧压，大大加强了井筒支护的牢固性。

（3）西周早期，交替碗口接内撑式竖井支护

优点是碗口接内撑木间隔出现在井筒四壁，使四壁在较短的距离都有抗侧压的支撑点，井筒四壁以木板围护。

（4）西周中晚期至春秋时期，交替碗口接加强内撑式竖井支护（图1-7）

由两副交替平置的碗口接框架重叠在一起组成加强式框架，大大增强了框架抗压强度。

（5）战国早期，平口接榫方框密集垛盘式竖井支护（图1-8）

由于构件节点互相紧密吻合，形成封筒形支护，具有抗侧压、抗剪应力等综合效应，使竖井支护技术登上辉煌时期。

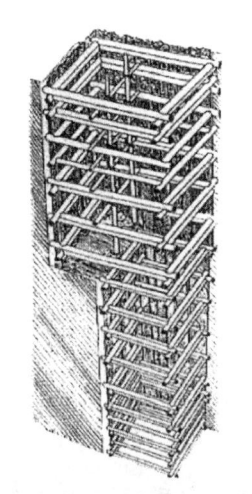

图1-7 交替碗口接内撑加强式竖井支护 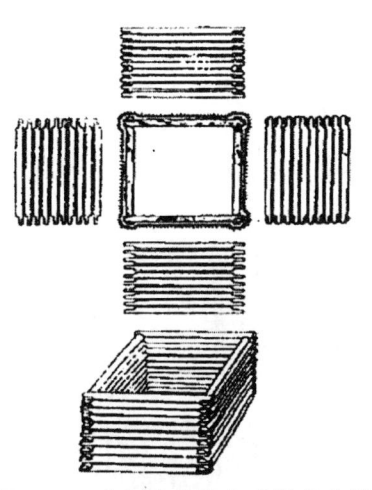　　图1-8 方框密集垛盘式竖井支护

以湖北铜绿山矿山为代表的"榫卯接内撑式"竖井支护的发展顺序是：商代晚期主要有三种"榫卯接内撑式"竖井支护：

（1）平头透卯单榫内撑式竖井支护

由四根板木构件组合成一组方框支架，两根平头板木的两头有卯眼，另两根板木两头为榫。框架与围岩间插木板作为背柴，以护井壁（图1-9）。

（2）平头榫卯接串联式竖井支护（图1-10）

每根板木一端为榫头，另一端为有卯眼的平头，四根组成一方框，背柴用木板插塞。

（3）柱榫内撑筒式竖井支护

井筒四角各有一方木立柱，柱一侧为方口卯，另一侧为槽形卯，其卯与横档的榫相接。背柴为木板，贴在横档与围岩间。

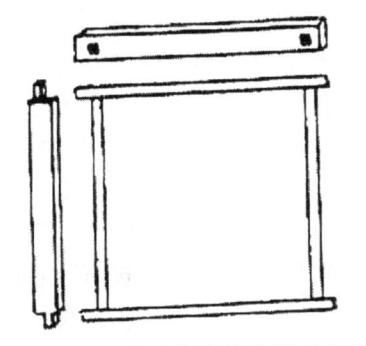

图1-9 平头透卯单榫内撑式结构 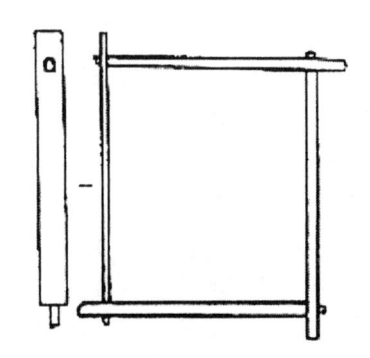　　图1-10 平头榫卯串联式竖井支护结构

由于平头，井架四角没有形成能伸入围岩的壁基结构，井架容易下滑，因此发展到西周时期就演变为尖头榫卯式结构，尖头能够伸入围岩，增加了牢固性，井架不会下滑。西周时期的榫卯内撑式竖井支护主要有：

（1）尖头榫卯接内撑式竖井支护（图1-11）

把卯眼由平头改为尖头，伸入围岩，井架不会下滑。

（2）剑状榫卯串联套接式竖井支护（图1-12）

与平头榫卯串联套接式支护不同之处，是卯眼由平头改为剑状，更便于楔入围岩，增强框架牢固性。

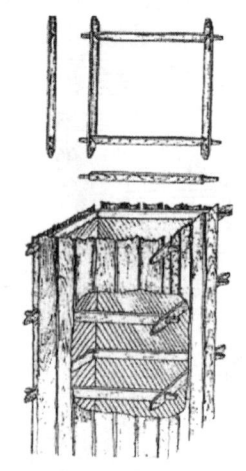

图1-11　尖头榫卯接内撑式竖井支护　　图1-12　剑状榫卯串联套接式竖井支护

春秋晚期至战国，竖井支护技术有了很大发展，井巷支护结构有了重大改进，主要是尖头透卯榫接内撑式木棍背柴式支护和平口接榫方框密集垛盘式支护。其中，前者与西周时期的竖井相近，而且为了增加框架间的牢固性，采用了吊框结构。常在外侧四壁围岩围以竹编织物，使整个竖井形成一个封闭式的井筒，这样既可以防止四周围岩塌落，也有利于空气流通。有些竖井的框架之间，还用竹索挂住，目的是增强竖井内框架的牢固性，使支护竖井的上下框架连接成一个整体。这种做法与近代采矿工艺中的吊框结构（又称悬吊式井框支架）十分相似，功能也应相同，而且还能够起到梯子的作用，有助于采掘者上下之便。

从上述竖井支护技术的发展过程可以看出，夏商至战国时期各矿山的竖井支护技术都有很大的发展，形式不断改进，安全性能不断增强。铜岭型从商代的"同壁碗口接内撑式"支护发展到西周的"交替碗口接内撑式""交替碗口接内撑加强式"支护，再到战国的"方框密集垛盘式"支护。铜绿山型从早期的"平头透卯单榫内撑式"，发展到西周的"尖头透卯单榫内撑式"，再到"剑状榫卯串联套接式"，以至战国时的"平口接榫方框密集垛盘式"，使竖井支护技术登上了辉煌时期。这是因为，铁质工具应用于矿山开发后，大大提高了采矿作业效率，井巷拓宽了，需要有大跨度和强荷载能力的支护结构，人们对安全有了更高的需求，因此，安全防护技术也随之发生了变革。长期使用的、旧的榫卯接点等形式的竖井支护逐渐退出矿山支护的历史舞台，新的平口接榫方框密集垛盘式竖井支护结构便应运而生，并广泛应用，对后代产生了影响，以致后代矿山竖井结构都呈垛盘式。

1.3.2.2 平巷支护技术

在历史发展进程中，随着人们对安全问题的认识逐步深入，平巷支护技术也逐渐趋于规范，依循江西铜岭与湖北铜绿山两条技术路线经历了逐步发展的过程。

江西铜岭平巷支护的发展顺序是：

(1) 商代中期，碗口接半框架式平巷支护

由两根立柱和一根顶梁组成框架，无地栿。框架间不能组成厢式，立柱柱头凿有碗口状托槽，拖住顶梁，属于一种不完全支护棚子，顶棚和巷帮以小棍、中粗圆木、木板等背护（图1-13）。

(2) 商代中期至晚期，碗口接框架式平巷支护

每副立架由四根圆木组成。立柱柱脚、柱头端均为碗口凹面，卡住顶梁和地栿。顶棚以中粗木棍稀疏排列遮顶，巷帮无背棍（图1-14）。这种结构一直保持到春秋时期。

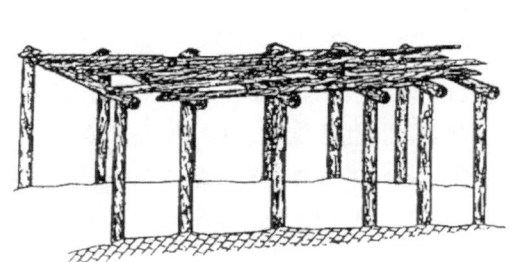

图1-13 碗口接半框架式平巷支护　　图1-14 碗口接框架式平巷支护

(3) 商代晚期，开口贯通榫接框架式平巷支护

每副框架由四根圆木组成，顶梁与立柱为开口贯通式榫穿接，立脚柱榫与地栿榫卯穿接，从而组成一副长方形框架。框架间隔排列，顶梁之上的棚木以纵向小棍排列。

(4) 碗口接架厢式平巷支护，主要见于铜岭春秋时期

该式结构上基本上与早期的碗口接架厢式相同，所不同的是巷道顶棚及两帮均用木板封闭，增大了抗压强度和安全系数。

平巷支护是湖北铜绿山延用较长时期的支护形式，其发展顺序是：

(1) 商代晚期，圆周截肩单榫接框架式平巷

框架由四根构件组成，立柱为圆木，柱脚、柱头为单榫。顶梁和地栿加工成厚板材，其两端为平头并凿有卯眼，与立柱的榫头承接（图1-15）。

(2) 西周时期，上榫卯下杈框架式平巷

框架立柱为上榫下杈构件，上榫与顶梁卯接，下杈与圆木地栿吻接（图1-16）。

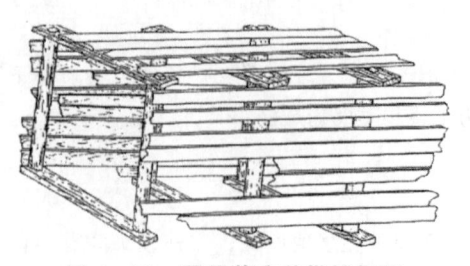

图 1-15　圆周截肩单榫接框架　　　　　图 1-16　上榫卯下杈框架

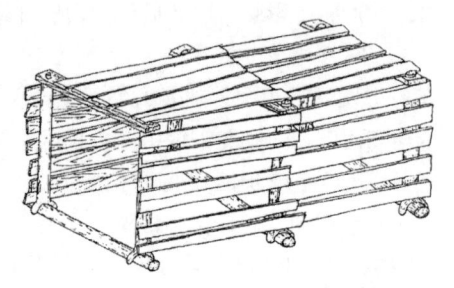

（3）春秋时期，链式榫卯套接加强式框架平巷支护

虽然春秋时期，平巷支护框架较西周变化不大，但在加强巷道框架整体稳固性上却有所创新，主要是出现了链式榫卯套接加强式框架支护巷道。该式框架虽然仍采用榫卯套接，但为了防止巷道框架滑移、错动，设计出链式框架结构，用木杆件分别将每副木架立柱的柱头和柱脚纵向榫卯套接，形成链式，这无疑增加了稳固性与安全性。

（4）战国时期，鸭嘴亲口排架式平巷支护（图1-17）

地栿为平口榫，其抗侧压的能力比榫卯结构大得多；立柱为托杈，上置横梁稳固性强；托杈下的半卯以内撑木将两立柱撑牢，不仅增强了排架的抗侧压能力，而且加强了顶梁抗弯能力，整体抗压性能较好。鸭嘴式结构排架将几种节点结构的优越性充分结合在一起，集古代井巷支护技术之结晶，更加灵活，有利于减少加工程序，支护作业省工省时，提高了工作效率，也有利于支护技术的传授推广，使平巷支护技术登上了辉煌时期。

图 1-17　鸭嘴亲口排架式平巷支护

1979年4月，湖南麻阳发现一处春秋战国时期的铜矿遗址，有古矿井十四处，其中一处是露天开采，其余是矿井式地下开采。一般是在地表沿矿脉露头开口后，就沿矿脉倾向由上而下进行斜井开采。矿井不规则，宽窄不一，呈弯曲的鼠穴式。垂直深度约80米。在跨度大的采空区间内，留有矿柱或隔墙，在跨度比较大的相邻矿柱之间，又辅以木支柱，以防止矿井顶板因压力过大而下塌。

1.3.3 采矿辅助技术的发展

采矿及安全防护技术的重要特征是它的综合性与协调性。正因为如此，安全防护技术的发展除了采矿方法、支护技术以外，还有赖于采掘、运输提升、通风照明、防水排水等各项辅助技术的配合，这在很大程度上是基于中国古代各种社会要素的综合。

中国大型的青铜采掘工具和先进的铁制采掘工具对中国采矿及安全防护技术的发展起了巨大的作用。从商代使用滑车提矿到战国使用大型绞车提运矿石，从西周矿山地下排水水槽到唐代使用水车分段排水，这些采矿辅助技术使得中国古代采矿及安全防护技术获得不断的进步。

1.3.3.1 装载、运输、提升技术

采掘工具是衡量采矿技术水平和生产规模的标尺之一，而矿井运输和提升是采矿运输系统中的重要环节，提升设备是地下采矿的咽喉。随着生产技术的发展和矿井深度的增加，提升工具也在不断改进。从原始人工使用绳索从井中手提，发展到后来使用简单的器械，再到复杂精巧的器械，经历了漫长的时期。

商代，青铜采掘工具的应用使矿山井巷的采掘深度有了新的突破，主要的采掘工具有铜锛、铜斤、铜凿等。矿山的装载工具主要有用于铲矿的木锨、木铲和盛矿的竹筐等。研究表明，这些工具在中国古代矿山中一直都在应用，只是器形上有所变化。而在提升方面已不是单靠人力，而是采用了滑车类简单机械（图1-18）。

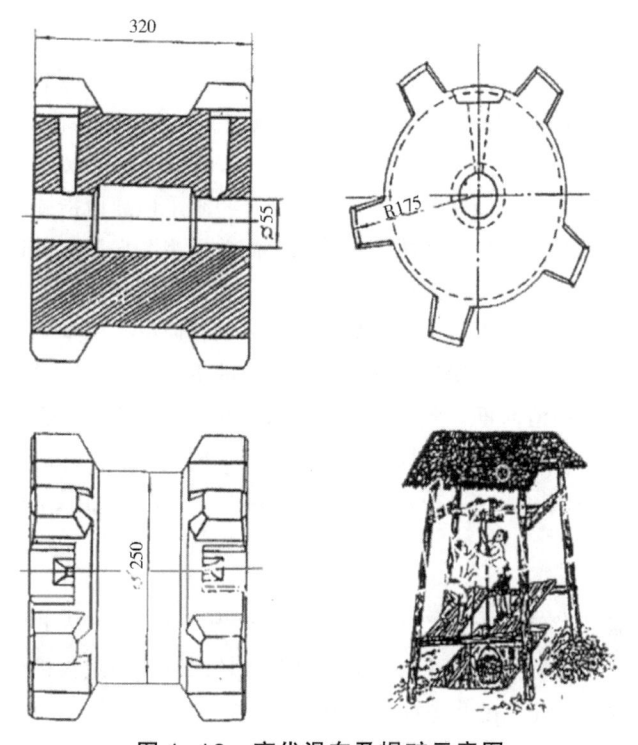

图 1-18 商代滑车及提矿示意图

西周时期矿山的采掘工具主要有铜器和木石器两大类。采矿用铜质工具始见于商代，此时期明显增多，有斤、锛、斧、锄等，皆是合范浇铸；木工具有锤、锛等，多是由整木削制而成。滑车、桔槔等机械已经较广泛地应用在矿石提运上。

春秋时期矿山装载工具以木制工具为主，发展到战国时期，铲矿工具已改用了铁柄耙、六角形等形状的铁锄。由此可见，铁器出现后，矿山铲矿工具发生了质的变化，大大提高了劳动工效。

战国时期，我国矿山的提运机械已经发展到较高水平。沿用于商代的滑车不但使用更广，而且设计和制作都独具匠心，其滑动轴承设计和润滑技术都达到一定水平。另外，已经使用大型木质绞车提运矿石，而且根据井筒深度及开拓系统的不同，井巷提升方式分为分段提升和联合提升两种方式。

汉魏时期，矿山提升运输工具基本仍采用传统的木制、竹制器具，变化不大，但汉代井口已普遍使用辘轳，这表明汉代矿井提运技术较先秦时期有了很大的提高。

唐代，与采矿配套的各项辅助技术都有所创新和发展。在提升运输方面，当时运矿已使用拖车，井下普及了斗车运矿。

关于宋代矿山提升技术，迄今发现的宋代金属矿山遗址还未出土提升工具。从宋代四川井盐采用的提卤技术看，已经是改进了的辘轳装置，即井口安装辘轳，附近设置车盘，用人力牵引车盘带动辘轳。

明清时期，采矿辅助技术全面发展，此期矿井提升运输工具主要为绞车，井下矿石的装载运输采用了较为先进的井下装运方法，如拖车、绞车等。

1.3.3.2　通风、照明、排水技术

井巷通风、照明、排水是井下作业的关键环节，关系到井下作业的成败，古人在矿井的通风、照明和排水方面采用了许多创造性的安全措施。

（1）井巷通风

随着掘进深度的增加，为使井下空气流通顺畅，必须采取通风措施。商代矿山井巷深度不大，通风方法主要是自然通风，通风技术还比较简单，主要靠多个井口来增加进风量，利用井口高低不同形成进风和回风。西周井巷已具有一定深度，井巷通风主要采用自然风流通法，有时用人工制造气温差产生风压。发展到隋唐时期，通风技术有了一定发展，采用了矿柱气孔与通风井巷相结合的井下风穴技术，随着巷道的不断深入，通风方法由自然通风改为人力通风，风量加大。明清时期，矿山已发展到深井开采，随着掘进深度的增加，一些行之有效的井下通风措施也越来越多，通风方法已经形成了成熟的理论。清代的井下通风已不仅仅靠单一的设备，而是由风箱、风柜、气井、气巷综合形成井下通风系统，以解决较深井巷的通风问题。

（2）井下照明

商代矿山主要使用竹筒式火把照明。火把可以移动，也可以插入巷壁照明掌子面，便于局部作业。西周井下照明除了继续采用移动火把外，还出现了固定火把照明。战国时期，出现了照明用灯。到汉代，井下已使用灯盒等固定式照明装置。宋代，矿山照明技术大大进步，已经大量采取固定式灯盒照明法。明清时期，许多地方都有了关于照明设施的专用名词，如矿工以巾束头叫"套头"，灯挂在套头上叫"亮子"，设计精巧，使用安全。照明方式的不断进步，从移动式照明发展到固定照明，再到使用灯盒照明，安全性能逐步提升，说明古人对采矿安全问题的需求与认识在逐步提高。

（3）矿井排水

井下作业，矿工随时都有被水淹溺的危险，因此，为使开采工作能够顺利进行，保障矿工安全，古人采取了很多有效的排水方法。商代矿山井下设置了排水槽、水仓等排水设施，主要采用提升法，先将井下水汇集于水仓，然后将水吊至地面排走。西周时期的防水和排水技术较商代有了较大发展，排水和堵水措施进一步完善，矿山地下排水已设置专门的排水巷道、水仓、排水木槽和暗槽等。这些可靠而有效的排水设施为成功进行地下开采提供了技术前提和保障。春秋战国时期，随着社会、技术的发展，人们对水的运动规律有了较深认识，为适应地下大规模联合开采的需要，在排水方面已采取一整套行之有效的治水措施，防水、排水能力有了进一步发展。后来又有专门的排水井，有的将水排入采空区，以减少提运工作量。汉魏时期的排水技术基本上与战国时期相同，排水工具也没有大的变化，仍然是木制水桶。唐代，矿用排水设备有了更新和发展，已经使用水车分级排水。清代，矿山排水不仅设备上有了很大改进，而且技术也有较大提高，出现了大型竹制或木制的排水工具"水龙"，井内水小时就用皮袋手提肩背，水大时则用"水龙"排水，采用分级排水系统。

1.4 古代煤矿开采与安全技术分析

煤矿的开采与利用在时间上要略晚于金属矿山。据目前已发现的考古及文献记载，中国是世界上最早开发利用煤炭的国家。晋人王嘉在《拾遗记》中即有关于炎帝取煤炭烧火做饭之记载。我国古人最初对煤炭的利用也用于雕刻生活用品，这可以从考古发掘出的大量煤雕制品中得到印证。随着社会经济的发展，煤炭的用途进一步扩展，不仅用作生活燃料，而且进入生产领域，特别是伴随冶铁、冶金、陶瓷等行业的发展，人们对煤炭的开发利用更为重视，煤炭在经济和人民生活中所发挥的作用也越来越大，地位日益重要，发展到宋代，煤炭已经代替金属矿产，成为关系国计民生的重要资源。相对于金属矿山来说，煤矿开采中的安全问题更为突出，特别是矿井通风和瓦斯抽放，因此，煤矿开采的安全防护技术要求更高，古人在开采煤矿过程中也积累、创造了一系列先进、有效的防护技术与措施。

1.4.1 煤矿开采技术体系及特征

虽然古代采煤技术并没有本质上的巨变，用简单的生产工具和器械，以笨重的体力劳动进行生产，但是，中国传统的煤矿安全防护技术在许多方面与同时代的其他国家相比是先进的，其中有许多独特的创造，凝聚着古代劳动人民的智慧，这是需要我们加以认真总结的。

（1）井筒开凿及井巷部署技术

关于煤井的深度，随着采煤技术的进步，逐步在加深。煤井深度，在魏晋时期已达到八丈（约合19.3米）。宋代鹤壁古煤井深度，经实地测量已达40米，几乎是魏晋时的一倍，其煤井的深度、形制与近代一些小煤窑类似。明清时期，井筒更深，有的煤井已深达百余丈。煤井深度的不断增加反映了井筒开凿技术的不断进步。

井筒打至煤层后，就要布置巷道和工作面，以展开生产作业。在鹤壁宋代煤井中，井口南北两侧开辟了相连的主巷道，并布置四条巷道，"自井口南面，向东、西、南三面延伸，通向八个采煤区"。这种将井田划为若干小块，然后逐个进行回采的部署方法是中国传统的房柱法采煤的应用。至明清，井巷部署已较为科学。布置巷道要根据煤层的地质条件，要看煤层的走向、倾向及厚度。其程序是先开拓两条主巷，一条为通风巷，另一条为运输巷。对巷道的要求是干燥平整，以便于人行和运输，其次是为达到工作面就要布置上下山。上下山是便于行人、运输的阶齿。要想采出不同的煤层或倾斜煤层就得布置上山和下山，这既安全又便于通风，是非常可贵的经验。

（2）井巷支护技术

随着煤井深度的增加，安全问题也随之而来。为了解决井巷和工作面的塌落冒顶问题，支护是必不可少的。中国矿井支护技术历史悠久并已在金属矿山开发中发展成熟。煤矿质地较金属矿更为松软，对支护的要求更加严格，因而其支护技术是不低于金属矿山的。巷道支护的形制是因地而异的，大致有三种：一是人字架，多用于上窄下宽或近似于三角形的巷道；二是二柱一梁，这种支架形式最为普遍，有的二柱略向里倾斜，以使支柱更为牢固；三是框架式，由四根木构件为一组，架成"厢"，即框架式结构。这样既可防止支柱侧伏，也可防止底板鼓起，增加了稳固性。充填支护法在煤矿开采中同样得到了运用，用土及时回填地下采空区，可以避免大面积空顶，防止围岩塌落，保证安全。

1.4.2 煤矿安全防护技术的沿革

我国煤矿安全防护技术是随着煤炭开发的逐步扩大和用煤的逐渐普及而不断发展和完善的。

在汉代，中国就已经开始采煤并用于炼铁。到了魏晋时期，古人已能利用进风口与出风口之间的高差来进行矿井的自然通风。随着社会经济发展，用煤量增加，煤矿开采规模日益扩大，安全防护技术也随之不断进步。经隋、唐至宋代，我国古代采煤技术渐趋系统和完善，煤矿开采已经有了一套比较完整的安全防护体系。

在公元7—8世纪，我们的祖先就认识了毒气，并提出测知方法。公元610年，隋代巢元方著的《诸病源候论》中记载："凡古井冢和深坑井中多有毒气，不可辄入，必入者，先下鸡毛试之，若毛旋转不下即有毒，便不可入。"公元752年，唐代王焘著的《外台秘要（引小品方）》中指出，在有毒物的处所，可用小动物测试，"若有毒，其物即死"。

宋代的手工业，特别是冶铁、砖瓦等消耗燃料较多的行业发展较快，而且大都用煤作燃料，统治者开始重视煤炭的开采和利用，煤炭开采技术发展到一个高潮。1960年发掘的河南鹤壁宋代古煤井遗址，就再现了宋代采煤技术的概貌，从中可以大致看出宋代的煤矿安全防护技术已经发展到了相当高的水平：①开拓方式为圆形竖井。井筒位置选择合理、准确，说明当时的煤田地层知识比较丰富，手工凿井技术也比较成熟；②巷道部署已有主巷和辅巷之分。主要巷道由井底向南北两端开凿，用于连接南北采区。辅助巷道自井口向东、西、南三面伸延，通向8个采区；③回采工作面共10个，分布在井筒的四周。各工作面之间保持一定距离，并保留一定的煤柱，以减少工作面的顶板压力。回采方式采用房柱法，回采顺序为"跳格式"，先内后外，逐步后退。房柱法开采技术发展到宋代已相当娴熟和规范；④井下照明采用固定式点灯的方法，在巷道两壁开凿了许多放置油灯的扁圆形和近似长方形的灯龛，巷道中放有贮油的瓷瓶、瓷罐，可以随时为灯添油；⑤提升方法是先将回采工作面采下的煤用肩挑至井底附近，再用辘轳提升到地面；排水方法是先将矿井内的水引入低洼处的积水井中，然后用辘轳将盛有水的水具提至地面排出。这说明，宋代的煤矿开采不但在井巷开拓、巷道部署、支护技术等方面已经达到较高的技术水平，而且在通风、照明、支护和分段提升、排水等方面都有了比较完备的设施和技术措施。南宋宋慈所著《洗冤录》中已经开始有关于煤气中毒症状、预防和治疗措施的记载，人们开始认识到煤炭的安全属性。

元朝政府由中书省负责煤炭行业经营管理，已经开始重视采煤安全问题。据记载，曾有地方官员立下《井窑戒》，以警告人们不得在该处擅自采煤以免发生坍陷和透水危险。

明清时期，我国煤矿安全防护技术有较大进步，进入集大成的高峰期。明代，煤炭的开发利用有了比较明显的发展。对煤矿安全防护技术记载比较详细的是宋应星的《天工开物》（见图1-19），对于找煤、开拓、运输、提升、通风、排水、照明等技术均有详细描绘。书中记载"凡取煤经历久者，从土面能辨有无之色，然后掘挖，深至五丈许方始得煤。初见煤端时，毒气灼人。有将巨竹凿去中节，尖锐其末，插入炭中，其毒烟从竹中透上，人从其下施攫拾取者。或一井而下，炭纵横广有，则随其左右阔取。其上枝板，以防压崩耳。"这不仅具体记述了井巷的联合开拓、顶板支护的开采过程，而且值得一提的是，详尽记载了矿内瓦斯排放和防止冒顶坍塌的安全技术措施。

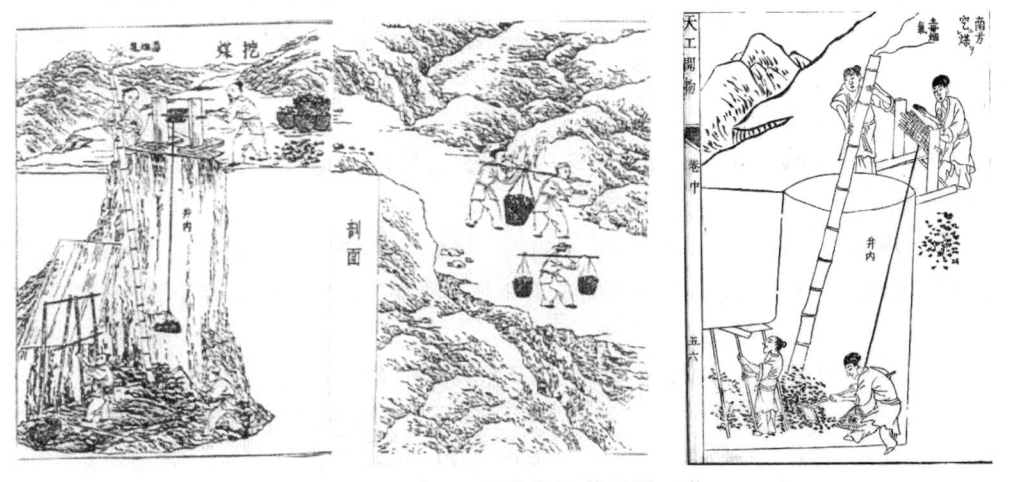

图 1-19 《天工开物》记载采煤工艺

先进行通风，排除瓦斯气体，预防中毒，并进行巷道支护之后才能进行挖掘，这是符合井下安全作业特点的。利用竹筒进行瓦斯抽放比同时期外国多用火烧处理的办法要科学得多。明代采煤技术中普遍使用了支柱及支柱充填法，这在《天工开物》中也有记载"凡煤炭取空而后，以土填实其井"，即用废石作充填料充填采空区以防止周围岩石塌落。关于矿井提升运输技术，当时的煤井使用了较为先进的装运提升方法，如辘轳、拖车、绞车等。《天工开物》是中国古代著名的综合技术著作，其对煤矿开采的井巷开拓、通风、支护等技术的记载，表明当时的煤矿安全防护技术已经发展得比较成熟。

清代，记载煤矿开采技术的文献以孙廷铨的《颜山杂记》最为详细。主要介绍了井筒开凿要求、开拓部署、井下支护方法、通风和照明等技术。对于主井的开凿，要求井位选择要考虑地质条件，以"确"与"坚"为原则。选址要准确无误，建井必须坚固牢靠，以保安全。如果这两条达不到，井下必然削垮。当竖井的深度和将要开采的煤层相当时，从竖井的旁边开巷道，巷道的方向要看煤层的走向而定。书中还记载了关于井下照明和通风的问题，"凡行隧者，前其手，必灯而后入。井则夜也，灯则日也。"为了让井下空气对流，工人们发明了开气井的办法，而且气井、气巷和工作巷分开。这是我国古代采煤技术中首次提到开气井的文献，反映了明末清初的煤矿井坑设计和建造方面又迈出了新的步伐，达到了一个新的技术水平。

古代煤矿开采中所使用的瓦斯抽放、顶板支护等安全防护措施与以下现代采煤保证生命安全的原理是一致的：加强顶板支护，以防冒顶；加强通风，以消除瓦斯积聚，防止窒息、瓦斯爆炸；以水砂充填采空区，以防透水和塌陷。

1.4.3 煤矿开采辅助技术的发展

由于不同行业的关系，煤矿的井下通风、照明、提运、排水等辅助技术，比金属矿更为讲究，这在记载采煤技术的有关文献中都有所体现。

（1）运输与提升

古代井下运输最初是直接用人背、肩挑。后来由于井深增加，运输量也随之增大，于是开始使用一些运煤工具和设备，如拖筐、拖车、绞车等。有的在拖车下钉上托条或安上小轮，以减少拖车与底板的摩擦。在山东淄博矿区古煤井中还发现有为便于牵拉拖筐而在巷道中所铺设的木沿板。拖车和绞车等工具的使用，不但提高了井下运输效率，也增加了井下工作的安全系数。值得注意的是，为提高井下运输效率，古代煤井还使用了畜力运输，这在古代较大煤窑中是很普遍的。

提升是煤矿生产的又一关键环节，只有解决好提升问题，才能及时把煤提到井上，矿工上下井、采煤工具及材料的运输也要靠提升工具。随着采矿技术的发展和煤井深度的增加，提升工具也在不断发展和改进。最初主要是靠人力手提，后来主要是使用提升工具和设备。古代煤矿的提升设备主要是辘轳。根据宋代鹤壁古煤井所发现的木制辘护以及条筐等，可以看出，宋代及以前的煤窑就已采用辘轳提煤了。发展到明清两代，辘轳已成为煤矿开采中十分流行的提升工具。除辘轳以外，绞车也使用比较广泛，且绞车在形制上比辘轳又进一步，也好掌握，因此，至明清，绞车在煤矿中普遍得到应用。

（2）矿井通风

注意井下通风，保证空气流通，是煤矿生产的关键。中国古代在这方面有许多创造性的措施，很值得总结。

古代煤井通风，一般分为自然通风和人工通风两种。自然通风又有单井和双井等办法。开双井筒是较普遍的方法，早在南北朝时期已经可以在较低的位置开凿进风筒口形成自然通风系统。关于双井筒通风，明确的记载见于《颜山杂记》："是故凿井必两，行隧必双，令气交通，以达其阳。攻坚致远，功不可量，以为气井之谓也。"这里的气井，即风井。两条主巷中的一条则是通风巷，完整的自然通风系统就形成了。在单井筒的煤窑中，传统的做法是采用表风法。如山西大同，在方形井筒的一角用片石砌成一个三角形的回风道，回风道上方高高砌起，形如烟囱，名为"撅咀"。这样，风从井口进入井下，再经过用表墙隔出的回风道，由撅咀抽出，形成循环风路。直到中华人民共和国成立以前，山西及北方有的土窑还用这种方法通风。人工通风也是很常见的，主要是用风车、风柜、风扇、木制扇等往井内扇风，以解决较深井巷的通风问题。为使风能顺利进入井巷最远处，清代还出现了风筒。

瓦斯灾害是煤矿开采中的第一大敌，对于井下瓦斯等有害气体，古人认识也较为深刻。《天工开物》载"初见煤端，毒气灼人"。清刘岳云《矿政辑略》也指出"地中变怪既多，有冷烟气中人即死""煤矿多此气，亟宜防避"。这说明古人已经认识到了煤矿事故的有害因素。对于瓦斯等灾害，古人在总结生产经验的基础上提出了有效的安全防护措施，如瓦斯排放技术，根据《天工开物》的记载，是在开采前将一根粗大而中空的竹竿前面削尖，送到井下，插入煤层中，从而将煤层中的大量瓦斯引出井外，这和今天的瓦斯抽放原理是一致的，只是使用的机械不同罢了。

（3）井下照明

采煤是地下作业，要使井下生产正常、安全进行，就必须有相应的照明设备。从史料记载来看，古代煤井较深者，都有相应的照明设施。最初是使用移动式火把照明，发展到后来，采用固定式照明。鹤壁宋代古煤井中的照明措施已经很完备。在巷道两壁凿有大量灯龛，以放置灯具，在巷道交叉和拐弯处还安置了较大灯盒。由于固定式照明不方便而且安全性差，便出现了便于携带的封闭式的油灯，即矿灯。《犍为县志》载"皆头顶灯壶，藉光工作"，说明矿工已随身携带矿灯作业。随着开采深度的增加，瓦斯增多，极易引起爆炸，为了加强矿灯的安全性，逐渐发展到给矿灯加盖加罩。明代李时珍《本草纲目卷九·石部》所附的采煤图上所画的挂吊于立柱之上的矿灯，上面已有灯罩，说明明代已经不全是裸火照明。有的地方还规定"灯则用明角外罩"。从古代矿井照明用具、矿灯形制发展过程来看，古人已很重视井下开采的安全性作业。

（4）排水技术

排水对于煤矿开采而言十分重要，水灾是煤矿五大灾害（水、火、瓦斯、煤尘、顶板）中最为突出的一种。为此，开办煤窑，必须解决水的问题，必须把水及时排到井上或硐外。正如明嘉靖时期《彰德府志》所言"水尽，然后炭可取也"。在长期的煤矿开采实践中，古代矿工借鉴了农业生产的经验，创造了许多排水的方法，发明了一系列排水设施和工具。

古代煤窑最常见的提水方法是利用辘轳和桔槔提水。这两种工具运作原理相同，都是用于排水提水的设施，只不过形制不同罢了。此外，还有转盘和绞车，其原理与辘轳大同小异，但比辘轳又进一步。绞车与井筒有一段距离，绳子通过井上之轴，滑动上下，用于汲水。《天工开物》记载"井上悬桔槔、辘轳诸具，制盘架牛，牛拽转盘，辘轳绞绳，汲水而上"。这说明当时已经采取辘轳、桔槔、转盘结合使用的方式提水，而且使用了畜力。转盘和绞车的出现，不仅可以人力推转，更可以使用牛马等畜力，大大提高了提升量和排水速度，为使用机械动力提水创造了条件。古代煤窑常见的盛水容器主要是水桶、水斗和牛皮囊。其中，牛皮囊不仅轻便、耐用，而且可以大量提水，直到中华人民共和国成立初期，不少煤窑仍在使用牛皮囊提升，足见其生命力。

中国古代很重要的排水工具则是"水龙"，也称唧筒，南方煤矿多称孔明车。在较长巷道用水龙从井下向上抽水，其距离较长，需一节一节传递，每节水龙下端设水窝以聚水，称为闸或坝坎，有的称为台。用水龙排水在南方煤窑比较普遍。如安徽芜湖一带煤矿"惟用竹器抽水，其长度至一丈，以一二人抽之，此项抽水器具，每一矿用五副至十副者。系由矿底以至矿面，层层抽泻，日夜不停"。

古代除使用器具进行排水以外，一些煤窑还利用地势，砌造了排水巷或排水沟，使水泄于窑外，这在清代北京一带的煤窑中有所采用。与世界上同时代的其他国家相比，中国古代的煤矿安全防护技术一直是处于领先地位的。13世纪时，欧洲和非洲等地还不知道用煤，而中国人使用煤炭早已有了上千年的历史，而且西方的采煤一直没有解决照明问题，采煤是在黑暗中摸索进行的。西方人直到17世纪还没有解决排水问题，直到18世纪还没有攻克煤矿开采中的瓦斯和通风难题，而我国在这些方面早已有了有效的安全防护措施。因此，可以说古代中国采矿的安全防护技术对世界采矿安全科技的发展作出了不可磨灭的贡献。

1.4.4　古代煤矿事故及原因分析

"前事不忘，后事之师""前车之覆，后车之鉴"，无数先人用鲜血换来的矿难的教训，是不容忘记的。在明代以前，浩如烟海的史籍中，关于煤矿矿难的记载竟然绝无仅有。仅有的一起，也是我国历史上最早发生的一起矿难，为见于《史记》的汉文帝初年河南宜阳一煤窑坍塌。这以后，直到元至正二十八年（1368年），长达1547年没有发现先人留下的关于煤矿矿难的任何记载。除上述一起外，其余都发生在明洪武元年（1368年）以后的580年间，这仅仅是有文字可考的事故统计，实际情况远比上述数字大得多。

见于司马迁《史记》的我国煤炭开采的最早记载，说的就是一起大矿难："窦皇后（汉文帝后）弟曰窦广国，字少君，年四五岁时，家贫，为人所卖，至宜阳，为其主入山作炭。寒，卧岸下百余人。岸崩，尽压杀卧者，少君独得脱，不死。"根据这则简短的记载及后代学者所作诠解，可以大致知道这次矿难的经过。汉文帝初年，约公元前179年，河南宜阳地区的一家封建富豪，派遣家奴100多人去山里开采煤炭。这些家奴白天分散在几个煤窑里劳动，夜间则集中在一处较大的煤窑中住宿。一天夜里，这个煤窑突然倒塌，将熟睡的上百个家奴全部压死，只有窦广国一个人逃脱。因为时代的局限，当时人们不知道这样一场大灾难是怎样发生的，认为都是"命"中注定。

明代，煤炭的开采已涉及河南、山东、河北、山西、甘肃、宁夏、陕西、新疆、四川、云南、江西、湖南、湖北、安徽、江苏、广东、辽宁、吉林、内蒙古等许多省（区），煤炭产量增加。由于煤炭开采的规模扩大，煤矿矿难发生的绝对数量呈增加趋势。在明代的276年中，现在发现的有文字记载的矿难只有山东、山西、甘肃、湖南4省5起。实际发生的矿难肯定不止这些，也不意味着其余更广大的地区没有矿难发生。

表1-2中所示的5起煤矿事故，第1起为水害，其余4起均为瓦斯灾害。其中透水事故发生在明初，瓦斯事故有3起发生在明代中期，最后1起发生在明末，从中可以看出，明代各个时期都有煤矿事故发生。

表1-2 明代煤矿事故概览

序号	时间	煤矿名称	死亡人数	事故类别	备注
1	1369年（洪武二年）	山东省章丘县埠村煤矿	33	透水事故	我国煤矿最早有记载的矿井水害
2	1591年（万历十九年）	甘肃靖虏卫（今靖远县）	3	瓦斯爆炸	我国有文字记载的瓦斯事故的首例
3	1603年（万历三十一年）	高平县唐安镇煤窑年	—	瓦斯爆炸	
4	1608年（万历三十六年）	高平县唐安镇煤窑年	—	瓦斯事故	这是同一煤窑间隔5年后发生的第2起同类性质的瓦斯事故
5	明朝末年	湖南省辰溪县曹家人村煤窑	1	瓦斯窒息	1961年考古发现此煤窑内有矿工遗骸一具，经考证后认为系瓦斯窒息致死

清初，清朝廷实行矿禁，严格限制煤炭开采。盛产煤炭的东北三省，矿禁延续了150多年，其间基本没有矿难记录。乾隆以前全国的煤炭开采没有大的发展，煤矿的安全情况和明代差不多。乾隆以后，开放矿禁，采煤业扩大。有些小煤窑为了多出煤，拓宽延深，扩大到可以容纳数十人以至上百人同时作业。在当时的技术条件下，各种灾害的威胁也随之增大，矿难频频发生，甚至发生以往罕见的一次伤亡数十人的特大矿难。由于清朝建立了开采煤矿要向官府申领票照，发生伤亡事故要禀报等制度，记录在案的煤矿矿难比明代多。

光绪年间以后，一些地方开始引进西方国家的先进技术开办近代煤矿。近代煤矿的生产能力几十倍于小煤窑，运输、提升、通风等环节已使用动力机械，但煤矿工人的劳动仍以手工为主，与小煤窑无异，劳动条件差，事故不断发生。开滦煤矿唐山矿是我国建成最早、规模最大的近代煤矿，但采煤工作面基本上没有动力机械，特别是仍用明火油灯照明，以致引发重大瓦斯爆炸事故，再加上这些煤矿开办不久就大多被英、德、俄、日等列强侵占。他们利用我国低廉的劳动力对我国的煤炭资源进行掠夺性的开采，对煤矿工人的生命安全完全忽视，从而引发许多矿难。

在光绪年间，全国有记载的重大煤矿事故共计46起，死亡2099人，其中单次事故死亡百人以上的8起，共死亡927人。最大的一次煤矿事故发生在光绪三十三年（1907年），德国人强占的山东坊子煤矿井下炸药库爆炸引起瓦斯爆炸，一次死亡达170人。发生最多、伤亡最严重的是矿井水灾，共22起，死亡1187人；其次为瓦斯事故，共10起，死亡482人；再次是井下火灾，共5起，死亡210人；顶板事故，共5起，死195人（见表1-3）。

表1-3 清代重大煤矿事故

事故类型	事故起数	死亡人数
矿井水灾	22	1187
瓦斯灾害	10	482
井下火灾	6	210
顶板事故	6	195
其他	5	25
总计	49	2099

主要事故有：嘉庆六年（1801年）安徽宁国县旌邑山煤窑，发生透水事故，淹毙20余人，官府因此下令禁止采煤；嘉庆二十四年（1819年）4月，山西平定县固庄沟煤窑因下大雨，煤井被淹没，"内涵工人驴骡四五十口"；道光十六年（1836年），山东新泰县一煤窑发生老空透水，死亡100余人；光绪十九年（1893年）7月26日，山东峄县中兴矿局半截筒子井发生透水，井下工人蜂拥奔跑，争相攀井绳上井，井绳被拉断，死亡一百余人；光绪二十六年（1900年），山东章丘海关道道台办的局子井，由于老空透水，死亡130人；光绪三十三年（1907年）8月19日，山东华德矿务公司坊子煤矿井下火药库爆炸，引起瓦斯爆炸，死亡170人；光绪三十四年（1908年）12月18日，江西汉冶萍公司萍乡煤矿"井下大火，焚毙人口百余"。

虽然，历史典籍中对于煤矿事故频仍、死人不断的状况少有记载，但许多地方志中却有所述及，这不仅可以帮助我们了解古代煤窑的作业情形及煤矿安全状况，而且可供广大煤矿安全生产管理者参考。

明代《顺天府志》卷11对当地煤炭开采及事故情况有所记载："煤炭，出锤西七十里大峪山，有黑煤洞三十余所。土人恒采取为业，尝操锤凿穴道，篝火裸身而入，蛇行鼠伏，至深数里始得之，乃负载而出。或遇崩压则随陨于穴"。这是关于当地煤矿冒顶事故的记载。

清乾隆《长兴县志》卷载"煤井深有百余丈，远至二三里，开掘者数十人百余人不等，往往有掘向深邃处，忽水泉涌出，抑或支木不坚从上坍下，又有工人不谨，燃油失火延烧等弊，在下者呼号奔窜无路，在上者披发援手罔济。人命轻如草菅，莫此为甚。因出示晓谕，凡开掘处不得过深远、随掘随支。板木俱用坚壮，每夫各给鹿皮裤，以免水气内浸。灯则用明角外罩，迩年来报伤人命者亦罕矣。"这段文字不但记载了当时煤矿开采规模、井巷开拓深度、矿工人数等情况，还描述了煤矿透水、冒顶、火灾等事故的情形及原因。特别值得注意的是，煤矿事故屡发，引起了统治者对安全问题的重视，从而采取了一系列规定和措施降低事故，保障矿工安全。

光绪《续修井陉县志》卷1载河北井陉："炭井入地二三十丈不等，掘取之辈，每有水出溃死者，有土落压死者。"这里记载了煤矿透水和冒顶坍塌事故。

《秦疆治略》卷上载：陕西白水县"西、南两乡有煤井四十眼，掘煤搅炭人工计约三五百人，其中下井之人，有被水淹毙者，有被煤烟熏死者，不一而足。控官之词，连年不休"。这说明当地煤矿事故经常发生，伤亡惨重。

从上述所引地方志中零星片段的记载来看，古代煤矿伤亡事故时有发生，事故类型主要有水灾、瓦斯、顶板、火灾等。从中还可以看出，古煤窑的井下作业环境很差，安全措施不足，矿工的生命安全得不到保障，从而引发事故频仍、伤亡惨重的情形，这一方面是与统治者不重视矿工的生命安全有关，另一方面与当时的安全技术水平及安全设施落后有关。

1.5　古代矿山安全监管体制的发展

古代早期的这些事故给予人们不断加强对矿山安全的治理意识，形成了许多关于矿山安全的治理规定和法律。我国矿业的发展源远流长，早在西周时期，就出现了青铜器的冶炼。随着社会经济的发展，以及对矿产资源需求的扩大，矿业开始繁荣，政府开始制定、完善矿业管理的法律制度。关于矿业管理的规定，最早见于先秦时代，《周礼》《管子》《韩非子》等书中均有记载。隋唐以后是古代矿业的繁荣时期，矿业管理制度也相对完善。

（1）管理机构

早在西周时期就出现了矿产资源开发、管理的机构，根据《周礼·地官司徒》的记载，当时设置了大司徒一职，"掌建邦之土地之图，与其人民之数"，从事国土管理工作。设置"卝人"（即矿人）这一机构，具体负责矿产资源管理。"卝人"由中士、下士、府、史、胥、徒等工作人员组成，"掌金玉锡石之地，而为之厉禁以守之。若以时取之，则务其地图而授之，巡其禁令"。

春秋战国、秦汉时代设置铁官，从事矿冶管理。汉武帝时期，还设立了铜官、金官等职位，从事矿冶管理。

三国时期，曹操设立官营冶铁机构，比如司金都尉、临冶谒者，主管铁业与冶铸。

西晋掌管矿业的官职为卫尉，东晋时期不设卫尉，由少府管理。

隋朝时期，在大府寺下设掌冶署，从事矿业管理。

唐朝在全国各地设有冶官，随着矿业开发的繁荣，唐时期在全国各地设有冶官达271个。

宋代的矿业主管机构相对完备很多。主管矿业的机构为工部，工部下设虞部郎中，负责管理冶炼事务。同时还有监、务、场、坑、冶等机构，分别负责监管、收税、收购、采矿、冶炼等事务。监是主监官的驻地，凡是有铸钱的场所，都设置监；务是矿产收购站或矿冶税务所；场是矿场；坑是矿坑，每个场可以有若干个坑；冶是金属冶炼场，一个冶所需要的矿石往往由几个场来供应。

元代在全国各地设立总管府或提举司，管理矿产资源的采炼事务。

明代洪武年间设立铁冶所，永乐年间设立金场局、银场局等机构负责管理金属矿业。

清朝末年，根据《大清矿务章程》规定，中央管理矿业的机构为农工商部，各省的负责机构为矿政调查局。

在整个封建时期，虽然中国矿山开采与利用的规模不断扩大，政府对矿山相关行业的经营管理也日益加强，但整体上不关注安全问题，政府也从未设立专司矿业安全监管的部门。主要原因是在封建时代，政府更关注的是矿山所带来的资源与税收利益，对于矿工的生命安全政府并不关注，包括在官办矿中，矿工的生命也同样被极度漠视。在民营矿中，矿工的生命安全更是毫无保障。可以想象，在"圈窑"盛行的封建社会，不可能出现现代意义上的矿山安全政府监管。

（2）规章制度

宋代孔平仲在《谈苑》中讲到铜矿的开采情况。书中记载："韶州岑水场，往岁铜发，掘地二十余丈即见铜。今铜益少，掘地益深，至七八十丈。役夫云：地中变怪至多，有冷烟气中人即死。役夫掘地而入，必以长竹筒端置火先试之，如火焰青，即是冷烟气也，急避之，勿前，乃免。"韶州是今广东韶关一带，那里往年铜矿发达，现在铜已经少了。所说冷烟气可能是含一氧化碳比较多的天然气。这里讲到了矿井深度和防止冷烟气的办法，但是对整个矿井的结构没有记载。

在清乾隆三年（1738年），两广总督鄂弥达拟报朝廷的《开采矿山规条》，这是矿山安全在国家层面的意识体现，《开采矿山规条》连同前面的总论共十章。第一章为"经管员役"，第二章为"召募商人",第三章为"抽收课税",第四章为"雇觅工丁",第五章为"矿山汛防",第六章为"炉厂寮房",第七章为"矿山所需米粮",第八章为"立法稽查",第九章为"奏销交代"。

对于防止瓦斯灾害事故,加强通风问题,该《章程》规定得特别具体。《章程》第一条就强调了通风的重要性:"煤矿秽气最盛,势必常令清气贯入以攻之,方免其害。矿中煤田、煤槽、养马走路各处务使透风,以便工作、行走。"此外,对于对矿下煤气进行检查、记录及其预防措施等要求较严。特别规定,一旦发现问题,必须将工人全部撤出:"矿内无论何处,如遇有煤气过重,或别项危险,一经察觉,必须尽将工人全部退出。立即疏修妥帖,派人验明,方许复进"。

为了防止瓦斯爆炸、矿井火灾及火药爆破过程中伤人,该《章程》对于火药的使用规定甚详。一是,"矿中不得安放火药";二是,矿中需用火药时,"须用箱罐装好,每箱不得过三斤,每段工作之处只准携带一箱,不准多带"。三是,使用火药时,必须审明瓦斯,"遇有煤气仍须审明""须专司者验明"。四是,不可用铁器、钢器舂药,倘若引火失慎,亦不准用铁器抽提。五是,放炮时"左近又无工作之人方可燃用",且"火力烟气不能透达槽段"。这些规定,都是实践经验的总结。此外,对于设置避险旁峒、设立护栏及隔离栏、下井工人数量、矿灯使用与保管、机器操作等都有相应的规定。特别是对于保安宣传工作亦提出要求,要求把该《章程》在煤矿各处张挂,"俾各周知",并且要"由矿务局刊印,分给司事工人等,每人一张"。此外,还要求根据《章程》,所属各矿还要制定专条,即实施细则。当年开平煤矿就据此制定了《煤矿专条》,其规定更详细、更具体。

这里有许多值得我们借鉴的地方:一是,封建官吏如此重视矿业法制建设,对矿区各项"开采应行事务,酌立规条",用"规条"加以规范,对矿区依"规条"进行管理,这是十分不容易做到的,也反映我国矿业管理与监督思路的进步。二是,这份"规条"十分全面,从开矿审批到矿区建设,从经营者到从业、贸易之人,从管矿官员赴任到离任,都有明确规定。三是,一些规定十分详细,就连外来人员进山、出山都有规范,都有"规条可依",可谓用心良苦。

此外,张泓的《滇南新语》,王崧的《矿厂采炼篇》,倪慎枢的《采铜炼铜记》,吴其濬(1789—1847年)的《滇南矿厂图略》,以及某些地方志等,其中以《滇南矿厂图略》讲得最详细,又附有矿井剖面图,是一部图文并茂的著作。书分为上下两卷,上卷《云南矿厂工器图略》,下卷《滇南矿厂舆程图略》,采铜技术、铜矿井结构都在上卷叙述。上卷书的前面,绘有矿厂剖面图,把有关采矿技术作了形象的反映,文和图对照阅读,能使读者清楚地知道当时采铜技术的各个细节。图上有矿井内部结构,如平巷、斜巷、另峒、钓井、掌子面、陡腿、平推、钻篷、象腿、倒回龙、马鞭桥、顶子等;有矿井中的设备,如油灯、摆夷楼梯、风箱、风柜、拉龙等。此外,通风、排水、照明、挖矿石、背矿石等劳动场面,图上也有表现。还有专门的工具器物图。所以,图在这本书中和文字一样重要,甚至更胜过文字。比如图上画的象腿,就是石柱或矿柱,它代替坑木支护矿井,是自春秋以来就有的一种开采方法,文字说明中没有。文字部分写得层次分明,共分十六个部分:第一"引",讲矿苗;第二"峒",讲矿井内部结构和具体技术操作;第三"峒之器",讲矿井中使用的工器具;第四"矿",讲矿石品位高低;第五"炉",讲冶炼;第六到第八,讲冶炼和用品;第九"丁",讲矿山人员组成；第十"役"，讲分工；第十一、第十二讲矿山制度和禁忌；第十三"患"，讲矿灾、矿害；第十四到第十六讲迷信活动。所以整本书讲的是铜矿的开发、管理、经营，开采技术只是其中几个小部分。整本书为我们展现了当时矿业上各方面的活动场面，使我们能够比较清楚地了解当时铜矿开采的水平。

时间比较早而且安全生产针对性较强的则是《开平煤矿章程》。这一章程制定于光绪五年（1879年），共33条，涉及通风、瓦斯灾害预防、水害预防、冒顶预防等多方面内容。

矿山安全技术是伴随着矿山生产的出现而出现的，又随着矿山生产技术的发展而不断发展。工业革命以后，矿山生产中广泛使用机械、电力及烈性炸药等新技术、新设备、新能源，使矿山生产效率大幅提高。同时，也带来了新的不安全因素，导致矿山事故频繁发生，事故伤害和职业病患者数急剧增加。矿山伤亡事故严重的局面迫使人们努力开发新的矿山安全技术，近代物理、化学、力学等方面的研究成果被应用到矿山安全技术领域。例如，戴维发明了被誉为"科学的地狱旅行"的安全灯，对防止煤矿瓦斯爆炸事故起了重要作用；著名科学家诺贝尔发明了安全炸药，有效地减少了炸药意外爆炸事故的发生。

19世纪末20世纪初，相继发明了矿用炸药、雷管、导爆索和凿岩设备，形成了近代爆破技术；电动机械铲、电机车和电力提升、通信、排水等设备的使用，形成了近代装运技术。20世纪上半叶开始，采矿技术迅速发展，出现了硝酸铵炸药，使用了地下深孔爆破技术，各种矿山设备不断完善和大型化，逐步形成了适用于不同矿床条件的机械化采矿工艺。提出了矿山设计、矿床评价和矿山计划管理的科学方法，使采矿从技艺向工程科学发展。20世纪50年代后，由于使用了潜孔钻机、牙轮钻机、自行凿岩台车等新型设备，实现采掘设备大型化、运输提升设备自动化，出现了无人驾驶机车。电子计算机技术用于矿山生产管理、规划设计和科学计算，开始用系统科学研究采矿问题，诞生了系统矿山安全学。矿山生产开始建立自动控制系统，利用现代试验设备、测试技术和电子计算机，预测和解决实际问题。因此，矿山安全工程学科被正式提出并得到了公认。

参考文献

[1] 刘影. 基于我国采矿及安全防护技术变革的安全观的形成与发展研究 [D]. 长沙：中南大学，2009.
[2] 夏湘蓉. 中国古代矿业开发史 [M]. 北京：地质出版社，1986.
[3] 朱训. 中国矿业史 [M]. 北京：地质出版社，2010.
[4] 吴晓煜. 中国煤矿安全史话 [M]. 徐州：中国矿业大学出版社，2012.
[5] 朱义长. 中国安全生产史（1949—2015）[M]. 北京：煤炭工业出版社，2017.
[6] 卢嘉锡. 中国科学技术史·矿冶卷 [M]. 北京：科学出版社，2007.

第 2 章 现代矿山安全学科的构建
（19 世纪中期—1949 年）

进入 19 世纪中期，矿山事故频发，尤其是 1942 年中国辽宁本溪煤矿发生伤亡约 1500 人的特大事故，引起了社会各阶层的广泛关注。兴办大学培养专业人才、创办学术共同体、加强中西方交流与技术的传入等促进了我国矿山行业的发展及矿山安全学科的形成。西方国家以及我国一些学者对矿山技术的改革在很大程度上改善了安全生产条件，提升了人员安全保障水平。中华人民共和国成立后开始创办矿产资源的专门管理机构，党和国家领导人高度重视矿山安全。在矿山安全发展的过程中，国内一些大型的煤矿如开平煤矿就颁布了自己的《开平煤矿章程》，对于防止瓦斯灾害事故、加强通风等的规定特别具体，虽然这都是根据实际经验得出的，但仍可说明当时已经非常关注矿山安全问题，并有意识地采取一些用于减少事故发生的预防措施。鉴于现代煤矿事故发生的数量最多，且后果最为严重、影响最为深远，本章取煤矿为主要对象，以时间为轴线，叙述了 19 世纪中期至 1949 年这一时期的矿山安全学科发展概况。

2.1 矿山安全学科形成的背景

19 世纪 60 年代（洋务运动初期），外国学者考察勘探发现了我国地下丰富的矿产资源，国内一些人士由此也开始打算大力发展采矿，包括从语言的学习开始，到著作的翻译传入，再到逐渐采用西方先进的技术进行改革，还邀请西方的专家教授前来教习或者负责矿山的设计工作等。由于我国的闭关锁国制度，很难与西方的先进技术和理论进行交流，一直到 19 世纪末 20 世纪初才逐渐开始。新著作和新思想等无不影响着国内的矿山安全人士，社会各界开始注重从提升设备、通风、照明、排水等矿山事故多发的技术层面进行改进，为此后矿山安全学科的建立奠定了基础。

2.1.1 典型矿山安全事故及原因分析

19 世纪在中国兴办的大型矿山多为西方列强所有，西方的思想和技术主要是在矿山的高层领导人员当中贯彻实施，技术的不成熟和滥用劳动力等多重作用下造成了大量事故的发生、人员伤亡和经济损失。

清朝 267 年间有记载的重大矿难计 46 起，死亡 2099 人，其中死亡百人以上的事故 7 起，共死亡 828 人。民国时期（1912—1949 年）全国煤矿共发生重大事故 297 起，死亡 17089 人，其中死亡百人以上的特大事故 38 起，死亡 9706 人。国内严重的矿山安全事故如下。

1866 年（同治五年），湖南冷水江潘桥乡浪丝滩煤窑，因穿透江水，淹死 32 人。

1868 年（同治七年），河南登封县大金店菜园地煤窑透水，井下 80 多人，仅四五人生还。

1870 年（同治九年），河南登封县缸窑村煤窑透水，井下百人无一生还。

1909 年 6 月 4 日，阳泉保晋公司第二矿场，即燕子沟煤矿，在建井过程中，因吸烟点火，点燃炸药，引起瓦斯爆炸，"爆炸声震动十余里，井内三人和井口五人，全被炸得骨肉横飞"。

1912—1914 年，山东中兴煤矿（位于驿县枣庄镇境内，枣庄矿务局的前身）计有 853 名矿工死于井下事故。

1913 年 12 月 21 日，唐山矿 8 道巷西 2 至 5 道石门之间 9 槽工作面沼气爆炸，死亡 7 人。

1914 年 5 月 10 日，唐山矿 8 道巷西 2 至 5 石门，发生瓦斯爆炸，造成 19 人死亡。

1915 年 2 月 1 日，山东中兴煤矿公司南大井，在探放积水时，出现透水征兆，工人遂向德国矿师高夫曼报告。这个德国矿师本是金矿矿师，对煤矿不甚熟悉。他认为工人判断不正确，未予重视，命令工人照常作业。结果不久发生透水，且瓦斯随水涌出，触及灯火，引起爆炸，造成 499 人死亡。

1916 年 3 月 14 日，日占辽宁抚顺炭矿东乡坑发火，引起瓦斯爆炸，死亡 151 人。

1916 年，辽宁抚顺煤矿产煤 217.58 万吨，发生瓦斯、顶板、提升运输等事故 3809 次，死亡 1124 人，受伤 4155 人，百万吨死亡率高达 516.6%。

1917 年 1 月 11 日，日占辽宁抚顺炭矿大山坑发生瓦斯爆炸。日本当局不积极救援，采取封闭矿井的办法，将井口堵死，此次事故造成 917 人死亡。

1919 年 3 月 11 日，日占辽宁本溪湖炭矿二坑发生火灾，死亡 219 人。

1920 年，湖南耒阳小水乡挨家洲煤窑发生瓦斯爆炸，死亡 108 人。

1920 年，《新青年》登载的一篇调查说：开滦煤矿"每月因（工）伤死于矿内者平均 4 人，多的时候十几人、几十人不等（病死者不计），大半因不通风致闷死和中毒死"。

1920 年 10 月 14 日，河北开滦矿务总局唐山煤矿 9 道巷发生瓦斯爆炸，造成 400 余人死亡。

1923 年 6 月 22 日，山东中兴煤矿金十二窑透水，死亡 114 人。

1924 年 3 月 25 日，唐山矿 4 道巷西 13 至 14 石门之间因骤然坍塌，砂、泥和水突然侵入，将附近巷道填塞，死亡 46 人（20 人未找到尸体）。

1924 年 8 月 20 日，赵各庄矿 3 道巷 8 石门东 9 槽 605 碉，因工人开启安全灯引起沼气爆炸，死亡 6 人，伤 1 人。

1924 年 9 月 25 日，赵各庄矿一号井 2 道巷段进行施工爆破，炸落石、泥坠入 3、4 道巷，砸死 8 人，伤 5 人。

1926 年，四川荣昌县复兴煤厂发生瓦斯爆炸，死亡 100 余人。

1926 年 6 月 30 日，开滦唐山矿地面一处矸石堆在大雨中发生爆炸，死亡 4 人，是我国煤矿矸石山发生爆炸的首例。12 月 20 日上午 6 时 30 分，唐山矿 9 道巷西 2 至 3 石门之间的 9 槽，发生瓦斯爆炸，死亡 26 人，伤 14 人。

1927 年 8 月 30 日，日占山东淄川煤矿华坞井南坑道发生透水事故，死亡 151 人。

1928 年 3 月 23 日，安徽宜城水东煤矿发生瓦斯爆炸，死亡 158 人。

1928年3月，日占山东淄川煤矿发生透水事故，死亡102人。

1928年4月9日，日占辽宁抚顺炭矿大山坑透水，死亡482人。

1930年6月5日，马家沟矿3道巷西9槽煤峒发生沼气爆炸，死亡4人，伤3人。

1932年6月13日，马家沟矿3道巷西第6石门，发生瓦斯爆炸，10人死亡，11人受伤。

1933年，河南汤阴新记煤矿公司井下老空透水，死亡107人。

1933年，日占抚顺煤矿胜利坑发生冲击地压，死亡80人，是我国煤矿首例由冲击地压造成的矿难。

1933年8月6日，马家沟矿4道巷西5至6道石门间9槽大巷，发生瓦斯爆炸，当场死亡12人，受伤12人，其中1人因重伤隔日死亡。

1934年5月29日，唐家庄矿2道巷与3道巷之间斜井绞车房着火，窒息死亡33人。事故发生后将2道巷全部出口砌墙封闭，直至6月5日才恢复生产。

1934年12月12日，开滦林西矿4号井绞车断绳，造成坠罐事故，死亡23人。

1935年5月13日，山东鲁大公司淄川炭矿北大井75号采区发生透水，造成536人死亡。

1937年2月1日，"山西太原张领煤窑协兴山工人，在窑底工作之余，吸烟不慎，致将烟灰飞落于炸煤需要用的火药箱上，遂将火药一百余斤燃着爆发，轰然一声，震动天地，烟气冲塞窑口"，"计有17人被炸死，受伤33名"。

1937年6月，日占黑龙江密山炭矿滴道二坑发生瓦斯爆炸事故，死亡176人。

1939年4月7日，日占大同煤峪口矿南沟井发生透水事故，死亡100余人。

1939年，日占吉林西安碳矿大成一坑发生透水事故，死亡130人。

1940年1月，日占辽宁阜新新邱三坑发生瓦斯爆炸事故，死亡100余人。

1940年3月22日，日占河北井陉煤矿新井五段西北巷发生瓦斯爆炸，死亡357人。

1941年，日占西安炭矿富国一坑发生瓦斯爆炸，死亡200人。

1941年，"官办"的新式大型煤矿——四川南桐煤矿，产煤89765吨，事故死亡73人，百万吨死亡人数高达811。

1941年6月，湖南辰溪合组煤矿公司五隆十二班工作面，因一梁姓采煤工在工作面吸烟，引起瓦斯爆炸，死亡31人。

1941年10月，日占山西灵石富家滩煤矿第三坑冒顶，死亡100余人。

1941年，日占西安炭矿东城二坑连续发生瓦斯爆炸，造成井下死亡300余人。

1942年4月26日，日本占据下的辽宁省本溪湖煤矿发生瓦斯煤尘爆炸事故，死亡约1500人（关于此次事故的死亡人数，大致有四种说法，一是本钢的资料为1493人，二是《东北国营煤矿年鉴》的约1500人，三是《中国煤炭志·辽宁卷》的资料1594人，四是本溪煤矿离退休干部张洪昆的回忆是1527人），是世界采矿史上死亡人数最多的矿难事故。

1942年，日占大同煤峪口矿发生透水事故，死亡150余人。

1942年10月11日，日占吉林西安炭矿太信一坑发生瓦斯煤尘爆炸，日本人下令封闭井口，造成井下621人死亡。

1943年春，淮南大通矿，日本监工强迫工人在西4石门北4槽已封闭的瓦斯内挖煤。日本监工滕永清太郎吸烟，造成瓦斯爆炸，死亡40人。日本监工又让工人进入瓦斯区背出滕永清太郎的尸体，又有30多名矿工窒息死亡。

1943年5月,黑龙江鸡西滴道矿河北老二坑,因炭车与变压器相撞,引发了瓦斯爆炸事故,百余名矿工死亡,这是较早的由于矿车引发瓦斯爆炸事故的记载。

1944年1月,日占山东博大公司山头岭立井透水,死亡119人。

1944年4月28日,在山东新汶华丰炭矿的日本人,让63名矿工乘坐普通矿车,在长900米、倾斜30°的"老马道"进行载人试验。在进行第二次急刹车时,钢丝绳被挣断,12个矿车在井筒内飞驰而下,63名矿工全部遇难。

1944年6月14日,广西贺县西湾煤矿工人在井下吸烟,引起瓦斯爆炸,死亡7人。

1944年,吉林蛟河炭矿一马路和七坑发生跑车事故,死亡矿工90名。

1945年,河南宜洛煤矿公司发生瓦斯爆炸,死亡108人。

1946年1月1日,北京门头沟煤矿中班正值上下班时,西井卷扬机开驶过限,造成西罐笼坠罐,当场死1人,伤4人。然而此矿并没有吸取教训,到了晚上,东罐笼又出事故,有6人受伤。

1947年,河南宜洛煤矿公司发生瓦斯爆炸,死亡169人。

1947年10月9日,四川威远崇福煤矿,井下矿工在乘吊车出井时,因钢绳断落,造成6人死亡,3人受伤。

1948年12月,淮南九龙岗东矿一号井,因松罐速度快,造成天轮大绳脱槽,当场摔死7人。

1949年8月1日,山东淄川洪山煤矿七井老空透水,死亡211人。

1949年12月28日,淮南大通矿二号井绞车气闸拉杆折断,致使大端坠落,造成3人死亡。

从上述列举的矿山安全事故中,由于瓦斯灾害引发的事故数量占第一位,据有关资料统计1912—1949年共128起,死亡9119人,分别占总事故起数和死亡人数的44%和53%;事故发生数量第二位为水灾引起,如淄川矿区在日占的20年间(1925—1945年)连续发生透水80多次,共死亡1900多人;井下火灾事故数量居第三位,近代煤矿井下火灾与瓦斯灾害紧密相连,有的火灾由瓦斯爆炸引起,有的火灾又引起瓦斯爆炸,死伤非常惨重。另外,还有顶板事故和其他矿难的发生。

旧式煤窑中由于生产规模小,生产与管理技术水平低下,生产工艺落后,同时窑主只顾个人利益而缺乏"以人为本"的先进思想,忽视矿工的生命安全,因而缺乏甚至没有相关的井下安全设备,导致矿难频发。

晚清时期尽管新式煤矿采用西法采煤,并且通风、照明、排水等技术有所发展,但限于历史时期技术发展水平自身的局限性,其预防或阻止矿难发生的安全设备和技术水平相对落后。晚清新式煤矿的矿难发生频率以及伤亡人数相较于旧式煤窑不降反增,晚清时期的新式煤矿中,多采用官督商办的形式,如开平煤矿、滦州煤矿、萍乡煤矿,使新式煤矿企业与官办企业基本无异。因此,商人虽名义上自负盈亏,与官无争议,但事实上还要受到官府各级官员的压榨、征索,而商股股东则处于被支配地位,听命于官府,使得企业实际经营者(即商股股东)和企业监督者(即地方官府官员)产生尖锐矛盾,二者都为追求各自的最大经济利润而进行煤炭的最大限度开采,商股股东无心亦无力投资于安全生产设备以实现煤炭企业的长期发展,而地方官府又醉心于与商股股东争夺煤矿利润,更无心对新式煤矿的安全生产实行有力而长效的监督,因此,在这种"垂直的煤矿安全监察体制下,由于中央政府、煤矿所在地政府和煤矿企业本身利益的不一致性,使得煤矿安全监管措施难以在企业层面得到有效执行，进而为煤矿生产留下安全隐患"。如中兴矿务局半截筒子井透水引发的矿难，马鞍山煤矿塌方以及水、火灾害严重，究其深刻缘由，"官督商办"的煤矿安全监察体制结构，是导致其安全监督不力，安全监管措施无法顺利执行的一个重要症结。

其次，商办煤炭企业与某些官办煤矿由于举借外债，最终使矿权沦入帝国主义之手，这是近代新式煤矿矿难频发，死亡人数不减反增的又一症结所在。甲午战争之后，清政府呼吁民间投资办厂，然而后期商人无力继续经营而被外国列强的巧取豪夺，矿井安全问题急剧增加。在官办与官督商办的新式煤矿中，如开平煤矿、汉冶萍公司、内蒙古扎赉诺尔煤矿等，都是由于后期经营中资金不足，大量举借外债，分别被英、日、俄等国以经济侵蚀和武力抢夺的方式占为己有，而这些煤矿和被列强强占的商办煤矿都遭受着相同的命运，列强乱采滥掘，以掠夺式的方式开采，井下几乎没有任何安全设施，对矿工的安全更是置若罔闻，矿难频发，死亡人数不减反增。

由此可见，在晚清新式煤矿的开采经营过程中，煤矿产权问题与煤矿安全监管体制都是影响煤矿安全生产管理和投入、矿难发生频率以及矿难死亡率的重要因素。

2.1.2　矿山安全学的形成

19世纪初矿山事故的频发引发了西方科学家的思考，制度学派经济学家诺斯认为："制度是一个社会的博弈规则，或者更规范地说，它们是一些人为设计的、形塑人们互动关系的约束。"科学技术是一般形态的生产力，它能够应用于生产过程、渗透在生产力诸基本要素之中转化为实际生产力，出台政策、加强监管以及技术的革新无不促进了矿山安全学的形成。

1800—1855年，英国政府出台了三部管理煤矿业的法案，分别是1800年法案、1842年法案、1855年法案。1800年法案是19世纪第一部关于煤矿业的法案，确立煤矿所有权、规定煤矿工人义务，它的出台是英国管理煤矿业的制度创新。英国在19世纪后半期年平均矿难死亡数都在千人以上，矿工和矿主是议会立法的动力之一。1842年后，大量的煤矿法案通过实行，数量多和速度快。如1872年《煤矿和其他金属矿法案》和《煤矿管理和检查法修改案》等。

19世纪50年代，诺森伯兰和达拉姆地区的煤矿调查员福斯特以蒸汽通风的方式设计了新的通风设备，他设计的蒸汽通风设备进风量比老式通风设备增加了一倍以上。1862年，比利时工程师吉贝尔发明了更有效率的通风设备。1864年，第一部吉贝尔式风扇在艾尔西克地区矿井使用。1861年，索普和里德利发明了冲凿机。

近代煤矿掘进主要采用爆破法，依靠人工打眼放炮。1879年（光绪五年），开平矿务局建矿伊始，在岩石巷道施工采用打眼爆破的掘进方法。打眼工具为大锤和钢钎。风钻是当时岩石巷道掘进唯一的机械设备。我国最早使用风钻的矿井是萍乡煤矿，于1905年左右开始使用，继后，在若干大矿均有用风钻打眼的记载。1914年前后，中兴煤矿还在掘进工作面使用过大型电钻，钻机重四百磅，在砂岩中打眼，钻深可达1米左右。

中国近代首先应用割煤机采煤的是中兴煤矿，而第一个购买割煤机的是保晋公司阳泉煤矿。据有关史料记载，1921年，阳泉煤矿向美国订购数台割煤机，而其中一台以压缩空气为动力的采煤机已运至该矿，但是使用与否、使用情况如何则无资料记载。从1866年英国首创以压缩空气为动力的圆盘式割煤机算起，经过55年才传入中国。

1938年，瑞典ASEA公司在拉维尔矿（Laver）安装了一台直径1.96米的双绳摩擦式提升机。1947 年，德国 G.H.H. 公司在汉诺威矿（Hannover）安装了一台四绳摩擦式提升机。

现代煤矿回采工作面使用的工具，仍以手工工具为主，割煤机、电钻虽有使用，但为数极少，这种状况一直延续到 1949 年。割煤机是 20 世纪二三十年代从国外引进的，仅在个别矿使用。电钻约于 20 年代从国外引进，首先在东北一些矿使用。中华人民共和国成立之初由于技术还是相对落后，工作人员的安全很难得到保障。

2.2　西方矿山安全研究对中国的影响

2.2.1　西方传教士和专家与技术的传入

2.2.1.1　西方传教士和专家的传入

伴随着西方列强在中国的扩张和西方传教士的到来，西方传教士通过创办学校和期刊、发表论文和传播西学等方式，实现"以学辅教"，西方的科学技术开始逐渐进入中国社会和中国人的视野中。

在中国现代科学教育发端过程中，美国传教士狄考文于 1864 年 9 月所创办的登州蒙养学堂（1876 年改名为登州文会馆）占有很重要的位置。狄考文基于传教的目的，主张进行全面教育，培养能够胜过中国传统士大夫的新式人才。为此，他特别重视西方近代科学的教育。他抓好科学教育的基础学科数学，并开设了物理、化学、地质等自然科学课程以及地理、道德伦理学、政治经济学等人文社科课程。在办学过程中，他传播西方科学思想，编著科学教科书，注重教学仪器建设和实验教学，培养了掌握西方科学知识的新式人才，为中国近代科学教育的发展作出了重要贡献。

19 世纪六七十年代，来自西方的地质学家和传教士开始对直隶矿产资源进行科学考察，但由此形成的矿产资源新知识主要流传于西方学术界。庞培利（P. Pumpelly，1837—1923）撰写的《直隶省西山煤矿的初步调查报告》在 19 世纪 60 年代引起了在华传教士的兴趣。正如李希霍芬（Ferdinand von Richthofen，1833—1905）在其中国旅行日记里所说："自庞培利开始，斋堂的矿山引起了很多人的注意，特别是引起了那些不懂行的热衷于矿山的新教传教士们的注意。"这一时期，英国的传教士韦廉臣（Alexander Williamson，1829—1890）和艾约瑟（Joseph Edkins，1823—1905）分别发表了关于直隶煤矿的文章，《华北笔记：物产和交通》（*Notes on the North of China, Its Productions and Communications*）和《京西的烟煤矿》（*The Bituminous Coal Mines in West of Peking*）。

现代中国的矿业教育是在西学东渐的进程中被中国人认识，并在晚清政府为抵御外侮而兴起的"自强"运动中得以萌芽。1833 年，德国传教士郭士立于广州创办了在我国本土出版的第一份中文报刊——《东西洋考每月统纪传》，曾对德国的矿业教育情况做了介绍，称该国"遍设学院，掌教万民"。公学院所传之学理，有宗教、律例、医学、工农之学、杂学和各国史学。40 年后，另一位德国传教士花之安撰成《德国学校论略》，这是"中国近代史上第一部系统论述西方近代教育的专著"，书中有对德国矿业教育的描述。随着洋务工矿企业的发展，矿业教育逐渐被人们重视。

如果说洋务运动是近代中国矿业教育产生的社会历史条件，那么西方矿学知识的传播则为其奠定了坚实的物质基础。在将西方矿学知识引入中国的事业中，许多传教士及有教会背景的出版机构，如墨海书馆、益智书会、广学会等，都扮演了中间人的角色，来自英国的傅兰雅不仅把西方矿学书籍译介到中国、编辑科技报刊推广矿学知识，还创设西学学堂开展矿业教育，多层次、多途径、全方位地向中国人介绍矿学知识，在中国矿学知识传播上的作出很大贡献。

随着洋务运动的展开，为"扩利源而杜漏卮"的目的，洋务派开始大量聘雇外国矿师、技师，从事矿产勘察和开采，矿种由煤、铁而渐及于石油等；矿区则分布于台湾、河北、湖北、山东、云南、黑龙江、甘肃、福建、安徽、辽宁、广东等省份。

1878年（光绪四年），开平矿务局创立，唐廷枢等人经过筹划，确定引入"西法"建矿，认为"开采煤铁以英国为最，人力所不及者以机代之"，故"仿其法，购其机，用其人"。当时，开凿的唐山、林西矿都是英籍矿师设计和督率施工。

1887年（光绪十三年），直隶总督李鸿章令失其绍整顿再行开采，募请美国矿师哲尔者（J. A. Church）勘察烟筒山、孤山子（距承德 90 千米）等银矿。哲氏调查后指出"沙线已经土人挖空，洞底水深丈余，无法淘汲。若用机器汲水，取石深开，下面必有大块银沙，亦需洋炉提炼。"李鸿章同意"轻息筹借款"十余万两购买机器。从《北华捷报》（North China Herald）报道（1888年1月25日）可知，矿山建设很快，"热河（即承德）的银铅矿，在矿师哲尔者的监督下，正在用最新方法开采提炼，各有充足的抽水机及各种机器，并有充足的资本。哲尔者的尝试很值得注意，如果他能成功的话，中国采矿业便可因此得到推动。"此时矿山骋外国人 15 名，他们是正矿师兼副熔化师哲尔者，副熔化师克立架，看熔炉司德架士，矿井司阿弟，副矿井司赖安，医生津发，正熔化司郝立，机房洋匠格司克、丹林，下并各司魏瑟、马克律、德尔根、快乐等。两口矿井均深至 91.5 米，矿石含铅丰富，每吨矿石可取银 15.6 千克，并建有砸矿厂、洋楼等。

1887年（光绪十三年），盛宣怀雇英国矿师郭师敦（A. W. Crookston）勘察湖北矿产，郭指出宜都（治今枝城市）与归州（治今秭归）之间除铁矿丰富外，还有铜铅锑。1890年（光绪十六年），湖广总督张之洞派朱滋澍和英国矿师巴庚生等勘察黄安（治今红安县）、麻城县铅矿。

《清史稿》记载："乾隆初年，……英德、阳春、归善（治今惠阳县）、永安（治今紫金县）、曲江、大埔、博罗等县，广州、肇庆两府，铜铅矿均行开采。1888年（光绪十四年），成立广东矿业公司，准备开采从化县铅矿，并由何嵬承办香山县（治今中山县）天华银矿（已开工数年）及大屿山银铅矿（光绪十四年3月下旬开工）。"1889年（光绪十五年），由唐景翁、徐润接办，借聘美国矿师哲尔者、必达臣勘察矿区。1890年（光绪十六年），由于矿山资本有限，即"非有大资本百万继难望成，遂决意停办"。

临湘县卢家畈、丁家畈铝矿。1905年（光绪三十一年）春，请西洋矿师恒德勘察。认为"矿质大佳，唯须用机器开采。"同年10月，绅商集资派人赴英国、比利时。采购机器，以期大加开采。

1908年（光绪三十四年），滦州官矿有限公司开凿的马家沟矿，是在德籍矿师雷满主持下设计和督率施工的。

晚清在矿业领域内聘雇外国矿业工程师概况见表 2-1。

表 2-1　晚清聘雇外国矿业工程师概况

地名	概况
台湾基隆	1867年，福州船政府局雇矿师杜邦、英人伍德勘察煤矿
	1875—1879年，请英国矿师翟萨勘察、购机器和采矿
台湾淡水	1877年，唐景星聘2名美国技师，购买机器，实地钻探牛琢山石油
河北开平	1869年，聘英矿师安特生（或译海德逊）调查开平煤产
	1875年，英矿师莫尔斯华士勘察开平煤矿
	1876年，英矿师马立师勘察矿区与产量
	1878年，英矿师巴尔在唐山钻探
	1879年，矿山雇英国矿师工头9名
	1880年，英矿师卡金达任总工程师，英国矿师4人
河北磁州	1874年，李鸿章聘英矿师安特生系统勘察彭城煤矿区，赴英购办机器
河北平泉	1883—1884年，聘德人德瓘林主持，聘矿师开壳夫、哈子伯等5人开采铅铜子沟铜矿，调查境内金银铜矿及煤矿
	1887—1888年，聘美矿师哲尔者勘察矿区及用西法开采提炼，继而勘察土槽子、遍山线银铅矿
	1898—1902年，平泉银矿聘美国矿师胡他、敏士为技师，还曾聘西人12名以西法开采
河北顺德	1884年，雇日本矿师冈本唐岛勘验邢台铜矿
河北承德	1883年，招商局偕西人勘验三山银矿
	1887年，聘哲尔者勘察烟筒山、孤山子银矿
河南	1904年，焦作煤矿有欧洲技师25人，总工程师是亚历山大·李德
	1911年，安阳六河沟煤矿聘汉纳根为顾问
北京西山	1863—1865年，美国地质学家彭拜莱应清政府之邀调查京西煤矿
	1874年前，安特生常在京西一带诸山踏勘煤窑
湖北沿江	1877年，聘英国矿师郭师敦勘察了武穴至黄石港、当阳、归州江北岸煤矿及大冶、武昌、兴国的铁矿
	1889年，聘比利时矿师白乃富勘察沿江煤铁矿
	1891年，聘来依率一队德国技术人员调查长江沿岸煤铁原料
湖北广济	1875年，聘矿师马立师勘察汉口下游80英里（1英里≈1609.344米）煤铁矿
	1880年，雇外国矿师钻验煤层
湖北大冶	1889—1890年，聘比利时矿师白乃富、英国矿师毕盎希、德国矿师巴庚生、司瓜兹等人勘察大冶、兴国铁煤矿
	1890年，聘毕盎希、柯克斯勘验王三石煤矿
	1893年，聘矿师沙尔士
山东平度、淄川	1885年，李宗岱聘英国矿师勘察平度金矿
	1887年，雇外国矿师踏勘淄川铁矿，雇英国矿师毕同经办平度金矿矿务
	1888年，聘外国矿师勘察淄川煤矿，调美矿师阿鲁士威调查平度金矿
	1895年，所雇矿师来胶东考察金者还有壁赤、瓦尊等人
山东烟台	1889年，德矿师毕盎希在烟台附近勘矿
山东招远	1890年，聘美国技师凿成玲珑山金矿第一号矿井
云南	1883年，聘外国矿师测得东川、昭通二府铜矿
	1887年，聘日本2名矿师勘察铜矿
	1889年，聘日本矿师藤原胜治及田村2人勘矿
黑龙江漠河	1887—1888年，先后聘美国矿师哲尔者、阿鲁士威等人调查金矿
黑龙江	1883年，聘日本矿师柿川文吉开矿
甘肃河西	1879年，左宗棠聘来米海厘调查酒泉、玉门金矿
	1882年，聘矿师巴尔勘视利国驿一带煤铁矿
江苏徐州	1887年，白乃富在徐州钻井探矿
	1889年，聘外国矿师数人勘察矿区
福建福州	1888年，聘外国矿师勘视石竹山铅矿
安徽贵池	1880年，雇外国矿师钻验贵池煤层
	1887年，聘美国矿师兰多勘察贵池铜矿、延聘德国矿师采矿

续表

地名	概况
安徽铜官山	1902年，聘矿师勘验铜陵县铜官山矿苗
江西	1896年，张之洞派德矿师马克斯及赖伦调查鄂、湘、赣、皖等省煤矿，并任命赖伦为萍乡煤矿技师长 1905—1907年，聘日本矿师石井八万次郎及德国、奥国矿师勘验江西铜矿 1908年，余干煤矿聘外国矿师石登辉以西法开采
辽宁	1884年，雇英国矿师马立师勘察旅顺等地煤铁矿 1898—1899年，聘比利时皮特辛、英人马立为辽阳煤矿矿师
广东香山	1890年，李鸿章聘派必达臣办理天华山银矿
广东龙门	1892年，龙门县富户聘英国矿师勘察该地煤铁矿

2.2.1.2 西方先进技术的传入

中国近代矿业以部分机器生产为特点，有别于以往全靠手工作业的矿业。近代矿业的诞生是从19世纪70年代中期，以引进西方先进的采矿技术设备为主要标志，主要包括提升设备、巷道支护、通风设备和排水设备等，矿山技术的改革提升以煤矿为主要特点，以下主要介绍煤矿的西方技术传入。

（1）支护

近代回采工作面及煤巷的支护方法，与旧式手工煤窑没有区别，均用木材支护，如图2-1所示，回采工作面多用单柱，煤巷多用一梁二柱棚子。但在石门、运输大巷则有不少矿用青石或砖砌拱。井底水泵房和其他重要硐室，多用钢筋混凝土筑构。立井井筒支护多用料石和砖。小立井和斜井则多用木支柱。

图2-1 巷道木支护作业

（2）提升工具

矿井提升工具的变革，是矿山安全行业纵深发展的关键，旧式手工煤窑使用的提煤方式如图2-2和图2-3所示。近代煤矿诞生后，从西方引进蒸汽绞车（又叫高车、卷扬机）作提升机，之后引进电动提升机。自 1780 年英国诺伯兰威灵顿煤矿首次使用蒸汽绞车提煤，到中国基隆、开平煤矿引进蒸汽绞车提煤，其间经历了 100 年。开滦煤矿提升机的更新换代，反映了中国近代煤矿使用提升机的历史。由于蒸汽绞车存在许多缺点，热能损失大、效率低、设备庞大、操作不便，后来逐渐被电动绞车取代，图 2-4 是滦州马家沟矿的蒸汽绞车。

开滦和抚顺是中国近代两个最大的煤矿，其提升设备也比较先进，反映了近代矿井提升所达到的技术水平，可与同时期的外国煤矿媲美。1908 年，开平矿务有限公司在林西矿安装 735 千瓦蒸汽绞车（该绞车是 1906 年英国最新产品，也是当时中国煤矿中使用的最大的绞车）。1906 年前后，开平、滦州两公司联营前，建立小电厂，开始试用电力绞车。开平、滦州两公司联合成立开滦矿务总局后，为适应扩大生产的需要，加之林西自备电厂发电能力不断增加，到 20 世纪 20 年代开始部分更换由法、英、日、比等国购进的较大功率电力绞车。1920 年，开滦赵各庄矿四号井首先安装了 75 马力（55.16 千瓦）的电绞车，日提煤能力 800—1000 吨。此后蒸汽绞车和电绞车在开滦各矿同时使用。抚顺煤矿在 1915 年建成煤气发电厂之后，各坑口（除大山、东乡外）也陆续改用电动提升机。1924 年后，大批井下暗井开始使用 128.62—216 千瓦的中型交流电绞车。1934 年后，主提升设备换用 863.6—2205 千瓦大型电绞车提升。唐家庄矿于 1925 年建成后一直在三个立井使用比利时制造的 261 千瓦双滚筒电绞车，到 1946 年安装使用一台日本产 257.25 千瓦电绞车。1938 年，唐山矿二号井安装 1175 马力澳特林纳特绞车投入运行，原 65 马力绞车移到三号井。1939 年，唐家庄矿五号井投入使用，安装 500 马力绞车，配单层罐笼。但是中国近代多数煤矿的提升设备，是 200—300 马力（147.1—226.5 千瓦）的蒸汽绞车（见表 2-2），图 2-5 是本溪湖煤矿第三坑绞车。

图 2-2　马拉轮提升装置

图 2-3　人力绞车（辘轳）

图 2-4　滦州马家沟煤矿蒸汽绞车

图 2-5　本溪湖煤矿第三坑绞车（卷扬机）

表 2-2　1936 年前部分矿井提升设备简况

矿井	绞车	每次提煤重量/吨	日提煤能力/吨	罐笼	钢丝绳直径/毫米
门头沟矿东井	120 马力汽绞车	1	1700	单层	25
门头沟矿西井	120 马力汽绞车	0.5	1700	单层	25
中福公司王封南井	110 马力汽绞车	0.8		单层	32
中福公司王封北井	130 马力汽绞车	0.8		单层	32
中兴煤矿南大井	500 马力汽绞车	2.7	1200	双层	38
中兴煤矿北大井	720 千瓦电绞车	2	2000	双层	38
淮南矿二号井	80 马力汽绞车	0.4	200	单层	25
淮南矿三号井	70 马力汽绞车	0.5	500	单层	22
大同煤矿煤峪口一号井	220 马力汽绞车	1	1000	单层	25
大同煤矿永定庄二号	220 马力汽绞车	1	1000	单层	25
大同煤矿永定庄一号井	200 马力汽绞车	1	600	单层	25
大同煤矿煤峪口二号井	200 马力汽绞车	1	600	单层	25

（3）通风

旧式手工煤窑全靠自然通风（少数用人力风扇辅助通风），这种通风方式风量小，限制了生产的发展。19 世纪 70 年代，开始从西方引进通风技术，采用机械通风，解决了由于矿井风量不足而限制生产发展的问题。通风机有两种，抽出式和压入式，其动力为蒸汽。

开平矿务局初建时，即从英国订购了以蒸汽为动力的扇风机。1882 年唐山矿安装古波尔（Guieae）扇风机 3 台，其中：一台直径 4.8 米、44 转/分，两台直径 9 米、36 转/分。林西矿建成投产后，安装古波尔扇风机 1 台，直径 4 米、50 转/分，以蒸汽为动力。

1910 年滦州马家沟矿安装德国造开普尔电动扇风机 2 台，1 台 150 马力，另 1 台 255 马力，是使用电力驱动扇风机之始。赵各庄矿投产后，最初安装德国造开普尔扇风机 1 台，45 马力，由蒸汽机驱动，1919 年更换为英国造开普尔式 150 马力电动扇风机 2 台，将原德国造扇风机移装到唐家庄矿。

到 19 世纪 20 年代，逐渐改为电力，图 2-6 为滦州马家沟煤矿电力通风机，表 2-3 为 1936 年前部分矿井通风机简况。

图 2-6　滦州马家沟煤矿电力通风机

表 2-3　1936 年前部分矿井通风机简况

煤矿名称	通风机类型	风量 /m³/min	资料来源
开滦唐山矿	有新旧 2 台抽出式电扇。旧者直径 4.3 米，用 350 马力电机带动；新者直径 4 米，用 375 马力电机带动	均为 3600	《开滦矿务总局调查报告》，1934 年
井陉煤矿	有抽出式风机 2 台，均用蒸汽推动。40 马力单缸卧式风机，风轮径 1 米；100 马力单缸卧式风机，风轮径 2 米	800 2000	《矿冶》，第六卷，19 期，第 187 页
六河沟观台井	55 千瓦抽出式风机 1 台，电力带动	300	《平汉、道清、陇海沿线及陕北煤矿调查报告》，第 17 页
中兴煤矿	60 千瓦抽出式风机 2 台，小功率风机若干台，均用电力带动，分别安装于 7 个小风井		《津辅路沿线煤矿调查报告》，第 30 页
中福公司	78 马力抽出式风机 3 台，均用蒸汽推动，风机轮叶长三尺半（约合 1.09 米），宽五寸半（约合 17 厘米）	3400—3500	《平汉、道清、陇海沿线及陕北煤矿调查报告》，第 81 页
抚顺煤矿	1916 年后多数坑口采用机械通风，风机多由电机带动。由于抚矿瓦斯大，风机都很大	1500—15000	《东北国营煤矿年鉴》，1948 年，第 352 页；《奉天抚顺煤矿报告》，第 127 页

　　近代煤矿产量较多的矿井，一般都采用机械通风，但瓦斯涌出量很少的矿井，如京西门头沟煤矿、淮南煤矿、六河沟台寨井，都采用自然通风。用自然通风时，受季节气候影响，春秋时节地上与地下气温相差不大，自然风流不强，有的矿井（如六河沟台寨井）则采用在出风井口加设火炉等方法，以增强自然风流。据调查，20 世纪 30 年代中国 5 个主要的煤矿平均每分钟的通风能力达到 3000—4000 立方米，而开滦和抚顺的大型煤矿，通风能力达到每分钟 2 万—4 万立方米。

　　20 世纪 50 年代初至 70 年代末，我国矿山使用的矿井轴流主扇几乎是仿制苏联 BY 型的 2BY、70B2 和 K70 等型风机（统称 70B2 型）。这类通风机是在空气动力学发展水平较低的 20 世纪 40 年代根据苏联的煤矿通风网路参数设计的。

　　（4）排水

　　矿井排水，是煤炭生产发展的又一关键环节。旧式手工煤窑排水的方法，主要是肩挑、手舀、水龙吸和牛皮包提，往往无法排除大量的矿井水，致使煤窑不能深采。19 世纪 70 年代，开始从西方引进排水机械，解决了矿井排水问题。我国引进的第一台水泵，叫"大维式抽水机"，其安装在开平煤矿，排水能力每分钟可从 300 米的深井中抽出 3.5 吨的矿井水。

　　此后，随着矿井的增加和延深，各矿相继投入莫尔泵（每分钟排水量为 4.5 立方米）、考尼士泵（每分钟排水量为 3.6 立方米）、达尔卫泵（每分钟排水量为 2.025 立方米）、双转轮泵（每分钟排水量为 2.025 立方米）、单旋转泵（每分钟排水量为 1.8 立方米）、唐叶泵（每分钟排水量为 0.9 立方米），都是以蒸汽为动力。

　　1906 年，唐山、林西两矿建立发电厂后，开始使用以电为动力的比利时造离心式"苏尔则"泵，老式蒸汽泵被逐步淘汰。图 2-7 是滦州马家沟矿电力水泵。

图 2-7　滦州马家沟矿电力水泵

1906—1921年，开滦机厂仿制"苏尔则"式水泵40余台，投入各矿井下使用，从此形成开滦自己的水泵系列。开滦仿制的这种泵，泵壳是整体的，其优点是结构简单、寿命长、便于维修、扬程变化小、效率稳定。其缺点是拆装困难、成本高、水泵效率比较低。

近代煤矿中涌水量最大的是中福公司的焦作煤矿，该矿从1902年开始，先后开凿五口井，涌水量都很大，每小时共计1818余吨，共安装了36台水泵进行排水，水泵抽水能力每小时总计达41万余吨。世界上最古老而又最大的HathomDavey水泵即安装于该矿三号井。

（5）照明

19世纪前用油灯作井下照明，1815年英国在有瓦斯的矿井中开始使用油作燃料的安全灯。1909年，唐山矿由比利时购进苯安全灯（又称石脑油灯、煤油精灯）181盏。1913年唐山矿苯安全灯增至1080盏，其他各矿也开始使用，到1925年唐山矿井下全部使用此灯，马家沟矿有2123盏、赵各庄矿有805盏、林西矿有429盏。1926年12月21日，因唐山矿九道巷工人在井下开启安全灯引起瓦斯爆炸死亡26名工人，从此停止采购此灯。1930年，除唐家庄矿1道巷西还用此灯照明外，各矿只有百余盏供监工员用于检查瓦斯，别处不再用此灯照明。

1920年出现蓄电池为电源的矿灯后，矿井照明才有了根本改善。中国于20世纪30年代在少数矿井中开始用蓄电池矿灯和电气照明。

蓄电池灯俗称镀灯，有手提和腰挂两种携带形式，腰挂式又称冒灯或线灯。1927年，唐山矿、马家沟矿开始使用比利时制造手提式蓄电池灯。到1928年全矿区共配手提式蓄电池灯14000盏，其中唐山矿4000盏、马家沟矿5000盏、赵各庄矿4000盏、林西矿1000盏。1931年马家沟矿井下全部使用手提镀灯；唐山矿除4、5道巷使用明火灯外，其余全部使用手提镀灯；赵各庄矿3道巷8、9煤层和4、5、6道巷使用手提镀灯，其他使用明火灯；林西矿4道巷9煤层和5、6道巷使用手提镀灯，其余使用明火灯；唐家庄矿无镀灯。1941年开始使用国产手提镀灯。

1938年3月开滦煤矿从德国购进1000盏蓄电池冒灯，为高级职员专用。

（6）煤矿其他方面

1879年（光绪五年），开滦矿务局从国外买来机器，采用西法开凿两个井筒，一个井提升煤炭，一个井通风排水，井下的巷道工程也随之进行。

1908年，滦州矿务有限公司派高级技术职员李希明（即李士鉴）去西欧调查各国最新机器，并在德国著名厂家订购了汽机、锅炉、抽水机、电灯、绞车、气钻和煤楼（天桥设备）及料件。

1912年，抚顺煤矿把德国奥柏尔西勒先（Obersilesien）煤矿的洒砂充填法（Sand flosing）引用过来。此种方法又叫作"水平累段充填采掘"，与煤层的倾斜无关，回采工作面沿水平方向推进。

进行采空区充填最初沿用德国的方法，即用木板筑成。后在充填的采空区入口处，安设堤堰，这种堤堰，常因水位上升、水压加大而溃堤堰。1920年改用秫秸编席代替木板，充填余水自席孔漏出，有效防止了因水压过大而溃堤堰事故的发生。但是随着开采深度的增大，工作面不够坚固的缺点愈益显现。1921年进行了改革，采用"升向累段倾斜长臂法"，既能使工作面集中、便于管理，又能防止落盘（冒顶）和瓦斯积聚，这一改革先在龙凤坑试行，渐渐普及其他各坑。

抚顺煤矿鉴于灾害事故，1913年从德国购进独拉盖尔式救命器及其他附件，开始建造救护班事务所，并于1914年建成。1915年3月组成第一个救护班，开始训练，嗣后逐次扩充。千金寨、大山、东乡、杨柏堡及老虎台各设五个班，共二十五个班，每班6人。救护班成员，由各坑挑选身体强壮者任之，其中支柱工、木工、瓦工、机械工皆有适当搭配。自此之后，至20世纪二三十年代，若干大矿如开滦、中兴等，均相继设立矿山救护组织，专门从事矿山救护。

（7）非煤矿山

1874年，英国商人亨德森受李鸿章委派赴英国购买开矿炼铁设备，从而开启了中国近代尝试利用西方设备对矿产资源进行工业化开发的进程。

1915年2月，汉冶萍公司委托英国斐尔沙湛密斯厂为大冶铁矿制造发电机，随后在铁山采区安装锅炉1座，购进汽压凿岩机数部，开始用蒸汽作为动力，用汽压凿岩机代替手工凿岩。1919年袁家湖大冶铁厂发电所建成，大冶铁矿在得道湾和铁山各兴建压风机房1座，得道湾安设400马力压气机2部，铁山安设400马力压气机1部，拟将袁家湖大冶铁厂的电力变成22000伏，送至两山，再用变压器变成440伏，开动压气机。1929年得道湾采区扩充，准备由单一露天开采逐步转为露天和窿道同时开采。开凿窿道不用凿岩机不足以攻其坚。于是采矿股在得道湾存厂前面选择定力房地址，并向瑞士苏尔寿公司订购500马力的柴油机3部、200马力的柴油机1部、420千瓦的发电机3部、150千瓦的发电机3部。1934年瑞士工匠到矿安装，同年发电，用80根电杆将电力分别送至得道湾压气机房、铁山压气机房和龙洞，这是铁山第一次发电。这些机器动力大大地提高了劳动生产率，大冶铁矿的采矿量日益增多。

1889年（光绪十五年），东川铜矿在生产技术方面开始采用国外先进技术，购买先进机器并聘请国外矿师进行指导。"光绪十五年己丑，夏四月辛巳，又谕：唐炯奏办理矿务，应购开凿通风泄水三种机器，现已派员前往东洋购办，请准免征金厘等语。现月，巡抚衔督办云南矿务唐炯奏：滇矿开采，渐著成效，巧家白锡镴山产铜尤富。请推广采办，并续延日本矿师，购买机器。下部知之。"

2.2.2 西方科学家对中国的贡献

近代矿业的诞生有一个孕育过程，矿业离不开地质勘查，19 世纪 20—80 年代，俄国人觊觎中国的领土和资源，在中国开展多属综合性的地质地理调查，包括矿产资源调查，主要有：1820—1876 年先后 3 次在中国新疆温宿县调查；1879—1884 年先后 5 次潜入西藏和天山北麓调查；1882—1884 年先后 4 次越过祁连山到青海省考察。西方列强发现了我国丰富的金属矿产资源，欲占为己有，使用中国廉价的劳动力掠夺式开采。

1862—1867 年，美国学者庞培利（P. Pumpelly）在我国京西、内蒙古、长江三峡沿岸等地进行煤炭地质调查，给中国政府留下了《中国、蒙古及日本的地质地理》和《直隶省西山煤矿的初步调查报告》等，被认为是近代对中国进行地质考察的首个接受过专业教育的西方地质学家。

1868—1872 年，德国地质学家李希霍芬（Ferdinand von Richthofen）在美国加利福尼亚银行资助下，先后在中国进行了 7 次地质地理考察，走遍广东、湖北、湖南、四川、陕西、山西、直隶（今河北省）、河南、江苏、浙江、安徽、江西、山东、奉天（今沈阳市）等 14 个省，撰写了《中国——亲身旅行和据此所做研究的成果》一书，对中国的地层、构造地质和煤田地质等做了大量的论述，绘制了界限清楚的地质图。李希霍芬的工作本质上虽属为帝国主义侵华效力，但客观上为中国煤田地质学的发展奠定了基础。

1875—1877 年，湖北开采铁煤总局聘英籍矿师考察广济、兴国一带地质地理情况，调查了小煤矿，并在长江腹地武穴首次采取钻探找煤，对长江沿江各煤产地进行了调查，著有《广济勘矿报告》《归巴煤铁勘查报告》《秭归、兴山查勘煤矿报告》《兴国州勘矿报告》等。

1876 年 10—11 月（光绪二年）唐廷枢（字景星）先后带领英国矿师马立师（Morris）到开平一带勘察，集白银 80 万两，于 1878 年 7 月 24 日（光绪四年）设局于开平镇，即官督商办之"开平矿务局"正式成立。先后建成唐山、林西、西北井 3 个生产矿井。到 1900 年已有 9000 人，年产 80 余万吨煤炭，是全国采用"西法"开采最成功的煤炭企业。

1889—1890 年，湖广总督张之洞在湖广一带四处找煤，多次派比利时矿师勘察湖北全省煤矿，派人调查黄石港煤矿和宜昌附近煤矿，最终创办了当时湖北省大冶县王三石煤矿和江夏县的马鞍山煤矿。

英国的一个专门在亚、拉、非、澳等地区进行掠取矿产资源的矿商墨林于 1899 年从澳大利亚将胡佛（Herbert Clark Hoover，1929—1933 年曾任美国总统）调来中国，担任直隶、热河两省矿务局督办张翼的技术顾问，并兼任墨林公司驻天津的代理人。胡佛利用技术顾问的合法身份跑遍了华北各地，用一年多的时间搜集了有关开平煤矿的经济技术资料，于 1900 年 6 月写了一份《开平矿务局报告》送给墨林公司。这个报告对开平矿务局的位置、历史、煤田面积及采矿权、各矿的产量、地质、煤质、煤层数、成本、储藏量、交通运输、煤价、资产、预计盈利及财产总值等，都做了详细的陈述。

1912—1918 年，日本组织地质调查队，先后在我国东北、华北、山东和江淮地区、东南沿海调查煤等矿产，著有《支那地学调查报告》一书。1913 年前后，日本人井上喜之助在湖南省做地矿调查时，估算了湖南省的煤炭储量。另一日本人李达恒式预测湖南省东南半壁是一个大煤田。

1920—1931年，东清铁路勘察队在俄国人阿涅尔特的指导下，对哈尔滨到穆棱间的玉泉、一面坡、蚂蚁河、亚布力、新甸和梨树沟等地方，先后进行了8次大规模的地质勘查，并进行了钻探施工，绘制了穆棱区的煤田地质图。

1936—1938年，日本人先后到吉林和龙、营城、通化和舒兰等煤田做调查，又于1938年到双鸭山煤田调查并施钻，认为该煤田很有价值。

国家矿山卫生监察制度起源于19世纪英国煤矿，马克思在《资本论》中称之为"视察员"制度。

1875年（光绪元年），盛宣怀奉李鸿章之命在湖北广济办理矿务。开办湖北开采煤铁总局，并开采煤矿。虽然最后广济、兴国的采煤活动以失败告终，但随行的英国矿师郭师敦在大冶发现了可供开采数十年的铁矿，"该矿铁质分化极净，净质之内并无硫黄杂质。以之熔化，洵称上等佳铁，足与英美各国所产上等铁矿相提并论。"西泽公雄于1900年6月（明治三十三年）以制铁所大冶驻在员身份来到湖北，1901年9月出任大冶制铁所技师。

1912年，国内《地学杂志》刊发《中国之铁矿》一文，其依据当时国内外学者的调查报告，对中国铁矿的成因和分布情形做了简要介绍，但因"实地调查之材料甚少，故其价值亦未能悉知"。全国铁矿之中，除湖北大冶、山东青州金岭镇等"二三铁矿床之外，余皆系小规模，而所谓大事业者，则不多见"，绝大多数都未确证有大规模开采之价值。

1912年，丹麦国矿冶工程师麦西逊到中国考察，在北京买到龙关县（现赤城县）辛窑村产的"红色颜料"进行化验，发现此颜料乃是品位很高的赤铁矿，于是到龙关一带察看，所见果然是一富铁矿。中华民国北京政府农商部矿政司聘瑞典国矿冶工程师安德森为顾问，带领麦西逊、米斯托、新常富等人组成勘探队，于9月赴龙关境内的辛窑、三岔口、怀来境内的麻峪口一带勘察。勘探队在辛窑发现大矿区，并写了《直隶宣化龙关铁矿报告》，肯定此矿有极大开采价值。12月，米斯托又发现了庞家堡矿，写了《直隶宣化龙关县之庞家堡铁矿报告书》。他们根据推断继续向西勘察，路经宣化，当地人士以铁石进献，无意之中发现烟筒山矿。

自1913年起，以农商部地质调查所为主体，部分省份财政厅、实业厅组织人员参与，北京政府开展了一次较大规模的铁矿调查活动，其标志性成果是1923年丁格兰（F. R. Jegengren）主编的《中国铁矿志》。该书基于科学的勘探数据，"于中国铁矿所有材料，就今日力所能及者，亦既搜罗尽致"，统计出中国铁矿储藏量约为9.5亿吨。这是中国首次基于科学的勘探数据对铁矿储量得出的统计结论。它使国人第一次对中国铁矿资源有了直观的整体认识，纠正了长期以来国人自以为铁矿资源丰富的错误认识。但此次调查活动未能遍及全国所有省份，特别是西北、西南等边远地区，没有形成确切可信的调查报告。

以东亚同文会为首的学术团体，于1907—1917年，相继出版了《支那经济全书》和《支那省别全志》，在两套书中的"矿山"部分，其中前者对中国的矿业历史进行了深入的研究，而后者则对于中国各省矿业的概况以及重要矿厂的位置、矿质、矿量、开采情况进行了细致的调查。

2.2.3 中西学术交流

中国近代史的开端始于鸦片战争，在两次鸦片战争中，清政府两度战败，统治陷入了危机之中。正是在这样的社会大背景下，清政府为了维护封建统治，需要采取自救措施，洋务运动便应运而生。洋务运动中，洋务派创办了一系列军事工业来谋求军事自强。19世纪60年代，随着清政府海防意识的逐渐增强，创办了福州船政局，通过制造新式舰船来加强海防力量，并附设福州船政学堂。从国内来看，福州船政局因技术被雇佣洋员垄断、洋员到期撤离两件事前后发生，使船政事业受到影响，因此洋务大臣们积极商议，从清政府手中争取派遣船政学堂学生向欧洲学习的机会，以此来改善军事人才匮乏的现状。从国外来看，欧洲军事技术处于世界领先地位，洋务大臣因与欧洲各国的交流最为密切，对欧洲军事教育最为了解，欧洲技术对洋务大臣们强烈的吸引使得英、法、德等国成为留学目的地，再加上法籍洋员日意格从中穿针引线得到了外国政府的支持，正是这些内外条件的共同作用促成了船政学堂的学生能够顺利留学欧洲。在留学生被派出之前，以李鸿章、沈葆桢为首的洋务大臣认真遴选符合条件的留学人才，积极筹措留欧经费，审慎选定华洋监督。

清政府在1872年组织的第一批留美幼童成为中国近代首次正式派遣的留学生，这也是近代中国留学运动的开始。从1872年到1894年（中日甲午战争前）（1881年因为中国守旧派的影响和美国制造华工禁约事件，清政府解散了当时的留学事务所，有组织的留学活动基本停止），清政府共派出200多名学生，主要包括早期的留美幼童和海军留欧学生，开启了近代中国出国留学之风。这个时期派遣的留学生多以补洋务之需，培养外交、军事以及实业人才为目的，留学去向主要是美国和欧洲的英、法、德等国家，所学专业也主要为外语、军事、工矿、化学、海军驾驶、制造等当时被视为急需的专业。在这个时期的留学生当中，涌现了中国最早的一批优秀的铁路、煤矿、电信等专业人才，造就了中国最早的一批海军将领。据统计，仅清政府选派的120名幼童中，有学籍可考的就有87人。到20世纪初期，在铁路、矿冶、电报、医药部门任职的有约37人，如詹天佑、吴仰曾、邝荣光、邝炳光等。当时的李鸿章和外国教司都对他们作出了"所司各艺，均能融会贯通""足供任使"的评价。欧洲学校对于专业人才的培养有着极为严格的要求，这也使得中国学生在留学期间不仅拥有了扎实的专业知识，而且多数学生获得了与专业相关的实习机会，使得理论学习与专业操作相结合，达到了对所学专业的升华。留欧学生回国后多服务于中国近代海军事业、科技制造业和教育事业，这为中国近代化提供了不可多得的人才，为中国近代化作出了重要的贡献。

1878年，华监督李凤苞为了提高赴法矿务留学生中的学生林庆升、池贞铨、张金生、罗臻禄、林日章五人的专业理论水平，将他们全部送入巴黎矿务学堂。学习期满，经学堂大考，林庆升成绩最优，池贞铨次之，张金生、罗臻禄、林日章又次之。他们全取得了矿务总监工官凭。

对中国矿务留学生的培养比较重视接触实际。徐建寅到法国考察时，曾见到中国矿务留学生到法国矿务院参观学习的情景。1880年2月21日，中国科技专家徐建寅"同日意格至矿务院，见中华五生在焉。观各种矿不下万余种。"毕业后，李凤苞带他们到德国的哈次矿区参观游历。该处矿山集中、设备优良、采法先进，在欧洲首屈一指。留学生们同德国专家一起，研究探求淘洗、熔炼的技术，他们在短短一周内，走遍了号称"欧洲之冠"的哈次矿区。从图纸到账册，从工厂到矿场，从井上到井下，从采石到熔炼，从总办到工人，他们都作了全面深入细致的了解。

我国安全生产领域的对外开放，始于与国际劳工组织的合作交流。该组织成立于第一次世界大战结束后的 1919 年，以改善劳动条件、促进劳动者的职业安全与卫生、建立和维护社会主义等为宗旨。我国是国际劳工组织的创始成员国，也是该组织的常任理事国。

19 世纪末和 20 世纪初，我国社会"风气渐开，各商纷纷请办矿务"，现代矿山开采等步入发端。因技术落后、设施简陋，加之安全意识薄弱，造成事故多发、伤亡惨重，民情舆论反映强烈。致使统治者不得不予以关注，并学习借鉴国际社会一些通用的做法，采取措施以图安抚。1902 年（光绪二十八年），清政府派员"购取英、美、德、法、奥、比、西等国矿章，详加译录"，"又采取日本矿章，加以参校"，着手起草矿业法规。

2.3 现代矿山安全学科的早期发展

为了发展矿山行业，国内当局不仅开始建立矿山安全研究机构，学习西方开办一批高、中专学校，在大学设立矿冶类专业，还选派人员前往国外进行采矿技术的学习等。但当时国内相对落后，大部分学校都是邀请国外学者担任总教习，并逐渐形成一定的培养体系。国内外学者提出的一些观点、出版的著作、对矿山开采进行的技术改进为矿山安全学科的发展作出了不可磨灭的贡献。学术共同体的成立使专业性建设有了进展，出版的刊物影响国内人士的思想，一些进步的矿山学者开始进行学术交流。国内颁布一系列的规章制度并成立组织管理机构，确保劳工的安全，对矿山安全提出了一些规定，为矿山安全法的形成奠定了一定基础。

矿山安全科学发展的外在动力表现在矿山事故及安全经济带来的损失上。矿山安全科学发展的内在动力除了社会生产和社会经济需要这一"根本动力"之外，还有科学自身的"内在动力"，即科学的能力是认识和改造自然的巨大力量。按照马克思主义观点，"第一生产力"具体表现在：庞大的科学家队伍的出现，实验设备的形成，科学劳动社会结构的整体化，情报网络和学术团体的建立，教育体系的确定等。这种集体动作的合力，就形成了社会科学的能力。研究所、实验室，学术团体的交流研讨，出版专业杂志等，所有这些都是矿山安全科学发展的动力。

2.3.1 矿山安全研究机构建立

19 世纪到 20 世纪 40 年代，中国的经济条件较为落后，我国的大门封闭，思想落后，科学技术水平与西方有较大的差距，进入 20 世纪后，我国逐渐重视矿山安全，开始成立矿山安全研究机构，有些机构一直发展到当代，为中华人民共和国成立前后矿山安全学科的发展作出了不可磨灭的贡献。

中国最早建立的矿业研究机构叫地质研究所，成立于 1913 年，附设于工商部，由章鸿钊主事。在地质研究所成立的同时，又成立了地质调查所，亦隶属于工商部，由丁文江主事。1916 年 1 月，地质调查所改为地质调查局。同年 6 月，地质研究所撤销，10 月，地质调查局仍改为地质调查所，称实业部地质调查所。1923 年，成立河南地质调查所（不久停办，1931 年恢复）。1927 年 3 月，成立湖南地质调查所。1927 年 9 月，成立两广地质调查所。1928 年，成立中央研究院地质研究所。1928 年 9 月，成立浙江省矿产事务所，同年 10 月成立江西地质矿业调查所。1930年3月，成立北平研究院地质学研究所。1932年7月，成立中国西部科学院地质研究所。1934年12月，成立北洋工学院工科研究所矿冶工程部。这些研究机构，规模最大、工作最有成效者，是实业部地质调查所（见表2-4）。

表2-4 1936年矿冶地质研究机构简况

机构名称	地址	负责人	主要工作简况	创设时间
实业部地质调查所	北平西城兵马司	翁文灏	进行地质矿产调查，古生物岩石研究，燃料研究，化学实验，土壤调查，地震研究。绘制出版一百万分之一的全国总图三幅；较详细地调查了煤铁矿产，勘察了陕川油田	1913年创设，1916年1月改为地质调查局，10月又改称实业部地质调查所
河南省地质调查所	河南开封	张人鉴	调查豫西、豫北各煤田，铁矿，试探金矿，考察盐碱、硝、磺，测绘地质矿产图，化验矿石标本，研究岩石矿物，出版《汇刊》《地质报告书》《矿业报告》	1923年10月成立，后受时局影响停办，1931年5月恢复
湖南省地质调查所	湖南长沙	刘基磐	勘测全省矿产，铅、铁矿较详细，主要煤田亦多勘测	1927年3月
地质研究所	江苏南京	李四光	从事地层古生物、矿物岩石、应用地质及地象的研究，出版《集刊》《专刊》《丛刊》	1928年1月
两广地质调查所	广东广州	何杰	调查广东、广西地质矿产，并考察四川、西康矿产。出版《年报》《特刊》《古生物》	1927年9月
浙江省矿产事务所	浙江杭州	金维楷	调查浙江矿产，出版《汇报》《矿产调查表》等	1828年9月成立，初称矿产调查所
江西地质矿产调查所	江西南昌	周作恭	调查江西各县煤田地质，矿业概况，代办测量矿区，化验矿物岩石。编制《全省矿产分布图》数幅，刊物有《业务报告》《年报》	1928年10月
北洋工学院工科研究所矿冶工程部	天津西沽	李书田、曹诚克	以北洋工学院矿冶工程系设备为主体，另添洗煤机、通风设备、显微镜等，除矿冶工程系教员兼任研究员研究有关矿冶问题外，并招收研究生精修矿冶技术，协助各种研究	1934年12月

1914年，日本在抚顺成立抚顺炭矿株式会社，建设煤气发电所时设置了化学分析室（现煤炭科学研究总院沈阳研究院）。1929年，独立为工业局研究所，后又改称抚顺炭矿研究所。1946年3月21日，国民党政府接管抚顺后改名为抚顺矿务局研究所，员工85人（含50名日本人）。1948年10月31日，抚顺解放，人民政府接收抚顺矿务局研究所。

1949年前，中国设有专门从事煤炭科学研究的机构。1949年10月1日，中华人民共和国成立后，中央人民政府设立燃料工业部，负责管理煤炭、石油和电力。全国煤炭工业实行在中央人民政府统一领导下，以各大行政区为主进行管理的体制。燃料工业部下设煤矿管理总局，直接管理华北地区的国营煤矿企业和华东地区的部分国营煤矿企业。东北人民政府下设煤矿管理局，管理东北地区的煤矿。华东、中南、西北、西南军政委员会工业部，设有煤炭管理局，管理所属地区的国营煤矿企业。

2.3.2 兴办矿山安全学科与专业人才培养和所用的书籍

随着近代矿业的逐步发展，有关当局对于矿业技术人员的培训也逐步有所重视，除选派一批人员到欧美等国学习采冶技术外，还在国内陆续开办了一批高、中等专门学校，或在大学设立矿冶地质专业。中国近代矿冶教育事业始于19世纪末。

中国近代最早设立的新学堂是19世纪60年代出现的京师同文馆，京师同文馆于1872年拟订了8年课程计划。新学堂一出现地质采矿学就被列为学习内容之一。

1881年，开平矿务局创办人唐廷枢为改变该矿务局全部使用外国工程技术人员的状况，创办了一个专门训练采矿和煤质化验人员的学校，并从美国俄亥俄州聘请了一名叫巴托斯的人担任教师，以培养中国自己的工程技术人员。

1889年11月10日，张之洞奏准在广东水陆师学堂内添设矿学等5所西艺学堂，各招生30名。延聘英人巴庚生教授矿学。

1892年出现了湖北铁路局附属的矿学堂，是中国最早的初等矿业专门学校。

近代矿业教育，最负盛名者要推天津中西学堂（后改为北洋大学），1895年10月2日成立于天津，该校创办最早，招收的学生最多。天津中西学堂设有头等学堂和二等学堂，学制均为4年，头等学堂为大学本科，设采矿冶金等四学门（系），课程编排，以美国著名的哈佛、耶鲁大学为标准，"第一年：几何学、三角勾股学、格物学、笔绘图、各国史鉴、作英文论、翻译英文；第二年：驾驶并量地法、重学、微分学、格物学、化学、笔绘图并机器绘图、作英文论、翻译英文；第三年：天文工程初学、化学、花草学、笔绘图并机器绘图、作英文论、翻译英文；第四年：金石学、地学、考究禽兽学、万国公法、理财富国学、作英文论、翻译英文"。矿务学门的专业课有"深奥金石学、化学、矿务房演试、测量矿苗、矿务略兼机器工程学"。二等学堂为大学预科，讲授英语、数学和普通自然科学。无论是头等还是二等学堂，凡应考合格录取者，由学校供给膳宿费，并按月发给零用津贴，学习成绩优秀者有官费资送出国深造的机会。聘美国传教士丁家立（田尼博士）为首任总教习，总教习负责"考核功课，以及华洋教习勤惰，学生去取"事宜，讲授人多为当时国内著名专家、教授，并有相当多的欧美学者，该校培养的学生有许多成为中国矿业界的著名专家、教授和企业负责人。到1936年为止，北洋工学院矿冶工程系共计毕业30个班，毕业生311人，当时在校肄业生尚有4个班，67人，矿冶毕业生人数之多为各校之冠（见表2-5）。

表2-5 1936年中国矿冶地质学校系科概况

学校系科	地址	负责人	已毕业人数	在校学生	学术团体	创办时间
北洋工学院矿冶工程系	天津	院长李书田、系主任曹诚克	30个班共311人	4个班共67人	矿冶工程学会	1895年10月
交通大学唐山工程学院采冶系	唐山	院长孙鸿哲、系主任林斯澄	1个班共11人	35人	采冶工程学会	1931年9月
湖南大学矿冶工程系	长沙	校长胡庶华、系主任胡安恂	7个班共60人	4个班共120人		1932年9月

续表

学校系科	地址	负责人	已毕业人数	在校学生	学术团体	创办时间
楚怡工业学校采矿冶金科	长沙	校长陈润霖、科主任黄金	12个班共96人	3个班共68人	湖南楚工矿业学会	该校1910年创立，该系1916年成立
江西省立工业专科学校采矿冶金科	南昌	校长李才彬、科主任何维华				1925年
北京大学地质学系	北平（景山东街）	校长蒋梦麟、系主任李四光	15个班共171人	4个班共50人	北京大学地质学会	1898年京师大学堂成立，内设地质学门，1912年后改名北京大学，1917年改设地质学系
清华大学地质系地质学门	北平清华园	校长梅贻琦、系主任袁复礼				1929年设地理学系，1932年改为地学系，包括地质、地理、气象三学门
焦作工学院采矿冶金系	河南修武县焦作	院长张清涟、系主任任殿元	7个班约60人	4个班共100人		1909年成立焦作路矿学堂，1921年改为福中矿务大学，1931年改为焦作工学院
广西大学采矿系	广西梧州	校长马君武、系主任李进隆		46人	系矿冶研究会	1934年设立采矿专修科，1935年9月改为采矿冶金系

中西学堂1895年10月创立后，最初几年一切按原计划进行，1990年八国联军入侵，校址被占，学校停办。1902年，又在天津西沽武库重建学校，改名北洋大学堂，占地348亩，建有教室、实验室、图书馆等八座楼房，其中工程学馆备有近代水平的科学仪器，图书馆有藏书13000余册。此时，学制有所改变，大学本科改为3年。报考大学者，必须先在各省高等学堂毕业，聘请的教师多为外国人，用英语讲课，在1903年废除科举制度之前，中西学堂毕业学生由学部考试最优等学生作为进士出身，任翰林编修，检讨；优等、中等均作为进士出身，分别任翰林庶吉士、各部主事。

1895年，由山海关内外铁路局创办了"铁路学堂"，附设于天津老北洋大学内，1897年停办。1905年，山海关内外铁路大臣袁世凯、胡燏棻以铁路工程技术人才的需要，提出恢复"铁路学堂"，铁路局总办周长龄以唐山有铁路制造厂、学员见习方便为由，将学堂改设在唐山，选在铁路附近、唐山火车站西侧为校址，鸠工建校。1906年，开平矿务有限公司得知铁路局在唐山建立学堂消息后，派人与铁路局协商专为开平矿务有限公司增设采矿学科，并委托学堂代招新生一个班列入学堂肄业（该学堂与各国大学程度相等），办学经费开平矿务有限公司予以资助。双方商妥后，"铁路学堂"改名为"路矿学堂"。1907年学堂校舍竣工，由该校从天津、上海、香港分别招考采矿班新生。开课后至1909年肄业。至此，学校又改名为铁路学堂，以后该校又称"交通大学唐山工程学院"等名称。

1896年，出现南京矿务铁路学堂（附设于南京陆师学堂）、南京储才学堂（内设矿务专业）。

1898年，成立京师大学堂（内设地质、矿冶学门，辛亥革命后改名为北京大学）。

1902年，动用山西教案赔款50万两白银建立山西大学西学专斋，开始由英国人管理。1906年，开设矿学等3个专门科。1912年，山西大学堂改为山西大学校，取消西学专斋名称，筹建本科和预科，开办工科，设有土木工程学门，以后又开设采矿工程等三个学门。1931年，国民政府教育部将山西大学校改名为山西大学，学科改为学院，学门改为学系。当时，山西大学工学院设有采矿工程学系等。

1906年，北洋大学矿冶科派出第一批留学生赴美留学。

1906年，成立南京路矿学堂（如图2-8），图2-9为鲁迅（周树人）的毕业文凭。湖南高等实业学堂增设了矿科。

图2-8　南京路矿学堂　　　　图2-9　鲁迅（周树人）的毕业文凭

1908年，四川开办中等工业学堂，定预科2年，本科3年。本科有矿业科。

1909年，创办焦作路矿学堂，成为我国第一所矿业高等学府。1909年2月25日，清政府河南交涉局与英国福公司签订《河南交涉洋务局与福公司见煤后办事专条》，其中第八条规定："路矿学堂，议定本年春季开办"。焦作路矿学堂是晚清时期由外国人在中国开办的三所私立高校之一和唯一的私立工科高校。1909年3月1日，英国福公司按上述条款规定，创办焦作路矿学堂。田程为首任监督（校长），设矿务学门，首批招收学生20人。聘请英国李恒礼等四人和中国陈筱波为教习，为采矿、铁路和冶金培养专门人才。1915年5月7日，英国福公司与华商中原公司合组福中公司，学校更名为河南福中矿务学校，归外交部河南交涉署直辖。1919年，学院易名福中矿务专门学校。1921年，学校易名福中矿务大学（如图2-10）。

1910年1月27日，北洋滦州官矿有限公司在赵各庄矿开办一所"测绘学堂"。当时，报考者111名，参加考试者57名，考生文化高低不齐，勉强录取了30名。开课不久，由于教师是兼职的，教学课程时有缺课，上课时间也不能保证。为此，将该学堂迁移到马家沟总矿原旧办公处继续上课。并将"测绘学堂"改名为"矿务学堂"。还招插班生20名，原有30名学生中因文化过低而淘汰7名，实有学生43名。教学课程以国文、英文、算学、绘图为主要内容。定期下井实习，学制3年。学费、膳费由公司拨给，学生不缴纳任何费用，毕业后由马家沟总矿分配到各矿试用。教师由马家沟总矿员司黄世泰、徐建权担任。是年还在马家沟总矿开办"采矿工程训练学校"，亦为矿务学堂的一部分。1921年10月21日，赵各庄矿总矿师（亦称总工程师即矿长）向天津开滦总局建议在赵各庄矿开办一个"采矿训练所"，培养工务员或助理工务员。开滦总经理次日即批准。每年需经费1200—1800元。但因经费等问题，总经理又将此事拖延下来，而当时各矿均感"非常缺乏井下工务员"1936年8月初，开滦原唐山矿区总矿师杜克尔（茹）再次向矿区主管马克飞提出开办工务员训练所之建议。经报请天津开滦总局，代理副总经理王崇植于8月14日批准，并指派唐山矿区总务主管袁通负责组织筹备训练所的校舍和招生等一切事宜，派矿司黄大恒为代理所长，矿司邓曰谟为训练主任，还调配了专职兼职教员及管理人员。该所地址临时暂设在启新水泥厂南门对面的旧开滦矿警训练所内（原唐山广东街开滦东局子宿舍），着手兴建的永久性校址设在林西，以便学习采矿、机械、电机专业的学员到各矿井下和中央机厂、电厂实习。在行政上该所附属于开滦矿务总局总务部领导。同时，由袁通提出了办学计划和编写了教材。所编教材主要是井下监工执行其职务时应具备的知识，简要实用。所用的教科书为张伯伦及沙利斯柏雷两人的《地质学》、美国潘省省立大学采矿系所编初级夜校用的《采煤学》、"迪明"公司轰炸手册、"皮受特"的采矿考试问答、比利时列日大学教师度活爱尔编写的采矿学讲义、法国高等工业学校之采矿学讲义等。同时，将开滦各矿实地情形纳入有关教材之内。1937年9月，开滦工务员训练所第一期采矿班学员40名、机械班学员5名先后报道，10月1日在唐山临时校舍开课。1939年2月10日，开滦工务员训练所第一学期学员举行毕业典礼。采矿班毕业35名，机械班毕业4名。

  1923年，张仲鲁由美国克罗拉多矿务大学毕业回国，被聘为福中矿务大学校长，当时学校设有采矿冶金科，学制4年，第一学年学习科目：英文、微积分、高等物理及实习、高等化学及实习、工程画、投影实习、矿物学及实习；第二学年学习科目：平面测量及实习、应用力学、地质学、定性分析及实习、采矿通论、冶金学、地质史及实习、岩石学及实习、热机关学等；第三学年学习科目：电工大意及实习、材料力学、矿业薄记实习、定量分析及实习、经济地质、采煤学、冶金学、排水及通风、矿山测量及实习，并选修德文、有机化学、淘金学、机械原理、机械计划及实习；第四学年学习科目：卷扬及运输、矿业经济、试金学及实习、选矿学及实习、矿场计划及实习、动力厂计划实习、野外地质实习、矿场布置实习、洗煤学、冶金学论文，并选修德文、冶金分析实习、地质构造、探矿学、压气学、无线电学、淘金学、机械计划及实习、工业分析实习、金图学及实习、电冶学、冶金实习、应用文。

  1931年，经教育部批准，福中矿务大学易名为"私立焦作工学院"（如图2-11）。学校成立校董会，河南省政府主席刘峙任主席。1933年，张清涟接任院长，将科改为系，设置了采矿冶金系。1936年5月，焦作工学院调整系科，采矿冶金系分为采矿系、冶金系。该校从创办至1947年，共有毕业生329人，其中矿业专业206人，路矿专业18人，其中不少人成为中国采矿等部门的专家。1949年9月，焦作工学院迁回焦作，更名为国立焦作工学院。

图2-10 福中矿务大学（1930年照片） 图2-11 私立焦作工学院大门

1916年，设立楚怡工业学校采矿冶金系。

1924年，设立天津南开大学矿学专科、山西大学采矿冶金科、山东公立矿业专门学校。

1925年，设立江西省立工业专科学校采矿冶金科。

1931年，设立交通大学唐山工学院采冶系。

1932年，设立湖南大学矿冶工程系。

1935年，设立广西大学采矿系（由专修科改为采矿系）。

1935年，重庆大学成立工学院，设有矿冶工程系。

1945年，创建淮南煤矿工业专科学校（现安徽理工大学），是安徽省第一所工科高校，是全国最早开展矿业人才培养的两所高校之一。

1947年，在鸡西建立东北第一所煤矿工人学校，东北矿区工人干部学校，1948年更名为鸡西矿区职工学校。

1948年，创办鹤岗矿务局技术学校和鹤岗矿务局职工学校，1949年合并为鹤岗矿务局职工技术学校，1949年更名鹤岗工科高级职业学校。

1948年，西安矿务局（今辽源）成立了煤矿保安学校，该校是吉林最早的煤矿保安学校。

1949年1月，成立阜新矿力中等技术专科学校。

到1949年，全国设有矿冶系的有北洋、山西、重庆、武汉、湖南、广西、云南等大学，以及华北大学工学院、唐山工学院、西北工学院等。

近代矿业教育的方式，除前述正规学校外，还有一种非正规的短期训练班，如开滦煤矿开办的工务员训练所。开滦矿务局1934年改组后，外籍人员大批辞退，有经验的中国工程师十分缺乏，为了补充技术力量的不足，在林西矿办起了工务员训练所，聘请邓曰漠等为教员（邓兼任所长），招收中学毕业生，学习有关采矿、机电知识，半天上课，半天下矿井劳动，为期不到两年，结业后分配到开滦各煤矿工作，起技术员的作用，部分人任外籍工程师的翻译。工务员训练所先后办了四五期，毕业人数虽不足100人，但都逐渐成了开滦煤矿的技术骨干，有的在1949年后调到其他煤矿担任管理工作。

从1948年3月起，东北解放区煤矿管理局所属各矿务局相继建立了内部安全生产工作机构，负责企业的安全管理；举办多期"保安训练班"，培训煤矿通风、瓦斯监测、防灭火等安全生产专门人才。

中华人民共和国成立以前矿山类科技图书寥寥无几，主要是在煤矿方面居多。清代矿业专著中，1844年出版的《滇南矿厂图略》最为典型，分为上下两卷，上卷题《云南矿厂工器图略》，共16篇，分门别类，有条有理地叙述了整个矿山的开发管理及坑采技术，即矿井布置与矿脉的关系，开拓、支护、回采、采场布局及采矿方法、运输、排水、照明等技术问题；下卷题《滇南矿产舆程图略》。

19世纪下半叶，近代采煤业随"洋务运动"兴起之后，江南制造局翻译馆翻译出版了《开煤要法》（1875年前译）、《井矿工程》（1879年译）、《银矿指南》（1893年译）、《探矿取金》（1903年译）、《求矿指南》《矿学考质》《开矿器法图说》等屈指可数的几种图书。其中，《井矿工程》为英国薄尔奈著、傅兰雅口译，中国赵元益笔录，专门论述矿井开凿方法，有图140幅。《开煤要法》为英国司密德著、傅兰雅口译，中国王德均笔录，系统地阐述了煤的生成、分类、产区、找煤方法及煤矿开拓开采方法（包括矿井运输、提升、通风、排水、照明及预防瓦斯爆炸等方法），是一部详细论述近代采煤方法的科学专著，有图57幅。《开矿器法图说》为美国俺特累著，英国傅兰雅口译，中国王树善笔录，专门论述近代开矿所用的器具，从地质勘探到凿井、采煤、运输、提升、排水、通风、选矿等生产环节所用的器具，都有详细描述，有图690幅。

20世纪30—40年代，上海商务印书馆出版《采矿工程》《矿业工程学》（教本），广州国立中山大学出版《采矿学》（上、下卷），社会部工矿检查处编译出版了《煤矿安全守则》。

2.3.3 现代学术共同体的设立与发展

中国现代的科学社团大多是在20世纪以后成立的。矿冶地质学术团体，最早成立的是河北矿学社（1912年成立），河南矿学会（1918年）、中国地质学会（1922年）、中国矿冶工程学会（1927年）、中华矿学社（1928年）先后成立，他们广泛联系矿冶地质人员、开展学术交流，出版学术刊物，对中国矿冶技术的发展起到一定的作用（见表2-6）。

表2-6 近代矿冶地质学术团体简况

学会名称	地址	负责人	会员人数	出版刊物	成立时间	备注
中国矿冶工程学会	初设北平后迁南京	会长曾养甫，副会长王宠佑、胡博渊	500余人	《矿冶会志》	1927年2月	在南京、北平、天津等处设有分会
中国地质学会	北平	理事会理事长谢家荣	会员260余人，会友40人，名誉会员2人，通信会员32人	《地质会志》	1922年1月	
中华矿学社	南京	常务干事张中、周则岳、王德森	250人	《矿业周报》	1928年3月	
河北矿学会	北平	干事马德刚等7人	78人	《开滦专刊》《临城专刊》《开滦矿务切要案据》	1928年11月	
河南矿学会	开封	执行委员张仲鲁等7人	名誉委员2人，终身委员9人，正会员90人		1918年	1918年在美国克罗拉多矿务大学成立，由留学生张仲鲁等发起，后迁回河南

中华人民共和国成立以前煤炭科技刊物屈指可数，仅有1917年创刊的《矿业杂志》、1923年创刊的《矿业联合会季刊》、1927年创办的《东北矿学会报》、1931年创办的《河南中原煤矿公司汇刊》、1932年北洋大学创办的《采治年刊》、1936年创办的《河北井矿月刊》和1949年创办的《抚矿旬刊》等少数刊物。

1933年7月1日，《工业安全》杂志在上海出刊。这本独具特色的杂志的出版，是我国矿山安全史上的一件有意义的事。特别值得指出的是，1935年该杂志的第三辑第四期就是煤矿安全专辑，名称为"矿场安全专号"。当年的5月13日山东鲁大公司淄川炭矿北大井发生特大透水事故，死亡536人，这是我国历史上最大的一次煤矿水灾事故。为此，该杂志组织人员，刊出了这一期"矿场安全专号"。

《工业安全》煤矿安全专辑刊登的文章有:《淄川矿鲁大矿井惨剧之善后》《历年来我国煤矿灾害统计之一斑》《我国四大煤矿公司对于灾害的预防设施之概要》《矿工受灾害而致伤亡之救护》等。这些文章对于世人了解煤矿安全提供了资料。该专辑同时刊登了有关煤矿安全的四个规则,如《矿业保安规则》《煤矿爆发预防规则》等,还刊登了所翻译的《美国克兰弗兰冶铁厂所实施之矿务安全办法》《捷克斯拉夫矿场检查系列》等国外法规。

1949年,在东北解放区出版了《技术文选》《矿山灾变》《采煤技术入门——献给工人同志》等少数几种图书。同年9月,东北人民政府工业部煤矿管理局计划处出版了《东北国营煤矿年鉴》(以下简称《年鉴》),这是解放区的第一部煤炭工业年鉴。《年鉴》共分两编,第一编总论,分资源、东北煤矿有史以来的沿革、民主政府接收以后的情况等6章;第二编分论,主要记述东北煤炭管理局所辖矿务局及其他煤矿概况等11章,《年鉴》为内部发行。

1949年4月,东北人民政府煤炭管理局在东北解放区创办了《煤》杂志(季刊)。该刊主要宣传、报道党的方针政策和东北各煤矿的经验、生产统计等,刊物在东北地区内部发行。

1949年12月12日,开滦党委决定由开滦矿区工会出版《开滦矿工报》,并于即日创刊。

1934年7月8—28日举行全国矿冶地质展览会。虽不是专门的安全展览会,但有几十家煤矿公司参与,展览项目中关于煤矿安全方面的内容较为突出。如介绍了煤矿采掘业中的安全措施、矿业安全法规、矿业保安和矿业监督员情况。

工业安全卫生展览会,这是我国第一个全国性的工业安全卫生展览会,由实业部中央工厂检查处负责筹备,1936年1月21日举行开幕典礼。召开这次展览会的缘起与煤矿事故有关,其目的之一就是鉴于"民国24年山东淄川鲁大公司矿业出水一役论,竟死伤工人达830余人之多,损失200万元之巨,其灾害亦足以令人惊心动魄者矣",由此举办了此次展览。参加此次展览的有长兴、井陉、开滦、中福、中兴等煤矿企业。这次展览是安全专业展览,内容包括机器安全装置、安全卫生设备、安全急救及安全检查设备仪器、安全灾害的实物等。其中还有一些有关硅肺病的知识介绍与图片,会后还出版了《工业安全展览会报告》。

2.3.4 现代矿山安全学者和组织的科学精神与科学成就

19世纪至20世纪40年代,鉴于矿山事故的频频发生、外国专家在中国的影响以及留学生陆续回国等多重因素作用下,一些仁人志士提出了自己的思想、制定法规等,虽然制定的一些政策是根据大量的实际经验总结得出,但是仍然为矿山安全学科产生了很大的影响。

由于煤矿坍塌事故多发,并多次引发社会不稳定,故一些产煤地区的地方官吏,对于井下支护问题比较重视。他们曾多次谕令窑户,搞好井下支护。如1822年(道光二年),密县县令杨炳堃就曾制定了《谕窑户工头简明规条》。其中一条就是"窑筒及架木,如有损坏,立时修整完固,再行下窑"。要求"窑头小心勤谨,不时下窑审视",强调此事"所关非细,慎之、慎之!"清代乾隆年间的浙江长兴县令,对煤窑井下支护问题,认识更为深刻。他认为"但思图煤之利,必先审煤之害。煤井深有百余丈,远至二三里,开挖者数十人百余人不等"。他特别强调指出,"抑或支木不坚,从上坍下……在下者呼吁奔窜无路,在上者披发援手罔济。人命轻如草营,莫此为甚!"

近代地质学家章鸿钊(1877—1951年)收集古籍中有关矿物产地的材料,按照地区和种类汇编而成,1954年出版,是研究中国古代矿产资源的重要参考书。该书所录,远自西汉

《史记·货殖列传》，近至公元1934年的《归绥县志》。

1876年盛宣怀在湖北广济试办煤铁矿时，曾给李鸿章写信禀明聘请外国矿师打钻找煤的必要。他引用《开煤要法》中的观点写道："查开煤要法，亦谓凭空审察不如凿孔为至当不易之法"。

云南铜矿业于1874年（同治十三年）实行"官督绅办"，"光绪八年整顿铜政绅商认办，光绪九年设云南矿务招商局，光绪十三年设立矿务公司。"云南矿业实行了官办、官督商办、官商合办的变更，实为经营管理方式的近代化转变，是近代管理理念的实施。早在1877年（光绪三年），云南总督刘长佑就明确提出应"采用西洋采矿机器以助人力之不足，并延雇熟悉矿路之样匠以补中法之未备"。这也是对生产技术的革新、使用大机器生产的要求，而个旧锡矿的生产就是典型，"宣统元年，云贵总督府将原来的'个旧官商锡矿公司'改组为'个旧锡务有限公司'，增设开采、冶炼厂，向德商礼和洋行订购冶炼、洗选、化验、动力等机器设备，于1913年正式安装投产，这既是个旧锡矿使用机器开采、冶炼之始，也是现代机器设备在矿业生产中成功使用的开端"。

1878年7月24日，李鸿章在天津设立开平矿务局，开采唐山、开平煤矿。矿务局设翻译处，介绍外国采矿资料。

1879年，薛福成著《筹洋刍议》14篇，在《变法》篇中主张通中外之情，酌变成法，如"商政矿务宜筹""考工制器宜精"。其目的在于"取西人器数之学，以卫吾尧舜禹汤文武周孔之道"。

徐州煤矿的创办人胡恩燮（1824—1892年），撰写了《筹办利国矿务札记》和《煤说》。他对于煤矿安全是比较重视的，这主要反映在他的《煤说》中。下面将他关于煤矿安全生产的论述，分条加以介绍。第一，《煤说》对于矿工的处境，给予了同情。他说："窃观天下力作之苦者，未有若煤夫者"，而且"煤夫种种情形，罕所传述"。他认为残虐工人之事，以及"各煤夫生死进退局总概不与闻者""殊不为之"。第二，胡恩燮对于煤矿水害十分关注。他指出："井中之水如多，必设提水机器，方有干土可容煤夫""凡煤夫，最惧地水。地水将至，煤带红色，谓之挂红，即不令煤夫下井"。这种注意井下排水，以及凡是有水害征兆的，必须不让工人下井工作的做法，无疑是保证安全的重要措施。第三，《煤说》中对于如何防止瓦斯爆炸与火灾，也有论及。他认为，一是开矿必须"预设通气之井"，即现今所讲的风井。二是井下照明，要"用避火洋灯""预防轰然之变"。避火洋灯，即近代煤矿的安全灯，灯火不外溢，以免发生瓦斯爆炸。三是"将来井既开深，仍多设火炉在内，升其炭气，引入空气"。这是中国较深煤井传统的通风办法。第四，在矿工劳动保护方面，也提出一些要求。诸如，矿方要为工人设置"浴锅"，矿工升井后，可以洗浴，矿方要"酌发新衣，俾后更换"；对工伤者要予以医治；"休息之日，准其会亲友家人"。用胡恩燮的话来讲就是使煤夫"有生产之乐趣"。1894年的甲午中日战争，中国惨遭失败，许多有识之士逐渐觉醒，认同洋务派推行的"中学为体，西学为用"政策，设工厂、筑铁路、办矿务、请洋人等措施。

1898年1月29日，康有为第六次上书《应诏统筹全局折》，提出设立制度局是变法根本，请求光绪帝迅速决定变法，并议设矿务等十二局，以学校代替礼部。6月20日，御史增宗彦奏，请于南北洋设立矿务学堂。总理衙门议准设立，并通知各省拣年幼聪颖学生派往日本矿务学堂学习，一面就各省现有学堂，酌增矿学课程。8月10日，光绪帝谕：铁路矿务，为当今切要之图，亟应设立学堂预备人才，所有各处铁路扼要地区及开矿省份，应行增设学堂，着王文韶、张荫桓等议办理。

这些学堂为我国培养了大量矿山行业的人才。鲁迅毕业于南京路矿学堂后，抱着科学救国的愿望去日本留学决心为祖国献出生命和鲜血，为了使自然科学在祖国得到发展并促进祖国的革新，鲁迅在广泛、系统学习各门自然科学的最新成果，把握当时世界科学的脉搏之后，开始了宣传科学的写作活动。1903年，鲁迅先后发表了《中国地质略论》和《中国矿产志》，如图2-12所示，后者是鲁迅与顾琅合著，是我国学者用近代地质学理论研究和介绍中国地质情况的早期论文之一。这两篇论文在中国采矿史上占有重要地位。鲁迅在论文中指出了20世纪初煤炭在国民经济中的重要作用，他说"石炭者与国家经济消长有密接之关系，而足以决盛衰生死之大问题者也"。鲁迅详列了中国煤矿的分布，说明中国煤炭资源之丰富，并针对20世纪初帝国主义攫取矿权的形势，严正指出"中国者，中国人之中国，可容外族之赞叹，不容外族之觊觎者也"。

图2-12 鲁迅的《中国矿产志》等论著

20世纪前半叶的研究中当以丁文江为最早和最深，其早在1913年就写了一篇题为《有名无实的山西铁矿——新旧矿冶业的比较》的文章，纠正了外国人认为山西是中国铁矿的重要产区的论断。专著方面其著述的《中国官办矿业史略》《外资矿业史资料》，对我国近现代矿业情况进行了详细介绍，有很重要的史料价值。另外孙健初、谢家荣、程裕淇编著的《扬子江下游铁矿志》以及丁文江、翁文灏、谢家荣、侯德封、白家驹等先后编著的第一至七次《中国矿业纪要》和瑞典人丁格兰的《中国铁矿志》都是当代研究近现代中国矿业发展史重要的一手资料。

章鸿钊先生在20世纪20年代的出版物《石雅》一书中，曾对中国冶铜、冶铁术的起源加以考察。

孙中山先生在《建国方略》一书中讲道："矿业者，为物质文明与经济进步之极大主因也，煤为文明民族之必需品，为近代工业的主要物。"

1923年，孙越崎（1893—1995年）创办吉林省中俄官商合办穆棱煤矿，该矿为满洲北部第一个新型煤矿。他1929年留学美国，先后在斯坦福大学研究院和哥伦比亚大学研究院攻读矿科。1932年赴英、法、德等国考察，8月返国，1933—1934年任陕北油矿勘探处处长，确认陕北油田无工业开采价值。1934年10月任濒临破产的河南焦作中福公司总工程师及总经理，整顿矿物，一年即见成效。1937年抗日战争爆发，在他主持下组织人员把中福煤矿设备及时拆迁到四川。

1910年，毕业于北洋大学矿冶系的采矿事业家王正黼（1890—1951年），1917—1921年任辽宁本溪湖煤铁公司总工程师兼制铁部长，1921—1931年任东北矿务局总办，管理东北全境13个矿山，创办、扩建、改进了阜新、八道壕、西安、复州湾等煤矿，勘察了世界上储量最大的大石桥菱镁矿。1932年组设冀北金矿公司，开采凌源、平泉、承德、滦平四县金矿，还创办了北京门头沟平兴煤矿，筹办了苏州西山煤矿，1934年任河南六河沟煤矿总办。

1948年，江源矿务局院由刘士吉、王广盛、张大有、刘正大、朱世博、马永恒等技术人员编写了《煤矿保安教材》。全书8万余字，作为安全教育读本，供职工学习、培训时使用。此教材针对性强、非常实用。仅辽源矿务局自1949—1958年，就培训学员51237人次，其中采掘安全班学员38154人次，技术提高班学员达13083人次，效果十分明显。

在我国煤矿安全历史上，一项非常普遍且影响深远的群众性安全生产活动是在中华人民共和国成立初期开展的"学习刘九学安全生产竞赛活动"。刘九学是当时焦作矿务局李封矿"刘九学采煤班"的班长。该采煤班从1949年1月至1950年5月，创造出连续17个月消灭死亡和重伤的安全生产好成绩。

在中华人民共和国成立前，我国东北地区的煤矿就回到了人民的手中。然而，煤矿遭受连年战争的影响，生产设施不健全，各种安全生产规章制度的建立与完善也需要有个过程。在这种情况下，各级人民政府、煤矿管理部门及煤矿企业，对煤矿安全都很重视，也采取了不少措施。1949年12月20日，东北煤矿总工会对当年前十个月东北煤矿的安全卫生工作进行了总结，并将总结材料呈报全国总工会煤矿工作委员会。从这份报告中，得以了解当年东北煤矿的安全状况。报告首先指出了煤矿安全生产形势的严峻。据8大矿区（不含本溪煤矿）的统计，1949年1—10月，共发生事故7895起，死亡235人，伤8553人。每万吨死亡率为0.3。在事故中，冒顶占25%，其次为跑车和用电事故。冒顶死亡人数占总死亡人数的43%。此外，"因通风换气不良，使职工患呼吸系统病者"，仅5月就高达3538人。上述情况虽比伪满时期有较大好转，但也说明了煤矿安全形势不容乐观。报告分析了出现上述情况的原因：一是，"行政与工会的领导对安全卫生工作重视不够""有的矿区对工人的生命和健康表现不够关心，甚至有不负责任的态度""某些领导认为'煤矿死人是免不了的'，或者满足于'伤亡率低于伪满'"；二是，"技术规章没有建立或不健全"，这类事故占31%；三是，机械设备条件不能完全保证安全。如鸡西煤矿1949年10月发生16起事故，"因设备不好而发生者6件""因材料不好而发生者3件"；四是，工人保安意识不强，井下吸烟者有之，麻痹大意者有之。这份材料也提出了改进的措施与建议，如提高认识，组织工人认真学习，执行保安规程，遵守劳动纪律；"向全体职工进行普遍深入的安全卫生教育""根据事实，作口头、文字、图画宣传"；"制订安全卫生公约，经工人讨论通过后，坚决监督执行"；"使全体工人都参加安全卫生工作"；"组织老年技术工人教给新工人有关安全卫生之经验与知识"；"配合行政卫生部门建立安全卫生检查制度""提出劳动保护之建议，督促改进安全设备……和劳动保护之重要设施"等。

1949年组建的抚顺、阜新、辽源三支矿山救护队，共有指战员66名，是我国最早建立的承担矿山事故抢险救援任务的专业队伍。

中华人民共和国成立初期，北京地区煤炭供应十分紧缺，当时在人民政府的引导下，京西门头沟矿区的一些煤窑，自愿发起成立"门头沟小型煤矿自愿集体生产实验社"。这一组织积极开展调查研究，于1949年11月向政府提出了一份解决煤炭供应的建议报告，这份建议报告的一项重要内容，就是搞好安全生产，促进煤矿多出煤，以解"煤荒"。其中安全方面的建议共19条，具有针对性。

建议首先提出应树立"安全第一"的思想，"拿出煤窑利益的百分之十作安保教育工作和机构设备的经费""治标治本都做到"，并且"请燃料工业部派员担任技术、请中华全国总工会担任督导""小矿要同大矿密切联系"。这些提法颇有见地，在今天仍有指导性作用。

这19条"小型煤矿集体保安的事项"，大致可分为以下几类：一是，"建立小窑集体保安的体制"；二是，发动广大职工群众，"广泛进行保安演讲""实施群众性的保安工作""发动和组织全体员工进行群众性的保安"；三是，改进设备，"建立井下保安仓库，常备消防器材和药品""逐步增添保安器材和仪器——如气体检定器、测风仪、救生器""充分修复或增添各种设备"；四是，建立和执行各种规程制度，"厉行保安公约""严格遵守坑道规则"；五是，"设法克服水火风的事故""修改通风系统，消除跑风漏风现象""排除沼气及有害气体"；六是，发动群众进行安全检查，"举行定期或不定期的群众性大检查"，矿井技师、保安人员下井检。上述建议措施是在当时战乱刚结束、经济建设百废待兴的形势下提出的，实属难能可贵。

1927年春，西北科学考察团成员丁衡发现白云鄂博山，"全山皆为铁矿所成"，含铁"在八九十分以上"，"全量皆现露于外，开采极易"。这就是著名的白云鄂博铁矿，中华人民共和国成立后为包头钢铁公司利用。

1928年8月，国民党二届五中全会审议通过工商部长孔祥熙提出的筹办基本工商业案，认为钢铁、酸碱、棉纱、机器工业，"关系民生国防，至为急要，实无可缓，应提前筹办，以应急需"。

2.3.5　矿山安全管理机构和政策

有效的安全管理工作既能保障企业安全生产，还能促进企业生产任务顺利完成和生产效益的实现，因而在矿山开采中，加强矿山安全管理是极具现实意义的。早在19世纪西方就已经开始讨论和发布相关的法律政策和规章制度，促进了企业的发展，使工人的安全和利益得到了保障。我国虽起步较晚，但是在党和国家领导人的深切关怀以及矿山事故多发的背景下，从工人的生活保障、职业卫生以及具体的生产技术等方面，也进行了相关制度的早期探索。

19世纪中期，产生了中国的近代航运业及工矿业。从引进、消化吸收到有自己的安全章程、条规，1888年提出了中国煤矿安全方针"保全人窑、思患预防"。随后，出现了清政府的农工商部，在政府管理中有了矿业警察（监察），在矿业法律中有安全卫生内容的检查和责令停产的权利等。

1891年（光绪十七年）吉林将军批准成立天宝山矿务局，以程光第为总办，购买西洋机器，在天宝山南支岗开矿坑3个，矿石除含银外，还含铜铅。

1911年的辛亥革命推倒了腐朽的清王朝，在王朝更替的同时，一系列的西方式治国理念、生活方式、经济模式开始成为民国治理国家的手段。当然矿业的开采也开始成为国家极为重视的一部分，从中华民国临时政府建立之初就设立了实业部，北洋政府时期为开采矿产设立的官矿督办处，专门负责官矿开采。

民国政府（北京）在1912—1927年，制订了多个中国第一的法规，如：矿业保安、预防爆炸、预防职业病、工厂安全监察。1928—1938年，南京政府陆续出台了工厂法、工厂检查法及实施细则。实施中在上海等地租界，遇到了租界当局和英、法等国的反对，虽得到国际劳工组织的些许支持和帮助，但上海市未能取得在租界的检查权。抗日战争前后，虽恢复工矿检查机构和建立上海工矿检查所，草拟或修改一些法律，但因国民党忙于内战，也无突出建树。

1879年制定的《开平煤矿章程》（以下简称《章程》），共33条，涉及通风、瓦斯灾害预防、冒顶预防等多方面内容。对于防止瓦斯灾害事故，加强通风问题，《章程》规定得特别具体。《章程》第一条就强调了通风的重要性："煤矿秽气最盛，势必令气清气贯入以攻之，方免其害。是矿中煤田、煤槽、养马走路各处务使透风，以便工作、行走。"此外，对于对井下煤气进行检查、记录及其预防措施等要求较严。特别规定，一旦发现问题，必须将工人全部撤出：矿内无论何处，如遇有煤气过重，或别项危险，一经察觉，必须尽将工人全部退出。立即疏修妥帖，派人验明，方许复进（第6条）。为了防止瓦斯爆炸、矿井火灾及火药爆破过程中伤人，该《章程》对于火药的使用规定甚详。一是，规定"矿中不得安放火药"。二是，矿中需用火药时，"须用箱罐装好，每箱不得过三斤，每段工作之处只准携带一箱，不准多带"。三是，使用火药时，必须审明瓦斯，"遇有煤气仍须审明""须专司者验明"。四是，不可用铁器、钢器舂药，倘若引火失慎，亦不准用铁器抽提。五是，放炮时"左近又无工作之人方可燃用"，且"火力烟气不能透达槽段"。这些规定，当是实践经验的总结。此外，对于设置避险旁峒、设立护栏及隔离栏、下井工人数量、矿灯使用与保管、机器操作等都有相应的规定。特别是对于保安宣传工作亦提出要求，要求把该《章程》在煤矿各处张挂，"俾各周知"，并且要"由矿务局刊印，分给司事工人等，每人一张"。此外，还要求根据《章程》，所属各矿还要制定专条，即实施细则。过了近10年后，开平煤矿在此基础上又制定了一批有关煤矿安全的规章制度。主要有《开平煤矿意外须知》《开平矿务局通风煤气用灯专条》《开平煤矿煤窑要略》《开平矿务局窑里放炮专条》等。1881年（光绪七年），开平矿务局制定《窑工规条三十一则》，对井下工人的操作规程、劳动纪律以及伤亡抚恤办法等都做了严格的规定。

1883年（光绪九年），地方一级开始设煤矿专职管理机构，如云南、四川设招商局及矿务局，贵州设矿务工商局，山西设矿务局等。

近代矿业专职管理机构始于1898年（光绪二十四年），清政府在北京设立的路矿总局。1903年（光绪二十九年）清廷成立商部，总理全国矿政。1905年，商部改为农工商部，在京设立矿务总办事局，各省设矿政调查局，由各省长官遴选委员为总协理及矿师，并由部酌量加札为商部矿务议员；各州县境内由矿务议员派设矿务委员，使矿业行政自成系统。

1904年（光绪三十年）清政府颁布的《奏定矿务章程》，第二十五条规定办矿人"设立合宜防备之法，以免矿师及矿工有意外之虞"，也即建立切实有效的制度和办法以防范事故；且要求厚待矿山事故伤亡者，规定"若有伤毙矿工人等，须妥为抚恤。其恤银多寡，应衡情从优酌断"。1907年（光绪三十三年）清政府正式颁布的《大清矿务章程》对矿主的安全责任进一步做出规定："因工程不善以致有险害等事，该矿商承认责成，应速讲求预防治法"；同时规定了地方政府和相关人员在矿山安全方面的监察职责，要求矿物警察、矿物委员对"坑内及矿地所施设之工程有无危险事""矿工之生命及其他卫生事"进行监督检查，"发现危险和隐患要及时处理""如事迫不及禀请总局者，该委员亦可命其暂行停工"。《大清矿务章程》，是中国近代比较完备的矿业法，它为后来的矿业条例的制定及企业章程、规则的制定，提供了依据。

开平矿务局时期，《煤窑专条六十六则》规定，把头、管工下井携"太平灯"查验瓦斯。还规定"验灯"（即专职检查瓦斯人员）负责约束包工头、采煤工人遵守煤窑规条。北洋滦州官矿有限公司也规定设专职"验灯"负责检查瓦斯。1912年，开滦联合经营后，改变了过去遇有瓦斯灾害即封闭工作面的做法，采取了更换风机、加大通风量、井下道巷设点灯室和道巷设看守搜身禁带引火物等措施。1924年，除井下监工员司携带"酒灯"检验瓦斯外，还设有井下专职瓦斯监工员，检测设施还增添了"黄雀"。

1912年，开平、滦州两公司联合经营后，中外资本家只顾追求高额利润，置工人生命安全于不顾，以致不断发生瓦斯爆炸、透水淹矿和煤层发火等事故，对此总矿师只是就事论事地提出一些防治措施。1934年，开始制订"开滦矿务总局矿、厂安全规则"，到1942年补充完善，正式辑印成册，共分12章783条。规定井下员司就任前要进行安全规则考试，员工违反安全规则危及他人生命立即开除，情节重大，交警究办。

1914年3月31日，北洋政府颁布了当时农商部制定的"矿业条例施行细则"，该条例共有86条。11月，农商部又制定了"特准探采铁矿暂行办法六条"，此条例于1916年9月又经农商部修订，国务会议批准下发。修改后的条例对外商、外资在中国开办铁矿的权益有所限制，如规定探采铁矿公司除技师外不得雇用洋员，对雇用的洋员技师公司须有节制全权等。

1914年3月1日，袁世凯以总统教令第三十四号公布《矿业条例》，规定凡打算开办煤矿的，应向矿务监督部提出申请并呈报农商总长核准；"矿业工程如有危险或损害公益时，矿业权者应预为防范，或暂行停止"。1922年8月，北洋政府召开研究会议，所拟定的宪法草案第九五条规定："国家对于劳动应颁法律保护之"，并载明要制定劳动法、矿法等法律。在上述法律的指定出台需要假以时日的情况下，1923年，北洋政府相继颁布了《暂行工厂规则》《矿业保安规程》《煤矿爆发预防规则》《矿场钩虫病预防规则》《劳工待遇规则》五部涉及安全生产和劳工保护的法规。特别是《煤矿爆发预防规则》，从矿工培训、矿井通风、瓦斯监测监控、矿灯和火药管理，到事故应对、抢险救援、救护队建设等，都有比较具体的要求。

1923年5月17日，以部令形式公布《煤矿爆发预防规则》，3个月后施行。该《规则》第二章为"矿工"。此章明确规定矿工"须由一定坑口出入，以便施行检查"（第3条）；"无经验之矿工"必须经过"两个月以上实地练习"（第4条）。特别规定"技术总管须将煤气、煤尘及其他危险详细通告矿工"（第6条），而且每百名矿工要配备一名巡视监督人员，这些规定是切中要害的。

第三章为"通风"。该章规定"每人须给以每分钟空气"的数量，还规定了通风速度、在坑外设置主要通风机，并做好检查记录，提出异常情况处置方法。对于通风装置，如风桥、挡风壁、风门，都有具体要求与标准，并规定了矿务监督与巡视人员的工作职责与权力。

第四章为"煤气与煤尘"。该章规定了各种情况下的煤气含量标准；明确规定在哪些情况下应当洒水，如何对采空区进行处置，什么情况下必须停止工作，设立"危险标识"等。

第五章为"灯火"。此章对于使用安全灯提出具体要求，规定使用安全灯之前，须检查、上锁等。

第六章为"火药"。此章规定"坑内禁用黑色火药及其他慢性火药"。同时对于"燃放火药"的事项，如药孔、药量、注意风向及监督检查等规定较详。

第七章为"灾变"。此章主要是规定灾害救援事宜，对于设置救护队亦有明确规定。

1927年国民政府定都南京之后，组建了劳工局并成立了劳动法起草委员会，于1929年12月颁布《工厂法》，翌年12月颁布《工厂法实施条例》，随后又出台《工厂检查法》，建立了工厂检查制度，把厂矿企业安全及卫生设备、工厂灾空（事故）、工人死亡伤害等纳入检查的内容，规定检查员由中央劳工行政机构和省市主管机构派出。1930年颁布的《中华民国矿业法》建立了政府对矿业安全等的监督制度，规定采矿权人须将矿井内部实测图等交由地方政府矿业事务所备查，并呈报省府主管备案，政府部门发现有危险时，"应另矿业权者设法预防或暂行停止工作"。

1927年6月召开的第4次全国劳动大会通过的《产业工人经济斗争决议案》指出，为保护工人身体健康，特别是繁重和危险的产业工作部门，如矿山等，工作时间要减至8小时以内；禁止使用女工和16周岁以下的童工从事有害健康的化学工业、坑下劳动及繁重的劳动；一切有危险性的工作岗位，应有充分的保护措施，并注意卫生工作，各种机器必须有安全设备；各工厂必须有通风除尘等设备，以畅通空气、防止尘埃；各种污秽有毒害的工厂须供给工人工作服，并建立其他预防措施。

1936年6月25日，民国政府公布了《矿场法》。该法比较简要，共35条，是民国矿业法规体系中比较重要的一部法律。如今看来，《矿场法》虽然规定得并不详尽，存有一些不够完备的地方，但仍有不少可资借鉴之处。

这部《矿场法》最大的特色就是对于矿场的生产安全及职业卫生规定得比较具体，是该法的主体内容，其中不少条款很有针对性。第一，该法规定了在"工程险恶"时，矿工可以停止工作。第七条规定："矿业权者对于坑内工程险恶，经矿业监察员告知而不为改良时，矿工得不经预告，终止工作契约。"这说明矿工在危险情况下，有停止工作的权利。但是，这一条有较大的缺失，即在矿业监察员没有向矿方告知的情况下，以及在随时发现的危险情况下，则未涉及，这是一个法律漏洞。

第二，在安全设施方面对矿主提出了明确的要求。一是"关于矿内安全事项应设保安员"（第十六条）。二是"矿业权者为防止水患、火灾、沼气或煤尘之爆发、土石煤矿之崩坠及其他灾变，应有多种安全设备，并为其他适当处置"（第十九条）。三是"安全灯、火药、机械及电气等应各设专员管理之"（第十六条）。四是"矿业权者及主要技术人员遇有危险或危险将发生时，应立即为应急或预防之处置"（第十八条）。五是"矿场之出入坑口至少有两处，坑内通风巷道应备进风道及出风道各一个以上"（第二十一条），这一条是极为重要的安全措施。

第三，该法在职业卫生方面做了一些规定。如要求矿业权者有"为防止职业病发生之设备；以预防方法指示矿工，并限其遵行"（第二十六条），而且要求矿主"应以卫生知识、防险知识及安全方法训练矿工"（第二十八条）。这部法律还规定："主管官署对于矿场之安全卫生，认为有必要时，得命矿业权者为一定之行为，或予以限制，或严为禁止"（第二十九条）。此外，对于"矿工普通卫生"，也作出了相应的规定（第二十三至二十五条）。

第四，在保护矿工的安全，维护矿工的权益方面，做出一些规定。比如，规定："女工及童工不得在坑内工作"（第五条）；"在坑内工作之矿工……每日工作时间以八小时为限"（第八条）；"矿工患有所列病症之一者，矿业权者不得令其在坑内工作"（第四条）；特别是规定了新工人入矿要经两月以上实地训练，"无经验之矿工，非经两个月以上之实地训练，不得令其在坑内单独工作"（第二十二条）。

总之，这部《矿场法》对于矿山安全做出了许多有益的规定，这是应当予以肯定的。但是，在日本帝国主义铁蹄践踏中国，国土相继沦陷的情况下，这部法律是很难贯彻实施的，特别是对于日军统治下的煤矿而言，更是形同虚设。

1929 年，在国民党唐山市党务指导委员会的操纵下，开滦五矿工会联合办事处改为"开滦矿业总工会"，在唐山广东会馆举行成立大会。

1934 年 2 月 6 日，杭州《民国日报》披露，浙江长兴矿区的矿工"万一在矿内给煤气井水等灾患害死了，工人的家属就可向矿方领取 180 元的抚恤金（约为该矿工半年的薪水），这就是一条命的价值"；如果不是死在矿井内，则分文不给，"谁也不会有一点怜悯"。其他地区则更低一些。河南焦作煤矿当时流传的歌谣："成神不成神，一天两登云；死了一百块，活着千三文"。也即工人下井后如果因事故而死亡，可以得到 100 元的抚恤金；假如不死，升井后可以得到当日 1300 文（大约一元）的工资。河北井陉煤矿 1922 年 9 月发生一起死亡 300 多人的瓦斯爆炸事故，"矿方对死难的工人每名付 100 元了事"。开滦 1922 年前后，"工人因公致死者抚恤金 20 元（大洋），但死马一匹须损失 60 元，所以该矿有'人命一条不如一马'之俏。一些土豪、恶霸等开办的厂矿，对事故死亡者的家属毫不怜悯，对受伤者一脚踢开的情况，也比比皆是。"

1941 年 8 月，晋西北行政公署下发文件，要求区域内各个煤矿应切实"注意保障矿工生命之安全，如发生水火及崩毁情事时，应立即停止工作，从速修理"。同年 11 月晋冀鲁豫边区政府做出规定，井下矿工工作时间不得超过 9 小时，要求"工厂、矿场应切实注意清洁卫生，如工作有碍工人健康及安全者，须有必要之卫生防护设备"。

1945 年 7 月，颁布的《晋冀鲁豫边区政府太行区采矿暂行条例》。既鼓励积极开矿、发展生产，又对矿山安全生产作出了严格的规定。强调"本区有关劳工保护之法令，一切矿业均须遵行，不得违犯"；赋予矿工安全生产建议权、危险场所作业的拒绝权和对安全生产不称职工程技术人员的要求撤换权，"矿窑各种安全保险设备，工人得随时要求厂方进行修补，如危及工人生命时，工人得拒绝在危险场所作业""矿窑技师不得保证工人安全时，工人有权要求撤换"。

1946 年，开滦矿区设保安稽查处，1948 年 11 月，矿区设有一名安全视察员。

1948 年，我国东北地区先期解放，厂矿企业特别是煤矿安全问题摆在了新生的人民政权面前。"煤矿在产量方面成绩最大，但是平均出产 3 万吨煤死 1 个人，安全问题最严重"。当年东北人民政府煤矿管理局下发了《加强保安工作的措施》，指出"要完成生产任务，必须把安保做好，故在生产中安保第一"；同时提出了"积极防御事故，胜于消极处理事故"的口号。当时煤矿普遍把安全生产称作"安保"或者"保安"，这里的"安保第一"也即安全第一。1949 年 11 月，中央人民政府燃料工业部召开了第一次全国煤矿会议，会议"决议案"第二部分题为"加强保安工作",明确提出要"在职工中开展保安教育,树立安全第一的思想"。

1948年12月12日唐山解放,21日矿区进驻军代表,监督矿方加强井下通风等安全设施,对职工进行安全生产的宣传教育。1949年7月各级工会组建后,把安全教育列入工会工作内容之一,教育形式日趋多样,如各生产区科建立安全宣传牌,在上井口设立安全喊话站,在工作面安全轮流值日人员不定时吹安全笛,操作工人即进行"敲帮、问顶、找吊"等,安全教育开始深入人心。

1949年中华人民共和国政治协商会议通过的《共同纲领》,在劳动保护和安全生产方面作出了明确规定:"实行工况检查制度,以改进工矿的安全和卫生设备"。

我国东北地区最早建立和实行了劳动保险制度。1948年12月东北行政委员会发布命令,颁布实施了《东北公营企业战时劳动保险条例》,要求东北地区所有国有(公有)的铁路、矿山等企业于1949年1月起,按本企业工资总额的3%提留劳动保险金。其中70%留本企业,主要用于职工因公死亡抚恤金、因公负伤医疗费、养老补助金等支出;30%存储于指定银行——东北银行"劳动保险总基金"账户内,由东北职工总会集中掌握,主要用于"职工疗养所、职工残废院、丧失父母之职工儿女保育员及学校、老年工人休养所"等方面的支出。

1949年4月,晋绥解放区朔县政府召开全县煤窑工人代表大会,会议决定吸取事故教训,改进煤矿安全管理。要求全县凡用工20人以上的煤窑都要成立由窑主和窑工参加的3—5人的生产委员会,以领导和管理本单位的安全生产。生产委员的重要职责之一,就是要商定本矿安全生产纪律与大家的职责,强调井下作业人员要服从生产委员会和"把总"(工头及作业现场负责人)的指挥:"安在那里那里砍,指到那里那里背,不准随便乱砍,禁止半路放炭";"娃娃不允许下窑,不会背的也不允许下窑"。1949年10月,陕甘宁边区政府通令废除一些煤矿长期实行的让工人昼夜或连续数天在井下作业的"大班制",严格实行10—12小时工作制,以保护煤矿工人的安全与健康,并要求煤矿所在地政府主管机关加强督导"并经常执行检查",对不遵守通令、未能及时废除大班制的煤矿,要"分别予以劝告、警告、罚金、停止开采等处分"。

参考文献

[1] 孙安弟. 中国近代安全史(1840—1949)[M]. 上海:上海书店出版社,2009.
[2] 《中国近代煤矿史》编写组. 中国近代煤矿史[M]. 北京:煤炭工业出版社,1990.
[3] 黄道. 晚清洋员与经济近代化研究[D]. 芜湖:安徽师范大学,2007.
[4] 孙毓棠. 中国近代工业史资料(1840—1894)第一辑下册[M]. 北京:科学出版社,1957.
[5] 汪敬虞. 中国近代工业史资料(1895—1914)第二辑上册[M]. 北京:科学出版社,1957.
[6] 中国社科院近代史研究所翻译室. 近代来华外国人名辞典[M]. 北京:中国社会科学院出版社,1981.
[7] 霍有光. 外国势力进入中国近代地质矿产领域及影响[J]. 中国科技史料,1994(4):3-20.
[8] 王前裕. 浅谈我国矿山安全科学的发展前景和研究任务[J]. 铀矿冶,1997(1):1-5.
[9] 全国矿冶地质联合会. 全国矿业要览[M]. 民国25年版,第106-122页.
[10] 陈学恂. 中国近代教育大事记[M]. 上海:上海教育出版社,1981.
[11] 刘影. 基于我国采矿及安全防护技术变革的安全观的形成与发展研究[D]. 长沙:中南大学,2009.

[12] 向明亮. 论近代矿业中两种生产形态的竞争与互补关系[J]. 中南大学学报(社会科学版), 2013, 19(5): 42-46.

[13] 张以诚. 中国近代矿业的诞生[C]. //中国地质学会, 中国地质大学. 中国地质学会地质学史专业委员会第20届学术年会论文集. 2008: 179-199.

[14] 方一兵. 矿产新知识的形成、传播与近代直隶煤铁矿开发的肇始(1863—1874)[J]. 自然科学史研究, 2018, 37(2): 188-204.

[15] 李涛. 狄考文与我国近代科学教育的发端[J]. 煤炭高等教育, 2018, 36(5): 16-22.

[16] 宗武. 傅兰雅: 近代中国矿学知识的积极传播者[J]. 煤炭高等教育, 2012, 30(4): 51-54+73.

[17] 李庆. 我国矿山安全监察的发展[J]. 工业安全与防尘, 1989(4): 28-30.

[18] 张诗宇. 洋务运动时期留欧教育研究[D]. 西安: 陕西师范大学, 2014.

[19] 孙安弟. 《中国近代安全史(1840—1949)》内容简介[J]. 中国安全科学学报, 2009, 19(8): 95.

[20] 徐彻. 中国第一届赴欧海军留学生述略[J]. 社会科学辑刊, 1986(5): 45-50.

[21] 董维武. 世界主要产煤国家对煤矿安全健康的监管[J]. 中国煤炭, 2007(6): 80-82+85.

[22] 李月. 晚清时期中国煤炭开采技术变革研究(1840—1911)[D]. 南京: 南京信息工程大学, 2015.

[23] 郭从杰. 近代铁矿业的发展困境——以裕繁公司为中心[J]. 江西社会科学, 2018, 38(5): 140-148.

[24] 蓝珺. 龙烟铁矿公司研究(1919—1928)[D]. 保定: 河北大学, 2011.

[25] 孔军. 近代安徽矿业地理初探(1840—1945)[D]. 合肥: 安徽大学, 2016.

[26] 鲁燕冰. 民国时期安徽矿业研究(1912—1945)[D]. 合肥: 安徽大学, 2011.

[27] 马琦. 东川铜矿开发史[M]. 昆明: 云南大学出版社, 2017.

[28] 李进尧, 吴晓煜, 卢本珊. 中国古代金属矿和煤矿开采工程技术史[M]. 太原: 山西教育出版社, 2007.

[29] 邱玉林, 李新清. 夹皮沟金矿史志[M]. 北京: 中国文史出版社, 2005.

[30] 霍有光. 中国近代银铅矿开发概貌[J]. 西北地质科学, 1994(1): 45-52.

[31] 刘晓, 张亚东. 19世纪后期英国煤矿立法研究[J]. 学海, 2018(5): 166-172.

[32] 袁悦幸. 试论19世纪英国煤矿业发展的因素[D]. 成都: 四川师范大学, 2015.

[33] 齐彬. 关于矿山安全管理的几点思考[J]. 世界有色金属, 2019(9): 114, 116.

第3章 矿山安全学科教育的发展

矿山安全学科是适应国民经济建设的需要创立的,矿山事故及安全经济带来的损失催生了矿山安全学科的形成,也推动了矿山安全学科的发展。矿山安全学科的教育不仅传播了矿山安全理论和科学技术知识,而且培养了大批矿山安全人才,促进了矿山安全科技的创新和进步,对我国矿山安全开采和国民经济建设起到了重要的作用。

本章主要阐述矿山安全学科教育的开始与发展,矿山安全学科教育的沿革与现状,矿山安全学科的教育体制及发展特点等内容。

3.1 矿山安全学科教育的开始与发展

矿山安全与采矿工程是密不可分的整体,在某种意义上,矿山安全是采矿工程的重要组成部分。在煤矿和非煤矿山,矿山安全的内涵及其侧重点有所不同。传统意义的矿山安全主要是指矿山作业环境的安全问题,不同类型矿山的重点安全问题是不一样的,而为了确保作业环境的安全就延伸出一系列的具体问题,如通风、防尘、防毒、防辐射、防火、防爆、防水、防冒顶、防塌陷等,而上述问题又与矿山设计与开采管理等所有采矿工程问题紧密关联。因此,矿山安全的研究在很多高校中附属于采矿领域,矿山通风与安全专业在很多高校中隶属于采矿系,直到20世纪末21世纪初,矿山通风与安全专业大多从采矿系脱离出来,更名为安全工程专业。

本章在梳理矿山安全学科发展历史时,主要以矿山通风与安全为基本内容展开。

本节从中华人民共和国成立前后两个阶段来叙述中国矿山安全学科教育的开始与发展,并重点阐述中华人民共和国成立后的本(专)科和研究生教育等的发展历程。

3.1.1 中华人民共和国成立前矿山安全学科教育的发展

中华人民共和国成立以前,在中国近代矿业高等教育体系中具有代表意义的学校是北洋大学(天津大学前身)采矿系和焦作工学院(中国矿业大学前身)。

1938年,国立北洋工学院与同期先后迁往西安办学的国立北平大学工学院、东北大学工学院和私立焦作工学院合组国立西北工学院,校址设在陕南城固县古路坝,共有8个系,其中矿冶工程系由原北洋工学院、焦作工学院的矿冶系合并组成,设立了矿井通风与安全学科,设有矿井通风课程。

焦作工学院的前身焦作路矿学堂，创办于1909年，主要培养采矿、冶金和铁路人才，是我国在矿区最早开办的与煤炭行业有关的高校。焦作工学院在中华人民共和国成立前40年的办学历史，是一部由政府支撑、企业兴办高等专业教育的历史。它体现出鲜明的行业办学特色，为国家培养出一大批专门人才。

（1）北洋大学

北洋大学（如图3-1）是现如今天津大学的前身，其矿山治理学科要追溯到到天津北洋西学学堂矿务学学门。1895年10月2日（光绪二十一年），光绪皇帝御笔钦准，成立天津北洋西学学堂，为中国近代的第一所大学。创办之时，头等学堂共设四个专门学（即科系），矿务学为其一。1902年，北洋大学选定在天津西沽武库新校址重建，1903年建成复校，当时称为北洋大学堂。设法律、土木工程、采矿冶金三个学门。1913年，根据国民政府教育部令，北洋大学堂改成国立北洋大学，共有三个学门五个本科班，矿冶学门设有房屋构造学、矿物学及实习、机械设计学、机械计划及制图、热机学及实验、电机工学及实验、岩石学及实习、探矿学、冶金学、试金学及实习、地质调查实习、矿床学、经济地质学、采矿学、选矿实习、冶铁炼钢学、金图学、采矿工程计划及制图、冶金工程计划及制图、矿山机械学、材料托运法、燃料学、工业经济、矿山法规等。1929年7月，暂改名为国立北洋工学院，从1920年到1937年，采矿及冶金系本科毕业人数为235人。抗日战争爆发后，北洋工学院迁往陕西西安办学，并与北平大学、北平师范大学等共同成立西安临时大学。1938年3月，山西临汾失陷，陕西潼关告急。教育部令西安临时大学向陕甘一带迁移，并命名为国立西北联合大学。

图3-1　北洋大学

1938年7月，国立北洋工学院与同期先后迁往西安办学的国立北平大学工学院、东北大学工学院和私立焦作工学院合组国立西北工学院，校址设在陕南城固县古路坝，共有8个系，其中矿冶工程系由原北洋工学院、焦作工院的矿冶合并组成，设立了矿井通风与安全学科。西北工学院在困难条件下，坚持从严治学，并取得了丰硕成果。据统计，从国立西北工学院组建到1945年抗日战争胜利，共培养毕业生1301人，其中矿冶工程系毕业生206人。1945年北洋工学院的采矿、冶金等5个专业开始招收研究生，成为当时国内培养研究生的重要基地。

抗日战争胜利后，组成西北工学院的原四所学校开始筹备复校。1946年1月，国民政府教育部下达恢复北洋大学的函令，并经教育部批准，在原工学院的基础上，增设了理学院。北洋大学进入了理工结合的时期，而原矿冶工程系在此时分为采矿工程系和冶金工程系。1947年第一学期，北洋大学入学学生即达1167人，其中采矿系学生91人。北洋大学复校后，对采矿专业的课程进行了调整，专业课包括自然地质、定性分析、晶体及矿物实习、测量学及实习、定性分栏验、采矿工程、电工学、地质探矿、热工学、冶金学大意、岩石学及实验等。北洋大学采矿系成立以后，得到很大发展，成为后来组建矿业学院的骨干力量之一。

1951年9月22日，北洋大学与河北工学院合并，定名为天津大学。经过半个多世纪的发展，矿务学专业发展为天津大学矿冶工程系。1952年全国高校院系调整，抽调冶金系、采矿系金属矿组为主体组建北京钢铁学院（现北京科技大学）；采矿系采石油组并入清华大学石油工程系（现中国石油大学）；采矿系采煤组调至中国矿业学院（现中国矿业大学）；矿冶工程系调唐山成立河北矿冶学院（现华北理工大学），为近代采矿技术的发展和人才培养、矿山安全学科的创建与发展作出了卓越贡献。

（2）焦作工学院

焦作工学院的前身焦作路矿学堂，创办于1909年，主要培养采矿、冶金和铁路人才。这是我国在矿区最早开办的与煤炭行业有关的高等学校。焦作路矿学堂经过几次改名。1909年2月25日，清政府河南交涉局与英国福公司签订《河南交涉洋务局与福公司见煤后办事专条》，其中第八条规定："路矿学堂，议定本年春季开办。"1909年3月1日，英国福公司按上述条款规定，创办焦作路矿学堂。田程为首任监督（校长），设矿务学门，首批招收学生20人。1915年5月7日，英国福公司与华商中原公司合组福中公司，学校更名为河南福中矿务学校，归外交部河南交涉署直辖。1919年，学院易名福中矿务专门学校。

1920年毕业于美国密歇根大学的李鹤到任，李鹤采取措施改革校务，整顿课程，增聘教授，并于1921年夏增设大学本科，1921年改名为福中矿务大学。福中矿务大学确定的修业期限为预科一年，本科四年。实行学分制，毕业生授采矿科工学士或冶金科工学士学位。

1923年11月，福中总公司、福公司和中原公司聘请刚从美国留学归来的张仲鲁任福中矿务大学校长。张仲鲁到任后，对学校的办学情况进行了细致考察和深入思考，认为中国当时的矿业技术水平落后，学生学的课程过于追求专深，毕业后不适用，于是决定从改革课程入手整顿学校的教育工作。他同几位留美回国专攻采矿冶金工程的教授，如李善棠、任殿元、马载之、石心圃等人进行反复研究，根据美国大学矿冶科系的课程，结合国内实际情况，增加了实用的课程内容，使学生学到更多的知识，以便毕业以后容易就业。当时采矿冶金本科四年的课程安排为：第一学年学习的科目有英文、微积分、高等物理及实习、高等化学及实习、工程画、投影实习、矿物学及实习；第二学年学习的科目有平面测量及实习、应用力学、地质学、定性分析及实习、采矿通论、冶金学、地质史及实习、岩石学及实习、热机等；第三学年学习的科目有电工大意及实习、材料力学、矿业簿记及实习、定量分析及实习、经济地质、采煤学、冶金学、排水及通风、矿山测量及实习，并选修德文、有机化学、淘金学、机械原理、机械计划及实习；第四学年学习的科目有卷扬及运输、矿业经济、试金学及实习、选矿学及实习、矿场计划及实习、动力厂计划实习、野外地质实习、矿场布置实习、洗煤学、冶金学论文，并选修德文、冶金分析实习、地质构造、探矿学、压气学、无线电学、机械计划及实习、淘金学、工业分析及实习、金图学及实习电冶学、冶金实习、应用文等。

1931年，经国民政府教育部批准，福中矿务大学改名为私立焦作工学院（见图3-2）。学校成立校董会，河南省政府主席刘峙任主席。

1933年，焦作工学院根据教育部规定，改科为系，设置采矿冶金系和土木工程系。

1936年5月，焦作工学院调整系科，采矿冶金系分为采矿系、冶金系，土木工程系分为路工系、水利系。

图 3-2　私立焦作工学院大门

1937年10月，抗日战争爆发，中国的高等教育事业也遭受空前浩劫。当时全国有108所大专院校，其中25所高校因战争而停办，继续维持的83所学校中有37所被迫迁于大后方，焦作工学院即属于内迁院校之一，学院西迁陕西。

1938年7月，教育部决定将焦作工学院与北平大学工学院、北洋工学院、东北大学工学院合组成立国立西北工学院，校址设在陕南城固县古路坝（见图3-3）。

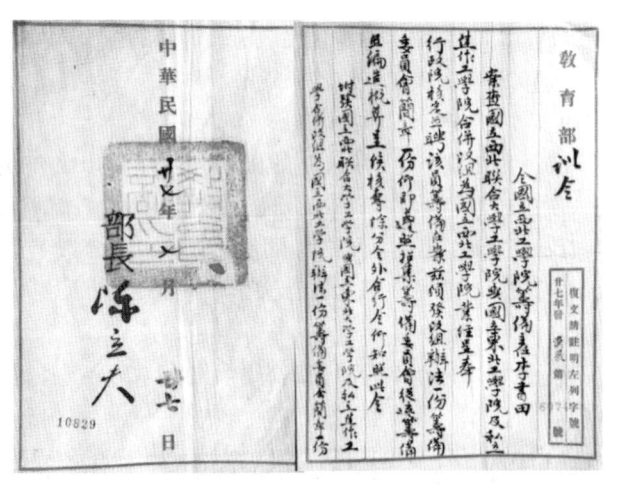

图 3-3　四校合并组建西北工学院的训令

抗日战争胜利后，组成西北工学院的原四所高校都开始筹备复校。1946年8月，经教育部与河南省政府商定，焦作工学院以洛阳关林为临时校址复校，张清涟复任院长。同年10月招生，11月开课。当时设采矿、冶金、机械3个系和大学先修班。时有在校生137人（其中本科学生101人），教师14人，职工11人。其中教授7人，他们是张清涟、李善堂、马载之、任殿元、朱端、张景淮和晁松亭。

1949年，中华人民共和国成立，经历了40年风风雨雨的焦作工学院从此获得新生。

40年来，焦作工学院为国家培养出一大批专门人才。据不完全统计，在采矿、冶金、土木等专业的毕业生就有460多人。他们中很多人后来都成为国内外知名的专家学者和工矿企业或教学科研单位的学术带头人和领导干部。焦作工学院20世纪30年代的矿冶工程系设有矿井通风课程，培养了著名通风安全专家杨力生教授等。

焦作工学院在培养行业所需专门人才方面积累了丰富的经验。因此，中华人民共和国成立不久，中央人民政府燃料工业部就立即接收了它，将其作为组建第一所矿业学院的基础，并逐步发展为煤炭高等教育体系中具代表性的国家重点高校——中国矿业学院，为矿山安全学科的创建和发展作出了巨大的贡献。

（3）其他设有地质、矿冶科系的学校

辛亥革命推翻了清王朝的封建统治，中国进入半封建半殖民地社会，近代工业（包括地矿业）有了新的发展，近代教育事业也有相应的发展，逐步建立起一批高等学校，其中许多学校设有地质、矿冶科系，例如：

1）清华大学：其前身是清政府利用美国政府"退还"的部分"庚子赔款"于1911年兴办的一所留美预备学校—清华学堂。1925年设大学部，1928年改制为清华大学，1929年设立地学系。

2）东北大学：1921年10月奉天省议会通过了联合吉黑两省创办东北大学的议案，同时定了《东北大学组织大纲》。大纲规定"大学设于奉天省城（现沈阳市）""以奉天省署为主管机关""大学暂定六科分系组织"。其中工科六系中即包括采矿学系、冶金学等。1923年4月2日东北大学正式成立，7月招收各科预科新生310人。1925年夏，第一届预科毕业分别升入本科各系，此时采矿系无学生。1928年根据国民政府教育部通令全国实行大学学院制，东北大学逐步进行科改院，到1929年，其工学院已开设采冶学系。

3）南开大学：1919年10月建校，1924年设矿学专科。

4）山西大学：其前身为1902年3月建立的山西大学堂。1912年更名为山西大学校。1918年改为国立第三大学。1924年设立采矿冶金科。1931年更名为山西大学。

5）南京大学：其前身是1902年创办的三江师范学堂，1920年改名东南大学。1927年改名为国立第四中山大学。1928年2月改名为江苏大学，5月改名为国立中央大学。1921年设立地质学系。1948年8月改名国立南京大学。

6）湖南大学：其前身为1903年兴办的湖南高等学堂。1926年改名为湖南大学。1932年设立矿冶工程系。

7）广西大学：始建于1908年，1934年开办矿冶专修科，1935年设采矿冶金系。

8）云南大学：其前身为1922年创建的私立东陆大学，后改为国立东陆大学，并于1931年1月设矿冶系。1935年更名为省立云南大学，抗战期间又开设采矿专修科。

9）重庆大学：1929年8月2日重庆大学筹备委员会成立，四川省省长兼川军总司令刘湘任委员长。决定先办预科三年，然后开办本科，设置文、理、工、商四科。10月12日重庆大学开学，刘湘任首任校长。1935年8月，由原湖南大学校长、矿业专家胡庶华接任校长。胡庶华对重庆大学科系设置进行调整，建立工学院设置采冶系，由罗冠英任采冶系主任，并于1936年在理学院增设地质系。

10）武汉大学：其历史可溯源于1893年的湖北自强学堂，1908年定名为国立武汉大学，曾设有采矿专修科，并于1939年成立矿冶工程系。

11）交通大学唐山工学院：1946年其采矿专业从矿冶系分离出来，组成采矿工程系。

此外，还有江西省立工业专门学校1924年设立采矿冶金科，1924年成立的山东公立矿业专门学校，南洋路矿学校1924年成立采矿冶金科，楚怡工业学校于1916年设立的采矿冶金科等。

在上述院校的矿业、地质科系中，一般招收的班级不多，在校学生也较少。根据1936年全国矿业地质展览会印发的《全国矿业要览》中统计的12所设有矿业地质科系的学校在校学生总数不超过700人。但它们对我国近现代矿业的发展具有明显的支持和推动作用，也为现代矿业高等教育的发展奠定了基础。

1937年"七七事变"后，高等学校除少数停办外，多数搬迁大后方坚持办学。其中一些学校为了集中人力、物力，适应后方办学的条件，实行联合办学。比较有名的如由清华大学、北京大学、南开大学在昆明组成西南联大；国立北洋工学院、国立北平大学工学院、国立东北大学工学院和私立焦作工学院在陕南组成国立西北工学院等。它们都保持了各校原有的地质、矿冶类系科。抗战期间，为支持国家的经济建设，也兴建了一些高等学校，如1939年成立的西昌技艺专科学校，1942年8月贵州工农学院改组为贵州大学等。它们均设有矿冶工程科或矿冶系，继续培养矿冶、地质人才。

以上高等学校绝大多数都一直开办到中华人民共和国成立，在人民政府的领导下，继续为国家培养高级专门人才。它们中的地质、矿业类科系也就成为中国矿业高等教育和中国矿山安全学科高等教育的发展基础。

3.1.2 中华人民共和国成立后矿山安全学科教育的发展

我国矿山安全学科是从中华人民共和国诞生之后逐渐发展起来的，矿山安全学科教育的发展大致经历了三个阶段：第一阶段：矿山安全学科的孕育阶段（从中华人民共和国成立初期到20世纪70年代末），第二阶段：矿山安全学科的创建与发展阶段（20世纪80年代初至90年代末），第三阶段：矿山安全学科的快速发展阶段（21世纪初至今）。

3.1.2.1 本（专）科教育的发展

（1）矿山安全学科孕育阶段（从中华人民共和国成立初期到20世纪70年代末）

1）中华人民共和国成立初期（1949—1957年）

1949年，中华人民共和国成立之后，经过一个短暂的经济恢复时期。1953年年初，党中央和国务院宣布开始实施国家建设的第一个五年计划，进行有计划的经济建设和社会主义工业化。中国煤矿工业的恢复与发展工作开展起来，同时也创建了与之相适应的煤矿高等教育事业。

1952年，全国高等学校院系调整，矿山安全学科所在的煤矿学校也进行了调整。根据1951年3—4月燃料工业部有关部门的调查统计，院系调整前全国设有采矿系（科组）的高等学校情况如下：①设有采矿工程学系的高校6所，即清华大学、天津大学、北方交通大学唐山工学院、哈尔滨工业大学、东北工学院、东北工学院抚顺分院。②设有采矿专修科的高校4所，即华北大学工学院、武汉大学、云南大学、川北大学。③设有矿业工程科的高校2所，即南昌大学、西昌技艺专科学校。④设有采煤工程系的高校1所，即中国矿业学院。⑤设有采煤科的高校1所，即中国煤矿工业专科学校，后改名为淮南煤矿工业专科学校。⑥设有矿冶工程系的高校共8所，即山西大学、武汉大学、湖南大学、广西大学、西北工学院、重庆大学、云南大学、贵州大学。以上各高等学校及其所设置的矿业类系、科，绝大多数是中华人民共和国成立前建立和设置的，只有少数学校的矿业类系、科是中华人民共和国成立初期新设置或更名的。例如：清华大学的采矿工程系成立于1950年春，哈尔滨工业学院矿务系成立于1949年东北解放之后；东北工学院是1950年8月，由沈阳工学院抚顺矿专专门部及鞍山工专专门部合并而成，沈阳工学院是1949年2月初成立的；东北工学院抚顺分院则是于1950年8月由抚顺矿专专门部改组而成，抚顺矿专专门部是1948年东北解放以后在原抚顺高等职业学校的基础上建立的；川北大学则是1951年开办的一所高等学校。

根据1951年11月30日政务院第113次政务会议批准的《关于全国工学院调整方案》的报告精神，教育部于1952年5月制定了《关于全国高等学校1952年的调整设置方案》，其中涉及设置矿业类专业高等学校的调整情况如下：①清华大学：由原清华大学、北京大学两校工学院及燕京大学工科各系，察哈尔工业大学水利系，天津大学采矿系二年级、石油钻探组、石油炼制系、北京铁道学院材料鉴定专修科合并且成为多科性高等工业学校。②北京钢铁学院（新设）：由北京工业学院、唐山铁道学院、山西大学工学院、西北工学院等校冶金系科及北京工业学院采矿和钢铁机械，天津大学采矿系金属组等系科合并成立。③中国矿业学院：由原中国矿业学院与清华大学、天津大学、唐山铁道学院三校采矿系采煤组及唐山铁道学院洗煤组合并组成。④东北工学院：由原东北工学院、大连工学院、哈尔滨工业大学三校采矿、冶金等系科合并组成。⑤中南矿冶学院（新设）：由武汉大学、湖南大学、广西大学三校矿冶系及南昌大学采矿系、中山大学地质系合并成立。⑥重庆工学院：由原重庆大学工学院地质、采矿、冶金、电机、机械等系，贵州大学机电、电机、地质三系，四川大学地质组，石油专科学校及西南工业专科学校、川南工业专科学校、西昌技艺专科学校三校机械科、电机科合并组成。

1951年国家开始筹备高等学校的院系调整，山东矿区第二煤矿职业学校（山东科技大学前身）应运而生，该校于1951年建校，设有采矿科，另外还有机械科和土木科。1952年采矿科改为采煤科，设有煤层地下开采专业。同年湖南大学、武汉大学、广西大学、南昌大学四所高校的矿冶系（科）调整，在湖南长沙成立我国第一所以有色金属学科为特色的矿冶类高校——中南矿冶学院。

1952年8月9日，教育部部长马叙伦签发《关于采矿系调整的指示》。"指示"称："为适应国家工业建设的需要，有效地培养矿冶技术干部，华北区各高等学校原有的矿冶系的设置，必须做必要的适当的调整。为此，特根据目前条件，决定本年度华北区暂分为采石油、采煤、采金属三类，依次分别在清华大学、中国矿业学院、北京钢铁学院设立有关专业。京、津、唐三地原有采矿系的师资、学生、设备、图书等，应按上述三类分工予以调整。"调整方案如下：①清华大学及天津大学采矿系一年级学生，按其志愿分为采金属、采石油两组，采石油组调整到清华大学,采金属组调整到北京钢铁学院;②清华大学采矿系二年级学生,天津大学采矿系二年级学生及三年级春季班学生按原来组别,分别调整至各有关学校,即采煤组调整至中国矿业学院,采金属组调整至北京钢铁学院,采石油组调整至清华大学;③唐山铁道学院采矿系原则上调整至中国矿业学院,唯其中地质组的师生、设备、图书等应调整至北京地质学院(教育部另文通知在案);④北京工业学院(原华北大学工学院)采矿系及山西大学采矿系分别调整至北京钢铁学院及西北工学院;⑤原有各校采矿系教师的调整,原则上应按其业务专长,调整至适当工作岗位,发挥其所长。

1953年5月29日政务院第180次政务会批准了《高等教育部关于1953年全国高等学校院系调整计划》,与矿业类专业有关的高等学校进一步调整,调整计划如下:①北京钢铁工业学院独立建校;②清华大学石油系独立为北京石油工业学院;③山西大学校名取消,其工学院及师范学院分别独立为太原工学院及山西师范学院,其财经学院并入中国人民大学;④福州大学校名取消,改为福州师范学院;⑤湖南大学、广西大学、南昌大学校名取消进行统一调整;⑥贵州大学校名取消,其工学院各系分别调入重庆大学、四川大学工学院及云南大学工学院;⑦西昌技艺专科学校校名取消,学生分别转入重庆大学、四川大学及西南农学院。需要说明的是,此计划中的重庆大学就是1952年调整方案中的重庆工学院,即重庆大学的院系虽经过重大调整、改组,但校名未改。

经过两年多的院系调整,形成的我国矿业类高等教育的基本格局是:①东北区:东北工学院设采矿系,采煤、采金属矿并重。②华北区:中国矿业学院除设采矿系(采煤)以外,所设其他各系、专业,均直接为煤炭工业建设服务;北京钢铁工业学院设采矿系,以采金属矿(铁矿)为主;北京石油工业学院所设各系、专业,均直接为石油工业建设(采油、炼制等)服务。③中南区:中南矿冶学院设采矿系,以采金属矿(有色金属)为主。④西南区:重庆大学设采矿系,以开采煤炭为主。⑤云南大学工学院设采矿系,以开采有色金属为主。

20世纪50年代全国高校院系调整,一些矿业类高校组建了矿山通风与安全教研室,也就成为矿山安全学科的前身,开始从事有关矿山劳动保护的研究和研究生的培养。如:中国矿业学院(现中国矿业大学)、中南矿冶学院(现中南大学)、北京钢铁学院(现北京科技大学)、唐山工学院(现西南交通大学)、东北工学院(现东北大学)等高等院校。

1952年,天津中国矿业学院(现中国矿业大学)采煤系设矿山通风与安全教研室。1953年,中国矿业学院迁校北京,更名为北京矿业学院,重新组织建立教学系和教研组。学校借鉴苏联经验,为更紧密地服务于我国煤炭工业建设,将原有的4个系扩展为5个系,并在各系中按课程设置了教学研究指导组,简称教研组。这5个系是采煤系、矿山机电系、矿山机械系、矿山企业建设系、地质勘探系。其中,采煤系设矿山通风与安全教研室。1953年,建立了通风安全实验室。

1952年9月全国院系调整成立中南矿冶学院(现中南大学),1952年,中南矿冶学院初建时,作为地、采、选、冶四个主要系之一的采矿系,当时设矿区开采、矿产开采(专科)、矿山测量三个专业,系下面设采矿方法、矿山通风、采掘机械、通排压设备、矿山测量、机电、计划与管理等教研组,矿山通风教研组也就成为中南矿冶学院矿山安全学科的前身。

1952年,北京钢铁工业学院(现北京科技大学)成立采矿系时,含采矿专业和选矿专业,组建了矿井通风与安全教研室。1957年，增设通风安全教研组，通风安全教研组是北京科技大学安全科学与工程学科的前身。

1952年，东北工学院（现东北大学）成立了矿山通风安全教研室。

1954年，由时任国家劳动部部长李立三同志倡议，创立北京劳动干部学校（现首都经济贸易大学），于1956年2月正式开学。该校设立"劳动保护""锅炉检查"和"劳动经济"三个专业，每班招生100人。

1955年，淮南煤矿工业专科学校升格为合肥矿业学院（现安徽理工大学），20世纪40年代，矿山安全学科随着学校采煤专业的创办而诞生，寓于矿山采矿学科内；50年代，以成立矿山通风安全教研组，建立矿山通风安全实验室为标志，从采矿学科独立出来，从事采煤、矿建等专业的"矿井通风""煤矿安全技术"等课程的教学，并从事矿山通风安全方面的科研，直至70年代末。

1957年，西安矿业学院首次开设矿山通风安全方向专业，并于1957年成立通风安全教研室。

2）"大跃进"时期（1958—1960年）

1958年，煤炭工业"大跃进"，全国各省煤管局及其所属企事业单位也掀起了大办高等学校的高潮，先后建立了一大批煤炭高等学校。特别是煤炭工业比较集中、发展比较快的地区，如东北地区有阜新煤矿学院、鸡西煤矿学院、抚顺煤矿学院、沈阳煤矿学院、辽源煤炭学院、鹤岗煤炭学院、通化煤炭学院；华北地区有山西矿业学院、大同矿业学院、北京煤炭工业学院（后更名为北京煤炭学院）、北京煤矿专科学校、大同煤矿专科学校、京西煤田地质学校大专班、唐山工业学校大专班；华东地区有淮南矿业学院、江苏煤矿专科学校、江西矿业学院、山东煤炭工业专科学校；华中地区有焦作矿业学院、郑州煤田地质专科学校（后改名为郑州煤田地质勘测学院、郑州煤炭工业学院）；西北地区有西安矿业学院、新疆煤矿学院；西南地区有贵州煤炭工业学院等。据1960年统计，煤炭高等学校由1957年的2所增加到23所。在煤炭系统外新办的贵州工学院、福州大学等高校也设立有采矿工程系。

其中几所主要学校的建立与专业设置情况如下：①阜新煤矿学院分设大学部和中专部，大学部设3个系6个专业，即采煤系、矿建系和机电系。中专部经过调整，设煤层地下开采、煤层露天开采、露天运输、矿井建筑、矿山测量、煤田地质勘探、矿山机电、矿山机械制造8个专业，分属大学部。②淮南矿业学院设立2个系3个专业，即采煤系和机电系。同时继续举办中等专业教育，附设中专部。同年，将合肥工业大学采煤、矿建、矿山机电专业一年级和二年级学生并入该院。1958年9月，该院招收四年制本科生207人。③山西矿业学院建院初期，设采煤、机电、地质、机械等4个系。④1958年9月，西安矿业学院正式成立。西安矿业学院是以西安交通大学采矿系、地质系为基础组建的，它的前身是西北工学院矿冶工程系。1959年增设电机系，此时西安矿业学院设有采矿、地质、机电3个系；设有采矿方法、通风安全、测量、井巷工程、矿山机械设备、普通电工及矿山电工等11个专业教研组，其中，矿山通风与安全教研组，为开设矿山安全专业做了大量准备工作。⑤1958年5月，中共河南省委、省人民委员会决定在原焦作工学院校址重建一所煤炭高等学校，定名为焦作矿业学院。设置采煤、矿山机电、矿山机械制造与修配等3个专业，学制均为四年。1959年3月，根据中共河南省委决定，煤炭工业部所属焦作煤矿学校并入焦作矿业学院。并校后，成立采矿系、机电系，设本科部、中专部。⑥1958年6月成立山东煤炭工业专科学校。山东煤炭工业专科学校学制分为二年制（招收高中毕业生）和五年制（招收初中毕业生）两种。设采煤科、机电科。1960年7月，经中共山东省委和山东省人民委员会批准，山东煤炭工业专科学校升格为本科院校，改名山东煤矿学院。设采煤系和机电系。⑦1956年7月，合肥矿业学院迁至合肥市新校址后，发展速度很快。至1958年该院的系科专业设置发展为采矿、地质、机械、机电、化工、建筑、冶金等7个系8个专业。1958年，合肥矿业学院改名为合肥工业大学，隶属安徽省和煤炭工业部领导，保证继续为煤炭工业培养干部。⑧1958年，中共贵州省委、省政府决定筹建贵州工学院（即今贵州理工学院），建采矿工程系，开设"井巷工程""矿井通风"课程。⑨西安矿业学院的调整。1958年年底至1959年上半年，西安矿业学院曾进行过西安矿业学院、西安煤矿学校、陕西煤干校三校合并办学的尝试，合校后的西安矿业学院设采矿、地质、矿山机电、矿井建设、经济5个系。1959年7月11日，经陕西省委批准，西安矿业学院、西安煤矿学校、陕西煤干校各自恢复原校建制与校名。

1958年，劳动干校升格为北京劳动学院（现首都经济贸易大学），成立劳动保护系，开设"工业安全技术"和"工业卫生技术"本科专业。

1958年，中南矿冶学院（现中南大学）矿山通风及排水教研室更名为矿山通风及安全教研室。

1958年年初，为了适应我国国民经济和教育事业发展的需要，冶金工业部和江西省人民委员会决定建立江西冶金学院（现江西理工大学），并于1958年开设通风教研组。

3）调整时期（1959—1966年）

1959年，煤炭工业部根据中共中央关于1958年新建院校要进行适当的调整、整顿、提高的精神，对煤炭系统的各类学校进行了一次整顿。

1960年10月22日，中共中央发出《关于增加全国重点高等学校的决定》，北京矿业学院和合肥工业大学被列入全国重点高校。1961年1月全面调整开始。

1961年3月，煤炭工业部决定北京煤炭学院与北京矿业学院合并，用北京矿业学院作为校名。4月，煤炭工业部会同辽宁省委共同决定合并抚顺煤矿学院、辽宁煤矿师范学院、阜新煤矿学院，定名为阜新煤矿学院。到1964年，经过调整，保留了7所煤炭高等学校，其中工科6所，即北京矿业学院、阜新煤矿学院、山西矿业学院、西安矿业学院、焦作矿业学院、山东煤矿学院；医科1所即唐山煤矿医学院。

其中5所工科煤炭高等学校的调整情况如下：

北京矿业学院的调整。1961年6月，北京煤炭学院并入北京矿业学院。经煤炭工业部批准，至1962年，学院调整为5个系，即采煤系、矿山机电系、矿山机械系、煤田地质系和经济系。到1964年，通风与安全教研组已拥有教师10多人，实验员2名。

阜新煤矿学院的调整。1961年6月辽宁省煤管局在辽宁煤矿师范学院召开教育工作会议，会议决定将抚顺煤矿学院、辽宁煤矿师范学院合并到阜新煤矿学院。1961年成立阜新煤矿学院的通风教研室。到1962年上半年，又进行了调整，设三系一课，即采煤系、机电系、地测系和基础课（1963年更名为基础部）。1963年6月21日，国务院决定撤销鸡西矿业学院，并入阜新煤矿学院。

山西矿业学院的调整。1959年7月，煤炭工业部决定撤销大同矿业学院，将该院露天开采专业和矿山企业电气化专业的154名学生和部分教师并入山西矿业学院。1960年9月，煤炭工业部决定撤销大同煤矿专科学校，将该校矿山机电专业的60级30名学生并入山西矿业学院。至1965年年底，山西矿业学院设采煤系和机电系。

焦作矿业学院的调整。1961年10月，根据教育部调整工作会议精神，中共河南省委决定将郑州煤炭工业学院并入焦作矿业学院。1962年4月，焦作矿业学院经煤炭工业部和河南省煤炭工业局的批准，开办劳动工资、通风安全、矿山机电、煤田地质与勘探4个专修科，均为二年制。1962年，焦作矿业学院开始招收通风安全专业专科学生，学制二年。

山东煤矿学院和淮南矿业学院的调整。1962年6月，中共山东省委召开高等学校调整工作会议，决定撤销山东煤矿学院。1962年12月，教育部和煤炭工业部对华东地区的煤炭高等院校重新进行了调整部署。1963年3月23日，国务院正式下达了"保留山东煤矿学院，将原来决定保留的淮南矿业学院撤销，于1963年并入山东煤矿学院"的决定。1963年6月，国务院批复教育部和煤炭工业部，同意撤销江西煤矿学院，将其部分学生并入山东煤矿学院。1964年5月，煤炭工业部和华东煤炭工业公司作出撤销江苏煤矿专科学校的决定，江苏煤矿专科学校的12名教师和工作人员以及部分物资于当年暑假并入山东煤矿学院，并校后的山东煤矿学院设有采煤、机电、经济3个系。

4)"文化大革命"时期（1966—1976年）

1966年5月到1976年10月，7所煤炭高校，有4所曾被迫迁出原址，北京矿业学院远走四川，西安矿业学院搬迁韩城，山东煤矿学院"游记办学"，焦作矿业学院两下原阳，造成了校园房舍、图书资料、仪器设备的大量损失和人才的严重流失，使得教学、科研工作被中断。

这一时期，部分高校的具体详细情况如下。

中国矿业大学：1963年，北京矿业学院采煤系改名为采矿系。1970年5月，北京矿业学院采矿系从北京搬迁到四川省合川县，学院更名为四川矿业学院。1978年2月，经国务院批准于江苏省徐州市重建，恢复中国矿业学院校名。同年，中国矿业学院北京研究生部成立，开始招收和培养研究生。1981年11月，采矿工程获得硕士学位授予权。1982年，经煤炭工业部、教育部批准，创办了我国第一个矿山通风安全本科专业。1984年，采矿工程获得博士学位授予权。1986年，矿山通风安全获得安全技术及工程硕士与博士学位授予权。1988年4月，经国家教委批准，正式改名为中国矿业大学，采矿工程成为首批国家重点学科。

北京科技大学：北京钢铁工业学院（含采矿系）（现北京科技大学）是在高等教育全面学习苏联，进行院系大调整中诞生的（见图3-4、图3-5）。安全工程学科是其较早建立的学科之一，1952年成立采矿系时就组建了矿井通风与安全教研室。1957年，增设通风安全教研组，主任为华凤诩教授，采矿教研组改为采矿方法教研组，主任不变。通风安全教研组是北京科技大学安全科学与工程学科的前身。1979年，采矿系下有采矿工程教研室（包括采矿教研室和通风教研室）、流体力学教研室、矿山机械教研室、选矿教研室和地质教研室（1985年成立地质系后脱离采矿系）4个教研室。

图 3-4 20 世纪 50 年代北京钢铁工业学院建校初期

图 3-5 北京钢铁工业学院矿 72（1）班毕业留念

山东科技大学：经过 1960 年吸收了合肥工业大学采矿系师资力量和 1963 年合并淮南矿业学院，采煤系迅速发展，1965 年采煤系下设采煤方法、矿井通风与安全、地质测量、采矿工业经济、矿井建筑 5 个教研室和采煤、通风、地测、井巷 4 个实验室。1969 年下半年，采煤系迁出济南到肥城矿区，成立了由采煤、机电、矿建、地测、通风、数学、外语等专业和基础课老师组成的采煤大队。1976 年采煤系设有采煤教研室、通风安全教研室，1979 年学校开始逐步培养煤矿通风安全方向的研究生。

（2）矿山安全学科的创建与发展阶段（20 世纪 80 年代初至 90 年代末）

"文化大革命"结束后，1976 年 10 月 12 日，国务院批转教育部《关于一九七七年高等学校招生工作的意见》，我国统一考试招生制度正式恢复。中国矿业学院、阜新煤矿学院、西安矿业学院、山东矿业学院、焦作矿业学院、山西矿业学院、淮南煤炭学院、唐山煤矿医学院等煤矿高等学校积极筹备，并于 1977 年年底招生。恢复统一考试招生制度后，煤矿高等学校招生专业多数为四年制本科专业。

煤矿高等教育在发展初期，主要以矿业类学科专业为主，集中在采矿、地质测量、矿山建设、矿山机械、矿山机电等领域。随着煤矿工业现代化建设不断发展的要求，各煤矿高等学校不断拓宽专业领域，增设新的专业，到 1985 年，除对原有专业的细化外，主要增设了煤矿工业发展和地方经济建设所急需的专业，如计算机应用、财务会计、思想政治教育、建筑学、环境工程、工程力学、应用数学、工业计划与统计、管理信息系统、矿山通风与安全、供热通风与空调等。其中，矿山通风与安全专业在这一时期得以创建和发展。

1981年5月，煤炭工业部制定了《煤炭工业教育事业"六五""七五"计划》和十年规划设想。"计划"对煤炭高等学校和中等专业学校的专业设置规定，其中有：加强采煤、建井等主体专业的建设，增设通风安全专业，迅速扩大露天开采人才的培养能力。

1982年经煤炭工业部、教育部批准，中国矿业学院首次设立一级学科采矿工程下的二级学科——矿山通风与安全本科专业，创办了我国第一个矿井通风与安全本科专业，1983年开始招收首届本科学生31名。

矿山通风与安全专业是适应矿业灾害防治需求创建的。采矿工业是我国国民经济的基础产业，但是，采矿工业又是一个特殊行业，我国的矿山绝大多数为地下井工开采，井下生产作业场所的劳动环境较其他行业差，影响矿工安全与健康的因素多，危险性大。我国煤矿的安全状况在中华人民共和国成立后尽管有非常大的改善，但仍然落后于许多国家，伤亡事故相当严重，重大恶性事故时有发生。这不仅给矿工及其家庭造成很大损失和痛苦，而且给国家和人民造成巨大经济损失、带来严重的社会问题、影响社会的稳定和采矿工业的发展。为改变我国矿业安全面貌，保证矿工的安全健康和矿山的长治久安，促进采矿工业的健康发展，急需创建矿业安全学科、大力培养矿业安全专门人才和加强安全科学技术研究。中国矿业大学为创建矿山通风与安全专业进行了多年的准备，根据国民经济建设的发展，特别是采矿工业急需安全工程型人才的情况和中国矿业大学具备比较强的矿山通风与安全师资力量与办学条件，经国家教委和煤炭工业部批准，1982年中国矿业大学在全国第一个创立了矿山通风与安全专业，1983年招收了第一届本科生。此后，一批院校陆续设立这一专业，大力培养矿山安全人才，对矿山安全开采和生产起到了重要作用。

1983年，淮南矿业学院创办"矿山通风与安全"本科专业；东北大学创建了安全工程本科专业，是国内最早创立的安全工程专业之一。

1984年，西安矿业学院矿山通风与安全本科专业正式招生；山东科技大学在采矿工程专业下培养通风与安全方向本科生；经煤炭工业部批准开始兴建北京煤炭管理干部学院燕郊分院，1986年开始招生。分院的主要任务是培训煤矿安全技术管理干部，并为全国各安全技术培训中心培训师资；乌鲁木齐煤矿学校增加煤矿通风与安全专业。

1985年，北京经济学院于1958年成立的劳动保护系，更名为安全工程系，开办工业安全技术和工业卫生技术本科专业；湘潭矿业学院招收第一届矿山通风与安全专科生，1986年招收矿山通风与安全本科生。

1987年，阜新矿业学院采矿工程专业增加了通风安全专业方向。1988年开始招收矿山通风与安全专业本科生。

1988年，焦作矿业学院通风安全专业改为三年制专科，1993年开始招收矿山通风与安全专业本科学生。

1992年，山东科技大学成功申报与煤矿生产安全有关的安全工程本科专业，1999年正式招收安全工程专业本科学生。

1999年2月，中国统配煤矿总公司下发《关于建立华北矿业高等专科学校的通知》。"通知"规定，华北矿业高等专科学校暂设矿山安全工程等6个专业。

从1984年起，教育部、国家计委批准将安全工程正式列入《高等学校工科本科专业目录》后，已有中国矿业大学、安徽理工大学、东北大学、中南大学、北京科技大学、湖南科技大学、山东科技大学、西安科技大学等院校相继开办了矿山安全学科专业。

1995年，国家教委颁布了《工科本科引导性专业目录》。在目录中，将原主干学科的几个相近专业合并为一个宽口径专业，如采矿工程包括原专业目录中的采矿工程、矿井通风与安全两个专业。

这一时期，矿山通风与安全专业大都设在采矿系下的矿山通风安全教研室（组）或者通风安全教研组。部分高校的具体详细情况：

1）中国矿业大学在全国第一个创立矿山通风与安全专业。创建了矿山通风与安全专业课程教学体系：1982年以前，矿山通风与安全作为大学本科专业，不仅国内没有，在国际也是空白。中国矿业大学矿山通风与安全教研室创建该专业课程教学体系时，首先学习了我国社会主义建设与教育方针、办学方向和教育规律，调查了清华大学、北京大学、北京工业大学、重庆大学的相近专业，研究了他们的课程体系；走访用人单位及其管理机关对专业人才质量与数量的要求和业务范围，分析了发达国家和我国矿山灾害防灾减灾的历史经验与最新安全科学的进展等，提出了构建有中国特色的本专业课程体系时，应具有"三性"，即：①方向性。符合社会主义煤炭工业建设需求和改革与发展方向；②目标性。课程体系应体现培养目标与用人单位对人才素质的要求和所从事的业务范围；③科学性。体现矿山通风与安全学科的科学体系，符合教育学规律。综合"三性"要求，构建矿山通风与安全专业课程体系的主线如下：专业理论基础课：《流体力学》《工程热力学与传热学》《应用分析化学》《电工学与电子学》；专业基础课：《矿井通风与空气调节》；专业课：《矿井瓦斯防治》《矿井火灾防治》《防尘防治》等；编著并出版了整套专业教学用书：自1982年本专业建立起，中国矿业大学就一直把教材建设当作基础建设来抓。至1996年，已按计划出版专业必修课、选修课教材8种，教学参考书5种，其中，必修课教材《矿井灾害防治理论与技术》《矿井瓦斯防治》都获煤炭工业部优秀教材二等奖，《矿井通风与空气调节》获煤炭工业部优秀教材三等奖，参考书《煤矿总工程师工作指南》（中册）获国家新闻出版署第6届全国优秀科技图书二等奖。为了配合课堂教学，开展了模型与电化教学，建立了矿山通风安全模型与影像教学室，除购置系列专业课教学影像外，还与上海科教电影制片厂、山东煤管局等合作，分别编写摄制了《矿井通风》《通防十化》等电影与录像片。模型影像教学既丰富与加强了学生的感性认识，又学到了课堂上难以表达的内容，扩大了眼界、深化与巩固了专业知识的理解。

2）安徽理工大学创办矿山通风与安全专业。安徽理工大学通风安全教研室于1983年创办了矿山通风与安全本科专业，开始培养本科生。并决定将原矿井通风与安全课程拆分为矿井通风工程、矿井防灭火、矿井瓦斯与矿尘防治、矿井灾害防治等，并根据当时煤矿现场人员对新技术的诉求，新开了矿井通风网络、矿井安全监测、矿井降温、矿井通风技术测定、矿山环保概论等课程。

3）北京科技大学。1994年11月，原采矿系与地质系合并成立资源工程学院，下设采矿工程、选矿工程、矿业机械、地质矿产勘探4个专业及相应教研室，通风教研室仍保留在采矿工程教研室。1996年，资源工程学院成立系所，下设资源工程系、土木工程系、环境工程系、矿业研究所，成立资源工程、交通土建工程、环境工程专业，安全工程方向隶属于环境工程专业。

4）中南大学。1981年，矿山通风与安全教研室开始招收"文化大革命"后第一批矿山通风与防尘研究生。这一时期，矿山安全学科除了通风与环保教研室以外，系里的凿岩爆破教研室、岩石力学教研室、采矿方法教研室、新工艺研究室等的很多科研项目及其成果都是与矿山安全领域密切相关的。

（3）矿山安全学科的快速发展阶段（21世纪初至今）

2000年前后，矿山通风与安全专业大多从采矿系脱离出来，更名为安全工程专业，许多高校在矿山通风与安全的基础上成立了安全工程系（院），这一时期，矿山安全学科得到快速发展。

2004年，我国开办安全工程本科专业并在教育部备案的高校有68所，到2017年，我国开办安全工程本科专业的高校180多所。2012年，教育部《普通高等学校本科专业目录》中，安全工程专业归属于"安全科学与工程类"一级学科。

目前，我国设有安全工程专业（矿山安全专业）的重点高校有中国矿业大学、东北大学、中南大学、北京科技大学、安徽理工大学、河南理工大学、山东科技大学、江西理工大学、辽宁工程技术大学等。矿山安全工程专业主要的专业方向有顶板支护、通风防灭火、瓦斯防治、水灾防治、职业卫生安全、安全管理、尾矿库安全防治等。矿山安全学科教育的专业核心课程有：工程流体力学、工程热力学与传热学、燃烧学、安全系统工程、矿井通风与空气调节、安全监测监控、矿井瓦斯防治、矿井火灾防治、矿井粉尘防治、安全管理、电气安全工程。这一时期，部分高校的具体详细情况：

1）中国矿业大学安全工程专业现设在安全工程学院。1994年，矿井通风与安全专业更名为安全工程专业。1998年被批准为国家重点学科。2000年，采矿系更名为能源与安全工程学院，在通风安全教研室的基础上成立了安全工程系。2001年消防工程本科专业成立并开始招生，同年再次被批准为国家重点学科。2003年获准建设"矿山开采与安全"教育部重点实验室和国家安全生产监督管理总局"工业安全工程技术研究中心"。2005年获准建立"煤矿瓦斯治理国家工程研究中心"和"煤炭资源与安全开采国家重点实验室"。2006年，成立了消防工程系。2007年11月，依托安全技术及工程国家重点学科，在安全工程系和消防工程系的基础上组建安全工程学院。2017年9月，安全科学与工程学科入选"双一流"建设学科。

2）东北大学安全工程系隶属资源与土木工程学院。2001年被辽宁省评为重点学科；从2006年开始，每两年组织召开一次"沈阳国际安全科学与技术学术研讨会"，在国内外安全科学与工程学科领域产生了较大的影响力；2009年成立"辽宁省非煤矿山安全技术及工程重点实验室"，总面积达到了1500m^2；2011年，该专业获得"安全科学与工程"一级学科博士授权点；2012年获得"安全科学与工程"一级学科博士后授权点；目前，安全科学与工程学科列入东北大学"双一流"建设卓越进程计划，学院安全工程专业为国家特色专业建设点，并通过全国工程教育专业认证。建有金属矿山岩石力学与安全开采国家级虚拟仿真实验教学中心、岩土力学工程辽宁省实验教学示范中心及与山东招金集团有限公司共建的国家级工程实践教育中心等。

3）中南大学安全工程专业隶属资源与安全工程学院。1998年以后，是中南大学矿山安全学科快速发展的时期。2002年成立资源与安全工程学院。2003年，安全工程本科专业申报成功，并当年开始招生；同年，申请获批国家安全评价一级资质。2004年，安全学科成为教育部安全工程学科教学指导委员会会员单位；同年，被授予深部矿产资源开发与灾害控制湖南省重点实验室。2005年，被授予国家金属矿安全科学技术研究中心。2006年，安全技术及工程成为湖南省重点学科。2007年，安全技术及工程成为国家重点学科。2016年教育部第四轮学科评估，中南大学安全学科排名全国进入A–类学科。

4）北京科技大学安全科学与工程系隶属该校土木与资源工程学院。2002年1月，安全工程学科被评定为北京市重点学科；2004年批准建设"金属矿山高效开采与安全"教育部重点实验室；2007年起招收安全工程本科生，行政关系隶属于环境工程系。2007年8月，安全技术及工程被评为二级国家重点学科，2008年安全工程本科专业获批北京市特色专业（第一批）。2009年获批国家级科学中心"国家材料服役安全科学中心"。2010年成立安全科学与工程系。2016年4月，土木与资源工程学院下设5个系，即资源工程系、土木工程系、安全科学与工程系、矿物加工工程系、建筑环境与能源工程系。2019年，安全科学与工程成功申报北京市高精尖学科。

5）安徽理工大学安全工程专业隶属能源与安全学院。安徽理工大学在20世纪50年代初开始开展矿山通风安全技术与工程的教学和科学研究工作，于1983年在矿山通风与安全教研室基础上成立了安全工程系，并招收矿山通风与安全专业本科生。1997年教育部颁布了新的本科专业目录，矿山通风与安全专业调整为安全工程专业。从2005年起，安全工程教研室升格为安全工程系。

6）湖南科技大学。矿山安全学科始建于1978年，唐海清教授创建了湘潭煤炭学院矿山通风安全教研室，1985年招收第一届湘潭矿业学院矿山通风与安全专科生，1986年招收矿山通风与安全本科生。1999年经教育部批准更名为安全工程专业。2016年通过了中国工程教育专业认证，步入全球工程教育第一方阵。

7）河南理工大学。矿山安全学科主要依托安全工程专业培养本科生。该专业的前身是焦作路矿学堂时期成立的通风教研组。1999年调整专业名称为安全工程专业，2011年进入本科一批次招生。2006年安全工程专业成为"河南省名牌专业"，2007年获得"国家级特色专业"，2011年成为学校首批"教育部卓越工程师培养计划"试点专业，2013年入选"国家级专业综合改革试点专业"，2012年、2016年两次通过全国工程教育专业认证。

8）山东科技大学。1999年招收安全工程专业本科学生。2007年获批国家级特色专业，2013年入选教育部卓越工程师培养计划，2012年、2015年、2018年三次通过工程教育专业认证。依托学科被评为山东省"十一五""十二五"重点学科，2007年获山东省"泰山学者"设岗学科。

3.1.2.2 研究生（硕博士）教育的发展

除本、专科教育之外，矿山安全学科教育的另一个重要发展是创办研究生教育，确定了学位授予单位。经国务院批准，北京市劳动保护科学研究所于1981年11月首批得到工学门类"安全技术与工程"专业硕士学位授予权，开创了安全工程专业研究生教育的先河，1986年中国矿业大学和东北大学首批得到工学门类"安全技术及工程"博士学位授予权，从而构成了安全工程专业的本、硕、博完整的三级学位教育体系。

我国在 1935 年就有了矿山通风安全专业研究生教育，但当时规模很小。

1953 年，东北工学院（现东北大学）通风安全教研室首次招收了我国第一届矿山通风安全专业的研究生班。

1977 年 10 月 12 日，国务院批转教育部《关于高等学校招收研究生的意见》，同时教育部下发了《关于高等学校 1978 年研究生招生工作安排意见》，恢复了停滞的研究生招生制度。

1980 年 2 月，第五届全国人大常委会第十三次会议通过了《中华人民共和国学位条例》，掀开了我国高等教育史上新的一页，标志着我国学位制度正式确立。

1986 年，经国务院学位委员会批准，中国矿业学院的矿井通风与安全获得博士学位授权点，中国矿业学院安全技术及工程获得硕士学位授权点。中国矿业学院成为在全国第一个获安全技术及工程硕士、博士学位授权点单位。

1986 年，东北大学首批得到工学门类"安全技术及工程"博士学位授予权。

1989 年，河南理工大学获得"安全技术及工程"硕士学位授予权，正式依托本校招收硕士研究生。

1990 年，经国务院学位委员会批准，山东矿业学院获得安全技术及工程硕士学位授权点，焦作矿业学院获得安全技术及工程硕士学位授权点，淮南矿业学院获得安全技术及工程硕士学位授权点。

1993 年，国务院学位委员会批准，西安矿业学院获得安全技术及工程硕士学位授权点，煤炭科学研究总院获得安全技术及工程硕士学位授权点。本批博士点指导教师中有著名矿山安全领域专家宋振骐。

1993 年北京科技大学获批招收"安全技术及工程"二级学科硕士研究生。

1998 年，经国务院学位委员会批准，西安矿业学院获得"安全技术及工程"博士学位授权点。

1998 年，经国务院学位委员会批准，辽宁工程技术大学获得安全防护及工程硕士学位授权点。

1998 年，北京科技大学矿物加工二级学科获批博士学位授予权，矿业工程被认定为一级学科博士学位授予权，安全技术及工程学科获批博士学位授予权。

2003 年，湖南科技大学获得安全技术及工程二级学科硕士学位授予权，2008 年获安全工程领域工程硕士学位授予权，2011 年获安全科学与工程一级学科硕士学位授予权。

1994 年，我国安全技术及工程硕士教育约 7 所，安全工程与技术博士教育 3 所。

2017 年，我国高校安全类博士教育 20 多所，硕士生学位教育 50 多所，安全工程硕士教育 50 多所。

除高校外，部分煤矿集团也进行研究生培养，如煤科集团沈阳研究院有限公司研究生培养发展历程如下：1981 年 11 月 3 日，经国务院批准，授予抚顺分院矿山建设工程专业硕士学位授予权。1993 年 12 月 11 日，经国务院学位委员会批准，授予抚顺分院安全技术及工程专业硕士学位授予权。2003 年获批为博士后科研工作站设站单位。2006 年获批与辽宁工程技术大学合作培养博士研究生。经过 60 余年的科研积淀和 30 多年的研究生培养，形成了矿山地质灾害防治、矿山火灾与热害防治、矿井瓦斯防治、矿山机电工程、矿山救护与防爆安全等稳定的学科研究方向。2011 年 3 月 8 日国务院学位委员会、教育部发布了《学位授予和人才培养学科目录（2011年）》，将"安全科学与工程"列为研究生教育一级学科。

3.2 矿山安全学科教育的沿革与现状

矿山安全学科教育的发展是伴随着我国矿山科学技术和生产的发展而发展起来的，其专业设置与资源分布与国家各个历史时期社会的发展和教育政策密不可分。本节将分别阐述中华人民共和国成立以后，特别是改革开放以来本专科教育和研究生教育的发展状况、学科教材建设与人才培养状况。

3.2.1 本专科教育的专业设置与资源分布

（1）本专科教育的设置和调整

我国本专科教育的专业设置和调整共进行了五次全国性的统一修订，其中以本科专业的设置和调整为主，专科专业的设置和调整由地方主管部门或各高校自主确定，本部分主要从全国范围内来说明安全类专业及矿山安全相关专业的调整历程。

1）中华人民共和国成立至改革开放初期的专业结构调整。1952年院系调整时期，中国高等学校也开始了在院系内设置专业的改革。建立了以专业为中心、按照统一的教学计划开展教学活动的教学制度，其目的是将过去的"通才教育"改为"专才教育"。1954年11月颁布的高等学校专业分类设置（草案）中，与矿山安全相关的门类有一级分类工业部门（1）下的二级分类：地下矿藏开采类（9）。1958年"大跃进"，教育领域也受到了影响，1958—1962年，高等学校数量急剧增加。1962年教育部会同国家计委研究修订了《高等学校通用专业目录》，并于9月经国务院批准发布了《高等学校通用专业目录》和《高等学校绝密和机密专业目录》，这是中华人民共和国成立以来第一次由国家统一制订的高等学校专业目录。1963年正式颁布的《高等学校通用专业》目录中，与矿山安全相关的专业门类有工科部分的矿业类（2），主要包括采矿（010201）、选矿（010202）、矿山测量（010203）、矿井建设（010204）、矿山机电（010205）、采矿工业经济与组织（010206）、油气井工程（010207）、油气田开采（010208）、石油工业经济与组织（010200）。

2）1982—1987年的专业结构调整。改革开放以来，中国的经济迅速发展，为适应教育事业的发展，从1982年开始进行了第二次本科专业目录修订工作。这是国家统一进行的第二次专业结构大调整。1982年，针对高等学校在专业设置上存在不规范等问题，教育部组织力量研究专业划分与设置的基本原则，并于1987年年底颁布了修订后的本科专业目录。1984年6月颁布的《高等学校工科本科专业目录》中，与矿山安全学科相关的专业有第一部分"通用专业目录"，矿业类（2），主要包括采矿工程（0201）、露天开采（0202）、矿井建设（0203）、矿山测量（0204）、采油工程（0205）、钻井工程（0206）、选矿工程（0207）、矿山通风与安全（0208）。第二部分"试办专业目录"安全工程（试32）。

3）1989—1993年的专业结构调整。为了进一步解决专业划分和设置方面存在的问题，更好地适应中国社会和经济发展的需要，国家教委从1989年开始进行第三次本科专业目录修订工作，历时4年。这是国家统一进行的第三次专业结构大调整。经过修订，形成了体系完整、科学合理、统一规范的《普通高等学校本科专业目录》，并于1993年7月正式颁布实施。该"目录"中与矿山安全学科相关的专业有工学学科门类的地矿类（0801），主要包括地质矿产勘查（080101）、石油与天然气地质勘查（080102）、水文地质与工程地质（080103）、应用地球化学（080104）、应用地球物理（080105）、采矿工程（080106）、矿山通风与安全（080107）、勘察工程（080108）、矿井建设（080109）、石油工程（080110）、选矿工程（080111）。管理工程类（0822），主要包括安全工程（082206）。

4）1998年的专业调整。进入20世纪90年代中期，社会对人才需求呈现出多规格、多类型、多层次的态势。教育部从1997年开始对普通高等学校本科专业目录进行第四次修订，这是国家统一进行的第四次专业结构大调整。按照科学、规范、拓宽的原则，形成了新的《普通高等学校本科专业目录》，并于1998年7月正式颁布实施。该"目录"中与矿山安全学科相关的专业有工学学科门类中的环境与安全类（0810），主要包括环境工程（081001）、安全工程（081002）。地矿类（0801），主要包括采矿工程（080101）、石油工程（080102）、矿物加工工程（080103）、勘查技术与工程（080104）、资源勘查与开发（080105）。1998年的专业调整，教育部将"矿山通风与安全"和"安全工程"合并为"安全工程"（081002）专业，再次列入《普通高等学校本科专业目录》。

5）2012年的专业调整。根据《教育部关于进行普通高等学校本科专业目录修订工作的通知》（教高〔2010〕11号）要求，按照科学规范、主动适应、继承发展的修订原则，在1998年原《普通高等学校本科专业目录》及原设目录外专业的基础上，经分科类调查研究、专题论证、总体优化配置、广泛征求意见、专家审议、行政决策等过程，形成了新的《普通高等学校本科专业目录（2012年）》，并于2012年9月正式颁布实施。该"目录"中与矿山安全学科相关的专业有工学学科门类中的安全科学与工程类（0829），主要包括安全工程（082901）。矿业类（0815），主要包括采矿工程（081501）、石油工程（081502）、矿物加工工程（081503）、油气储运工程（081504）。地质类（0814），主要包括地质工程（081401）、勘查技术与工程（081402）、资源勘查工程（081403）。

根据教育部《普通高等学校本科专业目录》，我国矿山安全工程本科相关专业1998年、2012年调整过程如表3-1和表3-2所示。

表3-1 普通高等学校本科专业目录新旧专业对照表（教育部1998年颁布）

专业代码	学科门类、专业类、专业名称	原专业代码	原学科门类、专业类、专业名称
0810	环境与安全类		
081001	环境工程	081101	环境工程
081002	安全工程	081102	环境监测
		081103	环境规划与管理（部分）
		080103	水文地质与工程地质（部分）
		090305	农业环境保护（部分）
		080107	矿山通风与安全
		082206*	安全工程

表 3-2 普通高等学校本科专业目录新旧专业对照表（教育部 2012 年颁布）

专业代码	学科门类、专业类、专业名称	原专业代码	原学科门类、专业类、专业名称
0829	安全科学与工程类	0810	环境与安全类（部分）
082901	安全工程	081002	安全工程
		081007S	雷电防护科学与技术
		081004W	灾害防治工程

（2）本专科教育的资源分布现状

截至 20 世纪末，矿山安全学科的教育在很多高校中都附属于采矿专业，矿山安全的研究在很多高校中都附属于采矿领域。

1）根据《中国煤炭教育史》（1949—1999），至 1999 年，煤炭普通高等学校安全工程本科专业分布见表 3-3。

表 3-3 煤炭普通高等学校本科专业分布

代码	专业	学校
081002	安全工程	中国矿业大学
		西安矿业学院
		山西矿业学院
		山东矿业学院
		焦作工学院
		淮南工业学院
		湘潭工学院

注：本统计数据来自《中国煤炭教育史》（1949—1999）

2）根据 2011 年出版的中国工程院咨询研究项目《我国金属矿山安全与环境科技发展前瞻研究》，国内开办以非煤矿山开采与安全研究为主的高校有 11 所，这些高校的采矿人才培养的基本信息见表 3-4。

表 3-4 以非煤矿山开采与安全研究为主的部分高校信息统计

编号	高校名称	院系名称	学位层次
1	中南大学	资源与安全工程学院	学士、硕士、工程硕士、博士
2	东北大学	资源与土木工程学院	学士、硕士、工程硕士、博士
3	北京科技大学	土木建筑与环境工程学院	学士、硕士、工程硕士、博士
4	武汉理工大学	资源与环境学院	学士、硕士、工程硕士、博士
5	南华大学	核资源与核燃料工程学院	学士、硕士、工程硕士、博士

续表

编号	高校名称	院系名称	学位层次
6	昆明理工大学	国土资源工程学院	学士、硕士、工程硕士
7	江西理工大学	资源与环境工程学院	学士、硕士、工程硕士
8	广西大学	资源与冶金学院	学士、硕士、工程硕士
9	内蒙古科技大学	资源与安全工程学院	学士、硕士、工程硕士
10	武汉科技大学	资源与环境工程学院	学士、硕士、工程硕士
11	福州大学	紫金矿业学院	学士

注：本资料来源于各高校的招生网站

3）1998年专业调整，教育部将"矿山通风与安全"和"安全工程"合并为"安全工程"（081002）专业，列入《普通高等学校本科专业目录》，安全工程专业的建设得到了高速发展。在2012年9月颁布的《普通高等学校本科专业目录》中，安全工程（082901）专业被列入工学学科门类中的安全科学与工程类（0829）。

1994年，我国高校安全工程和劳动保护类专科教育有40余所，安全工程、通风安全类的本科教育有10余所。2004年，我国开办安全工程本科专业并在教育部备案的高校有68所。

目前，全国招生安全工程本科专业的高校共有160所，时间截至2019年4月，开设安全科学与工程类 – 安全工程专业的高校160所，见表3–5。

表3–5 开设安全科学与工程类 – 安全工程专业的高校

学校名称	专业名称	重点专业	教育部直属	985大学	211大学
北京航空航天大学	安全工程	否	否	是	是
中国地质大学（北京）	安全工程	否	是	否	是
北京科技大学	安全工程	否	是	否	是
中国石油大学（北京）	安全工程	否	是	否	是
北京化工大学	安全工程	否	是	否	是
首都经济贸易大学	安全工程（注册安全工程师）	否	否	否	否
中国民航大学	安全工程	否	否	否	否
天津理工大学	安全工程（按安全科学与工程类招生）	否	否	否	否
天津城建大学	安全工程	否	否	否	否
河北大学	安全工程	否	否	否	否
河北工程大学	安全工程	否	否	否	否
河北工业大学	安全工程	否	否	否	是
华北理工大学	安全工程	否	否	否	否
河北科技大学	安全工程	否	否	否	否
石家庄铁道大学	安全工程	否	否	否	否
太原科技大学	安全工程	是	否	否	否
中北大学	安全工程	否	否	否	否
太原理工大学	安全工程	否	否	否	是
山西大同大学	安全工程	否	否	否	否

续表

学校名称	专业名称	重点专业	高校层次 教育部直属	985 大学	211 大学
内蒙古科技大学	安全工程	是	否	否	否
内蒙古工业大学	安全工程	否	否	否	否
沈阳航空航天大学	安全工程	是	否	否	否
沈阳理工大学	安全工程	是	否	否	否
辽宁工程技术大学	安全工程	是	否	否	否
辽宁石油化工大学	安全工程	否	否	否	否
沈阳化工大学	安全工程	是	否	否	否
大连交通大学	安全工程	是	否	否	否
沈阳建筑大学	安全工程（本科四年）	是	否	否	否
吉林建筑大学	安全工程	否	否	否	否
哈尔滨理工大学	安全工程	是	否	否	否
黑龙江科技大学	安全工程	是	否	否	否
东北石油大学	安全工程	否	否	否	否
华东理工大学	安全工程	否	是	否	是
上海海事大学	安全工程	否	否	否	否
中国矿业大学	安全工程	是	是	否	是
常州大学	安全工程	否	否	否	否
江苏大学	安全工程	否	否	否	否
南京信息工程大学	安全工程	否	否	否	否
浙江海洋大学	安全工程	否	否	否	否
中国计量大学	安全工程	否	否	否	否
中国科学技术大学	安全工程	否	否	是	是
安徽工业大学	安全工程	否	否	否	否
安徽理工大学	安全工程	是	否	否	否
福州大学	安全工程	否	否	否	是
南昌大学	安全工程	否	否	否	是
中国石油大学（华东）	安全工程	是	是	否	是
青岛科技大学	安全工程	否	否	否	否
青岛理工大学	安全工程	否	否	否	否
聊城大学	安全工程	是	否	否	否
郑州大学	安全工程	是	否	否	是
河南理工大学	安全工程	否	否	否	否
郑州轻工业大学	安全工程	否	否	否	否
中国地质大学（武汉）	安全工程	是	是	否	是
武汉理工大学	安全工程	否	是	否	是
武汉科技大学	安全工程	否	否	否	否
武汉工程大学	安全工程	否	否	否	否
湖北大学	安全工程	否	否	否	否
中南财经政法大学	安全工程	否	是	否	是
湘潭大学	安全工程	否	否	否	否
湖南科技大学	安全工程	否	否	否	否
湖南农业大学	安全工程	否	否	否	否

续表

学校名称	专业名称	重点专业	教育部直属	985大学	211大学
南华大学	安全工程	否	否	否	否
华南理工大学	安全工程	否	是	是	是
广西大学	安全工程	否	否	否	是
四川大学	安全工程	否	是	是	是
重庆大学	安全工程	否	是	是	是
西南交通大学	安全工程（交通运输安全与信息技术方向）	否	是	否	是
西南石油大学	安全工程	否	否	否	否
重庆交通大学	安全工程	否	否	否	否
西南科技大学	安全工程	否	否	否	否
四川轻化工大学	安全工程	否	否	否	否
四川师范大学	安全工程	否	否	否	否
贵州大学	安全工程	是	否	否	是
昆明理工大学	安全工程	否	否	否	否
西安建筑科技大学	安全工程	否	否	否	否
西安科技大学	安全工程	是	否	否	否
西安石油大学	安全工程	否	否	否	否
长安大学	安全工程	否	是	否	是
兰州理工大学	安全工程	否	否	否	否
安徽建筑大学	安全工程	否	否	否	否
广东工业大学	安全工程	否	否	否	否
中国劳动关系学院	安全工程	否	否	否	否
中国民用航空飞行学院	安全工程	否	否	否	否
河北建筑工程学院	安全工程	否	否	否	否
唐山学院	安全工程	否	否	否	否
河北科技大学理工学院	安全工程	否	否	否	否
华北科技学院	安全工程	否	否	否	否
吕梁学院	安全工程	否	否	否	否
太原工业学院	安全工程	否	否	否	否
山西工程技术学院	安全工程	否	否	否	否
山西能源学院	安全工程	否	否	否	否
中北大学信息商务学院	安全工程	否	否	否	否
太原科技大学华科学院	安全工程	否	否	否	否
西安科技大学高新学院	安全工程	是	否	否	否
榆林学院	安全工程	否	否	否	否
西安建筑科技大学华清学院	安全工程	否	否	否	否
宁夏理工学院	安全工程	否	否	否	否
沈阳科技学院	安全工程	是	否	否	否
沈阳城市建设学院	安全工程	是	否	否	否
沈阳工学院	安全工程	否	否	否	否
吉林化工学院	安全工程	否	否	否	否
长春工程学院	安全工程	否	否	否	否
吉林建筑大学城建学院	安全工程	否	否	否	否

续表

学校名称	专业名称	重点专业	教育部直属	985大学	211大学
长春建筑学院	安全工程	否	否	否	否
山东管理学院	安全工程	是	否	否	否
山东交通学院	安全工程	否	否	否	否
山东工商学院	安全工程	否	否	否	否
滨州学院	安全工程	否	否	否	否
济宁学院	安全工程	否	否	否	否
河南工程学院	安全工程	否	否	否	否
河南城建学院	安全工程	否	否	否	否
郑州工商学院	安全工程	否	否	否	否
中原工学院	安全工程	否	否	否	否
郑州航空工业管理学院	安全工程	否	否	否	否
安阳工学院	安全工程（民航安全方向）（本科）	否	否	否	否
湖南城市学院	安全工程	否	否	否	否
湖南工学院	安全工程	否	否	否	否
南华大学船山学院	安全工程	否	否	否	否
湖北理工学院	安全工程	否	否	否	否
荆楚理工学院	安全工程	否	否	否	否
安徽三联学院	安全工程	否	否	否	否
安徽新华学院	安全工程	否	否	否	否
蚌埠学院	安全工程	否	否	否	否
安徽建筑大学城市建设学院	安全工程	否	否	否	否
新疆工程学院	安全工程	否	否	否	否
重庆科技学院	安全工程	否	否	否	否
重庆三峡学院	安全工程（本科、理工类）	是	否	否	否
兴义民族师范学院	安全工程	是	否	否	否
贵州工程应用技术学院	安全工程	是	否	否	否
贵州理工学院	安全工程	是	否	否	否
六盘水师范学院	安全工程	是	否	否	否
文山学院	安全工程	是	否	否	否
昆明学院	安全工程	否	否	否	否
常熟理工学院	安全工程	是	否	否	否
淮海工学院	安全工程	否	否	否	否
徐州工程学院	安全工程	否	否	否	否
南京信息工程大学滨江学院	安全工程（雷电防护）	否	否	否	否
江苏大学京江学院	安全工程	否	否	否	否
宁波工程学院	安全工程	否	否	否	否
温州大学瓯江学院	安全工程	否	否	否	否
中国计量大学现代科技学院	安全工程	否	否	否	否
福州大学至诚学院	安全工程	否	否	否	否
广东石油化工学院	安全工程	否	否	否	否
广西民族大学相思湖学院	安全工程	否	否	否	否

注：本资料来源于中国教育在线网

3.2.2 研究生教育的学科设置与资源分布

（1）研究生教育的学科设置及调整

我国在20世纪80年代恢复研究生招生起，即确定了学科门类、一级学科和二级学科三个层次的专业设置，其间公布过五个专业目录。第一个是1983年公布的专业目录（试行草案），简称1983年目录（草案）。第二个是1990年公布的专业目录，简称1990年目录。第三个是1997年公布的专业目录，简称1997年目录。第四个是2011年公布的专业目录，简称2011年目录。第五个是2018年公布的专业目录，简称2018年目录。根据教育部《授予博士、硕士学位和培养研究生的学科、专业目录》我国矿山安全工程研究生专业调整过程见表3-6。

表3-6 我国博士、硕士学位授予和研究生培养"安全学科"的设置

《目录的版本》	"安全学科"的设置	
	一级学科	二级学科
1981年版《草案（征求意见稿）》	地质勘探、矿业、石油	安全技术与工程
1983年版《草案》	地质勘探、矿业、石油	采矿工程（含安全技术）
1990年版《目录》	地质勘探、矿业、石油	安全技术与工程
1997年版《目录》	矿业工程	安全技术与工程（081903）
2011年版《目录》	安全科学与工程（0837）	
2018年版《目录》	安全科学与工程（0837）	

根据教育部《授予博士、硕士学位和培养研究生的学科、专业目录》，1981年版《草案（征求意见稿）》和1990年版《目录》，安全技术与工程属于一级学科地质勘探、矿业、石油下面的二级学科，1983年版《草案》，安全技术在学科门类上跟采矿工程是同一级学科，属于地质勘探、矿业、石油一级学科下面的二级学科。1997年版《目录》，安全技术与工程（081903）属于一级学科矿业工程下面的二级学科，2011年版《目录》和2018年版《目录》，安全科学与工程（0837）属于一级学科。

我国现行的安全学科的设置，是国务院学位委员会、国家教育委员会2018年颁布的《授予博士、硕士学位和培养研究生的学科专业目录》，其中将研究生招生专业分为13个学科门类，安全科学与工程（0837）作为工学（08）学科门类中的一级学科。

（2）研究生教育的资源分布现状

1981年实施《中华人民共和国学位条例》以来，中国先后于1981年、1984年、1986年、1990年、1993年、1996年、1998年、2000年、2003年、2006年和2007年分11批，通过了硕士和博士学位授予单位及其学科、专业的授予权。

截至1994年，我国高校安全技术及工程硕士教育7所，安全工程与技术博士教育3所。2017年，我国高校安全类博士教育20多所，硕士生学位教育50多所，安全工程硕士教育50多所。

1）根据《中国煤炭教育史》（1949—1999年），至1999年，原煤炭工业部系统安全技术及工程研究生学位点分布见表3-7。

表 3-7 原煤炭工业部系统安全技术及工程研究生学位点分布

代码	专业	硕士点/博士点	学校
081903	安全技术及工程	硕士点	中国矿业大学
			辽宁工程技术大学
			西安矿业学院
			山东矿业学院
			焦作工学院
			淮南工业学院
			煤炭科学研究总院
		博士点	中国矿业大学
			西安矿业学院

注：本统计数据来自《中国煤炭教育史》(1949—1999)

2）截至 2019 年 4 月，全国招生安全科学与工程 [083700] 研究生专业的高校共有 64 所（中国教育在线网），见表 3-8。

表 3-8 开设安全科学与工程研究生专业的高校

序号	学校名称	序号	学校名称
1	中南大学	27	中国石油大学
2	清华大学	28	青岛理工大学
3	郑州大学	29	太原理工大学
4	北京师范大学	30	山东科技大学
5	重庆大学	31	武汉科技大学
6	武汉理工大学	32	中国石油大学（北京）
7	华南理工大学	33	西安建筑科技大学
8	广西大学	34	中国矿业大学（北京）
9	南京理工大学	35	天津理工大学
10	贵州大学	36	北京化工大学
11	昆明理工大学	37	南华大学
12	北京理工大学	38	西安科技大学
13	大连理工大学	39	兰州理工大学
14	东北大学	40	青岛科技大学
15	江苏大学	41	首都经济贸易大学
16	西南交通大学	42	中国矿业大学
17	华东理工大学	43	中北大学
18	福州大学	44	河南理工大学
19	北京交通大学	45	兰州交通大学
20	中国地质大学（北京）	46	华北理工大学
21	南京工业大学	47	武汉工程大学
22	南京航空航天大学	48	西南科技大学
23	长安大学	49	中国民航大学
24	北京科技大学	50	安徽理工大学
25	中国科学技术大学	51	哈尔滨理工大学
26	中国地质大学	52	湖南科技大学

续表

序号	学校名称	序号	学校名称
53	石家庄铁道大学	59	沈阳航空航天大学
54	常州大学	60	中国民用航空飞行学院
55	东北石油大学	61	中国计量大学
56	江西理工大学	62	辽宁石油化工大学
57	安徽建筑大学	63	黑龙江科技大学
58	辽宁工程技术大学	64	煤炭科学研究总院唐山研究院

3）目前，全国具有"安全科学与工程"硕博授权的高校，见表3-9。

表3-9 全国具有"安全科学与工程"硕博授权的高校

全国第四轮学科评估结果（2017年）

0837安全科学与工程

本一级学科中，全国具有"博士授权"的高校共20所，本次参评20所；部分具有"硕士授权"的高校也参加了评估；参评高校共计52所（注：评估结果相同的高校排序不分先后，按学校代码排列）。

序号	学校代码	学校名称	评选结果
1	10290	中国矿业大学	A+
2	10358	中国科学技术大学	A+
3	10460	河南理工大学	A-
4	10533	中南大学	A-
5	10704	西安科技大学	A-
6	10003	清华大学	B+
7	10007	北京理工大学	B+
8	10008	北京科技大学	B+
9	10291	南京工业大学	B+
10	11414	中国石油大学	B+
11	10147	辽宁工程技术大学	B
12	10361	安徽理工大学	B
13	10424	山东科技大学	B
14	10491	中国地质大学	B
15	10611	重庆大学	B
16	10004	北京交通大学	B-
17	10112	太原理工大学	B-
18	10145	东北大学	B-
19	10488	武汉科技大学	B-
20	10497	武汉理工大学	B-
21	10010	北京化工大学	C+
22	10059	中国民航大学	C+
23	10288	南京理工大学	C+
24	10534	湖南科技大学	C+
25	10555	南华大学	C+
26	10561	华南理工大学	C+

续表

序号	学校代码	学校名称	评选结果
27	10110	中北大学	C
28	10141	大连理工大学	C
29	10143	沈阳航空航天大学	C
30	10219	黑龙江科技大学	C
31	10251	华东理工大学	C
32	10148	辽宁石油化工大学	C-
33	10292	常州大学	C-
34	10426	青岛科技大学	C-
35	10459	郑州大学	C-
36	10674	昆明理工大学	C-

3.2.3 矿山安全学科的教材建设与人才培养

(1) 教材建设

教材是学校进行教学活动的基本工具之一。作为提供高等院校在校学生（包括研究生、普通高等学校本专科学生、成人高等学校本专科学生）学习使用的出版物，高等教育教材从层次上可分为研究生教材、本科生教材、高等专科生（包括接受高等专科教育和专科层次的高等职业教育的学生）教材；从建设阶段上可分为借鉴翻译国外教材、试用自编教材、全面修订教材以及自主规划教材等多个阶段。

20世纪50年代，我国矿业类高等院校主要按照苏联高等教育教学模式改造了我们的专业，制订了相应的教学计划和教学大纲，也选用苏联高等学校中所使用的教材，特别是各专业的专业课教材。1952年苏联专家到中国矿业学院后，学校立即成立翻译室，在负责翻译专家的讲话、报告和讲课讲义的同时，也开始翻译苏联的教学大纲、专业课教科书和教学参考书。到1952年年底，学校已译出50种教学大纲，并印出其中的28种，边讲边译和采用苏联出版的教科书10多种。据不完全统计，1953—1957年，北京矿业学院编译出版了苏联有关专业的教科书、教学参考书和苏联专家讲义近100种，完成了教学内容方面学习苏联的任务。

1977年开始恢复高校招生时，教材十分缺乏，老教材大多由于长时间停止编写出版，所存无几，保留下来的少量教材也不适用。各煤炭高等学校组织自己的教师加紧编写教材和讲义，以供教学之需。据不完全统计，1972—1977年，我国7所煤炭高校共自编教材500多种，协编教材几十种。这些教材对解决当时教学急需，起到了一定积极作用，但还远远不能适应高等教育事业发展的需要。特别是在1977年大学恢复统一招考高中毕业生以后，大学教材数量不足，质量不高，不能反映世界科学技术进步的现状和时代的要求。煤炭工业部在逐步恢复对煤炭高等学校的领导、管理权限的同时，立即把教材建设提上议事日程，部教育司于1977年8月在北京召开了煤炭院校教材建设工作座谈会，会议决定在1980年年底以前各院校共同编写72种通用教材。从此，拉开了教材建设工作的序幕。随后，煤炭工业部又成立了专门的教材编辑室、中国矿业大学出版社、恢复了教材编审委员会，并多次召开煤炭院校教材建设工作会议，设立了教材建设基金。经过近20年的建设，煤炭高等学校教材建设工作取得了显著成绩，基本形成了能够覆盖煤炭工科类各专业、各课程比较齐全的专业教材体系。

矿山安全学科的相关教材，除了煤炭工业部积极组织教材编写外，各个高校也积极进行教材建设。部分高校情况如下：

1）中国矿业大学。20世纪50年代教研室成立之初，编译了多部国外专业教科书和讲义，1959年，汪泰葵、黄元平等人编写出版了我国矿山安全的第一部教材《矿山通风与安全》；1964年，黄元平主编了科技专著《矿井通风动力与阻力的关系与应用》。"文化大革命"后，教研室的老师陆续编写出版了《煤矿通风与安全》《矿井通风》《煤矿灾害防治》《煤和瓦斯突出防治》《矿井通风与空调》《中国大百科全书（矿冶篇矿山安全分支）》《矿井通风阻力及其测量》《中国煤矿通风安全工程图集》《煤矿总工程师指南》等一批高校教材及科技专著，1996年由王省身、赵以蕙、俞启香、张惠忱等人主编的《中国煤矿通风安全工程图集》获第十届中国图书奖；1997年，俞启香、王省身、赵以蕙、王德明、林柏泉完成的教学成果"矿业安全学科的建设与人才培养"荣获国家级优秀教学成果一等奖。

2）北京科技大学。1953年，苏联莫斯科矿业学院派遣其采矿工程系副主任阿历克塞伊·阿基莫维奇·哈廖夫到我国从事教学工作。在他来我国以前，各矿业高校使用的通风安全教材只有一本《矿内通风学》。有了哈廖夫教授的讲学教材，内容丰富了很多，我国矿业高校开始有自己编写教材的愿望。在东北工学院光绍宗教师牵头下，我校华凤诹教授作为联合发起人之一，14所院校合作编写了《矿山通风与安全》统编教材，1959年正式出版。这是我国第一部自己编写的教材。2010—2015年，出版了《矿山安全工程》《安全学原理》《燃烧与爆炸学》等17部教材，基本涵盖了本科生主要的专业课程，并有《矿山安全工程》获批"十二五"国家级规划教材、《安全学导论》获批北京市精品视频公开课。

3）河南理工大学。主编的《系统安全评价与预测》《瓦斯地质学》入选为普通高等学校"十一五"国家级规划教材，主编的《安全管理学》《系统安全评价与预测》入选普通高等学校"十二五"国家级规划教材。

4）中南大学。1952年，学院刚成立时，采矿系教学资料匮乏，几乎所有的教材都是在短期内，由老师亲自翻译、编写出来的，如《采矿方法》《采掘机械》《矿山通风》《矿山运输》《矿井提升》《采矿概论》《矿山组织与计划》等。1961年出版了当时国内金属矿山通风与排水的最早的专著《矿山排水与防水》和《矿井通风网路的电力模拟》。1980年，教研室叶镇杰等老师开始编写《矿山环境保护》教材，并在1981年开设了矿山环境保护课程，所用教材于1987年出版为《矿山环境工程》一书。后来教研室的名字改为通风与环保教研室。1984—1997年，教研室编写了《矿山火灾及防治》Mine Ventilaiton Network Analysis《矿山安全系统工程基础》《高硫矿井内因火灾防治理论与技术》等教材和专著，参编了《冶金百科全书（矿山安全卷）》《采矿手册（矿山安全卷）》等。

（2）人才培养模式

高等院校的人才培养模式是指在一定的教育观念、教育思想和教育政策的指导下，为了满足社会和一定时期的人才需求而实施的教育教学方式，包括人才培养的目标、规范的教学内容、教学管理制度和教学方法等。中国高等学校的人才培养模式从单一到多样化，从被动适应到主动适应，从相对僵化保守到开放创新，为中国不同历史时期的社会发展培养了大批合格人才。

中华人民共和国成立初到改革开放前，煤炭工业部所属学校为适应全面恢复国民经济和工业建设的需要，侧重以培养大量的煤矿建设专门技术人才和矿冶技术干部为目标。在教学管理方面，主要是按照既定的课程表或教学计划培养专门人才。在教学方法上，主要以教师讲授为主，学生被动地接受教师的教学方法。人才培养的基本模式是"专才"培养，"专业对口"也称为人事工作的一项基本原则。

改革开放后至今，高校的人才培养目标发生了变化，一是从"专门人才"转向"一专多能"的培养目标；二是突出学生知识、素质和技能的获得，全面培养人才，但仍以培养专才为主。1998年专业目录的出台有力地促进了各高等学校在人才培养模式上转向"宽口径通才教育"。高校人才培养模式主要有学术型人才培养模式、应用技术型人才培养模式、创新型人才培养模式，着重培养创新意识、创新思维、创新能力。

在研究生培养模式方面，学位制度确立初期，研究生教育的目标主要是培养教学型和科研型的高级人才，博士层次主要是培养"学术精英"，而硕士则是培养学术专业人才和科研人才。培养模式主要采取教学科研的教育方式，随着中国经济社会和科学技术的快速发展，对高层次应用型人才的需求持续增长，自1991年开始，中国除了单一的学术型硕士培养模式外，增设了硕士层次的专业学位、工程硕士学位教育。硕士培养年限早期实行三年制，后来为两年半制或两年的弹性学制，而博士一般为三年制。

安全工程专业教育，特别是高等安全工程专业教育，是培养安全专业人才的最主要途径，是安全科学发展的基础和手段，是安全工作的有力保证。搞好安全工程专业学历教育，对于提高全国安全人才队伍乃至全民的安全素质、提高安全管理水平、保护公众的安全与健康、维护社会安定团结和保证国民经济的可持续发展等方面都具有十分重要的现实意义。但迄今为止，有关安全工程人才培养模式以及培养方式、方法等都还仍处于摸索阶段。

我国高等院校安全工程专业的培养模式大体上可以分为两大类：①强化行业特色的培养模式，即以培养行业型安全科技人才为主，例如中国矿业大学侧重于矿业安全，北京理工大学偏向于兵工及爆炸安全。该类培养模式可分为两种典型模式，一种是将行业特色体现在培养方案的各个方面，从专业基础课、专业方向课到专业选修课均强调行业性；另一种是将行业特色仅体现在专业方向课和专业选修课上。②淡化行业特色的培养模式，即以培养通用型安全科技人才为主，例如首都经贸大学，作为国内极少数文科背景下的安全工程专业，其行业特色不是很明显；相反，它体现的是"大安全"，即通用安全，建立在适应性更强的横向、通用、宽口径的安全专业知识体系基础之上。通用型安全工程专业培养方案一般在专业基础课与专业方向课上均强调安全基础学科，而在专业选修课上开设了大量的行业安全方面的应用理论与技术课程。

矿山安全学科教育的人才培养模式：矿山安全专业人才主要为矿山安全高效生产保驾护航，该专业理论性、技术性、实践性较强，是一门硬学科，本身脱胎于采矿工程，其知识体系也主要来源于采矿学科。

各大高校人才培养模式各有特色。

1）中国矿业大学人才培养模式：学校从创立起直到20世纪80年代中前期，主要是按照既定的课程表或教学计划培养专门人才，到80年代中后期，学校根据科学技术和社会发展的需要，在人才培养模式方面，先后提出并实践了双学位模式、二学位模式、主辅修模式，着力培养复合型人才。

20世纪末，随着全国招生制度和就业制度的改革，人才培养模式也在悄然发生着变化。学校部分专业开始试行"4+4"或"5+3"的人才培养模式。在此基础上，2004版培养方案增加了本－硕－博连读模式，2007年，学校开始在部分学院、专业试行按学院、专业大类招生改革。为此，学校制订了按类培养为基调的2008版培养方案，构建通识教育基础上的宽口径人才培养模式。具体有：①"4+4"或"3+5"人才培养模式。"4+4"模式是指按照专业大类招生培养的专业，前4个学期使用相同的培养方案，第5个学期开始根据社会经济发展对人才的需求，学生在专业大类内自愿选择学习的专业；"3+5"模式是指不能按照专业大类招生培养的专业，一个学院内的各专业前3个学期培养方案应相同，从第4学期开始按专业培养人才。②主辅修模式。各专业确定25—30学分的专业主要课程作为辅修专业课组，积极接收其他专业的学生进行辅修，建立跨学科门类的兼修。③本－硕、本－硕－博连读模式。在部分专业试点，将本科培养方案与硕士、博士培养方案打通，制订统一的培养方案。④中外合作培养模式。在部分专业试点，实行"2+2"或"3+1"的中外合作培养模式，即根据相关的中外合作办学协议，学生首先在校内学习2年或3年的基础课程，再到国外学习2年或1年的专业课程。⑤产学研合作培养模式。即充分利用学校与企业、科研单位等多种不同的教育环境和教育资源以及在人才培养方面的各自优势，把以课堂传授知识为主的学校教育与直接获取实际经验、实践能力为主的生产、科研实践有机地结合于学生的培养过程。

2）安徽理工大学人才培养模式：学校结合自身特点，制定了具体的人才培养形式：①低年级（第1—4学期）按学科大类培养；②高年级（第5—8学期）按需求和专业方向培养，采用"2+2"的培养模式，同时将安全工程专业分为矿山通风与安全和安全技术及管理两个方向，在第4学期末，根据学生兴趣爱好，社会对人才需求情况，学生自己选择方向；从第5学期开始，根据两个方向选择课程，学生学习不同的专业基础课程和专业课程；第8学期，分两个方向进行毕业论文或毕业设计。

3）重庆大学人才培养模式：安全工程专业按土木工程安全和化工安全两个方向培养安全工程专业本科人才，也采用"2+2"培养模式设置课程体系，即在第一、二学年度按安全科学与工程学科大类设置课程体系，除所有工科专业均设置的公共基础课程体系外，还设置了安全系统工程、安全管理学、安全人机工程、安全监测监控技术、工程热力学、防火与防爆工程、燃烧学等主要专业课程，在第三、四学年度按土木工程安全模块和化工安全模块两个不同专业方向设置主要课程体系，除所有工科专业均设置的公共基础课外，土木工程安全模块的课程主要包括岩石力学、土力学及地基基础、岩土工程、建筑安全、矿山安全、工业通风及除尘等课程，化工安全的课程主要包括化工原理、化工安全技术、无机化工工艺、有机化工工艺、化工环境保护等，并按照两个不同的专业方向分别实施认识实习、生产实习、毕业实习和毕业论文或毕业设计。

4）中南大学人才培养模式：中南大学资源与安全工程学院师生紧紧围绕"双一流"建设，全面践行"以文化人、以德育人"的办学理念，不断完善人才培养体系，全面实施"卓越工程师"培养计划，将学生的自主权交给学生，实行按大类招生、学生入校后选择专业、全面推行选课制和学分制、毕业出口多方向、设立"荣誉学院"实施培优的特殊教育等多方式人才培养模式。

5）东北大学人才培养模式：学院注重教育教学与人才培养，获国家教学成果奖1项、省部级教学成果奖7项；拥有国家级精品课1门、省级精品课3门、省级精品资源共享课3门；

采矿工程、矿物加工工程、安全工程、环境工程专业为国家特色专业建设点；采矿工程、矿物加工工程、安全工程专业先后通过全国工程教育专业认证。建有金属矿山岩石力学与安全开采国家级虚拟仿真实验教学中心、岩土力学工程辽宁省实验教学示范中心及与山东招金集团有限公司共建的国家级工程实践教育中心等。

6) 北京科技大学人才培养模式：通过五十多年的建设，本学科点在保持矿山尘毒治理技术传统优势的同时，在矿山应急理论与装备、矿山火灾治理技术、多因素耦合环境下工程材料的失效机理、工程材料和结构安全服役状态监测与风险评价控制技术方面取得了重要突破，形成了基础研究、高新技术开发到成果转化及应用的多层次科学研究体系。

7) 首都经济贸易大学人才培养模式：作为我国安全生产技术管理专业人才培养的摇篮，安全与环境工程学院很早就在人才培养和学科发展上形成了自身特色和品牌效应。在人才培养模式上有别于以单一行业为背景培养安全人才的院校，将培养方向定位在向社会输送掌握跨行业、跨部门共通的安全技术管理知识的人才上。

（3）人才培养成就

我国自煤炭高等教育兴办以来，尤其伴随着中国煤炭行业的发展，矿山安全的人才培养取得了前所未有的成就，为全国煤炭企业和金属矿山企业输送大批科技人才，也培养了大批矿山安全专家教授。本节主要以历年来本专科矿山通风与安全、安全工程专业教育，研究生安全技术与工程、安全科学与工程专业教育及相关学科教育取得的成就来说明中国矿山安全学科教育人才培养的现状。

部分高校人才培养详细情况：

1) 中国矿业大学安全工程学院人才培养。2007年11月，经学校研究决定，依托安全技术及工程国家重点学科，组建中国矿业大学安全工程学院。学院现有安全工程、消防工程、职业卫生工程3个本科专业。近五年来，学院培养了1400多名本科生，为国家输送了大批具有扎实理论与实践基础，从事企业、事业、厂、矿、地面及地下建筑通风、除尘、空调与安全技术工程研究、设计、检测、安全评价、消防、监察和管理等工作的具有扎实理论与实践基础的高级工程技术人才。

2) 北京科技大学安全工程专业人才培养。自2011年北京科技大学安全技术及工程专业第一届52名本科生毕业、2013年安全科学与工程第一批33名全日制硕士研究生、2014年安全科学与工程第一批6名全日制博士研究生毕业以来，北京科技大学安全科学与工程专业每年稳定向社会输送各个层次的优秀人才。2011—2018年，安全工程专业共有410名本科生毕业，具体情况如图3-6所示，除继续深造外，就业行业包括采矿业、电力行业、建筑业、水利、交通运输、公共管理等。

从2013年以来，本领域共培养了110名硕士毕业生，32名博士毕业生（如图3-7），博士毕业生的初次就业率在2013年为83.33%，其他年份均为100%，硕士毕业生的初次就业率在2017年是93.75%，其他年份均为100%。硕士毕业生主要在安全监察、科研部门、国有大型企业或外资企业和安全评价机构从事安全生产、管理和服务工作；博士毕业生主要在机关、高校、科研部门或事业单位从事安全监察、安全标准化、安全生产管理、科学研究工作。从用人单位的反馈意见来看，毕业生理论基础扎实，实践经验丰富，具有良好的综合能力、综合视野、综合素养以及专业素养，在社会上受到了用人单位的广泛好评。

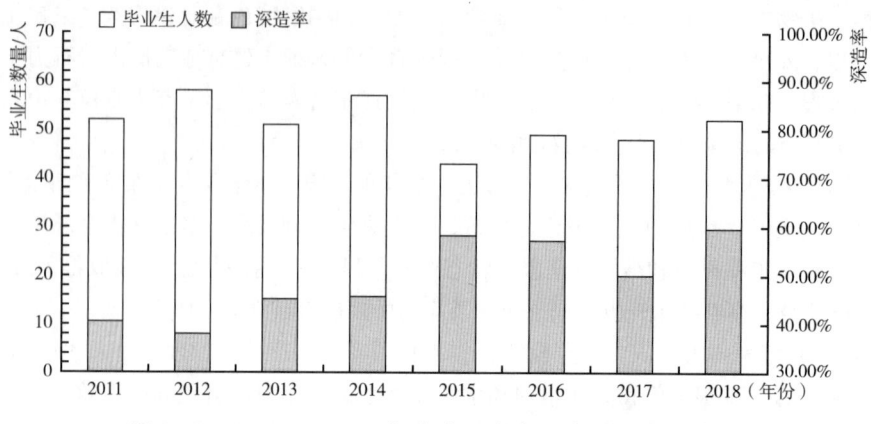

图 3-6　2011—2018 年安全工程专业本科生毕业情况

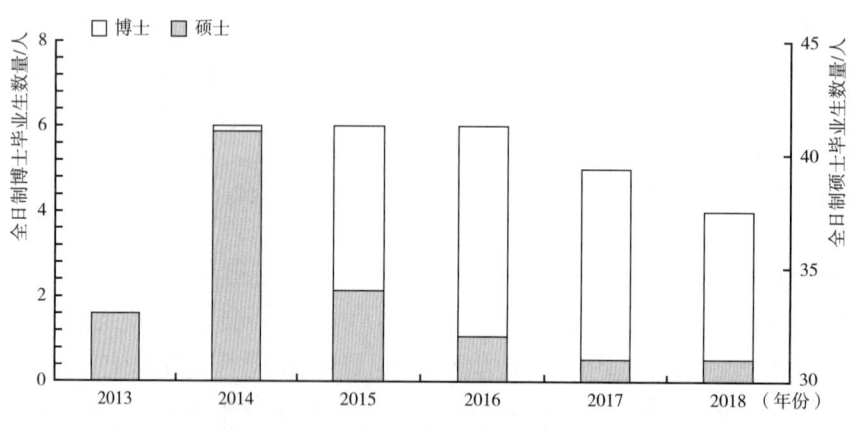

图 3-7　2013—2018 年安全科学与工程研究生毕业情况

3.2.4　矿山安全职业教育培训的发展历程

安全职业教育培训是矿山企业安全管理的一项重要内容，也是矿山企业安全文化建设的重要措施，是贯彻企业方针、目标，实现安全生产和文明生产，提高职工安全意识和安全素质，防止产生"三违"等不安全行为，减少人为失误的重要途径。2006 年年初召开的全国安全生产工作座谈会，温家宝总理在讲话中特别指出："煤矿等企业从业人员安全意识不强，安全技术人员短缺，是安全生产中的一个突出问题"。2008 年，新一届国务院分管安全生产工作的副总理张德江将当前安全生产工作存在的问题，形象称作"三高两低和四个不到位"，其中"一低"就是从业人员安全素质低。2008 年，国家安全生产监督管理总局安全生产百日督查专项行动，二十多个督查组在总结报告中，几乎都将从业人员安全生产意识和能力短缺问题，列为影响督查地安全生产形势从"稳定好转"向"根本好转"推进的一个突出问题。为推进安全生产培训工作，各级政府和有关部门采取了大量措施。

职业教育和培训是矿山安全从业人员掌握和应用新知识、新技术的重要途径。矿山安全行业的培训主要分三类：高等院校的培训、企业的培训以及高等院校和企业共同的培训。通过安全知识教育和技能培训，使职工增强安全意识，熟悉和掌握有关的安全生产法律、法规、标准和安全生产知识和专业技术技能，熟悉本岗位安全职责，提高安全素质和自我防护能力，控制和减少违章行为，为安全生产提供思想保证和智力支持。

通过对安全生产年鉴和有关文献资料对影响安全生产培训工作历史事件的整理分析，按照发展模式和思路的不同，可以将中华人民共和国成立以来我国安全生产培训工作划分为三个阶段。

（1）初步发展阶段（1949—1980年）

这一阶段我国的工矿企业技术装备落后，从业人员文化水平低、安全意识差、安全生产知识和技能严重不足。我国政府一方面组织全国安全卫生大检查，另一方面推广苏联劳动保护管理的成功经验，推动了工矿企业职工劳动保护知识普及和教育活动。

1950年5月，重工业部发布《关于大力开展安全教育》的指示，内容包括进行思想教育、安全技术知识教育、遵守工作制度和劳动纪律的教育。

1952年10月，燃料工业部全国煤矿管理总局指示创建"开滦煤矿钻探学校"，该校是开滦技工学校的前身。该校在全国范围内招收煤矿在职职工和社会青年，每三个月一期，共培训三期1687名学员，先后为国家培养了大量各类矿山技术工人。

1954年，原劳动部《关于进一步加强安全技术教育的决定》提出新工人必须入厂、车间、班组三级教育，在考试合格后才准许独立操作。

1956年，国务院在"三大规程"中要求各级管理生产的干部和技术人员，在一定时期内应参加安全生产科技知识教育和考核，并作为晋职升级的参考依据，这一要求成了后来安全生产管理人员持证上岗制度的雏形。

1958年8月，由河北省煤管局与开滦煤矿总管理处双重领导，成立中等专业的"开滦煤矿矿业学校"。20世纪50年代，焦作工学院（现河南理工大学）在全国开办通风专业培训班，造就了一批通风安全专家。

1963年，国务院颁发《关于加强企业生产中安全工作的几项规定》，要求对电气、起重、锅炉、受压容器、焊接、车辆驾驶、爆破、瓦斯检查等特殊工种的工人必须进行专门的安全操作技术训练，经过考试合格后，才能准许他们操作，同时明确指出安全生产教育是安全生产工作的重要内容，要求企业把安全生产教育作为安全管理工作必须坚持的一项基本制度，这一规定明确了安全培训在安全生产工作中的地位，首次提出了特殊工种持证上岗制度。

1980年4月，国务院在给原国家经委、国家劳动总局、中华全国总工会《关于在工业交通企业加强法制教育，严格依法处理职工伤亡事故的报告》的批示中强调：要有计划地组织职工学习国家制定的劳动保护法令、法规、条例、规定、规程和规章制度，教育大家增强法制观念，遵章守纪。

通过这一时期的发展，总结借鉴经验做法和吸取事故教训，我国全员安全生产法规知识学习、企业"三级安全教育"、特种作业人员经专门安全操作技术训练上岗、管理人员安全生产知识培训考核等制度基本确立，为安全生产培训工作的蓬勃发展奠定了坚实基础。

（2）规范化发展阶段（1981—2001年）

党的十一届三中全会之后，随着生产秩序的逐步恢复，安全生产工作迎来了较好的宏观环境，安全生产培训工作也逐渐向规范方向发展。1981年，国家劳动部制定下发了《劳动保护宣传教育工作五年规划》，这是中华人民共和国成立以来第一个与安全生产教育培训密切相关的规划。根据发展规划，劳动部借鉴罗马尼亚、日本等国家的经验，在全国主要省市开展了职业安全卫生专业培训。各地在三年多的时间里建立劳动保护教育中心近80个，不同行业的大中型企业建立的劳动保护教育室有近3000个，全国安全生产培训基地网络体系初步形成。

1982年，国务院颁布《矿山安全条例》，规定瓦斯检查员、爆破工等技术性较强的工人必须进行专门技术训练，经过考试合格后，才能独立从事本职工作。根据国家对青壮年工人进行技术补课的要求，开滦局、矿组织工程技术人员数百人，对四级及以下等级的工人补习该专业技术理论知识，按照国家规定应知应会标准进行普考测试，对不合格者进行脱产或业余技术补课。

1984年，开滦局安全培训中心对开滦煤矿针对采掘班长、关键岗位及特殊工种进行了安全技术正规培训，并按煤炭部审定的培训大纲编写教材，学员脱产学习两个月，学习矿山安全、岗位安全技术和管理知识，训练预防、救护、执行安全法规的能力。

1990年，劳动部颁发《厂长、经理职业安全卫生管理资格认证规定》。1991年，颁布了《特种作业人员安全技术培训考核管理规定》。厂长、经理以及特殊工种的安全教育培训首次被纳入法制化轨道。

1994年，《劳动法》颁布，安全培训教育第一次被列入国家法律的重要内容，该法规定劳动者享有获得劳动安全卫生保护的权利，有接受职业技能培训的权利；用人单位必须对劳动者进行劳动安全卫生教育，防止劳动过程中的事故，减少职业危害；从事特种作业的劳动者，必须经过专门培训并取得特种作业操作资格。

1995年，劳动部颁布了第一部安全生产教育培训的综合性法规《企业职工劳动安全卫生教育管理规定》，该规定对建立、健全安全教育制度，加强新员工三级安全教育、特殊工种和主要负责人及安全生产管理人员培训考核发证、转岗和"三新"技术教育等都进行了全面系统的规定。

为规范安全生产培训工作，1999年，国家经贸委制定了《特种作业人员安全技术培训考核管理办法》，2000年，原国家煤矿安全监察局制定了《煤矿安全培训机构及教师资格认证办法》。

20世纪70年代末80年代初，安徽理工大学举办现场通风安全技术人员进修班，为创办矿山安全专业进行实践探索，主要有：70年代末，在江西丰城举办通风安全技术人员培训班（百余人）；1981年在北京京西矿务局为开滦矿务局、京西矿务局举办通风工程师进修班；1984—1988年，为煤炭部举办了五期通风工程师进修班。

2001年，中南大学受科技部委托开办首届国际采矿培训班，并连续举行三届。

在这一时期，国家继续加大了安全生产职业培训工作力度，一批安全生产培训教育有关法规相继颁布实施，在原有基础上，安全生产培训各项措施都有了法规依据，安全生产培训教育工作迈入了科学化、规范化和法制化发展的轨道。

（3）体系建设探索阶段（2002年至今）

这一阶段自2002年《安全生产法》颁布实施开始。作为安全生产领域的根本大法，《安全生产法》自提出立法建议到出台,经历了21年的历程。《安全生产法》对各级政府、生产经营单位、从业人员在安全教育方面的责任、权利和义务做了明确规定,这些规定,为依法开展安全生产培训提供了充分的法律依据和强有力的法律武器,安全生产培训教育被纳入国家安全生产监督管理部门的督导之中,违者要依法追究责任。同年年底,为贯彻落实《安全生产法》,按照建立安全生产监管监察"六大支撑体系"的总体部署,原国家安监局制定了《安全生产培训体系方案(初稿)》,从此,我国安全生产培训工作迈入了体系建设阶段。

2004年和2005年,原国家安监局先后颁布了《安全生产培训管理办法》和《生产经营单位安全培训规定》,提出安全培训是指以提高安全监管监察人员、生产经营单位从业人员和从事安全生产工作的相关人员的安全素质为目的的教育培训活动,要求统一规划、归口管理、分级实施、分类指导、教考分离的原则加强全国安全生产培训工作,并对安全生产培训管理体制、组织形式、考核、发证、监督管理、处罚以及培训机构、教材、师资建设作出了全面系统的规定。这两部规定的出台,从规章层面明确了安全生产培训管理的基本制度。

2005年9月,在杭州召开的全国安全生产培训工作座谈会,明确将"基本形成适应我国安全生产工作要求的安全培训体系和工作机制",列入"十一五"安全生产培训工作的总体目标。2008年,国家安全监管总局为摸清全国安全生产教育培训工作状况,组织开展了安全生产教育培训体系建设调研,并形成了体系建设调研报告。这一阶段安全生产培训工作的显著特点就是明显地有系统的特征,在组织开展各类人员培训的同时,注重整体推进培训的支撑保障机制建设,全国安全生产培训的各个方面都得到快速发展。

2011年5月,经国家安全生产监督管理总局批准,国家安全生产监督管理总局矿业安全培训基地成立,是专门进行矿业安全培训的专业机构。该机构具有国家一级安全培训机构资质。

"十二五"期间(2011—2015年),江西理工大学举办万名煤矿总工程师培训等,为矿山企业和地方安监部门培养大批安全管理和工程技术人才。

(4)万名班组长安全培训工程

班组是煤矿安全生产的基本单元,处于煤矿安全生产第一线,煤矿安全生产的各项措施都要通过班组来落实。衡量煤矿安全生产水平的高低,班组安全生产水平是一个方面。加强煤矿班组建设,是夯实煤矿安全生产基础、搞好煤矿安全生产的关键环节。

为不断提升班组长的安全素质,提高班组安全生产管理水平,强化煤矿井下现场安全生产管理,国家安全生产监督管理总局、国家煤矿安全监察局于2009年在全国煤矿实施"万名班组长安全培训工程",进一步加强煤矿班组长安全培训工作。

实施"万名班组长安全培训工程",是提高班组长安全素质、推动煤矿班组安全基础建设的一项重大举措,对于提高全国煤矿班组长的安全技术素质和现场管理能力,强化煤矿班组管理,促进煤矿安全生产状况的持续稳定好转具有重要意义。

为了在全国煤矿实施"万名班组长安全培训工程",国家煤矿安全监察局行管司和中华全国总工会劳保部联合组织编写了配套教材《全国煤矿班组长安全培训教材》(如图3-8),结合煤矿安全生产的实际情况,对煤矿班组、采煤班组、掘进班组、机电班组、运输班组、爆破班组等安全管理知识进行了详细阐述,满足煤矿班组长对矿井通风与灾害防治、煤矿安全检查以及自救互救与现场急救等知识的学习需求。

图 3-8　全国煤矿班组长安全培训教材

（5）万名煤矿工程师安全培训工程

"万名煤矿总工程师安全培训工程"由国家安全生产监督管理总局、国家煤矿安全监察局实施，旨在深入贯彻落实《国家中长期人才发展规划纲要（2010—2020年）》和《国务院关于进一步加强企业安全生产工作的通知》精神，进一步提升煤矿技术管理水平，切实加强煤矿安全技术管理，提高安全生产保障能力，促进煤矿安全生产形势持续稳定好转。2011年4月，正式启动了全国"万名煤矿总工程师安全培训工程"，用三年时间对中央、省属涉煤企业与大型煤矿总工程师实施安全技术管理培训。

2011年4月12日，"万名煤矿总工程师安全培训工程"在中国矿业大学启动（如图3-9），首批150名来自各大煤矿企业的总工程师将在中国矿业大学接受为期7天的培训。

图 3-9　全国煤矿总工程师首期安全培训首期班开课

"万名煤矿总工程师安全培训工程"由具有二级及以上培训资质的煤矿安全培训机构组织实施,采取两级管理、分层培训的方法。

国家煤矿安监局负责中央企业总部及其下一级煤矿企业总工程师和副总工程师,省(自治区、直辖市)属煤矿企业总部及其下一级煤矿企业、年产 1000 万吨及以上规模其他煤矿企业、年产 120 万吨及以上规模井工煤矿总工程师的安全培训,中国矿业大学是国家生产安全监督管理局批准的"一级安全资格培训机构",将承担这 1 万人左右的具体培训任务;省级负责安全生产管理人员安全资格培训考核工作的部门负责其他煤矿总工程师的安全培训。

实施"总工程师培训工程",是贯彻落实《国家人才发展纲要》关于实施"专业技术人才知识更新工程"和《国务院通知》关于"加强企业生产技术管理"要求的重要举措,是提高以总工程师为核心的煤矿专业技术人员的整体素质,进一步加强煤矿安全技术管理工作的迫切需要,对于促进煤矿专业技术人员的知识更新,切实提升煤矿安全技术管理水平,推动煤炭工业技术进步和安全发展,有效防范和坚决遏制煤矿重特大事故,具有十分重要的意义。

中国矿业大学作为全国"万名煤矿总工程师安全培训工程"的承办单位,在国家煤矿安全监察局的部署和指导下,以创新的观念思考煤矿总工程师的继续教育,探索培训模式,精心组织培训、严格规范管理,2011—2013 年共举办了 27 期培训班,培训 2230 人次,考核优良率达到了 99.8%,取得了显著的培训效果。中国矿业大学在形成适应煤矿安全生产需要,增强培训针对性、实效性,提高安全培训质量,具有矿业高等学府特色的培训体系方面进行了积极探索,对推进我国煤炭矿业领域高端人才培训,建立科学合理的培训长效机制,提升煤矿行业安全管理科学化水平发挥了积极作用,为煤矿安全培训工作的持续、健康稳步发展积累了宝贵经验。接受本次培训的煤矿总工程师,几乎涵盖了各产煤省份和各大煤炭企业,根据对不同煤炭企业的反馈调查,许多总工程师把在培训中学到的先进理念、前沿技术、成熟经验与煤矿安全工作密切结合起来,以实际行动落实国家煤矿安全监察局提出的"建设本质安全矿井"的战略要求,为煤矿生产安全形势的持续好转、三年跨越三个台阶作出了巨大的努力。统计显示,全国煤炭百万吨死亡率已经由 2010 年的 0.749 下降到 2012 年的 0.374,首次下降至 0.5 以下。因为安全管理疏漏或操作不当引发的煤矿瓦斯等事故发生率也大为降低,一些大型煤炭企业实现了"零死亡"的突破。

3.3 矿山安全学科的教育体制及发展特点

3.3.1 矿山安全学科发展迅速

2000 年以前,我国开办安全工程本科专业的高等院校只有 30 多所,到 2007 年增加到 86 所,仅仅 6 年就增加了 53 所,开办安全工程专业的院校涉及矿业、能源、石油、交通、军工、航空、化工、环境及经济等几十个领域,2006 年全国安全工程专业本科生招生人数达 4000 多名。究其原因,一方面是因为国家注重生产事故对社会带来的危害和损失,加大力度促进安全学科的发展;另一方面由于人民安全整体素质的提高,安全已成为大家关心的话题,进而强化企业对安全生产的重视,增加了对安全工程高层次管理人才的需求。

技术实践是学科发展的基础，学科理论带动着技术装备的进步，二者相互依存，相互促进。40年来，随着矿井通风安全的核心工作——"一通三防"（通风、防瓦斯、防火、防尘）的深入开展，相关的学科理论也有了很大的进步，高水平的学术著作不断涌现，其中有大型科技图书如：《中国煤矿通风安全工程图集》《煤矿总工程师指南》等，也有一批优秀的专著及教材如：《矿井火灾灾变通风理论及其应用》《煤和瓦斯突出的防治》《矿井灾害防治理论与技术》《矿井通风与空气调节》《矿井火灾防治》等，上述各类学术著作的出版说明了矿井通风安全学科技术理论正在走向成熟。1982年煤炭工业部与教育部首先批准在中国矿业学院组建大学本科"矿山通风与安全专业"，1986年国务院学位委员会批准设立"安全技术及工程"硕士、博士点，为培养矿山通风与安全专门化、高水平、高层次的技术人才奠定了基础，后来煤炭系统5所高校也都建立了相应的大学本科和硕士点。人才的培养与输送为提高煤炭工业通风安全技术及管理水平作出了重要的贡献。

3.3.2　与不同历史时期的国家政策与教育方针密切相关

在中华人民共和国成立后至改革开放前，依据苏联的经验和模式，以单科性的专门院校和精细划分工科专业门类为特点。这种特点增强了教学的系统性和针对性，使学生知识的专门化程度和实际动手能力有了一定的提高，一定程度适应了当时煤矿工业和科技的发展。从改革开放后至今，依据国家统一设置的本科生和研究生学科专业目录，在教育宏观的指导下，学生培养目标和培养方向基本上由各学校自主确定。为了适应社会主义市场经济发展的需要，矿业安全高等教育进行了改革，拓宽专业领域，扩大学生所学的专业知识面和就业面，使学生既具有能从事矿业安全领域的专门工作，又能从事一般工厂、企业的安全设计、研究及管理方面的工作。

3.3.3　与社会和法律的发展密切相关

根据心理学家马斯洛关于人的需要的5个层次理论，安全需要是在第2个层次，生理需要是在第1个层次。在这个需要里，摆在首位的是人身安全不受威胁，工作不遇危险，环境安全，无恐惧感；其次是要求个人财产不受侵害；再次是对确定的未来求得保障。

我国目前的情况，人们温饱问题已大体上解决，随之而来的就是第2层次的安全需求，由安全引起的法律诉讼与日俱增，尤其是随着计划生育的深入发展，独生子女增多，一个劳动者伤亡或得职业病，将影响三个家庭。所以安全问题引起的社会恶性影响的辐射面增大，一个劳动条件不好或职业病危害大的行业，招不进、留不住职工的现象已开始出现。这也符合矿山安全学科近几年来快速发展的情况。

同时，随着社会经济的发展，人们对安全的概念不断变化。从以前的身体安全到如今心理健康与安全也是社会关注的重点。近年来，人们开始意识到心理健康对职业安全同样重要，对于安全相关的职业，掌握医学与心理学的知识也越来越重要。医学知识可以帮助职工减轻安全事故带来的伤害，心理学可以帮助管理人员了解职工心理状况从而筛选出某些有心理疾病的职工来避免安全事故的发生，另外心理学对于职工的灾后心理重建也有很大帮助。随着社会对安全管理要求的变化，矿山安全学科的设置也会随之改变，一些高校在课程中增加管理、医学、心理学的相关课程，以提高毕业生的社会竞争力。

3.3.4　矿山事故及安全经济带来的损失推动矿山安全学科的发展

我国矿山安全事故引起的死亡人数是最高的。据统计,每百万吨钢的死亡人数为 8 人,而日本仅 0.1 人,是日本的 80 倍;每百万吨煤死亡人数为 8.2 人,其中统配煤为 6.68 人,地方煤 9.81 人,而世界水平是 0.7—1 人,我国是世界水平的 7—10 倍。根据联合国劳工组织统计,全世界每 3 分钟就有 4 人受工伤。每年因各种事故受害者超过 1.1 亿人,占世界人口总数的 1/5。全国矿山和企业接触粉尘的工人 300 余万人,1952 年硅肺病为 4 万余人,1976 年增加到 54 万人,20 世纪 90 年代末发展到 150 万人,且每年以 10%—15% 的速度递增。目前世界上 70% 的硅肺病人在我国,含矽尘高的矿山,一个身体强壮的风钻工在 1—2 年内就会染上硅肺病。我国目前每年要花 4 亿—6 亿元人民币养活硅肺病患者,而且与日俱增。硅肺病患者已成为许多矿山沉重的经济和社会负担。全世界由于安全事故造成的经济损失已达国民收入的 5%。这些矿山事故及安全经济带来的损失推动矿山安全学科的发展。

3.3.5　依托行业开展研究,推动矿山安全学科的发展

中国矿业大学、河南理工大学、西安科技大学等院校主要围绕煤矿生产安全问题,进行安全相关的研究;中南大学、东北大学、北京科技大学等院校围绕金属、非金属矿山展开一系列安全生产问题研究。在煤矿和非煤矿山取得了一些高水平的研究成果,推动了矿山安全学科的发展。

以煤矿安全为特色的高校重点对瓦斯区域治理、瓦斯的抽采与利用,煤自燃成灾机理与防治技术,煤与瓦斯突出的预测预报和高瓦斯矿井通风与防尘等领域进行深入研究。解决了煤矿瓦斯与火灾防治中的关键技术难题,为煤矿安全生产状况得到根本改善和可持续发展提供了有力支撑,促进了安全科学技术的升级及原始性创新。在神华集团、中煤集团、大同煤业集团、山东煤业集团、陕西煤业集团、龙煤集团、铁法煤业集团、沈阳煤业集团、抚顺煤业集团、四川煤业集团、吉煤集团等煤炭企业得到广泛应用,取得了显著的成果。

以非煤矿山安全为特色的高校重点在非煤矿山环境安全控制、矿山岩土灾害控制理论与技术、爆破作业安全等方面开展深入研究。在矿井通风、粉尘控制理论与技术、非煤矿石自燃及综合防灭火技术、岩溶发育区安全处理技术、岩石爆破技术、非煤矿山岩土控制理论与技术等方面取得了创新性成果。研究成果为非煤矿山安全生产提供技术保障,在相关企业得到广泛应用,促进了非煤矿山安全技术的发展。

参考文献

[1] 中国煤炭高等教育史编写组. 中国煤炭高等教育史(1949—1999)[M]. 徐州:中国矿业大学出版社,2001.
[2] 俞启香,王省身,赵以蕙,等. 安全技术及工程学科的建设与人才培养[J]. 煤炭高等教育,1996(3):31-33.
[3] 邹放鸣. 中国矿业大学志(1909—2009)上卷[M]. 徐州:中国矿业大学出版社,2009.
[4] 东北大学资源与土木工程学院[EB/OL]. http://www.zitu.neu.edu.cn/966/list.htm.
[5] 古德生,吴超. 我国金属矿山安全与环境科技发展前瞻研究[M]. 北京:冶金工业出版社,2011.

［6］ 许江，彭守建，李波波. 安全技术及工程专业人才培养模式及课程体系建设［C］. 武汉，2013.
［7］ 王前裕. 浅谈我国矿山安全科学的发展前景和研究任务［J］. 铀矿冶，1997（1）：1-5.
［8］ 李浩然，李义强，闫聚考. 安全科学与工程学科发展研究［J］. 教育现代化，2017（24）：263-264+272.
［9］ 开滦矿务局史志办公室. 开滦煤矿志第4卷（1878—1949）［M］. 北京：新华出版社，1997.

第4章 矿山安全学科科研体系的发展

现代矿山安全学科综合了矿井煤岩瓦斯动力灾害防治、矿井通风与火灾防治、矿井水害防治、粉尘与职业危害防治、矿井热害防治、安全监测监控技术、非煤矿山安全以及矿井灾害应急救援等研究方向,是伴随着矿山生产的出现而出现的,又随着矿山生产技术的发展而不断发展。矿业的高速发展离不开矿山安全技术的进步。国家一直对以减少事故与人员伤亡为重点的科技攻关给予一定的支持,因此矿山安全得以发展,并逐步形成学科体系。本章所统计的矿山安全学科科研体系既包括煤矿的发展,也包括非煤矿山的发展。

4.1 矿山安全学科研究发展历程

我国矿山安全学科科研体系,主要是在中华人民共和国成立以后逐步发展起来的。目前大致可以划分为三个阶段,即初创期、跟踪发展期和创新发展期。

4.1.1 矿山安全学科科研体系初创期(1949—1979年)

中华人民共和国成立后,劳动保护作为一项基本政策得以实施。矿山安全工程、卫生工程作为保障劳动者的重要技术措施得以发展。这一阶段,为了满足我国工业发展的需要,国家成立了劳动部劳动保护研究所、卫生部卫生研究所、冶金部安全技术研究所、煤炭部煤炭科学技术研究所等安全技术专业研究机构,矿山安全技术研究工作从这时开始起步。

(1)在矿山安全生产中起步

1949年年末,全国共有生产矿井137处,有30%—50%的采煤工作面是采用"残柱式"的旧式采煤法。全国有30%的矿井采用自然通风,瓦斯和矿井火灾防治等方面的工作还没有起步。为了改变煤矿沿用的高落法、穿峒法等掠夺式采煤方法和手工刨煤、人背筐运的落后采煤工艺,解决安全生产对煤体生产的制约,燃料工业部于1950年召开各大区煤矿管理局局长及总工程师会议,通过了《关于在全国煤矿全面推行新的采煤方法的决定》,会议强调了"采煤方法的改革是煤炭工业的一次革命",决定在各煤矿有计划、有步骤地推广走向长壁式采煤法以代替落后的穿峒式、高落式采煤法。在推行长壁式采煤方法的同时,开始推广采用以电钻打眼、爆破落煤为主的炮采,并探索采煤工作面各工序的机械化。从苏联进口了一批截煤机、联合采煤机等采煤设备并进行仿制。

1949年年底,吉林蛟河煤矿首先试用从苏联引进的KMII-1型截煤机,1950年7月,在太信新三坑和大成一坑试验成功。1950年中苏签订了《中苏友好同盟互助条约》，确定援建我国156个重点项目，其中有25个是煤矿项目。煤炭工业的恢复和新建工作结合这些重点工程，在全面学习和采用苏联科学技术经验的方针指导下展开，改变落后的生产工艺、生产手段和安全事故对煤炭生产的制约。1950年5月，燃料工业部在全国煤矿工作会议上作出了国营煤矿推行生产方法改革和安全生产的决定，要求首先要把落后的穿峒式、高落式采煤方法改为长臂式采煤方法，购买通风、排水、运输等生产设备，充实生产第一线，改善矿井通风条件，强调在安全第一的前提下进行生产。

1950年，全国煤矿大力推广长壁式采煤法，推进了运输系统技术装备的改革，采煤工作面开始装备11型链式刮板输送机代替人力拉筐运煤，顺槽和采区使用绞带输送机，井下主要运输巷道广泛使用电机车，无极绳代替人力推车，大大改善了矿山安全生产的条件。

1951年9月，燃料工业部颁布了第一部煤矿安全技术法规——《中华人民共和国煤矿技术保安试行规程》。为了加强煤矿生产安全的领导和监督，当年9月，成立了安全监察局，各地煤矿的安全监察机构和群众性安全监察网也相继建立，煤矿安全生产得到了初步保障，安全状况很快得到了改善。到1952年，煤矿百万吨死亡率比1949年下降了65.4%。针对私营煤矿和小煤窑，1951年10月，燃料工业部又先后公布了《公私营煤矿暂行管理办法》《公私营煤矿安全生产管理要点》和《土采煤窑暂行处理办法》，改善了这些煤矿的生产条件，保护了国家煤炭资源。1954年，燃料工业部明确了全国生产改革任务，包括生产准备、采掘工程、井上下运输、通风安全、矿井地质测量、生产组织管理等多个生产环节以及建立生产技术责任制，并提出在有条件的地方要用机械化、半机械化替代体力劳动。

中华人民共和国成立初期，一些矿井以中央平列通风为主。随着时间的推移，井型增大，开采深度加大，瓦斯涌出量增多，地温升高，单一的中央平列式通风方式已不能满足生产需要。必须对通风系统进行改造，有计划地更新通风设备，满足生产要求和防止瓦斯爆炸事故的发生。经过技术改造，大部分煤矿实现了机械化通风，对瓦斯含量高的煤层实行抽放。

中华人民共和国成立以前没有一所专门的煤炭工业院校，虽有焦作工学院、西北工学院以及唐山工学院等一批院校先后设有采矿或矿冶系、科，但院校的师资匮乏、经济拮据、设备短缺、在籍学生也只有几百人。为了培养地质矿业人才，并将焦作工学院从河南迁至天津，改名为中国矿业学院，这是中华人民共和国成立初期国内唯一的矿业学院。

在安全第一方针的指引下，煤矿恢复时期（1949—1952年）普遍添置了必要的安全设备、仪器和劳动保护用品，逐步完善安全设施，加强了安全管理，使安全状况很快得到了改善。煤炭科技工作在全面学习和采用苏联科学技术经验的方针指导下，结合苏联援建的15个大型成套项目（1处露天煤矿、7处大型矿井、7个选煤厂），培训了一批地质勘探、设计、施工、生产、管理、科研、教育等方面的技术队伍，在引进苏联技术装备的基础上，成功仿制了矿井建设和生产所需的绞车、抓岩机和凿岩机、截煤机、刮板运输机、联合采煤机等一批配套机电设备，提供了一批应用于生产建设的科技成果。

1950年，抚顺煤炭研究所（以下简称抚顺所）在抚顺龙凤矿采煤准备区利用采煤巷道和瓦斯抽放巷道进行了巷道瓦斯预抽的试验研究，取得了非常好的效果。随后，在地下400m水平进行了永久性巷道瓦斯预抽的试验研究，永久性巷道瓦斯抽放时间可达5—10年。

1953年，原中南工业大学采矿系老师参与冶金系的科研项目，开展了矿石自燃性课题研究，并首次发表了有关矿山防火的学术论文。

1954年，由抚顺所提出，以着火点温度作为鉴定煤自燃倾向的指标，后沿用苏联矿业研究所的方法，用固体氧化剂来测定煤的着火温度，确定了我国早期煤自燃倾向性分类方法。

1955年，成立煤炭工业部时即设置了技术司，主管煤炭系统包括煤炭院校的科学技术工作。

1954—1957年，抚顺所在阳泉进行了邻近层穿层钻孔抽放卸压层瓦斯工艺技术的研究，顶板穿层钻孔对卸压煤层的瓦斯抽放量为每分钟4.92—7.56立方米，抽放率为15.96%—55.56%。

矿山安全学科科研随着采矿技术、装备水平的提高而提高，随着矿山安全生产的发展，各类科研机构的建立有了初步的发展。

（2）"大跃进"时期的发展

矿山安全经历了最初的起步阶段，积累了经验，提高了技术水平。由于煤炭科技工作执行的是赶超方针，要求在3—5年的时间内，在技术上赶超世界主要采煤国家，导致正常的科研、生产试验和记错研究工作几乎停顿，落后的高落式采煤方法改头换面相继出现。

1957年，原中南工业大学教研室老师们开始了矿井通风实验室的建设工程（见图4-1），建设的矿井通风实验室能够开展点压力测定、风速剖面测定、摩擦阻力系数测定、局部阻力系数测定、角联风路风流方向测定等项目。1958年，该校矿山通风教研室老师开展了电模拟矿井通风网络等科研课题的研究，当完成电模拟计算矿井通风网络后，大家精神振奋。

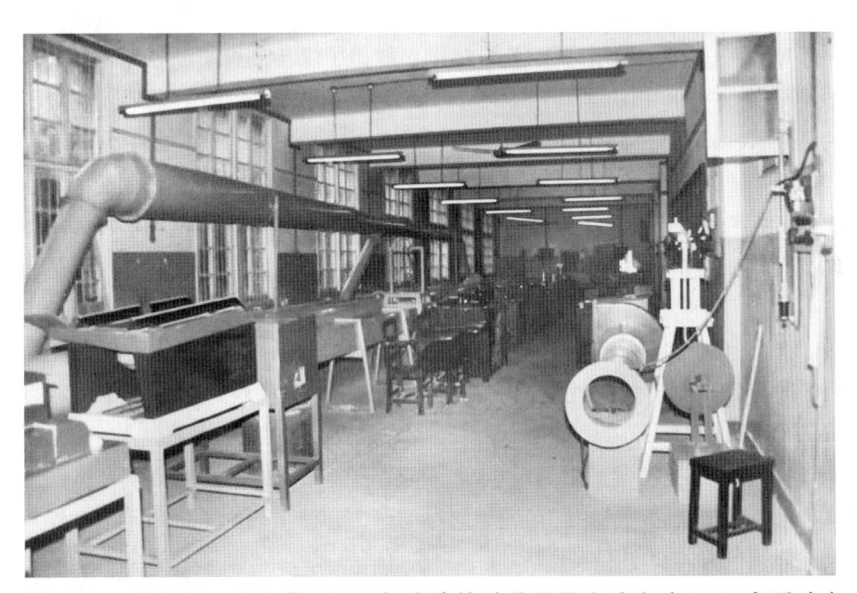

图4-1 原中南工业大学1957年建造的矿井通风实验室（2007年重建）

1958年，抚顺所在抚顺龙凤矿搭连坑进行了顶板钻孔边采边抽瓦斯的试验，钻孔抽放量占工作面总瓦斯涌出量的40%—65%。

1959年，原中南工业大学矿山通风教研室老师带领一批人员在江西荡萍钨矿、下垄钨矿、西华山钨矿等地进行通风防尘现场试验，树立了一个薄矿脉钨矿床采矿通风防尘样板矿山，取得了当时国内一流的防尘科研成果，冶金部在现场召开了推广使用会议，出版了第一本矿井通风防尘论文集，大大提高了学校的声誉及学术地位。

1959—1961年，抚顺所开展了压汞法测定煤的孔隙结构研究，研制了压汞法测定煤的孔隙结构装置，初步研究了孔隙结构与突出危险性的关系。1962—1963年，该研究所进行了通风网路线性电器模拟计算器的研究。根据电源在电网总流动规律，与风流在井巷网路中流动规律的相似特点，即克希荷夫定律，选用组合的线性电位器，研制了一台供4台主扇和40条巷道的模拟计算器。

1963年年初，煤炭工业部部署1964年工作，张霖之部长制定了《煤炭工业企业1963—1965年调整、巩固、充实、提高工作纲要》，煤炭产业的第一次大调整工作全面展开。其中对煤炭科技工作调整为，1961—1963年，煤炭科技工作在国防科工委党组和中国科学院党组《关于自然科学研究机构当前工作的十四条意见》指导下，按照科学研究的规律，开展科学研究工作和搞好对科研机构的管理，强化技术记錯工作，根据国际形势的变化，开始向西方国家学习先进技术经验。

（3）"文化大革命"时期的科技工作

1964—1967年，煤炭科学院重庆研究所（以下简称重庆所）承担了煤炭部项目"中梁山煤矿开采保护层抽邻近层瓦斯"的研究，研究成功保护层开采后的底板穿层钻孔和顶板穿层钻孔抽采卸压瓦斯工艺，取得了很好的效果。

1965—1967年，抚顺所在北票开展震动放炮揭开突出层研究，将震动放炮用瞬发雷管发展到毫秒雷管。

1965—1966年，重庆所与南桐矿务局合作，承担了煤炭部科研项目"南桐矿务局直属一井开采近距离解放层"研究课题，在南桐矿务局直属一井（现鱼田堡煤矿）开展了近距离保护层试验考察，取得了很好的保护效果。以后推广应用到松藻矿务局打通一矿、二矿和石壕矿。

1966—1968年，抚顺所在北票台吉、冠山三宝进行了13个煤层、14个石门的钻孔水力冲刷试验研究，均安全揭开了石门；1968年在北票三宝矿进行煤巷道水力冲孔防止突出措施工艺研究。

1967年，抚顺所在北票三宝一井、台吉矿首次应用煤的破坏类型、瓦斯放散初速度△P、煤的坚固性f进行区域突出危险性预测，提出了煤的突出危险性综合指标K，该方法被纳入《防治煤与瓦斯突出细则》。

1970年，原中南工业大学矿山通风教研室接受冶金部委托，开展第一个援助国外的矿山安全科研项目——阿尔巴尼亚某矿岩自燃倾向性的研究，该项研究为中南矿冶学院后来形成硫化矿防灭火优势特色方向奠定了重要基础。

1970—1974年，抚顺所首次在湖南红卫煤矿进行了地面水力压裂瓦斯抽放工艺技术的试验研究，1971—1973年，首次在阳泉一矿北头咀七尺煤进行了井下压裂试验，试验表明支撑剂沿煤层顶板分布，压裂后钻孔没有明显的瓦斯自喷现象，未达到预期效果，为水力压裂起裂位置控制的重要性提供了依据。

1973年，山东矿业学院在烟台福山铜矿开展通风防尘自动化研究，研制成功了颇具特色的光电水幕（光电控制喷雾装置）自控器，具有优良性能。

山西矿业学院武绍祖和阜新煤矿学院黄伯轩等人，在"文化大革命"中，数年坚持深入矿区，研究瓦斯遥测仪和煤矿安全防灭火新技术。

1970—1976年，重庆所与南桐矿务局合作，在重庆市南桐矿区进行水力冲孔防突试验研究。研究成果在16个试验矿井推广应用，并被纳入《煤矿安全规程》。

1973—1977年，燃料化学工业部西安煤炭研究所承担国家重点项目"邯邢地区岩溶水水文地质条件和开发治理的研究"的子项目"邯邢南北中单元岩溶水发育规律及水动力特征"。

1974—1975年，抚顺所应用提出的综合指标K，结合地质条件，对北票三宝、台吉两个矿各煤层进行区域突出危险性分类。

1974—1975年，重庆所与四川矿业学院（现中国矿业大学）合作，承担了四川省煤管局科研项目"天府煤矿远距离解放层效果考察"研究课题。在天府煤矿（现磨心坡煤矿）开展急倾斜煤层远距离上保护层（80米）的试验考察，结合被保护层卸压瓦斯抽放，取得了很好的保护效果。

1975年，原中南工业大学矿山系几位教师到江西下垅钨矿开展一次成井爆破科研试验，由于该矿井采用自然通风，那天由于存在多种不利原因，有三位教师不幸炮烟中毒身亡，这是有史以来矿山系最为严重的一起因科研发生的重大事故，也可以看出做好矿山通风的重要性。

1978年，原焦作工学院的科研工作者承担了我国第一个瓦斯地质课题——煤炭部攻关项目"湘、赣、豫煤与瓦斯突出带地质构造特征研究"。

1979—1984年，重庆所承担了四川省项目"天府磨心坡矿提高瓦斯抽放率的研究"，提高抽放率至33.5%，已应用于生产。

20世纪60年代，我国金属矿山通风建立分区通风系统和棋盘式通风网络。许多矿山与大专院校、科研院合作，结合我国矿山的实际情况，探索适合矿体赋存条件和开采技术特点的通风防尘技术。西华山钨矿的分区通风系统、锡矿山锑矿的棋盘式通风网络以及其他加强通风系统严密性和可靠性的一系列行之有效的技术措施应运而生，促进了通风技术的发展。

20世纪70年代，矿井通风技术在恢复中有了新的发展，这一时期，出现了盘古山钨矿的梳式通风网络、大冶铁矿尖林山车间的爆堆通风、东北矿石推广地温预热防冻技术以及云锡公司的排氡通风经验，1977年在盘古山钨矿召开了全国冶金矿山通风经验交流会，初步形成我国金属矿山比较完整的通风技术经验。

同一时期，露天矿开始了边坡研究与治理，并和澳大利亚、加拿大、美国等国家进行了学术交流和合作研究，形成了我国独有的矿山边坡系统研究模式，可为矿山寻求合理边坡角、强化边坡治理提供智能决策依据。马鞍山矿山研究所研制成有湿式过滤层的除尘风机，除尘效率达73%—97%。桃冲铁矿主溜井的除尘净化系统应用，除尘效率为77%—95%。重庆所研制成功的JTC-1型湿式过滤层除尘器，以不锈钢网作为过滤介质，对呼吸性煤尘的去除效率达95%—98%。

这个时期中国矿山安全工作主要是建立机构，由于矿山安全生产事故而促进了矿山安全学科科研体系的建立。我国矿山安全技术研究主要在两个方面发展：一是作为劳动保护的一部分开展劳动安全技术研究；二是随着矿山产业技术发展起来的矿业安全技术包括金属矿井通风、煤矿防瓦斯突出、防瓦斯煤尘爆炸、顶板支护、爆破安全、防水工程、防火工程、提升运输安全、矿山救护及矿山安全设备与装置、露天矿安全高效开采技术等方面的研究。

4.1.2 矿山安全学科科研体系跟踪发展期（1980—2000年）

20世纪70年代末至90年代初，随着改革开放和现代化建设的发展，我国矿山安全技术得到迅猛发展。在此期间，建立矿山安全技术研究院、所、中心等50多家，拥有专业科技人员5000余名。加强矿山安全技术学科科研体系建设，加强劳动保护，搞好安全生产，保护职工的安全和健康是党和政府对矿山安全生产的一贯方针。

1979—1984年，原中南工业大学矿山通风与安全教研室承担了冶金部的"采场通风参数计算方法的研究""独头巷道污风净化技术研究""静电除尘器研制""矿井通风网络电算分析研究""工作面测尘技术标准研究""高温采场通风排热技术研究"，以及多座矿山的"硫化矿矿石自燃倾向性研究"等科研项目，科研工作和实验室建设逐渐步入正轨。

1984年，主管安全生产的劳动人事部把"安全第一、预防为主"作为安全生产方针写进了呈报给全国安全生产委员会的报告中，并得到国务院的认可。1987年1月26日，劳动人事部在杭州召开会议，"安全第一、预防为主"作为劳动保护工作方针写进了《劳动法（草案）》。从此"安全第一、预防为主"便作为安全生产的基本方针确立下来。1992年11月7日通过的《中华人民共和国矿山安全法》是在我国境内从事矿产资源开采活动的企业必须遵守的法律，它以法律条文的形式对矿山建设的安全保障、矿山开采的安全保障、矿山企业的安全管理、矿山事故处理、矿山安全的行政管理及法律责任做了明确规定。这一系列矿山安全相关法律法规的出台和实施提升了矿山管理人员对矿山安全的重视，也促进了矿山安全学科进一步的发展。

我国自20世纪70年代以来，露天开采技术取得了丰硕成果，一大批关键技术攻关项目取得突破：陡帮开采工艺、高台阶采矿工艺、间断-连续开采工艺、大型深凹露天矿陡坡铁路运输系统、深凹露天矿安全高效开采技术、露天转地下开采和露天-地下联合开采技术、矿山数字化技术、采场无（微）公害爆破技术、特大型露天安全高效开采技术等。

在"六五"和"七五"期间，陡帮开采被列入国家科技攻关项目，以本钢南芬铁矿作为工程依托开展了大量的工业试验研究，全面揭示了陡帮开采的技术特点和各工艺间的协调关系，研究出了陡帮工作带坡角与结构参数的关联规律，不同开采深度的工作带坡角及其参数的确定方法，确定了陡帮开采工艺参数设计原则。"七五"期间矿山安全科技攻关全面起步，开展了矿井瓦斯涌出量预测方法、煤与瓦斯突出预测预报技术、水力冲孔和大直径钻孔石门揭煤及采掘工作面防突措施、隔抑爆技术、煤层自燃倾向性鉴定方法以及自然发火预测预报技术等多项专题研究，开发出了瓦斯抽放配套装备、突出预测仪等关键装备，进一步完善了"六五"成果。通过"七五"期间的科研攻关，人们对煤矿灾害的起因和发展有了初步了解，抗灾措施研究密切结合生产实际，防治瓦斯煤尘爆炸、突出、火灾的单项技术逐渐成熟，并向综合配套方向发展，所取得的成果在全国各矿井得到推广应用，由此进一步改善了矿井安全状况。"七五"期间，我国的矿井尤其是煤矿安全技术已达到20世纪70年代的国际先进水平。

"八五"期间，陡帮开采工艺技术被应用于大中型露天金属矿，给我国金属矿的开采提供了实践经验。铝矿土的露天开采主要应用松土机-铲运机开采工艺。1984年，松土机-铲运机技术进行了工艺试验并得到了推广使用。

"八五"国家科技攻关期间,我国在南芬铁矿开展了高台阶开采工艺参数优化研究,通过18m高台阶开采工业试验,确定了合理的高台阶开采参数,使台阶高度适应矿山设备大型化的发展。

20世纪80年代,我国引入了间断-连续开采技术,也是我国露天金属矿开采中常用的技术手段。我国鞍钢齐大山铁矿于1997年在国内首次建成了采场内矿、岩可移式破碎胶带运输系统,该系统自投产后一直运转正常,标志着我国深凹露天矿间断-连续开采工艺达到了世界先进水平。

20世纪80年代,重视引进先进开发技术,在完善矿井通风系统、优化矿井通风网络、加强风流调控措施、调高作业面通风效果和节省通风能耗等方面取得了可喜的进展。这一时期,矿井通风技术进步主要表现在:分区通风系统在实践中进一步发展,高效节能风机的研制与推广;多风机多级机站通风新技术的应用;矿井降阻通风网络的节能技术改造;建立矿井通风计算机管理系统和井下风流调控技术与手段的完善等。

20世纪90年代,深凹露开矿通风除尘技术研究被列为国家重点科技攻关项目。由科研院所、大专院校与露开矿山联合攻关,对露开矿大气污染状况、采场气流分布、自然通风和局部污染源控制开展了广泛的调查研究,并取得了重要研究成果。地下矿山在推广应用多级机站通风和节能扇风机的同时,对无底柱分段崩落法采场进路通风方法进行多种方案的试验研究。按期循环通风方法在局部作业区的试验研究取得初步成效。

对井下火灾预防方法的研究,中南工业大学提出了综合因素分析法,用于鉴定矿岩的自燃倾向程度。20世纪90年代,东北工学院提出了金属矿山外因火灾伤亡事故的系统安全分析方法。

此外,矿山安全学科各方面的科学研究取得了非常大的进步,主要开展了以下的科学研究,为我国矿山安全学科的发展作出了很大的贡献。

1980—1985年,重庆所完成了国家"六五"科技攻关项目"被动式水槽棚防止煤尘爆炸传播""被动式水袋棚防止煤尘爆炸传播",成功研制出被动式隔爆水槽和被动式隔爆水袋,即由水槽和水袋组成的被动式爆水槽棚和水袋棚,填补了我国在煤矿井下爆炸防治方面的空白,纳入《煤矿安全规程》。

1983—1985年,重庆所与贵州省六枝矿务局、林东矿务局合作,承担了"六五"国家科技攻关项目"贵州地区综合防治煤与瓦斯突出研究"。

20世纪80—90年代,在煤炭部支持下,河南理工大学组织全国25个省、区3000余名工程技术人员,编制了500多个矿井、125个矿区、25个省区的瓦斯地质图,完成了《1∶200万中国煤矿瓦斯地质图》,查明我国煤层瓦斯资源量为34万亿立方米。

1984—1997年,原中南工业大学教研室先后在安徽、湖北、湖南、广东、江西等省的有色金属矿山开展了一系列通风、防尘、防火、防爆等方面的研究,完成了"新桥刘铁矿矿石自燃倾向性研究""高温矿井及地下工程空调参数计算与仿真软件的研制"等项目。

1986年,针对我国中小型矿山特别是不少矿山仍存在干打眼现象,湖北省劳动保护科学院研究所开始研究凿岩泡沫除尘技术。

1986—1988年,重庆所与淮北矿务局合作,承担了煤炭部重点科研项目"淮北矿务局芦岭煤矿瓦斯抽放的研究",首次采用顶板岩石水平钻孔进行抽采。

1986—1989年，煤炭科学研究总院重庆分院（以下简称重庆分院）与六枝矿务局、国家地震局地壳应力研究所合作，承担了国家"七五"科技攻关项目"六枝矿务局综合防突措施的研究"。

1986—1990年，煤炭科学研究总院抚顺分院（以下简称抚顺分院）承担了国家"七五"科技攻关项目"矿井瓦斯涌出量预测方法"，首次提出了矿井瓦斯涌出量分源预测方法，研制了用于井下的 GWRVK-1 型等压瓦斯解吸仪、定点煤样采集器。

1989年，东北大学对水雾荷电的湿式过滤除尘技术进行了研究。

1990年，重庆分院研发了 FBCZ 系列单级主通风机，机号№10—22，功率11—220千瓦，风量每分钟528—9540立方米，压力250—1986帕，在宁夏、四川等中、小型矿井应用。

1990—1993年，抚顺分院研制了 ZRJ-1 型煤自燃性测定仪，成果在全国范围内得到广泛推广应用。

1991—1995年，重庆分院承担了"八五"国家科技攻关计划项目"应用综合参数连续预测煤与瓦斯突出危险的方法及装备的研究"，成功研制出 ZYB-S 型实时产气式自动抑爆装置。

1991—1995年，抚顺分院研制了用于地面的 ZAMG-1 型自动化地勘瓦斯解吸仪，解决了500—1000m 深孔瓦斯含量测定成功率低、准确性差的技术难题，使瓦斯含量预测准确率达到90%以上，该成果获得"八五"期间国家十大科技成果之一；首次建立了全国统一的矿井瓦斯涌出量预测方法和预测规范，将预测精度提高到85%以上。

1993—1994年，重庆分院研制的塑料叶轮对旋风机［现型号为 FBCD №6.3/2×18.5（S）］，噪声较低，气动性能优异，畅销各大煤矿。

1996—1998年，重庆分院与平顶山煤业集团合作，承担了"九五"国家科技攻关计划项目"长钻孔控制爆破防突应用技术的研究"。与芙蓉矿务局合作，承担了"九五"国家科技攻关项目"突出煤层定向长钻孔预抽本煤层瓦斯研究"。

1996—1999年，重庆分院与阳泉煤业集团公司合作，承担了"九五"煤炭行业科技攻关项目"岩石水平长钻孔抽放邻近层瓦斯研究"。

1997—1998年，煤炭科学研究总院西安分院（以下简称西安分院）提出突水的物理学判据，开发出基于 Quick Basic 语言的计算软件，对华北典型矿区的143例资料（包括突水和不突水两种类型）进行了检验，符合率92.6%。这些项目的获得标志着矿山安全学科在基础研究和应用基础研究领域具备了较强的研究能力和较高的科技水平。

1998年，经贸委安全科学技术研究院、东北大学与红透山铜矿合作，研制成功超声雾化加振动纤维栅的固定式除尘净化装置。

1980—2000年，这个时期中国煤炭科研工作主要是科研实体的形成，各类支持科技发展的政策和基金的成立，技术发展实现了从引进、消化吸收到自主研制，从被动跟踪发展到主动创新发展的重大跨越。从矿业建设的援建、设备仿制到自主研究，计算机控制技术、网络技术、自动化技术与传统矿山生产技术的相互结合和推广应用，促进了矿山安全整体技术水平的提升，矿山生产的机械化、自动化、智能化水平不断提高，中国矿山安全技术取得了快速的发展。

4.1.3 矿山安全学科科研体系创新发展期（2001年至今）

1999年8月，中国政府召开全国新技术创新大会，提出要努力在科技进步与创新上取得突破性进展。广大矿山建设者响应号召，在煤炭建井、开采、洗选技术方面都有了长足的发展，洁净煤和煤炭气化、液化技术开始起步，一些重大的煤炭共性技术取得进展，全国形成了高产高效、科技攻关、设备制造和人才培训的比较完整的技术保障体系。20世纪90年代以来，我国矿山安全科学技术研究有了突破性的发展。主要表现在矿山安全技术发展纳入国家科学技术的发展规划，矿山安全技术研究机构形成网络，取得了一大批科研成果。

2002年，《中华人民共和国安全生产法》由第九届全国人民代表大会常务委员会第二十八次会议于2002年6月29日通过，在2002年11月1日起施行。"安全第一、预防为主"方针被列入《安全生产法》。矿山安全的重要性再次被提升，矿山安全学科迎来了高速发展期。这一时期矿山安全学科科研工作也随着国家各项计划的出台而大批涌现。

一大批高产高效矿井的建成，代表了中国煤炭工业先进生产力的发展方向，成为煤炭工业技术进步的排头兵，为中国煤炭工业的发展提供了宝贵的经验。同时也改变了我国煤炭工业的形象和面貌，是煤炭工业有劳动密集型向资金密集型和技术密集型转变，确定了我国煤炭产业在国际上的重要地位。世界采矿大会、国际煤炭研究会等组织都把我国作为主业成员国，主动提出进行交流和合作，证明我国在国际矿山领域占有重要地位。

"十五"期间，中国煤炭产量持续增长，生产技术水平逐步提高，安全生产条件有所改善，死亡人数和百万吨死亡率均有所下降。但煤矿安全生产形势依然十分严峻，党中央、国务院高度重视煤矿安全工作。胡锦涛总书记、温家宝总理等对煤矿安全生产工作作了一系列重要指示，强调要以对人民高度负责的精神，做好煤矿安全生产工作。

近几年，已有数百项安全科技成果获得国家、省（市）和部门的奖励，并相继建立多家国家级和省部级重点实验室，矿山安全产业技术正向新水平发展，传统产业如冶金、煤炭、机电等都成立了自己的安全技术研究院所，并开展产业安全技术研究。国家把矿山安全技术研究发展重点放在产业安全上，矿山安全的重点科技攻关项目持续列为国家计划。各种不同类型的科技项目相继开展，为矿山安全学科科研体系的建立奠定了坚实的基础。

2010年7月19日，国发〔2010〕23号文件提出所有地下矿山必须建设监测监控、人员定位、紧急避险、压风自救、供水施救、通信联络等"六大系统"。2010年10月9日，安监总管一〔2010〕168号《金属非金属地下矿山安全避险"六大系统"安装使用和监督检查暂行规定》发布，全国非煤矿山"六大系统"建设正式拉开帷幕。2011年7月15日，国家安监总局发布《金属非金属地下矿山"六大系统"建设规范》（AQ 2031-2011、AQ 2032-2011、AQ 2033-2011、AQ 2034-2011、AQ 2035-2011、AQ 2036-2011）。2011年年底前，各地处于探索和试验性建设阶段，一些省市相继建设了一批试点、示范项目，如湖南省安监局将湖南辰州矿业作为全省"六大系统"建设示范基地，有力地推动了全省非煤矿山"六大系统"建设。2012年开始，进入了全面建设阶段。现在，全国各地正处于建设高潮。

大型深凹露天矿安全高效开采技术是"十五"科技攻关成果。该成果针对深凹露天矿边坡的稳定性以及生产调度信息化管理方面开展了研究，在国内外首次采用基于现代三维数值模拟与三维极限平衡分析相结合的方法对露天边坡稳定性进行分析优化，为深凹露天矿边坡设计提供了科学的方法；开发出基于 GPS 定位的实时自动化生产调度系统和管理平台，实现了对生产过程中的人员和设备的定位、跟踪及调度，实现了整个生产系统的全过程控制，并使其始终处于优化和高效运行之中，生产效率大幅度提高。

2003 年，中国矿业大学提出剥离运输功均衡法理论，该方法将露天煤矿生产中最重要的两项参数——生产剥采比与剥离运距结合起来，用二者的乘积即"剥离运输功"取代单一的生产剥采比，从而指导剥采计划的编制。

"十二五"期间，国家有关部委加大了先进技术的推广力度。为提高矿业科技水平，实现矿业大国向矿业强国转变，国土资源部共发布了四批矿产资源节约与综合利用先进适用技术推广目录"露井联合开采技术"等 55 项煤炭技术列入该目录中。2015 年 11 月，国家安全监管总局发布了煤矿安全生产先进适用技术推广目录（2015）共发布 56 项先进适用技术，包括瓦斯、火灾等十个专业类别。2015 年 12 月，科技部、国家能源局、环保部和中国煤炭工业协会联合发布了《煤炭绿色开采与安全环保技术成果目录》，共发布煤炭领域相关技术、工艺和装备成果 97 项，涵盖了地质勘探、矿井建设、煤炭开采、煤层气开发、煤矿安全等 7 个方面。2015 年 12 月，国家能源局发布了《煤炭安全绿色开发和清洁高效利用先进技术与装备推荐目录》，共发布 69 项先进技术和设备。

大量先进技术的提出与应用与矿山安全学科发展密切相关。在党和国家的大力支持下，矿山安全学科科研力量迅速增强，我国各科研机构、各高校 2001 年至今共参与各类与矿山安全有关的科研项目数量庞大，科研机构、企事业单位承担参与各类与矿山安全有关的部分国家级各类科研项目统计如下。

（1）矿井通风领域的相关科研项目

进入 21 世纪后，随着控制技术、变频技术、检测技术、通信技术等快速发展，矿井通风领域逐步迈入智能化时代。

2008 年，河南理工大学承担了大型油气田及煤层气"十一五"国家科技重大专项课题"全国重点煤矿区瓦斯赋存分布规律和控制因素"。

2009 年，国家能源局组织开展全国煤矿瓦斯地质图编制工作，河南理工大学教师任编图技术组组长负责全国煤矿瓦斯地质图编制工作。

2009—2010 年，中国煤炭科学研究院重庆分院针对通用的通风网络解算软件不能适应通风系统随时变化的难题，研发出矿井风网监控与动态分析预警系统。

2011 年，河南理工大学负责完成"十二五"国家科技重大专项课题"全国重点煤矿区瓦斯（煤层气）赋存规律和控制因素"。

2018 年，由中国矿业大学承担的国家重点研发计划"矿井灾变通风智能决策与应急控制关键技术研究"。

（2）矿井瓦斯防治领域的相关科研项目

2001 年，抚顺分院承担了"十五"国家科技攻关示范项目"矿山重大瓦斯煤尘爆炸事故预防与监控技术研究"中的专题"瓦斯涌出动态监测技术"。

2001—2003 年，抚顺分院承担了"十五"国家科技攻关示范项目"重大工业事故与大城市火灾防范及应急技术研究"中的专题"煤与瓦斯突出区域预测的地质动力区划和可视化技术"。

2001—2003 年，重庆分院和淮南矿业集团有限责任公司合作，承担了"十五"国家科技攻关计划课题"矿山重大瓦斯煤尘爆炸事故预防与监控技术"中的专题"AE 声发射监测煤与瓦斯突出技术"。与山西晋城无烟煤矿业集团合作，承担了"十五"国家科技攻关项目"中国油气资源发展关键技术研究"中的课题"中国煤层气勘探有利地区优选及勘探开发关键技术研究"中的专题"煤层气井下开发成套工艺技术研究"。

2004—2005 年，重庆分院承担了"十五"国家科技攻关滚动项目"中国大型气田勘探开发关键技术研究"中的课题"中国煤层气勘探开发配套技术研究"的专题"煤层气井下开发成套工艺技术的应用研究"。

2003—2004 年，重庆分院承担了科技部院所社会公益专项"煤矿瓦斯灾害预警技术的研究"。

2004—2007 年，重庆分院完成国家"十五"科技攻关计划项目课题"煤矿瓦斯治理技术规范及标准的研究"。

2005—2006 年，重庆分院承担了"十五"国家科技攻关项目"煤矿瓦斯治理技术集成与示范"中课题"瓦斯治理适用技术完善提高及应用"中的专题"基于 AE 和瓦斯动态预测预报技术及装备"研究和"十五"国家科技攻关计划项目"突出松软煤层抽放钻孔施工关键技术装备"。

2005—2006 年，抚顺分院承担了国家"十五"科技攻关示范项目"矿井瓦斯涌出预测技术筛选及适用性研究"。

2005—2010 年，重庆分院承担了国家"十一五"重点基础研究发展计划（"973"计划）"重大瓦斯事故灾害预警及应急决策技术"研究。

2006—2007 年，抚顺分院承担了国家重点基础研究发展计划（"973"计划）项目"预防煤矿瓦斯动力灾害的基础研究"课题"高压条件下煤对瓦斯的吸附解吸规律研究"。

2006—2008 年，重庆分院承担了"十一五"国家科技支撑计划项目"煤矿瓦斯灾害基础条件测定关键技术研究"中的课题"煤层瓦斯含量快速测定技术研究"。

2006—2008 年，抚顺分院承担了由煤科总院负责的"十一五"国家科技支撑计划项目"煤矿瓦斯、火灾与顶板重大灾害防治关键技术研究"中专题"地勘钻孔取芯过程中煤的瓦斯解吸规律研究"和"深部开采矿井瓦斯涌出分源预测技术的研究"。同期承担了"十一五"国家科技支撑计划项目"煤矿瓦斯等重大灾害防治关键技术研究与示范"中专题"煤层瓦斯残存含量快速测定技术"。

2006—2008 年，重庆分院承担了国家重大产业化技术专项"防突远距离控制钻机及配套工艺开发"。由重庆分院牵头，联合胜利油田胜利动力机械有限公司，承担了国家发展和改革委员会重大煤矿瓦斯综合治理与利用关键技术研发和装备研制项目"低浓度瓦斯安全输送成套技术开发与装备研制"，研制出了低浓度瓦斯输送管道自动喷粉抑爆装置、瓦斯输送管道自动阻爆装置、水封阻火泄爆装置、干式阻火器和细水雾抑爆系统。

2006—2009 年，重庆分院承担了"十一五"国家科技支撑计划"煤矿重大灾害综合监测预警关键技术"研究。

2006—2010 年，抚顺分院承担了"十一五"国家科技支撑计划项目"煤矿瓦斯、火灾与顶板重大灾害防治关键技术研究"中专题"低透气性煤层瓦斯增透及强化抽采技术与装备"。

2007—2009 年，重庆分院完成了"十一五"国家科技支撑计划课题"瓦斯煤尘爆炸预防及继发性灾害防治关键技术"，研制出水幕抑爆系统，解决了隔抑爆装备抑爆屏障作用时间短的问题。

2007—2011年，抚顺分院承担了国家重点基础研究发展计划（"973"计划）项目"深部煤炭资源赋存规律、开采地质条件与精细探测基础研究"中专题"深部煤层微观特征与瓦斯吸附规律研究"。

2008—2011年，抚顺分院承担了"十一五"国家科技支撑计划项目"特厚煤层大采高综放开采成套技术与装备研发"中的课题"大采高综放工作面高冒落采空区瓦斯分布及涌出特征研究"。

2008—2010年，重庆分院承担了"十一五"国家科技重大专项项目"煤矿区煤层气高效抽采、集输技术与装备研制"中的课题"采动区煤层气地面抽采技术及装备研究"。

2011—2015年，重庆分院"松软突出煤层钻进成孔技术与装备"课题被列入"十二五"科技重大专项继续研究。

2011—2015年，煤科集团沈阳研究院有限公司（以下简称沈阳院）承担了"十二五"重大科技专项"大型油气田及煤层气开发"中的任务"煤层气压力恢复数据连续自动测定技术"。同期该研究院承担了"十二五"国家科技重大专项项目"煤层气与煤炭协调开发关键技术"中的任务"采动区煤层气地面抽采智能控制装备研究"；"深部及中小煤矿灾害防治关键技术研究与示范"中的任务"导向槽定向水压防突技术及装备"研究。

2013年，中国煤炭科工集团重庆研究院研制出钢塑复合成型外壳，最大限度地发挥了钢塑复合材料的技术优势。研制的复合传感器外壳外表面导电，内表面绝缘，密封防护等级可达IP65，已应用于井下多种传感器外壳。

2013—2015年，煤炭科学研究总院（以下简称煤科总院）参与并承担了国家"973"计划项目"深部煤炭开发中煤与瓦斯共采理论"课题"煤层群煤与瓦斯共采时空协同机制及技术优化方法"，国家科技重大专项"煤层气与煤炭协调开发关键技术"项目任务"采动影响区裂隙动态监测及煤层气高效抽采技术"研究。

2015年，中国煤炭科工集团重庆研究院研发出了多种材料的复合成型技术以及模内装饰与模内印刷（IMD与IML）技术。

2016—2017年，由煤科总院和阳煤集团共同承担了"低渗透煤层切槽致裂卸压增透及瓦斯高效抽采技术研究"项目。

2018年，由安徽理工大学承担的国家重点研发计划"煤矿井下瓦斯防治无人化关键技术与装备"中的课题"面向井下钻孔机器人施工的瓦斯防治钻孔智能设计技术"。

（3）矿井火灾防治领域的相关科研项目

1996—2000年，抚顺分院承担了"九五"重点科技攻关项目"热敏电缆监测胶带输送机火灾技术及装备的研究"。

2007年，安徽理工大学承担了国家重点基础研究发展计划（"973"计划）"煤与瓦斯突出灾害动力学演化过程的基础研究"。

2012—2015年，沈阳院完成了"十二五"国家重大科学仪器设备开发专项项目"基于光谱技术的煤矿气体检测仪器装备研制与应用"，研制了井下红外光谱束管监测系统。

2018年，山东科技大学承担了国家重点研发计划课题"热动力灾害防控技术示范工程"。

(4)煤尘防治领域的相关科研项目

2001—2003年,重庆分院承担了国家"十五"科技攻关项目"粉尘浓度传感器的研制"。

2001—2005年,重庆分院完成"十五"科技攻关项目"特殊煤层的注水工艺研究"。

2006—2010年,重庆分院完成了"十一五"国家科技支撑计划课题"高瓦斯大风量采掘面煤尘监测治理技术及装备研究"。

2017年,山东科技大学承担了国家重点研发计划课题"煤矿职业危害评价技术与分级管理方法"与"矿山喷浆粉尘治理关键技术与装备",总课题国家重点研发计划"公共安全风险防控与应急技术装备"重点专项2017由中国煤炭科工集团重庆研究院有限公司承担。

(5)矿井水灾防治领域的相关科研项目

2004—2006年,西安分院开展了科技部科研院所社会公益研究专项资金项目"煤矿突水灾害实时监测预警系统"研究。

2006—2008年,西安分院承担了国家"十一五"科技支撑计划课题"大型水体下安全开采关键技术"中"大型水体下安全采煤的地质保障技术"与"大型水体下采煤控水技术"两个专题的研究。

2006—2010年,西安分院承担国家"973"项目"深部煤炭资源赋存规律、开采地质条件与精细探测基础研究"之课题五"深部岩溶水赋存运动规律"。

2006—2010年,中国矿业大学(北京)承担了国家"十一五"科技支撑计划课题"矿区水害防治技术方法研究"和"大型水体下安全开采关键技术的研究"。

2007年,安徽理工大学承担了"十一五"国家科技支撑计划重大项目"深井高承压水害防治及水资源保护与利用技术"。

2007—2010年,西安分院承担国家科技支撑计划课题"矿井水害监测预警技术与装备研究"。

2011—2014年,西安分院参与了国家自然科学基金重点项目"深部煤层开采矿井突水机理与防治基础研究"。

2015年,中国矿业大学承担了国家自然科学基金重点项目"侏罗系煤层上覆N_2红土采动破坏突水机理与防控研究"。

2012—2015年,西安分院承担了"十二五"国家科技支撑计划课题"煤矿水害隐患探查与防治关键技术示范研究"。

(6)露天开采防治领域的相关科研项目

2011—2015年,煤炭科学研究总院矿山安全技术研究分院完成了总院创新基金"露天煤矿边坡稳定性准则及计算方法研究"课题。通过对露井联(协)采条件下边坡稳定控制关键问题的研究,确定了井工采动影响下边坡岩体损伤演化规律、井工采动沉陷与边坡变形破坏规律,构建了"双硬"厚煤层高边坡稳定性控制关键技术体系。

2015年,在边坡稳定方面,我国学者充分考虑边坡的时间特性和矿山开采的动态空间理念,将矿山发展时空关系、经济效益纳入其中,开发应用各类边坡监测系统,建立了边坡稳定控制开采技术体系,成功应用于国内部分软岩边坡露天煤矿。针对露天开采范围内的井工采空区,开展了"过井工采空区安全开采研究",成功应用于安家岭、武家塔等露天煤矿。

（7）其他方面

对于矿山安全学科来说还涉及其他方面的问题，主要包括冲击地压防治技术、顶板灾害防治技术、矿井热灾害防治技术以及矿山救援救护技术等，这几方面在2001年之后也取得了很大的成就，涉及的科研项目如下。

2004—2008年，获科技部立项，沈阳研究院承担科研院所社会公益研究专项"深部矿井热害预测与控制技术研究部矿井热害预测与控制技术研究"。

2005—2010年，煤炭科学研究总院开采分院在引进波兰PASAT-M型便携式微震监测系统的基础上，开发了基于地震波CT探测的冲击地压危险性原位探测与评价技术。

2006—2011年，开采分院承担了国家"十一五"科技支撑计划项目"煤矿瓦斯、火灾与顶板重大灾害防治关键技术研究"子课题"坚硬顶板、顶煤高效开采安全保障技术"。

2007—2011年，获科技部立项，沈阳研究院承担国家重点基础研究发展计划（"973"计划）"深部煤炭资源赋存规律、开采地质条件与精细探测"基础研究子专题"采动影响下深层煤矿床地温场传播动力学机制研究"。

2010—2014年，煤炭科学研究总院安全分院、开采分院联合安徽理工大学等单位完成了国家重点基础研究发展计划（"973"计划）课题"深部煤矿动力灾害的综合防治理论与解危方法"。

2017年度国家最高科学技术奖获得者王泽山院士说："新时代，我们的科技事业走出了仿制跟踪，进入了创新征程，我感到了科技兴国、科技强国的强大力量。在知识爆炸、科技迅猛发展的今天，我们的未来前途无量。"

在这一时期矿山安全技术取得了较好的发展，矿山通风方向已形成以流体力学为指导的矿井通风网络理论和通风系统、通风技术与监控技术；矿井瓦斯防治方面已形成矿井瓦斯含量测试技术、矿井瓦斯涌出量预测方法、合理通风方式、瓦斯监测预警、抽风防突技术及瓦斯爆炸火焰和冲击波传播规律、阻隔爆技术，较好地控制了煤矿瓦斯灾害；矿井火灾防治领域已形成矿井煤层自燃理论、火灾预测与防治技术，如灌浆、阻化剂、均压技术等；矿尘防治方面已形成以风、水为主的防尘技术；矿井水害领域已形成构造探测技术、防隔水矿柱、突水监测和应急矿井强排成套技术；监测监控领域方面已形成井下环网系统、传感器技术、井下人员定位技术及灾害监测预警技术；非煤矿山已形成尾矿库、边坡等变形监测技术、采空区检测技术。

4.2 矿山安全学科科研发展情况

4.2.1 科技创新计划及基金项目

20世纪80年代初，新技术革命在全世界蓬勃发展。许多国家把发展高科技列为国家发展战略的重要组成部分并纷纷投入大量人力与物力加以实施。面对这一国际形势，中国政府也强烈地意识到高科技发展的重要性和对国家科学技术发展的推动作用。从国家层面批准设立了一系列的研究项目和科技计划，如国家科技攻关计划、国家自然科学基金、"863"计划以及"973"计划等国家科技计划等；相比于国家层面设立的各种基金和科技计划，煤炭工业部也设立了各种层次的科学研究基金，各高校机构也设立了相应的学校科研基金。这一系列科技计划、学科基金的设立，使得矿山安全技术研究得到了前所未有的发展。其中，国家科技攻关计划对矿山安全技术的发展起到了非常积极的作用。

（1）国家科技攻关计划

国家科技攻关计划是第一个国家科技计划，也是20世纪中国最大的科技计划，1982年开始实施。这项计划是要解决国民经济和社会发展中方向性、关键性和综合性的问题，涉及农业、电子信息、能源、交通、材料、资源勘探、环境保护、医疗卫生等领域。

在"六五"计划到"九五"计划期间，矿山安全学科各科研单位不同程度地参与和完成了相关的国家科技攻关项目，这些项目涉及矿山安全建设的各个方面，主要包括：矿井通风、矿井瓦斯防治、矿井火灾防治、粉尘防治、冲击地压防治、顶板灾害防治、矿井水灾防治、矿山救援救护以及露天开采灾害防治等方面。

"六五"计划期间相关项目主要包括：煤炭开发技术、长距离管道输煤技术开发、煤成气的开发、煤的转化、燃烧技术。

"七五"计划期间相关项目主要包括：煤的转化燃烧技术、煤矿安全技术、煤炭高效工采工艺与装备、露天矿大型成套设备、大型露天矿开采技术与铁锰选矿技术。

"八五"计划在煤炭、石油、水电、核电站、核供热以及新能源开发等领域做了大量的研究，取得了一系列成果，从而促进了我国能源结构的调整和能源利用水平的提高。如煤矿综采综掘、三次采油、石油水平钻井、高坝修建、核电站、低温核供热等先进技术的应用，为我国能源工业的发展作出了巨大的贡献。

"九五"计划期间相关项目主要包括：高效先进选煤关键技术研究、改善煤矿安全状况综合配套和关键技术的研究、新集浅层煤层气示范开发成套工艺技术及装备研究、湘西深井通风系统优化及降温技术研究。

"十五"计划期间设立矿山重大瓦斯煤尘爆炸事故预防与监控技术研究项目，具体包括：电磁波探测技术和装备的研究、高压水射流钻孔技术、地面钻井抽放采动区域瓦斯技术与装备的研究、煤矿监控系统标准通信方式及协议的研究、高瓦斯煤层群煤层自然发火监测及预防技术研究、突出煤层区域突出危险性预测多指标分析决策系统及装备研究、松软低透气性煤层深孔控制预裂爆破提高抽放瓦斯效果成套技术、煤与瓦斯突出动态监测预警技术及系统、突出危险煤层卸压瓦斯强化抽放的保护范围及扩界保护技术、松软低透气性高瓦斯突出煤层定向爆破增透技术、煤与瓦斯突出区域预测瓦斯地质方法示范及配套技术研究、预防瓦斯爆炸发生与传播的智能预测与控制技术、突出煤层突出危险性预测预报新方法的研究、瓦斯富集区高分辨率探测的地球热物理响应、预测煤巷突出危险性的连续流量法研究、矿井灾变风流动态模拟及虚拟现实技术研究等。

（2）国家自然科学基金

国务院于1986年2月14日批准成立国家自然科学基金委员会，自然科学基金坚持支持基础研究，逐渐形成和发展了由研究项目、人才项目和环境条件项目三大系列组成的资助格局。中国矿业大学周世宁院士1987年获得煤炭系统第一个国家自然科学基金项目。山东矿业学院宋振骐院士与煤炭科学研究总院等单位共同申报的"煤矿上覆岩移动破坏规律研究"项目，1995年年初被正式批准为国家自然科学基金重点项目。

根据国家自然科学基金网站发布的基金项目信息，统计了国家自然科学基金对工程学部下二级学科安全科学与工程中关于矿山安全资助情况（1997—2019 年），如表 4-1 所示。其中，1997 年有 2 项基金项目获得资助，总金额 21 万元；2019 年有 107 项基金项目获得资助，总金额 5009 万元。1997—2019 年有关矿业安全的国家自然科学基金重点项目共 10 项，详细信息见表 4-2。

表 4-1　1997—2019 年矿山安全国家自然科学基金项目及金额

年份	基金项目数量	金额（万元）	年份	基金项目数量	金额（万元）
1997	2	21	2009	11	311.5
1998	0	0	2010	51	1765
1999	1	80	2011	60	2519
2000	1	17	2012	78	3823
2001	9	399	2013	76	4019.8
2002	3	57	2014	79	5050
2003	1	24	2015	81	3221
2004	8	221	2016	81	4019.6
2005	4	79	2017	102	5051
2006	5	83.5	2018	102	4939
2007	8	178.5	2019	107	5009
2008	6	253			

2010 年之前矿山安全领域国家自然科学基金项目不多，金额不大。2010 年之后，矿山安全领域基金项目数量和金额均大幅增长，这和我们国家当年矿山安全事故频发有关。2002 年以来，我国煤矿事故发生总数及死亡人数逐年下降，然而，事故总数依然在 1600 起以上，死亡人数在 2600 人以上，依然是发达国家的数倍。2005 年我国煤矿发生特大事故 10 起，死亡 925 人，是 2002 年以来发生事故最多、最严重的一年。随着我国经济实力的不断增强以及国家对矿山安全的逐渐重视，矿山安全事故在 2010 年之后得到有效遏制。2015 年我国发生矿山事故 47 起，其中一般事故 1 起，较大事故 39 起，重大事故 7 起，无特重大事故。矿山安全事故的减少与矿山安全领域国家自然科学基金数量以及金额的提高息息相关。

表 4-2　1997—2019 年有关矿业安全的国家自然科学基金重点项目

序号	项目名称	项目负责人	依托单位	批准金额（万元）	批准年份
1	低渗煤层水力渗流机制及强渗-增润技术基础研究	程卫民	山东科技大学	299	2019
2	冲击-瓦斯复合动力灾害及智能预测与精准防控基础研究	王恩元	中国矿业大学	300	2019
3	深地环境下结构控制型动力灾害孕育演化机制及监测预警方法研究	吴顺川	昆明理工大学	300	2019
4	深部开采采空区覆岩卸压瓦斯精准抽采基础研究	李树刚	西安科技大学	300	2017
5	冲击地压电-震耦合监测预警原理与方法	何学秋	北京科技大学	310	2016
6	安全科学原理研究	吴超	中南大学	250	2015

续表

序号	项目名称	项目负责人	依托单位	批准金额（万元）	批准年份
7	煤矿瓦斯水合分离与储运应用基础研究	吴强	黑龙江科技大学	300	2013
8	深井热害防治与矿井热能利用	何满潮	中国矿业大学（北京）	300	2011
9	深部煤层开采矿井突水机理与防治基础研究	程久龙	山东科技大学	260	2010
10	煤矿瓦斯灾害预防及煤层气开采中的应用基础研究	周世宁	中国矿业大学	200	2001

（3）高技术研究发展计划（"863"计划）

2007年，北京星宇惠龙科技发展有限责任公司主持研究了国家"863"项目"露天矿安全高效爆破与监测技术及数字化动态设计系统"（2007AA06Z131）。该项目主要研究了爆炸应力场实时连续监测技术、建立爆炸应力场实时连续监测与数据综合处理系统；开发了矿山二/三维地质地形可视化图形数据库及数据库自动更新技术、台阶深孔爆破工程计算机智能设计系统；建立了基于地质地形的爆破震动效应预测方法以及深凹露天矿邻近边坡定向断裂爆破技术及设计方法等。该项目有效地改善了我国矿山爆破理论与技术的落后面貌，推动了我国岩石爆破基础研究与工程实践，对促进环境友好型矿山爆破技术的发展具有重要意义。

2012年，山东科技大学、山东蓝光软件有限公司、浙江大学、北京有色金属研究总院、山东招金集团有限公司、西部矿业股份有限公司共同承担了国家"863"计划资源环境领域重点项目"数字化采矿关键技术与软件开发"。项目包含"矿山数据仓库、矿山三维建模与可视化关键技术及集成平台研发""精细储量估算关键技术及经济评价系统研发""矿山安全开采智能协同设计与方案评价系统研发""矿山生产计划编制和安全生产过程三维仿真系统开发"四个课题。研究了矿山数据仓库、三维建模与可视化、精细储量估算、安全开采智能协同设计、生产计划编制和安全生产过程三维仿真、安全生产调度等数字化采矿关键技术；解决了大规模矿山数据的合理组织、三维模型的快速渲染和交互漫游、矿体的精细圈定和储量评价、安全开采的协同设计、矿井通风的优化设计、采掘生产计划的编制、矿山安全生产的地上地下透明管理、三维生产过程的仿真和可视化调度指挥等复杂难题；在复杂地质体建模及模型运算、二/三维一体化CAD/GIS平台研发、精细矿体圈定与储量评价、三维采矿工程设计CAD、矿井通风优化调控方法与算法、矿山开采的生产计划编制时空模型与求解、安全生产过程三维仿真系统研发、基于四维地理信息系统的生产调度指挥系统研发等方面取得了创新性成果。

2012年，中国矿业大学、中国煤炭科工集团公司、江苏中机矿山设备公司、华洋通信科技公司共同承担了国家"863"计划项目"薄煤层开采关键技术与装备"（2012AA062100）。该项目构建了我国薄煤层经济性开采工艺分类和机械化开采工艺技术体系，开发了薄煤层采煤机截割轨迹预设、支架工况自动调节智能控制顶板技术及工作面综合降尘技术；研制了具备钻杆稳定和液压纠偏功能的极薄煤层五钻头钻式采煤机、具备高压水射流辅助截割功能的半煤岩巷道掘进机和开沟槽装置、采掘环境三维空间激光扫描监测仪；建立了薄煤层综采面支架、采煤机及刮板输送机的协同运行模型，开发了工作面"三机"协同控制系统和薄煤层液压支架电液控制装置、钻式采煤机和半煤岩掘进机监控系统。项目所取得的部分技术成果已经在煤炭生产企业得到了应用。

2013年，中国矿业大学与中国煤炭科工集团公司承担了国家"863"计划课题"采煤机工作可靠性智能监测技术"（2013AA06A411）。本课题主要研究采煤机工作可靠性智能监测技术，主要研究任务包括以下五方面：采煤机机械状态多参量光纤光栅感知技术，以机械、信息、材料等学科的交叉融合为基础，从采煤机关键零件－部件－系统的多层次入手，通过"模拟—试验—理论—实验"相结合的研究方法，深入开展采煤机光纤光栅传感器系统的研究；采煤机传动系统油液状态在线监测技术，采取理论分析、信号采集、数值分析、故障诊断及现场监测试验相结合的研究方法，对采煤机传动系统油液状态在线监测技术进行研究；基于地理信息系统（GIS）采煤机绝对定位技术，采取理论分析、建模仿真与实验室试验、综采工作面现场验证相结合的研究方法，通过方案论证、研发设计、试验验证等三个不同的阶段，对基于地理信息系统（GIS）采煤机绝对定位技术进行深入研究；智能综采无线通信一体化信息平台，针对煤矿井下复杂环境及采掘面众多掘采设备实时监测、遥控操作等需求，研究煤矿井下受限异质空间智能综采无线通信一体化信息关键技术；采煤机截割滚筒直驱液压高可靠性传动及其控制技术，围绕直驱液压传动等关键技术为研究核心，通过理论计算和分析，优化直驱液压系统结构参数，进行功率匹配，选择动力机构元件。

2015年，神华集团联合中国矿业大学（北京）、同济大学、煤炭科学技术研究院有限公司采取产学研用相结合的模式，进行科研攻关"十二五"国家"863"计划"数字矿山关键技术及应用研究"课题。该课题针对我国煤矿地下开采的特点和矿山企业对数字矿山建设的实际需求，围绕矿井信息获取、信息传输和信息处理等三个环节，研究和解决矿井数字化、信息化发展的关键技术问题，将完成面向数字化采矿的远程监控实时数据交换平台、矿井精确定位技术、数字矿山建设模式等数字矿山关键技术的研究与开发等相关内容，以促进我国煤矿信息化和自动化的发展，提高矿山安全高效开采的技术水平。

（4）国家重点基础研究发展计划（"973"计划）

国家重点基础研究发展计划（"973"计划）旨在解决国家战略需求中的重大科学问题，以及对人类认识世界将会起到重要作用的科学前沿问题，坚持"面向战略需求，聚焦科学目标，造就将帅人才，攀登科学高峰，实现重点突破，服务长远发展"的指导思想，坚持"指南引导，单位申报，专家评审，政府决策"的立项方式，以原始性创新作为遴选项目的重要标准，坚持"择需、择重、择优"和"公平、公正、公开"的原则，坚持项目、人才、基地的密切结合，面向前沿高科技战略领域超前部署基础研究。

"十二五"期间，国家继续加大对煤炭基础理论研究和关键技术攻关的投入。据不完全统计，煤炭行业共获批国家重点基础研究发展计划（"973"计划）项目8项，重点支持深部煤炭资源开发、褐煤洁净高效转化、低品质煤提制利用、西部地质灾害防治、深部无人采掘装备、西部开采水资源保护等基础理论研究，其中与矿山安全相关的项目4项。

2011年，中国矿业大学申报了"深部煤炭开发中煤与瓦斯共采理论"项目。该项目针对我国煤炭开采的"深部（高应力、高瓦斯、强吸附性）、高强、低渗"的三大突出特征，揭示深部采动含瓦斯煤岩体宏、细观表征及裂隙演化规律、瓦斯吸附、解吸、运移及物质流动规律，发展和完善深部应力场－裂隙场－瓦斯场耦合的时空演化规律及分布规律，建立深部强卸荷条件下瓦斯富集和导向流动的形成机制及深部煤与瓦斯共采的时空协同机制，形成我国科学性、有效性、针对性的深部煤与瓦斯共采理论体系和技术方法，为深部煤炭资源的安全、高效、洁净开发和可持续发展提供科学依据和理论基础，促进相关学科的发展。

2013年，中国矿业大学申报"西部煤炭高强度开采下地质灾害防治与环境保护基础研究"项目。该项目以西部煤矿地质灾害防治和环境保护为目的，从高强开采、岩层破坏、水沙运移、环境损伤四个方面着手研究，建立了西部煤炭高强度开采下地质灾害防治技术总体框架，并在相关方面取得了进展。该项目立足于实现我国西部煤炭资源安全高效开采与环境保护协调发展，为有效遏制因煤炭开采诱发的生态环境恶化和重大地质灾害现象提供科学依据，对我国煤炭科技发展和矿区生态维护具有重要意义。

2014年，中国矿业大学申报了"深部危险煤层无人采掘装备关键基础研究"。针对深部危险煤层无人采掘装备所面临的技术难题和科学难题，该项目重点开展以下基础科学问题的研究，为煤矿无人采掘装备设计和制造提供科学理论支撑。①深部煤层机械－煤岩耦合作用及自适应控制：针对无人采掘装备的任务适应性所面临的煤岩截割和支护缺少自适应理论的缺陷问题，揭示煤岩破碎机理及其与截割任务适应性规律，建立煤岩截割和围岩支护的自适应理论及机构创成原理，为提高无人采掘装备对复杂煤岩的自主适应性、实现高效截割和安全支护创造基础。②无人采掘装备可靠高效动力自适应传控方法：针对无人采掘装备的动力传动可靠性所面临的理论缺失问题，构建恶劣工况下无人采掘装备的动态可靠性知识库，创成动力传递部件的减摩润滑、抗磨新原理；建立重载、强振的工况自适应机电液复合传动设计理论，创成大功率高效机电液复合短程自适应传动新机构。③无人采掘装备状态在线精准测控原理及方法：针对无人采掘装备的测控精准性所面临的在线智能测控原理缺位问题，揭示非均匀煤岩性状突变识别特征，提出截割过程中煤岩在线自动识别原理及方法，创成无人采掘装备作业状态的在线精准感知原理，建立采掘装备定向和纠偏的自学习、自适应、自调控的理论和方法。

2015年，中国矿业大学申报了"我国西北煤炭开采中的水资源保护基础理论研究"项目。该项目基于我国西部煤田煤层厚、埋藏浅、水资源匮乏和生态脆弱等特征，针对大规模机械化开采方式下的生态环境损害问题，以生态环境容量特别是水资源承载力为约束条件，开展煤炭开采中的水资源保护基础理论研究，实现从"被动恢复"向"主动保护"、从"重开采"向"重协调"的重大转变，是我国西部煤炭资源科学开发面临的迫切任务。项目重点解决西北煤炭开采中水资源保护基础理论研究中的3个关键科学问题———西北煤田地层结构特征、浅埋厚煤层采动覆岩结构与隔水层稳定性时空演变规律和水资源保护性采煤机理与控制理论。

科技部开展"大型油气田及煤层气开发"国家科技重大专项支持项目，煤炭行业获批6项，均与矿山安全有关。煤炭行业共获批国家科技支撑计划项目9项，重点支持煤炭伴生资源循环经济、盾构长距离斜井施工、煤矿突水与火灾等重大事故防治等关键技术攻关，其中有2项与矿山安全及其相关，分别为：国家煤矿安全监察局申报的"深部及中小煤矿灾害防治关键技术研究与示范"和国家安全生产监督管理总局申报的"煤矿突水、火灾等重大事故防治关键技术与装备研发"。

"深部及中小煤矿灾害防治关键技术研究与示范"项目主要针对我国"十二五"期间部分煤矿已经进入深部开采，煤与瓦斯突出、冲击地压、水害、火灾及地温等深部灾害日益严重，中小煤矿灾害防治技术装备不完善等问题展开技术攻关。经过4年的不懈努力，在深部矿井煤与瓦斯突出防治关键技术、抽采瓦斯利用与热害治理装备、煤矿水害隐患探查与防治关键技术、煤矿采空区隐蔽火源井下探测技术、矿井冒顶与地压灾害防治技术、西南（贵州）地区中小煤矿防突技术体系、中小煤矿机械化开采关键技术、煤矿井下逃生及紧急避险技术与装备等方面取得了突破，并建立了一批灾害防治示范工程。项目共开发新技术、新装备10余项，授权发明专利34项，获得实用新型专利45项，取得软件著作权16项，发表论文231篇，出版专著4部，培养博士研究生31名、硕士研究生89名。部分研究成果在煤矿现场已得到了应用，取得了很好的社会效益和经济安全效益，有力推动了煤矿安全科技进步，对煤矿安全生产发挥了科技支撑作用。

"煤矿突水、火灾等重大事故防治关键技术与装备研发"项目共设8个课题，通过产学研用相结合，以防治煤矿突水和火灾等重大事故为重点，开展煤矿突水、火灾、爆炸等灾害监控、预警预测、防治技术、信息管理和应急救援中的关键技术研究，为提升煤矿重大灾害防治技术水平，加强重点时段、重点地点突水和火灾等事故防控技术措施，解决新建技改整合重组矿井所面临的老空透水、发火等安全问题，改善矿井动目标和在用设备安全监管控状况，发展感知矿山物联网技术，显著减少煤矿突水、火灾、瓦斯等特别重大事故提供技术支撑。

煤炭行业"十二五"获批国家智能制造装备发展专项项目3项，重点支持研发煤炭综采成套装备智能系统。获批国家高新技术研究发展计划（"863"计划）项目5项，重点支持数字矿山、智能采矿装备、煤炭地下气化核心关键技术攻关。

通过各类国家研究模式的实施，中国在矿山安全技术领域积累了较好的研究基础，培养了大量的创新型人才，形成了一支掌握先进理论、开发手段和管理理念的科研队伍，成立了多家国家工程实验室和工程研究中心，在与安全生产结合、知识产权处置、国际合作开展等方面均积累了一定的管理经验。同时经过多年的快速发展，中国的矿山安全已形成一套矿山灾害监测预警及防控技术装备体系，从而为矿山安全高效开采提供理论与技术支撑。未来的矿山安全学科在国家开展创新人才推进计划中更加重视人才队伍建设，使人才培养体系和使用激励机制更加完善。未来的矿山安全学科研究将根据国家各类研究计划的战略性、前瞻性和前沿性，重复发挥对矿山安全学科的引导、带动和促进作用。

"公共安全风险防控与应急技术装备"2018年度重点专项项目申报指南中，共有7个项目与矿山安全有关，分别是：煤矿隐蔽致灾地质因素动态智能探测技术研究、煤矿热动力灾害防控技术与装备、煤矿井下瓦斯防治无人化关键技术与装备、矿井灾变通风智能决策与应急控制关键技术研究、煤矿重大灾害应急生命通道快速构建技术与装备研发、"互联网+"煤矿安全监管监察关键技术研发与示范、高海拔高寒地区金属矿山开采安全技术与装备研究。

4.2.2 国家重点实验室发展情况

国家重点实验室作为国家科技创新体系的重要组成部分，是国家组织高水平基础研究和应用基础研究、聚集和培养优秀科学家、开展高层次学术交流的重要基地，实验室实行"开放、流动、联合、竞争"的运行机制。国务院组成部门（行业）或地方省市科技管理部门是国家重点实验室的行政主管部门，实验室的依托单位以中科院各研究所、重点大学为主体。

据不完全统计，在300多家国家重点实验室中涉及矿山安全学科的国家重点实验室有30

多家（见表4-3）。主要分为以下三类：国家重点实验室、企业国家重点实验室以及省部共建国家重点实验室等。

表4-3 国家级研发平台一览表（以批准时间为序）

序号	名称	主管部门	依托建设单位	批准时间
1	矿产资源高效安全开采山西省重点实验室	山西省	太原理工大学	1987
2	煤矿安全技术国家工程研究中心	国家发改委	中煤科工集团重庆研究院	1996.11
3	陕西省岩层控制重点实验室	陕西省	西安科技大学	1998
4	江西省矿业工程重点实验室	江西省	江西理工大学	2001
5	安徽省现代矿业工程重点实验室	安徽省	安徽理工大学	2002
6	深部金属矿产开发与灾害控制湖南省重点实验室	湖南省	中南大学	2004
7	河北省矿业开发与安全技术实验室	河北省	河北理工大学	2005
8	煤矿瓦斯治理国家工程研究中心	国家发改委	淮南矿业（集团）有限责任公司、中国矿业大学	2005.1
9	煤炭资源与安全开采国家重点实验室	科技部	中国矿业大学（北京）、中国矿业大学	2006.7
10	金属矿山高效开采与安全教育部重点实验室	教育部	北京科技大学	2007
11	煤矿安全开采技术湖南省重点实验室	湖南省	湖南科技大学	2007
12	煤矿安全高效开采省部共建教育部重点实验室	教育部	安徽理工大学	2007
13	煤矿安全技术国家重点实验室	科技部	中煤科工集团沈阳研究院	2007.2
14	江苏省资源环境信息工程重点实验室	江苏省	中国矿业大学	2007.9
15	西部矿井开采及灾后防治教育部重点实验室	教育部	西安科技大学	2007.12
16	深部岩土力学与地下工程国家重点实验室	科技部	中国矿业大学、中国矿业大学（北京）	2008.5
17	煤直接液化国家工程实验室	国家发改委	神华集团	2008.7
18	煤矿深井建设技术国家工程实验室	国家发改委	中煤矿山建设集团有限责任公司、北京中煤矿山工程有限公司	2008.11
19	煤矿采掘机械装备国家工程实验室	国家发改委	中煤科工集团太原研究院，煤炭科学研究总院	2008.11
20	钢铁冶金及资源利用省部共建教育部重点实验室	教育部	武汉科技大学	2009
21	国土环境与灾害监测国家测绘局重点实验室	河北省	中国矿业大学	2009
22	煤矿瓦斯与火灾防治教育部重点实验室	教育部	中国矿业大学	2009.12
23	矿山灾害预防控制重点实验室	教育部	山东科技大学	2010
24	煤炭资源高效开采与洁净利用国家重点实验室	科技部	中煤科工集团北京研究院	2010.1
25	瓦斯灾害监控与应急技术国家重点实验室	科技部	中煤科工集团重庆研究院	2010.1
26	金属矿山安全技术国家重点实验室	科技部	长沙矿山研究院	2010.1
27	煤矿生态环境保护国家工程实验室	国家发改委	淮南矿业（集团）有限责任公司	2010.9
28	深部煤炭开采与环境保护国家重点实验室	科技部	淮南矿业（集团）有限责任公司	2010.12
29	深部金属矿山安全开采教育部重点实验室	教育部	东北大学	2011
30	煤矿灾害动力学与控制国家重点实验室	科技部	重庆大学	2011
31	矿山热动力灾害与防治教育部重点实验室	教育部	辽宁工程技术大学	2011

续表

序号	名称	主管部门	依托建设单位	批准时间
32	深井瓦斯抽采与围岩控制技术国家地方联合工程实验室	国家发改委	河南理工大学	2011
33	矿山互联网应用技术国家地方联合工程实验室	国家发改委	中国矿业大学	2011.11
34	国家煤加工与洁净化工程技术研究中心	科技部	中国矿业大学	2011.12
35	煤矿充填开采国家工程实验室	国家发改委	山东能源新汶矿业集团公司	2013.8

矿山安全相关重点实验室及工程研究中心详细介绍如下：

（1）煤矿安全技术国家工程研究中心

国家煤矿安全技术工程研究中心于1996年11月经国家计委批准建立，2001年10月正式授牌，2003年12月通过国家验收。该中心依托煤炭科学研究总院重庆研究院的科研开发、中试生产、质量检测为主体，重点建设：安全技术综合实验室、粉尘性质及综合防尘技术验室、瓦斯煤尘爆炸防治技术实验室、安全仪表和安全装备中试线、计量质量检测部等，形成安全技术和产品的科研开发、中试转化基地。开展安全检测仪表、安全工程机械、安全工艺技术等领域的工程化研究，带动煤炭行业和相关行业安全技术和装备的发展，提高技术和产品的市场竞争能力。市场覆盖国内主要煤矿，并逐步向天然气、石化、建材、电力、工程建设等行业的安全领域拓展。

（2）煤矿瓦斯治理国家工程研究中心

煤矿瓦斯治理国家工程研究中心是经国家发展改革委员会批准、依托中国矿业大学和淮南矿业集团联合组建的煤炭行业首个国家工程研究中心。于2005年12月在淮南挂牌组建，总投资1.28亿元，历经多年的筹划建设于2011年12月通过国家发改委组织的专家组评审验收。中心由设在淮南矿业集团的产业化基地和设在中国矿业大学的研发基地两部分组成，秉承"开放、协同、创新、发展"的宗旨，以现代项目管理技术为手段，重点围绕瓦斯地质保障技术、煤与瓦斯共采技术、矿井安全监测监控技术、瓦斯灾害预警技术、煤矿瓦斯利用技术、煤矿救灾技术等煤矿瓦斯治理领域的关键技术开展研究，不断推出具有自主知识产权和市场竞争力的工程化技术。同时承接国家相关部门及企业委托的科研任务，消化、吸收和继承创新引进的先进技术，并进行相关技术的成果转化；建立煤矿瓦斯治理技术标准体系，加速相关技术应用推广；推动国际合作与交流，培养高水平的煤矿安全工程技术与管理人才，从而为提高煤矿及相关行业整体安全生产水平，提供技术支持和服务。

煤矿瓦斯治理国家工程研究中心建设有瓦斯地质保障技术研发实验室、煤与瓦斯共采技术研发实验室、煤矿救灾技术研发实验室、瓦斯利用技术研发实验室、煤矿安全监测监控技术研发实验室，实验室拥有从国外进口的IS-100型瓦斯吸附/解吸测定装备、WP-1型瓦斯含量快速测定仪、瓦斯压力测定仪、残存瓦斯含量测定仪、煤的瓦斯放散初速度ΔP测定仪、煤的坚固性系数f值测定仪、自动化煤质分析仪、煤的瓦斯吸附常数测定仪、煤尘爆炸性测定仪、煤自燃氧指数测定仪、比表面积测定仪等仪器设备。

（3）煤炭资源与安全开采国家重点实验室

2006年7月，科技部正式批准由中国矿业大学和中国矿业大学（北京）联合共建"煤炭资源与安全开采国家重点实验室"。该重点实验室于2010年、2015年通过科技部组织的评估，评估结果为良好。该重点实验室的主要研究领域及方向为：煤炭资源勘查评价与资源特性、煤炭开采地质保障理论与技术、环境协调的绿色开采理论与技术、煤矿重大灾害防治的关键理论与技术。

（4）煤矿安全技术国家重点实验室

2007年2月，中国煤炭科工集团有限公司沈阳研究院经科技部批准在原有实验室基础上建设"煤矿安全技术国家重点实验室"。建设方向为煤矿安全领域中重大的灾害防治技术，包括煤矿瓦斯灾害防治、煤矿火灾防治、煤矿灾害应急救援技术、露天煤矿地质灾害防治研究等。

根据建设内容设置10个研究单元。瓦斯涌出预测单元，主要包括高压吸附性能测试、地勘条件下煤样吸附解吸性能测试、残存瓦斯含量测试三个实验室；瓦斯抽放技术单元，主要包括煤层渗透性测定、强化抽放措施模拟两个实验室；煤与瓦斯突出单元，主要包括煤层坚固性系数测定、煤的吸附性能测定和突出模拟三个实验室；矿井自然发火预报及防治单元，主要包括煤工业分析、煤元素分析、材料显微结构研究、自燃火灾机理研究、高分子材料实验、热物性参数测试、阻化性能分析七个实验室；矿井外因火灾模拟及变通风单元，主要包括热物性参数、火灾场效分析、火灾气体分析、火灾燃烧特性、综合配气室及气源站、火灾数据库服务器六个实验室；矿井热害防治单元，主要包括矿井热灾害防治实验室；矿山灾害个体防护装备单元，主要包括生氧药剂、生理参数、仿人呼吸、自救装置四个实验室；矿山灾害抢险救灾技术与装备单元，主要包括工作面通风模拟实验系统、救灾通信、灾情分析和矿井巷道管网模拟实验系统四个实验室；矿山边坡工程岩土力学性质试验单元，主要包括矿山边坡工程力学性质实验室；矿业城市环境地质灾害防治试验单元，主要包括矿业环境地质灾害防治实验室。

实验室购置或研制煤和瓦斯突出试验装置、三维突出模拟加载系统、气相色谱仪、试验压力装置、强化抽放模拟实验台、测试计量装置、三轴压力机、加压系统、煤的坚固性系统试验台、热重分析仪、瞬态光谱分析仪、高温矿相显微镜及图像分析系统、阻化性能测定仪、热成像系统、TSI智能化流场分析仪、数据采集及控制系统、矿井火灾气体多点参数色谱自动分析仪、改造试验巷道、瞬态光谱分析仪、矿井制冷降温系统综合测试平台、酸碱自动滴定仪、组合式转轮除湿机组、仿人呼吸机、气体发生控制设备、矿井通风系统、瓦斯爆炸管网式测试系统、地下岩体大变形位移监测装备、PHS边坡位移监测装备、边坡稳定雷达监测系统等170余台（套）设备，总投资3284余万元。

（5）深部岩土力学与地下工程国家重点实验室

深部岩土力学与地下工程国家重点实验室是在中国矿业大学"地下工程与结构""岩石力学与岩层控制"两个校级重点实验室的基础上，科学整合相关实验室优势资源组建而成。实验室依托岩土工程、工程力学两个国家级重点学科，防灾减灾工程及防护工程、地球探测与信息技术两个省部级重点学科建设。2007年，通过建设计划可行性论证，2008年获批启动建设，2013年通过第一次评估并获得优秀。

实验室的建设以国家深部资源开发与重大地下工程建设为背景，以创建阐述深部岩土介质特殊力学性质的理论创新体系和构建解决深部地下工程复杂稳定行为的技术创新体系为总目标，以深部岩体力学与围岩控制理论、深部土力学特性及与地下工程结构相互作用、深厚表土人工冻结理论与工程应用基础以及深部复杂地质环境与工程效应为重点研究方向。

（6）煤直接液化国家工程实验室

2008年，国家发改委下达文件，批准神华集团设立"煤直接液化国家工程实验室"。国家工程实验室是国家为提高产业自主创新能力和核心竞争力，突破产业结构调整和重点产业发展中的关键技术装备制约，强化对国家重大战略任务、重点工程的技术支撑和保障，依托企业、科研院所等设立的研究开发实体。煤直接液化国家工程实验室的目标和任务是建立完善煤直接液化关键技术工程化研究平台，重点开展工艺、催化剂、反应器、关键设备等核心技术和关键工艺、装备的研发。2018年11月在上海通过验收。

（7）煤矿深井建设技术国家工程实验室

煤矿深井建设国家工程实验室由中煤矿山建设集团有限责任公司与北京中煤矿山工程有限公司共同申报并承担建设。实验室由北京实验区和淮北实验区两部分组成，北京实验区包括冻结法凿井技术实验室（冻结实验室）、注浆法凿井技术实验室（注浆实验室）、钻井法凿井技术实验室（钻井实验室）、深部硐室群破坏及支护技术实验室（硐室实验室）；安徽淮北实验区包括冻结工程现场检测实验室、钻井工程现场检测实验室。实验室职能旨在建立煤矿深井建设所需的冻结、注浆、钻井及矿井降温等综合研究试验系统，开展具有独立自主知识产权的深井建设核心技术研发，掌握冲积层厚600—800米、井筒深度850—1200米的深井特殊凿井以及矿井降温等关键技术，提升我国煤炭资源的保障能力。

（8）煤矿采掘机械装备国家工程实验室

煤矿采掘机械装备国家工程实验室于2008年11月经国家发展和改革委员会批准立项，依托煤炭科学研究总院太原研究院建设。实验室职能是建立采掘装备特种机械性能综合试验平台、煤矿机械材料试验平台、采掘装备特种电气性能试验平台、强力液压支架实验台，突破制约我国大型高效煤炭采掘机械发展的技术瓶颈，为我国煤炭高效安全采掘提供装备保障。煤矿采掘机械装备国家工程实验室是我国煤炭机械行业唯一的国家级工程实验室，其建设完成后将对提升我国煤炭生产设备制造水平，不断推出具有市场竞争力的核心技术，促进重大装备制造国产化具有重要意义。

（9）煤炭资源高效开采与洁净利用国家重点实验室

煤炭科学研究总院于2009年申报了煤炭资源高效开采与洁净利用国家重点实验室，2010年1月批准制定国家重点实验室建设计划，2010年6月通过了国家重点实验室建设计划可行性论证。实验室主要依托煤炭科学研究总院进行建设，现有2个国家级产品质量监督检验中心（国家煤矿支护设备质量监督检验中心、国家煤炭质量监督检验中心）、3个煤炭行业产品质量监督检验中心、水煤浆国家工程技术研究中心、煤炭工业洁净煤工程技术研究中心、8个煤炭工业重点实验室。已完成和正在承担科技国家重大专项课题1项，"十五"科技攻关项目4项，"十一五"科技支撑专项16项，国家重点基础研究发展计划"973"基础研究项目2项、课题4项、子课题10项，国家"863"研究课题13项，国家自然科学基金项目3项，社会公益研究专项资金项目5项。完成煤炭行业标准100余项，其中58项标准正在修订并升级为国家标准。年均科研经费近2.8亿元，其中纵向课题经费5000万元。获国家科技进步奖二等奖3项，省部级以上奖励29项，出版学术著作11部，发表学术论文300余篇，获得或申请发明专利33项，实用新型专利47项。

（10）瓦斯灾害监控与应急技术国家重点实验室

瓦斯灾害监控与应急技术国家重点实验室于 2010 年 1 月获得科技部批准建设，依托单位为中煤科工集团重庆研究院。已建成信息检测传输、瓦斯基础参数、瓦斯地质异常探测、瓦斯抽采钻孔技术及工艺、通风防尘、火源控制、瓦斯灾害数值模拟、煤与瓦斯突出相似模拟、瓦斯（煤尘）爆炸、应急救援等 10 大实验系统。实验室设置了瓦斯灾害信息监测传输研究所、瓦斯灾害预防与控制研究所、瓦斯灾害预警及应急处置研究所三个研究单元。

截至 2011 年，实验室承担"973"项目、国家科技重大专项、国家自然科学基金、科研院所专项等项目 20 余项，获得国家科学技术进步奖二等奖 1 项，中国煤炭工业科学技术奖 11 项，其他奖项 10 余项。

（11）金属矿山安全技术国家重点实验室

金属矿山安全技术国家重点实验室是科学技术部办公厅于 2010 年 1 月 16 日批准，依托长沙矿山研究院有限责任公司建立的（国科办基〔2012〕2 号文）企业国家重点实验室。实验室的研究与发展重点围绕金属矿山安全监测预警与信息技术、金属矿山岩层控制技术、金属矿山水害防治技术、金属矿山机电设备安全检测检验技术 4 个研究方向开展基础性、探索性研究，目的在于提高我国金属矿山安全生产、安全保障技术水平和本质安全程度，增强金属矿山安全生产的保障能力，促进我国金属矿山安全技术的进步，减少安全事故的发生。

（12）煤矿生态环境保护国家工程实验室

煤矿生态环境保护国家工程实验室依托淮南矿业集团，是目前我国首个生态环境保护国家工程实验室。按照国家发改委的要求，煤矿生态环境保护国家工程实验室将建设煤矿沉陷区综合治理与生态修复技术、矿井水资源保护与利用技术和固废无害化处理及粉尘防治技术等创新研发平台；建设监测评价中心和数据库中心等公共服务平台；建设两个不同地质、地理和生态环境条件的验证示范基地。同时，实验室还将开展矿山生态环境监测、评价和预警，煤矿沉陷区综合治理与生态环境修复等技术的研究。

（13）深部煤炭开采与环境保护国家重点实验室

深部煤炭开采与环境保护国家重点实验室依托淮南矿业（集团）有限责任公司（淮南矿业集团），2010 年 12 月经科技部批准建设。深部煤炭开采与环境保护国家重点实验室以深部煤炭开采安全保障技术、深部煤炭开采技术、煤矿区环境保护技术为重点研究方向。

（14）煤矿灾害动力学与控制国家重点实验室

重庆大学矿冶学科创立于 1935 年，是全国高校中最早的几个矿冶学科之一。2011 年煤矿灾害动力学与控制国家重点实验室获科技部批准建设，2013 年通过科技部验收与评估，实验室主要从事煤矿动力灾害的地质表征与流体动力学、煤岩体工程灾变力学、煤矿灾害预防与控制 3 个方向的研究。近五年来，实验室承担国家科技重大专项、"973"计划、国家重点研发计划、国家自然科学基金仪器专项、国家杰出青年科学基金、国家自然科学基金（重点、面上、青年）等各类科研项目 549 项，科研总经费约 3.6 亿元，获国家科技进步奖一等奖 1 项，国家科技进步奖二等奖 3 项，省部级科技奖一等奖 15 项、二等奖 10 项，授权发明专利 300 项，出版专著 15 部，发表 SCI 论文 534 篇、EI 论文 830 篇。

（15）深井瓦斯抽采与围岩控制技术国家地方联合工程实验室

深井瓦斯抽采与围岩控制技术国家地方联合工程实验室，2011 年获国家发展改革委批准建设。主要针对工程软岩、冲击地压、瓦斯等制约中部地区煤炭工业发展重大致灾因素，围绕深井岩层控制、动力灾害防治、瓦斯（煤层气）抽采等研究方向开展关键共性技术研发。实验室已取得一批标志性成果，所拥有的瓦斯抽采"钻－增透－封－联－疏－控"成套技术、"虚拟储层"水力化增透技术、低透气性煤层的煤层气地面开发技术、高应力开拓巷道沿煤掘进综合支护技术、深井围岩控制技术等代表了各领域的技术发展方向，成果已在河南、山西、内蒙古等国内主要煤矿区进行了推广应用。

（16）矿山互联网应用技术国家地方联合工程实验室［中国矿业大学物联网（感知矿山）研究中心］

矿山互联网应用技术国家地方联合工程实验室以"江苏省感知矿山物联网工程实验室"等多个科研平台为基础申报，2011年11月获国家发改委批复并授牌准予建设。实验室针对矿山安全、高效生产的迫切需求，以矿山灾害风险感知、矿山设备工作健康情况感知和矿工周围安全环境感知为出发点，围绕矿山信息感知、信息融合、网络架构和智能控制等关键技术，探讨智慧矿山本质、新型服务模式及战略发展。

（17）煤矿充填开采国家工程实验室

"煤矿充填开采国家工程实验室"于2013年6月由国家发改委批准建设，项目建成了充填开采技术、充填材料、充填装备等9个研发平台；建成了数值模拟、相似物理模拟、充填材料物化分析等6个实验室；建成了翟镇、新巨龙等煤矿6项验证工程，以及长城、福城等煤矿22个示范、推广工程；在综合机械化固体密实充填、综合机械化固体密实充填液压支架及充填夯实机构、大流量固体物料垂直输送、自流性似膏体和泵送膏体充填材料等7个方面取得技术突破。

（18）矿产资源高效安全开采山西省重点实验室

矿产资源高效安全开采山西省重点实验室于2005年由山西省批准，教育部与山西省共建原位改性采矿重点实验室于2010年由教育部批准，两家实验室隶属于太原理工大学矿业工程学院与校直属采矿工艺研究所。实验室主要研究方向：矿井灾害防治，高产高效开采理论与技术，煤焦化、洗选与制油，原位溶浸采矿理论与技术。实验室拥有XPS-1000型大型真三轴多功能试验机、高精度显微CT试验机、甲烷冰合成试验台、三维固流耦合相似材料模拟试验台和岩石三轴渗透试验机、地下工程模拟风洞、矿井通风系统模拟试验台、矿井火灾探测试验台、重介漩流选矿系统、原位溶浸采矿实验系统等大型实验设备100台套，包括实验测试仪器等在内，总价值达3000多万元。实验室总面积5000平方米。

（19）陕西省岩层控制重点实验室

陕西省岩层控制重点实验室，是1998年陕西省计委、科委、教委联合批准依托西安科技大学建设的省级重点实验室。该实验室是在西安科技大学采矿工程学科中孕育诞生，在矿山压力实验室的基础上发展起来的，20世纪90年代初，以矿山压力实验室为基础建成了亚洲唯一的多功能立式支架实验台和国内最大的组合堆体立体相似模拟实验台，研究处于国际先进水平。主要通过大型平面、立体相似模拟实验系统，研究解决西部地区典型煤层开采过程中的岩层控制理论和关键技术问题。特色研究方向：沙漠戈壁覆盖层下浅埋煤层开采岩层控制研究、西部地区急倾斜和倾斜矿层开采的岩层控制研究、采动地表损害与大范围来压的灾害防治技术、软岩巷道支护理论与技术、大断面巷（隧）道支护优化设计、"固－液－气"三相介质模拟技术。

（20）江西省矿业工程重点实验室

1996年经江西省教委批准，江西理工大学矿业工程学科中的采矿工程和工程测量均被评为省重点学科，在此基础上，将江西理工大学矿业实验室为江西省矿业工程重点实验室。矿业工程重点实验室形成了集矿山地质、地下开采、露天开采、矿山技术经济、爆破、通风安全、矿山测量、矿山地理信息系统、选矿技术及设备、选矿工艺、资源开发利用及矿山环境保护等分学科的较为完整的学科体系；拥有一支学历、年龄和职称结构合理的教学科研队伍。先后承担了"华锡集团铜坑矿低廉充填胶凝材料的开发与应用""提高大厂铜锌精矿产品质量及回收率研究"等100多项国家"八五""九五"科技攻关项目、国家自然科学基金项目、省部级纵向课题和横向开发研究项目，为工矿企业解决了许多技术难题，创造了巨大的经济效益和社会效益。另外自1996年以来，矿业工程学科点已获省、部级科技进步奖14项，获得国家实用新型专利2项，申请发明专利1项，公开发表论文300多篇。实验室的主要研究成果：高效采矿工艺新技术研究、矿井通风系统优化及除尘新技术研究、矿业多维地理信息系统研究、选矿新理论、新技术、新设备研究、尾矿资源二次利用技术及环境工程研究。

（21）现代矿业工程安徽省重点实验室

现代矿业工程安徽省重点实验室以安徽理工大学"采矿工程""矿山建设工程""安全工程""矿物加工工程"等学科为依托，设有矿山建设工程、开采技术及矿山系统工程、矿山安全技术及工程、矿物加工及综合利用技术4个研究方向，突出矿业工程领域科学研究和人才培养的特色。截至2014年，实验室共承担各类科研项目200余项，经费额达4000多万元，其中国家"973"项目子课题1项、国家自然基金6项、国家攻关计划项目子课题3项、省部级项目80余项、国际合作项目1项。获国家级科技奖励二等奖1项，省部级科技奖励一等奖4项、二等奖10项、三等奖15项，发明专利16项，成果转让50余项。发表学术论文600余篇，其中被SCI、EI收录50篇。

（22）深部金属矿产开发与灾害控制湖南省重点实验室

深部金属矿产开发与灾害控制湖南省重点实验室组建于2004年，涵盖了采矿工程、地市地下空间工程、安全工程三个本科专业；采矿工程、安全技术及工程、岩土工程、工程力学、地下空间资源科学与工程、安全管理工程、人口资源与环境经济学等7个博士、硕士学位授予点；采矿工程、安全技术及工程、岩土工程3个国家重点学科和矿业工程一级学科国家重点学科；是"中南大学安全培训中心"（国家一级培训资质）和国家"金属矿安全科学技术研究中心"的依托单位。

实验室在科学凝练以往研究成果的基础上，形成了优势突出、特色明显的重点研究方向：①金属矿床连续开采工艺与装备；②岩土动力学与灾害控制；③金属矿床深井开采特殊环境的利用与控制；④无废害开采理论与技术；⑤裂隙岩体力学与矿岩破碎本方向的特色之一是：创立了旨在获得复杂加载条件下岩石脆断本构特征参量的实验方法，建立了以无用功耗散小、能量利用率最大为目标的岩石致裂合理加载体系和岩体动力失稳准则，提出了深孔变阻崩矿技术等有效的岩层致裂与控制技术；⑥数字矿山技术与矿山安全预警。

（23）河北省矿业开发与安全技术实验室

河北省矿业开发与安全技术重点实验室是由河北联合大学、中国煤炭科工集团（煤炭科学研究总院）唐山研究院、开滦（集团）有限责任公司于2005年立项共同建设，2007年3月验收批复的河北省重点实验室。河北联合大学矿业工程学科成立于1958年，多年来，致力于学科前沿和矿山领域关键技术的研究，在露天转地下开采、难选矿的选取分离、煤矿瓦斯防治、矿区生态恢复与重建等方面的研究取得了一系列成果，建立了较先进的科研实验平台和完善的人才培养体系。

在科学研究方面，实验室基本形成了以河北联合大学应用基础研究、煤研总院唐山研究院工业技术研究和开滦集团成果转化为主的研究特色。形成了矿山安全理论与技术、矿山岩石力学、采矿工艺理论与技术、矿物加工与资源高效利用、矿山生态恢复与重建等五个稳定的研究方向。截至2015年，主持参与完成包括国家自然科学基金、国家科技支撑计划在内的省部级以上项目42项，总科研经费为5400万元。获得国家科技进步奖二等奖1项，省部级科技进步奖15项。实验室发表论文220余篇，其中三大检索收录论文105篇。出版专著3部，授权发明专利2项，实用新型专利12项。代表性成果有：煤层赋存一氧化碳规律及其应用研究，开滦矿区深部矿井复杂条件下软岩巷道支护理论与技术，露天转地下相互协调安全高效开采关键技术研究，矿业开发密集地区景观生态重建技术研究，低品位难选赤铁矿高效分选新技术。

（24）金属矿山高效开采与安全教育部重点实验室

金属矿山高效开采与安全教育部重点实验室于2003年经教育部批准建立，实验室覆盖4个一级学科博士点；拥有性能先进的MTS岩石力学实验机、电液伺服岩石三轴试验机、EH-4大地连续电导率成像系统、矿山减灾结构综合试验系统、数字开采模拟实验系统等一批现代化实验设施；建设了金属矿山采矿系统优化与地压控制、金属矿床高效开采理论与方法、矿山人工环境研究及采动灾害预测与防治、"数字矿山"理论与应用4个实验区。

实验室依托"矿业工程""安全科学与工程"两个国家级重点学科，紧密围绕国家金属矿产资源开发利用的重大战略需求，瞄准矿业与安全工程学科前沿，围绕采用现代高新技术改造传统采矿产业这一主题，以解决影响矿山安全高效开采的突出问题为目标，全面展开采矿基础科学创新及其应用研究。其中，"矿业工程"学科2017年获国家"双一流"建设学科，在"软科世界一流学科排名（2017）"中位列世界第一，研究成果已为国家矿产资源高效开发利用和资源安全保障提供了重要科技支撑。

通过近5年的建设，已在矿山岩石力学、金属矿产资源绿色高效开采、数字矿山与智能采矿、矿山灾害防控的新理论、新方法、新技术等方面形成了特色优势，其中矿山岩石力学理论、膏体充填采矿方法等关键理论与技术已进入国际领先行列。

实验室围绕国家经济及矿业发展需求，已形成5个优势学科方向：

①深部岩石力学与工程；②金属矿山绿色高效开采理论与技术；③数字矿山理论与技术；④矿山灾害防控理论与技术；⑤矿山通风防尘与避险技术。

（25）煤矿安全开采技术湖南省重点实验室

煤矿安全开采技术湖南省重点实验室于2007年由湖南省科技厅批准组建，依托单位是湖南科技大学，依托学科为湖南科技大学矿业工程。实验室拥有一支学历、职称、年龄结构合理，具有较高科研水平和良好发展潜力的科研队伍。实验室总面积达3320平方米，设备总值达1150万元，拥有一批具有国际、国内先进水平的实验设备和测试仪器，如相似材料模拟实验系统、RMT-150C岩石力学试验系统、岩石剪切流变实验系统、矿山仿真模拟系统、防爆地质雷达、ZRJ-1 型煤自燃测定仪、GC-17A 气相色谱仪、GC-40088 型气相色谱仪、煤尘爆炸实验装置、瓦斯参数测定仪、电磁辐射仪及多个大型数值计算软件（包括岩石破裂过程分析数值模拟软件：FLAC3D、2D，UDEC3D、2D）。

（26）煤矿安全高效开采省部共建教育部重点实验室

煤矿安全高效开采省部共建教育部重点实验室，于 2007 年 8 月由教育部批准立项建设，建设计划于 2007 年 9 月通过专家组论证，2012 年 12 月 7 日通过教育部科技司组织的专家验收。

重点实验室积极开展科学研究，不断提升实验室学术水平。2010—2015 年，先后承担"973"国家重大基础研究项目、国家自然科学基金重点项目、国家自然科学基金项目、教育部新世纪优秀人才支持计划、国家科技支撑计划项目等国家级科研项目 33 项；获人社部博士后基金、教育部博士点专项基金、科技部国际合作项目、煤炭工业协会指导性项目计划、教育部回国人员专项基金、安徽省科技攻关项目、安徽省自然科学基金、安徽省教育厅高校省级自然科学重点研究项目等省部级课题 72 项，总计获得课题经费约 5000 万元；建设期间公开发表学术论文 546 篇，其中 SCI、EI 检索 73 篇；获得国家科技进步奖二等奖 3 项，省部级科技进步奖一等奖 4 项、二等奖 11 项、三等奖 7 项；获得国家专利 34 项；出版专著和教材 30 部。

（27）江苏省资源环境信息工程重点实验室

资源环境信息工程实验室主要依托测绘科学与技术（含大地测量学与测量工程、地图制图学与地理信息工程、摄影测量与遥感、矿山空间信息学与沉陷控制工程四个二级学科）、土地资源管理、环境科学与工程（含环境科学、环境工程两个二级学科）博士点学科及博士后流动站建立起来的，其中大地测量学与测量工程为江苏省重点学科、江苏省青蓝工程"优秀学科梯队"、江苏省高校国家重点学科培育建设点、测绘科学与技术博士后流动站为全国优秀博士后科研流动站。实验室主要以 3S（遥感 RS、地理信息系统 GIS、全球定位系统 GPS）为代表的空间信息技术为手段或技术支撑，结合其他相关学科的理论与方法，研究资源环境监测、评价，安全预警及控制，受损和破坏土地（土壤）的复垦、恢复，污染土壤的修复、治理，土地（土壤）资源、矿产资源及水资源的合理开发利用与保护等基础理论和技术途径，实验室研究方向和主要研究内容具有地球空间信息科学、资源科学、环境科学等多学科交叉综合的鲜明特征。

多年来，实验室紧紧围绕国家和江苏省重大资源环境工程应用需求，特别是针对江苏省自然资源紧缺、开发利用强度高、环境污染严重的现状，重点开展了资源环境综合监测与信息集成，资源环境信息系统，资源环境评价、利用与管理，土地复垦、污染土壤修复和生态重建，开采损害与防护等方面的基础和应用基础的研究，取得重大进展，产生直接经济效益 10 多亿元，为我国经济社会发展作出了重要贡献。

实验室的建设目标是：在资源环境信息地空一体化监测、评价、预警，资源环境建模及不确定性分析，城市污水处理，土地复垦和生态重建、开采损害与防护等方面研究取得重要进展；营造创新、自由、学术、人文、和谐、交流的实验室文化与环境；培养一批高层次人才；造就在主要研究方向上代表国际、国内先进水平的青年优秀科学家、学术带头人和优秀创新团队，使实验室成为江苏省高水平研究平台、高层次学术交流和人才培养的基地。

（28）西部矿井开采及灾后防治教育部重点实验室

西部矿井开采及灾害防治教育部重点实验室源于我国著名采矿专家刘昕成、吴绍倩教授在1961年开始创建的矿山压力实验室，是国内这一学科建设最早的实验室之一，1965年建成的5m平面模拟架至今仍然是国内最大的平面模拟实验架之一。进入20世纪80年代后，实验室得到迅速发展，建成了多种形式的相似模拟、巷道支架实验装置。90年代初，建成了亚洲唯一的多功能立式支架实验台和国内最大的组合堆体立体相似模拟实验台，研究处于国际先进水平。为准确模拟井下煤炭自燃过程，创建了大型煤自然发火实验台；为了研究西部重点矿区开发中的岩层控制问题，1995年创建了大型立体组合堆体模拟装置。1998年，矿山压力实验室被陕西省计委、科委、教委联合批准为陕西省岩层控制重点实验室，同时被煤炭工业部批准为国家煤炭工业采矿工程重点实验室。

西部矿井开采及灾害防治教育部重点实验室是以西安科技大学采矿工程、安全技术及工程、岩土工程、地质工程4个博士点学科为依托，以西安科技大学已建成的"陕西省岩层控制重点实验室""国家煤炭工业采矿工程重点实验室""国家矿山救援技术西安研究中心""西安市复合胶体防灭火材料设备及工程中心"为核心，并辅以"通风安全模拟实验室"和地矿学科群实验室为基础建设的。2003年10月经教育部评审后批准为省部共建的教育部重点实验室，并开始立项建设；2007年12月顺利通过教育部专家组的验收。本重点实验室2013年被评为国家级采矿工程实验教学示范中心，2014年被评为西部煤矿安全教育部工程中心、陕西省煤矿灾害防治及应急救援工程技术研究中心、陕西省煤炭资源安全高效开发协同创新中心。

重点实验室立足西部、面向全国，以西部资源合理开发和矿山安全高效生产与管理为主要目标，重点研究大倾角、急倾斜煤层和浅埋煤层开采岩层控制、矿井热动力灾害防控、煤与瓦斯共采、矿区地质灾害防治与环境保护等重大基础理论和科学问题，获得了一批原创性理论成果和具有自主知识产权的技术与产品，形成特色与优势，是我国西部资源开发与安全生产领域高层次人才培养、科学研究的重要基地。

（29）钢铁冶金及资源利用省部共建教育部重点实验室

钢铁冶金及资源利用省部共建教育部重点实验室依托武汉科技大学，于2005年10月正式对外开放，2009年4月通过教育部验收。实验室的学术研究立足于冶金学科的前沿，分别从冶金单元过程、冶金工艺流程等层次研究钢铁生产的科学和工程问题，为钢铁冶金新技术、新工艺、新产品的开发及产品质量改善、节能降耗和资源循环利用提供理论和实验依据。实验室的主要研究方向有：冶金过程数学物理模拟及计算机控制、纯净钢冶炼理论及工艺、冶金资源综合利用、特殊金属材料的制备及成型等研究方向设立了6个研究室和1个公共平台、1个校企合作研究所。

实验室在教育部、湖北省教育厅及学校的大力支持下，借助学校十年发展规划及重点学科的建设契机，在设备购置、实验室扩建、科学研究、人才队伍建设、实验室管理等方面做了大量工作，在硬件和软件两个方面都获得较大发展，已经逐步建设成为一个实验设备先进、学术梯队合理、学术水平较高的钢铁冶金领域的研究中心和人才培养基地。重点实验室现有科研、办公、实验用房4152平方米，共投入1032万元新购置了仪器设备，实验室仪器设备价值2300余万元，其中万元以上实验仪器设备143台，能够满足高水平研究和开发的需求。

（30）国土环境与灾害监测国家测绘局重点实验室

国土环境与灾害监测国家测绘局重点实验室依托中国矿业大学、河北省测绘局，围绕我国自然资源退化、灾害发生频繁、生态环境恶化的现状，针对国土资源开发导致的地表下沉、塌陷、岩体开裂、山体崩塌、土地退化、土壤侵蚀、耕地减少、植被破坏、水土流失、景观退化、水气污染、废弃物堆放及工程灾变等问题开展研究：①国土环境与灾害监测理论及方法；②国土环境与灾害信息系统；③国土环境与灾害演变机理和预警；④国土环境与灾害控制与治理。中国科学院院士陈俊勇兼实验室学术委员会主任，中国工程院院士宁津生兼学术委员会委员。共分4个研究方向：

1) 国土环境与灾害监测理论及方法。主要研究天基和地基相结合的（星、机、地一体化的）环境及灾害监测系统，研究以多光谱／高光谱遥感（RS）、激光雷达（LiDAR）、GPS、三维激光扫描等新型信息采集技术为主、常规信息采集技术为辅的环境与灾害动态监测理论、方法与技术体系。

2) 国土环境与灾害信息系统。主要研究环境与灾害数据的时空表达、数据模型及标准，环境与灾害数据库系统框架，在此基础上，研究环境与灾害信息系统平台、环境与灾害专题信息系统建立方法。

3) 国土环境与灾害演变机理和预警。主要研究国土资源开发诱发的环境与灾害发生的机理、规律、预警和评估的理论与技术，非法开采预警的理论、方法及技术。

4) 国土环境与灾害控制与治理。主要研究资源开发诱发的环境与灾害控制和治理的理论、方法和技术，如采矿破坏土地复垦和综合整治、采矿塌陷区残余变形控制和建筑利用、开采沉陷控制、建（构）筑物下安全采矿、环境相容的特殊采矿等理论、方法及技术。

（31）煤矿瓦斯与火灾防治教育部重点实验室

2009年12月，由教育部批准依托中国矿业大学建设"煤矿瓦斯与火灾防治"教育部重点实验室。煤矿瓦斯与火灾防治实验室是以1998年被原煤炭工业部批准的"矿业安全工程"国家煤炭工业重点实验室为基础，依托中国矿业大学"安全科学与工程"一级学科国家重点学科、"安全技术及工程"和"安全管理工程"博士点学科进行建设，紧密围绕煤矿瓦斯与火灾防治领域关键基础科学问题，以遏制矿井重特大灾害事故，满足促进煤炭工业安全、高效、可持续发展的国家重大需求为主要研究目标，涉及矿业安全学、流体力学与流体机械、工程热物理、计算机科学与技术、矿井自动控制与监测、安全管理等学科领域，具有鲜明的矿业安全工程交叉学科特色。

实验室设有煤矿瓦斯灾害防治研究室、煤矿火灾防治研究室、煤矿通风与防尘研究室、煤矿安全监测与安全管理研究室。实验室具有优越的科研条件，实验室面积3325平方米，拥有各类较先进仪器设备130余台（套），其中10万元以上的大型精密仪器设备74台（套），原值2200多万元。实验室紧密围绕煤矿瓦斯与火灾防治基础应用研究配备了较为先进的测试设备和特色实验研究系统，在仪器设备、工作环境、组织管理等方面具备了国内外同类实验室的先进水平。

（32）矿山灾害预防控制重点实验室

山东省矿山灾害预防控制实验室始建于1996年，建成于1998年，是山东省于2004年首批按照国家重点实验室标准集中建设、开放的省重点实验室之一。建设期间，实验室认真贯彻"开放、流动、联合、竞争"的运行机制，围绕地方和国家矿业安全工程、矿山灾害预防控制等关键技术，深化基础理论研究，重视科研成果的转化，加大人才培养和引进力度，加强试验平台建设和开放，取得了良好的效果。

实验室经过多年建设发展，已经形成了具有矿山灾害预防控制特色和优势的四个主要研究方向：①矿山压力与岩层控制；②矿井水灾害防治；③矿井瓦斯与火灾治理；④安全监测监控与信息化。在这些研究方向上多学科交叉联合在基础理论研究与高新技术推广应用、高素质人才培养与重大科技攻关等方面取得了一系列标志性、具有鲜明特色的研究成果。

（33）深部金属矿山安全开采教育部重点实验室

东北大学深部金属矿山安全开采教育部重点实验室于2011年12月获教育部批准建设，2016年11月顺利完成验收。实验室所属的东北大学采矿工程学科是国家首批"211工程""985工程"重点学科，首批获得硕士和博士学位授予权，设有博士后流动站，是东北大学"双一流"高峰学科。重点实验室的宗旨是针对深部金属矿床开采过程中的关键科学和技术问题，开展深部金属矿山复杂工程岩体稳定性与灾变孕育演化过程评价方法、灾变控制技术和安全高效开采技术研究，形成以矿山地质学为背景、深部岩体力学为基础、计算机和信息科学为手段的深部矿山灾害分析预测预报理论体系，建立我国深部矿山安全高效开采基础理论和设计指南，提高深部资源开发领域的整体研究水平。

重点实验室成立以来，始终坚持自主创新，面向世界科技前沿、面向经济主战场、面向国家重大需求开展科学研究工作。实验室设有四个研究室、两个研究中心：深部工程地质研究室、深部工程岩体力学与安全研究室、深部金属矿安全高效开采研究室、难采金属矿安全高效开采研究室以及非常规地质体力学国际研究中心、深部工程科学实验中心。

实验室拥有优越的实验设备和实验条件，自主研发了高压硬岩真三轴应力应变全过程实验系统、硬岩真三轴试验系统、高压岩石真三轴蠕变剪切实验系统、岩石微观加载多轴试验系统、真三向应力下致密岩石气体吸附及渗透试验系统、硬岩三轴流变试验系统、多场耦合岩石三轴流变系统、深埋非常规天然气储层岩石多场耦合试验系统、高压微波作用下岩石破裂过程实验系统等一系列设备，建设有深部岩石力学试验平台、非常规地质力学试验平台、现场原位综合监测平台、开采过程相似材料模拟系统平台、深部开采动态调控可视化平台、电爆综合实验系统平台等。实验室与美国、加拿大、英国、澳大利亚等国家有关研究机构和大学建立了良好的合作关系。

（34）矿山热动力灾害与防治教育部重点实验室

矿山热动力灾害与防治教育部重点实验室依托于辽宁工程技术大学安全科学与工程学院建设，于2011年获得教育部批准立项，2012年5月通过教育部科技司组织的重点实验室建设计划专家论证，启动建设。

实验室学术委员会主任委员由张铁岗院士担任，学术委员会委员包括日本九州大学井上雅弘及国内高校、科研院所和煤炭企业专家。

2016年7月，教育部办公厅印发《关于"数量经济与数理金融"等教育部重点实验室通过验收的通知》，辽宁工程技术大学安全科学与工程学院承建的矿山热动力灾害与防治实验室，成为通过验收的35个重点实验室之一。

实验室依据《高等学校重点实验室建设与管理暂行办法》，实验室以实现煤矿安全为目标，开展煤炭自燃发火防治理论与技术、煤矿受限空间流体动力学与灾变时期管网理论、煤矿动力灾害致灾机理及传播特性等方面的理论与技术创新性研究。新建了面积2000平方米的实验楼，完成了总长度达1000米、面积3000平方米的1∶1模拟实际矿井的实验矿井建设，购置了一批先进的仪器设备。该实验室建设为科学研究提供了良好的实验条件，在建期间共获得省级以上科技奖励35项、发明专利8项、软件著作权10项、著作和教材11部。

（35）国家煤加工与洁净化工程技术研究中心

国家煤加工与洁净化工程技术研究中心（以下简称"中心"）于2011年12月29日由科学技术部批复，依托中国矿业大学建设，建设期3年。中心实行管委会领导下的主任负责制，并分别组建了中心管委会及技术委员会。中心主任由中国工程院院士刘炯天教授担任。

2016年4月8日，科技部社发司组织专家，通过了中心的现场验收。2016年12月7日，科技部正式发文，国家煤加工与洁净化工程技术研究中心等31家国家工程技术研究中心正式通过验收。

中心的发展目标是：培养煤炭加工与洁净化的高层次人才，培育一流的工程技术研发团队，建设集战略技术开发、工程技术转化与服务于一体，具有自主创新及自我发展能力的研究开发基地，煤炭加工与洁净化技术开发和系统集成能力达到国内领先水平。建成综合实力强、服务体系完备、技术辐射广，在国内外具有重要影响的国家工程技术研究中心。

中心围绕煤炭清洁、高效利用的国家需求，瞄准煤炭加工的关键技术与重大工程难题，依托现有技术和基础研发平台，着力对接科研开发与工程应用。以"引领和支撑"煤加工与洁净化领域的科技发展为宗旨，围绕"煤炭分选与智能化""干法分选与筛分""复杂资源（废水）分选与处理过程强化""煤炭提质与固废资源化利用"四个研究方向，突出重点，分项构建和实施基础研究、技术开发、成果转化、推广孵化路线图，部分技术达到和保持国际领先水平。通过合理经营和强化管理，努力建成煤加工与洁净化领域综合实力强、开放服务体系完善、技术辐射广泛的国家级技术和人才高地。

4.3 矿山安全学科主要科研成就

科技奖励制度，是整个社会系统对在科技活动中作出杰出贡献的人，按照一定的规则给予褒奖和保障的制度，其本质体现了社会对科技工作者在增进知识方面所作贡献的认可，同时对于维护科技在社会中的正常运行具有重要意义，功能在于激励科技创造、促进科技传播与应用等。国家级科技奖励是指国务院设立的国家最高科学技术奖、国家自然科学奖、国家技术发明奖、国家科技进步奖和中华人民共和国国际科学技术合作奖。

1978年3月，党中央召开全国科学技术大会，对7657项重大科技成果进行奖励。大会上有8所煤炭高等学校的18项科研成果获奖。它基本概括了1976年以前，特别是"文化大革命"以前煤炭高等学校的科学研究状况。粉碎"四人帮"以后的3年中，8所煤炭高校在省级科学大会上先后获奖45项。

整个"六五"期间，煤炭高校承担的科研项目中，通过有关部门鉴定的项目105项，获国家级科技进步奖5项，煤炭工业部科技大会奖29项。这一时期，中国矿业学院北京研究生部承担的国家科技攻关项目"水煤浆制备技术"研制成功，达到了国际水平。中国矿业学院华安增教授设计的"多绞摩擦可缩U型钢支架"获得国家专利局颁发的"实用新型专利证书"，这是煤炭高校和中国矿业学院的首项专利；周世宁教授研制的"胶圈-黏液覆孔测定煤层瓦斯压力技术"获国家发明奖三等奖，在1985年全国首届发明展览会上展出了这项成果，并推荐为中国首次在国际市场参展的全国29项技术成果之一。焦作矿业学院李德萌等研究的"全国煤田预测"项目获煤炭工业部科技进步特等奖。

"七五"期间，煤炭高等学校的科研工作牢固树立了为煤炭生产服务的主导思想，积极贯彻教学、科研、生产三结合的方针，基本完成了面向经济建设主战场的战略转变，逐步形成了多层次、多形式为煤炭生产建设服务的新格局，加强了与煤炭生产厂矿的联系，横向科研课题逐年增加。1990年横向科研课题经费为1189.7万元，占当年总投入经费的43.9%，是1986年横向科研经费的6.3倍。"七五"期间，煤炭高校共签订技术转让合同721项并获得经费733.6万元。

中国矿业学院荣际凯的"固锚杆水泥卷锚固剂"获1986年煤炭部科技进步奖一等奖，1987年国家科技进步奖三等奖，并推广到全国140多个单位。1989年，在全国发明展览会上，中国矿业大学荣际凯等人研制的"开槽式钻头"获金奖。在全国"星火计划"成果实用技术展交会上，中国矿业大学有5项技术获金牌奖，7项技术获银牌奖。

"七五"期间，13所煤炭高等学校共承担中国统配煤矿总公司的课题385项，其中攻关课题52项，总公司重点课题19项，煤炭科学基金课题119项。此外，还承担了大量的横向、自选课题和少量国家自然科学基金、教委基金、博士点项目近1500项，共获得科研经费8575.2万元，取得成果716项，获奖207项，其中，国家发明奖3项，自然科学奖1项，国家科技进步奖5项，国家教委科技进步奖11项，煤炭工业部科技进步奖66项。淮南矿业学院王鹤龄教授研制的煤层厚度探测仪已完全超出了煤炭测厚的需要，可用于工程勘察、桩基和大型混凝土构件灌注质量的无损检测，达到了国际先进水平；1988年获北京国际发明展览会金牌奖，第37届布鲁塞尔"尤里卡"世界发明博览会金牌奖以及第80届巴黎国际发明博览会金牌奖，1989年获国家发明奖二等奖。在此期间煤炭高校共出版专著326部，发表论文7358篇，其中国际上发表400多篇。各高校逐步形成了自己的优势和主攻方向。如中国矿业大学的矿压支护、爆破技术、水煤浆、选煤技术、清洁燃烧、井壁结构、铁谱技术、高水充填材料；阜新矿业学院的机械制造工艺、工程力学；西安矿业学院的液压支架、自燃发火；山东矿业学院的矿压支护、煤矿防治水、爆破技术；山西矿业学院的机械测试、安全监控；焦作矿业学院的瓦斯防治、痕迹化石；淮南矿业学院的电器保护、特殊开采方法、井壁结构、矿井地质等。

中国矿业大学的"采场上覆岩层活动规律"研究项目获1989年国家自然科学奖三等奖。以中国工程院院士钱鸣高教授为首的研究人员，发现已破断的岩块有可能互相积压形成"砌体梁"平衡，获得了采场老顶作为"板"形式的各种破断方式及规律，提出了弹性基础板力学模型及弹性基础梁力学模型。"砌体梁"概念与老顶破断形式及其在四周所发生的扰动现象在理论及实践上为老顶来压的预报预测提供了科学依据。"煤层瓦斯流动规律和突出机理"获1993年国家自然科学奖四等奖。中国工程院院士周世宁教授等在研究中，证实了瓦斯在煤层中的流动主要服从菲克定理和达瓦定理，发现了含孔隙瓦斯气体煤流变破坏过程规律即不同孔隙气体对破坏过程的非太萨基突出规律，首次提出了煤和瓦斯突出机理的"流变假说"，为煤矿瓦斯突出灾害防治提供了新的理论基础和途径。

山东矿业学院的"煤矿底板突水机理预测预报矿井突水的理论与应用研究""矿压预测预

报的理论与体系""Petri 网理论及其在计算机科学和工程中的应用""带式输送机的传动理论与计算"获国家教委科技进步理论奖二等奖。

"八五"期间：山东矿业学院宋振骐教授 30 多年孜孜不倦地致力于矿压理论与实践结合的探索与研究，建立并逐步改善了以岩层运动为中心的矿山压力理论体系，形成了一整套矿山压力和顶板运动的预测预报及控制设计和控制效果判断一体化的理论、方法和手段。山东矿业学院王德民等同志参加的"深井钻井法凿井技术"获国家科技进步奖一等奖；宋振骐、邓铁六等负责的"煤矿矿山压力和顶板运动的预测预报及控制"获国家科技进步奖二等奖。

"九五"期间，煤炭工业部党组做出了《关于加快实施科教兴煤战略的决定》（以下简称"决定"），坚持科学技术是第一生产力的思想，坚定不移地实施科教兴煤战略，推动煤炭工业向高产、高效、安全、优质、洁净和煤炭合理、综合利用的方向转变。"决定"指出："九五"期间，煤炭科技工作要以解决好"综采放顶煤技术""锚杆支护技术""防治重大瓦斯、煤尘、火灾事故技术""洁净煤技术""建设高产高效矿井的综合配套技术"为主攻方向，并取得突破性进展。

"九五"期间，中国矿业大学在国家科技攻关项目"改善煤矿安全状况综合配套关键技术研究"中承担了 4 个课题。中国矿业大学的崔广心教授等人完成的"特殊地层条件下的井壁破裂机理与防治技术的研究"获得煤炭工业部科技进步奖特等奖、国家科技进步奖二等奖。

煤炭高等学校在科学研究工作中，涌现了一大批先进集体和先进个人。1990 年 12 月，在国家教委和国家科委联合召开的全国高等学校科技工作会议上，山东矿业学院矿压研究所被授予"全国高等学校科技工作先进集体"荣誉称号，这是煤炭高等学校唯一的一个国家级科技工作先进集体。同时，该校王德民、宋振骐教授被评为"全国高等学校先进科技工作者"。1990 年 12 月，国家教委和国家科委授予山东矿业学院矿压研究所"全国高等学校科技工作先进集体"光荣称号。1995 年，在《专利法》实施 10 周年纪念大会上，全国共有 11 所高等学校被评为"全国专利工作先进高等学校"，中国矿业大学名列其中，同时在江苏省被评为"专利工作十强院所"。1996 年，中国矿业大学科研处被国家教委评为全国高等院校科技管理先进单位，科技开发部获第三届全国技术市场"金桥奖"，余力教授被评为先进个人。

中国矿业大学的"硬煤煤矿冲击矿压危险性评价的研究"获 2001 年波兰经济部的采矿奖，"煤矿冲击矿压电磁辐射检测预警技术与装备及其应用"获 2006 年国家科技进步奖二等奖。1999 年以来，中国矿业大学围绕在动压巷道支护和顶板安全控制技术研究，揭示两类顶板垮冒型式和锚杆失稳类别，提出基于预应力锚杆支护的顶板楔形加固技术，课题成果"煤矿极易离层破碎型顶板预应力控制理论研究及工程应用"获得 2005 年国家科技进步奖二等奖。2004 年以来中国矿业大学合作主持低透气性煤层群无煤柱煤与瓦斯共采关键技术课题研究，打破了国外学术界认为在松软低透煤层中瓦斯难以抽采的论断，将低透气性高瓦斯煤层安全高效开采推向"无煤柱煤与瓦斯共采"科学采矿的新阶段。该项成果获得煤炭工业协会 2008 年度煤炭科技奖特等奖。中国矿业大学围绕巷道围岩结构理论及控制技术开展研究，完成了一批煤巷锚杆支护技术项目，课题成果"煤矿巷道高效安全支护成套技术创新体系及应用"获得了 2005 年国家科技进步奖二等奖。张东升教授进一步发展了煤矿开采、优化设计、发展规划配套体系理论，项目"荒漠化地区大型煤炭基地生态环境综合防治技术"获得了 2008 年国家科技进步奖二等奖。

中南大学的矿山安全学科的科研取得了多项成果及奖项。在金属矿山环境安全控制方面，中南大学完成了 28 项国家科技攻关专题项目、部委基金和企业合作项目，并先后获省部级科技奖励 11 项，并取得了显著的经济与环境社会效益；在矿山岩土灾害控制理论与技术方面，在岩土动力学、破岩理论与技术和工程灾害方面，中南大学承担了国家科学基金项目以及国家自然科学基金、省部委重大科研项目 27 项；在岩石及岩体结构在载荷下的动力响应、岩溶发育区安全处理技术、爆炸载荷下的岩体动力防护、高应力脆性岩石的动态失稳准则及防护、大型岩体结构在动力载荷下滑移与防治等方面，取得了开创性研究成果。在岩石爆破技术与破碎机理、爆破作业安全、爆破器材检测、爆破地震对建筑物和露天边坡的危害控制、高温复杂环境下控制爆破技术等方面取得了一系列国际先进水平的成果，先后获得省部级自然科学奖、科技进步奖一、二、三等奖 12 项；在金属矿山空区探测与处理、隐患资源的安全回收、深部岩爆机理与防治、爆破振动与控制、多相多场耦合作用机理、高温防护与水灾害防治等获得多项关键技术，中南大学的相关研究成果取得了包括国家科技进步奖二等奖在内的多项国家和省部级奖励；在金属矿山安全预警与仿真模拟、地下矿人员安全疏散仿真模拟及应急处置、紧急疏散中行人的行为特征仿真模拟、应急管理系统动力学模型等研究成果丰富，取得了 10 多项省部级奖励。

这一系列科研成果，标志着我国矿山安全学科在科研方面取得了巨大的成就，为我国矿山安全学科的发展奠定了坚实的基础。

据不完全统计，各高校科研机构在矿山安全学科方面获得多项科研成就及奖项，下面给出国家级的各项奖励，详细信息见表 4-4 至表 4-7。

表 4-4　1978 年全国科学大会获奖成果一览表

序号	成果名称	主要完成单位	主要完成人
1	MBT 型刨煤机	四川矿业学院	陶驰东
2	AYJ-1 型瓦斯遥测警报仪	四川矿业学院	吕松棠
3	触变泥浆淹水沉井	四川矿业学院	余力、马英明
4	深孔光面爆破工艺和理论的研究	四川矿业学院	王树仁、杨善元等
5	天府煤矿远距离解放层解放效果的考察	四川矿业学院	俞启香、周世宁等
6	重介质选煤工艺及设备	四川矿业学院	冯绍灌
7	MZ-12 型煤电站	四川矿业学院	戴鸿仪
8	用爆破法切断大直径 Φ2.6 米花岗岩柱	四川矿业学院	王树仁、王文龙等
9	地质力学理论方法在煤田地质工作中应用	四川矿业学院	韩德馨等
10	煤田钻探人造金刚石钻头钻进性能及人造金刚石合成	四川矿业学院	沈贤葆
11	立井环形吊架	阜新矿业学院	
12	耙斗式装岩机（内涨式）	西安矿业学院	高振铎等
13	速凝剂和早强水泥（喷射混凝土速凝剂、早强水泥）	西安矿业学院	李赤波、刘怀恒等
14	锚喷支护技术理论的研究	西安矿业学院	李赤波、刘怀恒等
15	脉冲载频数字显示方式矿井瓦斯遥测装置	山西矿业学院	武绍祖等
16	WG-ZL-1 喷射混凝土机组（立井）	焦作矿业学院	林增禧等
17	吉林省湾沟选煤厂煤泥水闭路循环系统	鸡西矿业学院	许占贤等
18	南桐煤矿直属一井近距离煤层解放层开采及抽放瓦斯	重庆大学	集体奖

表 4-5 国家自然科学奖获奖成果一览表

序号	成果名称	主要完成单位	主要完成人	获奖等级	获奖时间
1	采场上覆岩层活动规律研究	中国矿业大学	钱鸣高、李鸿昌等	三等奖	1990 年
2	煤层瓦斯流动理论与突出机理研究	中国矿业大学	周世宁、何学秋	四等奖	1993 年
3	岩石损伤断裂的分形研究	中国矿业大学	谢和平、陈至达等	三等奖	1995 年

表 4-6 国家发明奖获奖成果一览表

序号	成果名称	主要完成单位	主要完成人	获奖等级	获奖时间
1	胶圈-压力黏液封孔测定煤层瓦斯压力技术和装置	中国矿业学院	周世宁	三等奖	1985
2	煤层厚度探测仪	淮南矿业学院	王鹤龄等	二等奖	1989
3	人造大理石的立体浮印法	中国矿业大学	王锡峰、陆作兴	三等奖	1990
4	多铰摩擦可缩性 U 型钢支架	中国矿业大学	华安增、侯朝炯	三等奖	1990
5	KTP 型旋转式铁谱仪	中国矿业大学	杨志伊、何其华等	三等奖	1991
6	SJ-650A 型掘进后配套胶带输送机	中国矿业大学	于学谦等	四等奖	1991
7	工字钢可缩性巷道支架	中国矿业大学	侯朝炯、马念杰	四等奖	1991
8	ZM 系列增摩型钢丝绳防锈脂	中国矿业大学	段慎修、程瑞珍、王振东等	四等奖	1992
9	大流量手动油脂注油机	中国矿业大学	黄日恒、陈淑莲	四等奖	1992
10	空气重介质流化床干法选煤方法和分选机	中国矿业大学	陈清如、杨毅等	三等奖	1996
11	常压等离子表面复合处理设备与应用研究	山东矿业学院	徐克宝、尹华跃等	四等奖	1998
12	高能离子加热设备及强韧化热处理工艺的研究	山东矿业学院	徐庆莘、李惠琪	四等奖	1998
13	深部煤矿高温热害治理技术及其装备系统	中国矿业大学（北京）	何满潮	二等奖	2010
14	基于能量转换的矿用倾斜带式输送机防抱死安全制动关键技术	太原理工大学	寇子明、李军霞、谭鹏辉等	二等奖	2010
15	煤矿井下运输系统安全保障关键技术与装备	中国矿业大学	葛世荣、于岩、张德坤等	二等奖	2011
16	防治煤自燃的高效阻化方法与关键技术	中国矿业大学	王德明、秦波涛、陆伟等	二等奖	2012

续表

序号	成果名称	主要完成单位	主要完成人	获奖等级	获奖时间
17	低渗透煤层高压水力割缝强化瓦斯抽采成套技术与装备	太原理工大学	赵阳升、冯增朝、肖亚宁等	二等奖	2014
18	产千万吨级矿井大型提升容器及安全运行保障关键技术	中国矿业大学	朱真才、王继生、胡长华等	二等奖	2015
19	矿井灾害源超深探测地质雷达装备及技术	中国矿业大学（北京）	杨峰、彭苏萍、许献磊等	二等奖	2017
20	大深度高精度广域电磁勘探技术与装备	中南大学	何继善、李帝铨、蒋奇云等	一等奖	2018
21	煤矿岩石井巷安全高效精细化爆破技术及装备	中国矿业大学（北京）	杨仁树、岳中文、李清等	二等奖	2018

表4-7　国家科技进步奖获奖成果一览表

序号	成果名称	主要完成单位	主要完成人	获奖等级	获奖时间
1	煤炭干式筛分设备	中国矿业学院等	陈清如等	二等奖	1985
2	地表变形及覆岩破坏高度预计在"三下"（建筑物、铁路.水体）采煤技术中的应用	中国矿业学院等	王金庄等	二等奖	1985
3	浮选工艺参数的检测与自动控制	淮南矿业学院	龚幼民等	三等奖	1985
4	煤矿计算机环境监测系统	山西矿业学院等	武绍祖等	三等奖	1985
5	无煤柱开采研究及推广	阜新矿业学院、西安矿业学院等		三等奖	1985
6	易燃厚煤层无煤柱开采	山东矿业学院	范明训、邹在帮	国家"六五攻关奖"	1986
7	煤矿顶板动态监测	山东矿业学院	宋振骐等	国家"六五攻关奖"	1986
8	深井（500—600米）钻井法凿井技术研究	山东矿业学院	王德民、王心宏	国家"六五攻关奖"	1986
9	钻井法凿井技术	山东矿业学院等	王德民等	一等奖	1987
10	煤矿矿山压力和顶板运动的预报及控制	山东矿业学院等	宋振骐、邓铁六等	二等奖	1987
11	JDB-120/225型电动机综合保护器	淮南矿业学院等	叶芄生、龚幼民等	二等奖	1987
12	龙口矿区梁家主井混凝土帷幕法凿井工艺和理论的研究	阜新矿业学院等		三等奖	1987
13	固定锚杆水泥卷技术	中国矿业学院、西安矿业学院等	荣际凯、何唐镛等	三等奖	1987
14	硬岩大直径深井钻机的研制和钻井	中国矿业大学等	崔广心等	二等奖	1989

续表

序号	成果名称	主要完成单位	主要完成人	获奖等级	获奖时间
15	煤炭自燃火灾的早期侦报及防治	山东矿业学院等	范明训、邹在帮	二等奖	1989
16	老虎台选煤厂自动化	中国矿业大学	卢润德等	三等奖	1991
17	煤矿矿区最优规划理论与方法及其应用	中国矿业大学	王玉俊、张先尘等	三等奖	1991
18	露天开采设计规划综合优化的理论与应用	中国矿业大学	张幼蒂、彭世济等	二等奖	1992
19	KDY-1矿井地震仪、GJY-1工程检测仪的研究	淮南矿业学院	王鹤龄等	二等奖	1992
20	高寒区低温极压润滑脂的研制及应用技术的研究	中国矿业大学等	孟宪堂等	三等奖	1992
21	水煤浆工业生产技术	中国矿业大学	王祖讷、张荣增等	三等奖	1992
22	中国采煤方法研究（我国采煤方法完善、发展及推广）	中国矿业大学、西安矿业学院等	陈炎光、徐永圻等	二等奖	1992
23	大断面斜井机械化配套及快速施工工艺	山东矿业学院等	胡蜂等	二等奖	1993
24	10kV直接下井供电	焦作矿业学院等	袁世鹰等	二等奖	1993
25	衬垫摩擦系数测试装置及标准	中国矿业大学	夏荣海、叶尔赞等	三等奖	1993
26	中国东部煤田滑脱构造与找煤研究	中国矿业大学等	王桂梁、曹代勇等	三等奖	1995
27	矿井高低压电网三级漏电保护系统及装置	中国矿业大学等	胡天禄、唐轶等	三等奖	1995
28	综采工作面顶板与支护质量监控系统	中国矿业大学	何富连、钱鸣高等	三等奖	1996
29	采区高分辨三维地震勘探	中国矿业大学等	张爱敏、刘天放等	三等奖	1996
30	岩巷定向断裂控制爆破理论与施工技术	中国矿业大学等	杨永琦、高全臣等	三等奖	1996
31	极软岩巷道支护机理及高阻力可缩支架的研究	中国矿业大学	陆士良、王彩根等	二等奖	1996
32	煤巷支护新技术及围岩活动规律	中国矿业大学	侯朝炯、何亚男	三等奖	1996
33	沿空留巷机械化构筑护巷带技术	中国矿业大学	侯朝炯、孙恒虎	国家"八五"重大科技成果奖	1996
34	特殊地层条件下井壁破裂的机理与防治技术	中国矿业大学、淮南工业学院等	崔广心等	二等奖	1997
35	矿山高水速凝充填材料及充填新工艺	中国矿业大学	孙恒虎、刘文永等	三等奖	1997
36	ASCS全数字调速电控系统	中国矿业大学等	谭国俊等	三等奖	1997
37	采煤沉陷地非填复垦与利用技术体系研究	中国矿业大学	卞正宫、张国良等	三等奖	1997
38	地下民用建筑火灾烟气流动过程模拟技术的研究	西安矿业学院	常心坦	三等奖	1997

续表

序号	成果名称	主要完成单位	主要完成人	获奖等级	获奖时间
39	兖州矿区煤炭综合生产技术研究与开发	中国矿业大学等	采矿系	一等奖	1998
40	中国煤矿采场围岩控制	中国矿业大学	钱鸣高、李鸿昌	三等奖	1998
41	赵各庄矿深部-1200米以上奥灰承压含水层上安全开采实验研究	山东矿业学院	李白英、肖洪天等	三等奖	1998
42	煤矿开采深部瓦斯（煤层气）涌出的预测方法及区域治理	重庆大学	鲜学福、尹光志等	三等奖	1998
43	水射流辅助刀具切割破碎硬岩的研究	重庆大学	李晓红、鲜学福等	三等奖	1999
44	矿井瓦斯综合治理示范工程配套技术的研究	平顶山煤业（集团）有限责任公司、煤炭科学研究总院重庆分院等	张铁岗、何学秋、胡千庭等	二等奖	2002
45	煤层自燃火灾预测及防灭火新技术的研究与应用	西安科技学院	徐精彩、邓军、文虎等	二等奖	2002
46	复杂特困条件下高瓦斯煤层群瓦斯抽放理论研究与工程实践	安徽理工大学、中国矿业大学	袁亮、刘泽功、俞启香等	二等奖	2003
47	深部开采动力灾害预测及其危害性评价与防治研究	北京科技大学	蔡美峰、纪洪广、乔兰等	二等奖	2003
48	煤矿区土地生态环境损害的综合治理技术	中国矿业大学北京校区、中国矿业大学	胡振琪、郭达志、姜光杰等	二等奖	2004
49	废弃矿井高强渗流水害综合治理技术与矿井安全生产	山东科技大学、中国矿业大学	付文安、江卫、李景恒等	二等奖	2004
50	金属矿床开采矿岩致裂与控制技术研究及应用	中南大学、湖南科技大学	李夕兵、古德生、赵国彦等	二等奖	2004
51	大型岩体工程稳定性和优化的分析方法及应用	东北大学、山东科技大学	冯夏庭、李术才、陈卫忠等	二等奖	2004
52	岩石破裂过程失稳理论及其工程应用	东北大学、青岛建筑工程学院等	唐春安、朱万成、杨天鸿等	二等奖	2004
53	三峡水库淹没区固体废弃物污染治理专项技术研究	重庆大学	李晓红、王里奥等	二等奖	2005
54	煤矿极易离层破碎型顶板预应力控制理论研究及工程应用	中国矿业大学	袁亮、张农、赵奇等	二等奖	2005
55	煤矿巷道高效安全支护成套技术创新体系及应用	中国矿业大学	康红普、王金华、张明安等	二等奖	2005

续表

序号	成果名称	主要完成单位	主要完成人	获奖等级	获奖时间
56	煤矿冲击矿压电磁辐射监测预警技术与装备及其应用	中国矿业大学	何学秋、王恩元、窦林名等	二等奖	2006
57	大型深凹露天矿安全高效开采关键技术研究	北京科技大学、清华大学	蔡美峰、郝树华、张文明等	二等奖	2007
58	隐患金属矿产资源安全开采与灾害控制技术研究	中南大学	李夕兵、古德生、周科平等	二等奖	2007
59	高瓦斯矿井的特大型火区灭火抑爆技术研究及应用	中国矿业大学	章永久、王德明、张玉良等	二等奖	2007
60	破碎岩体渗流规律及其在煤矿突水防治中的应用研究	中国矿业大学、湖南科技大学	缪协兴、浦海、王连国等	二等奖	2007
61	多相振荡射流及其在低透气性煤层中抽采瓦斯的关键技术研究与应用	重庆大学	李晓红、卢义玉、鲜学福等	二等奖	2008
62	岩体开挖力学效应及锚固工程质量检测新技术	重庆大学	刘新荣等	二等奖	2008
63	矿井局部通风群控系统和安全供电关键技术研究及配套设备开发	太原理工大学	宋建成、任国伟、贺天才等	二等奖	2008
64	煤炭自燃理论及其防治技术研究与应用	辽宁工程技术大学	王继仁、金智新、邓存宝等	二等奖	2008
65	煤矿安全生产监控系统技术	中国矿业大学（北京）、中国矿业大学	孙继平、钱建生、彭霞等	二等奖	2008
66	深井煤与瓦斯突出煤层区域性瓦斯灾害防治关键技术及应用	中国矿业大学、淮北煤炭师范学院	程远平、李伟、胡千庭等	二等奖	2009
67	尾矿坝灾变机理研究及综合防治技术	重庆大学	杨春和、张超、沈楼燕等	二等奖	2009
68	低透气性煤层群无煤柱煤与瓦斯共采关键技术	安徽建筑工业学院、中国矿业大学等	袁亮、张农、卢平等	二等奖	2009
69	600m特厚表土层冻结法凿井关键技术	中国矿业大学	杨维好、蒲耀年、李功洲等	二等奖	2009
70	两淮矿区复杂地层条件下深大井筒特殊法凿井关键技术与应用	安徽理工大学	刘谊、程桦、赵时运等	二等奖	2009
71	岩石力学智能反馈分析方法及其工程应用	东北大学		二等奖	2010

续表

序号	成果名称	主要完成单位	主要完成人	获奖等级	获奖时间
72	大型高炉高效生产综合技术的开发与应用	武汉科技大学		二等奖	2010
73	含钒页岩高效提取在线循环资源化新技术及工业应用	武汉科技大学		二等奖	2010
74	特厚煤层安全开采关键装备及自动化技术	中国矿业大学	葛世荣、刘克功、赵学雷等	二等奖	2010
75	煤矿冲击地压预测与防治成套技术	辽宁工程技术大学、北京科技大学	潘一山、郎庆田、齐庆新等	二等奖	2010
76	高瓦斯大倾角煤层开采自燃火灾防治技术研究	西安科技大学	侯铁军、文虎、董庆利等	二等奖	2010
77	复杂破碎条件下露天-地下联合高效开采关键技术	北京科技大学	吴爱祥、韩斌、王春来等	二等奖	2010
78	煤矿千米深部岩巷稳定控制关键技术及应用	中国矿业大学、山东科技大学等	刘泉声、薛俊华、高玮等	二等奖	2010
79	矿井移动与应急通信技术与系统	中国矿业大学（北京）	孙继平、田子建、胡穗延等	二等奖	2010
80	大型露天煤矿开采新技术与应用研究	中国矿业大学	才庆祥、徐志远、车兆学等	二等奖	2010
81	深*****建设基础理论与****研究（军工项目）	重庆大学	周小平等	一等奖	2011
82	大型矿山排土场安全控制关键技术	北方工业大学、华北水利水电学院等	连民杰、孙世国、刘汉东等	二等奖	2011
83	高瓦斯突出煤层群保护层开采与地面钻井抽采卸压瓦斯关键技术	中国矿业大学	严永胜、周福宝、李玉民等	二等奖	2011
84	我国东部煤矿深井巷道松软围岩失稳安全控制关键技术与应用	安徽理工大学、山东科技大学	谢广祥、孔祥喜、谭云亮等	二等奖	2011
85	中国煤矿瓦斯地质规律与应用研究	河南理工大学、北京大学	张子敏、高建良、张玉贵等	二等奖	2011
86	华北型煤田隐伏含水陷落柱预探评价与快速治理理论及关键技术	中国矿业大学（北京）、华北科技学院	刘建功、武强、赵庆彪等	二等奖	2011
87	煤矿井下地质力学原位快速测试及围岩控制技术	中国矿业大学	康红普、李晋平、翟红等	二等奖	2011

续表

序号	成果名称	主要完成单位	主要完成人	获奖等级	获奖时间
88	鄂尔多斯盆地生态脆弱区煤炭开采与生态环境保护关键技术	西安科技大学、长安大学等	王双明、范立民、黄庆享等	二等奖	2011
89	复杂难采深部铜矿床安全高效开采关键技术研究与应用	中南大学	李冬青、王李管、杨承祥等	二等奖	2011
90	综放开采顶煤放出理论与厚煤层开采围岩控制技术及应用	中国矿业大学（北京）	王家臣、陈忠辉、贾双春等	二等奖	2011
91	深部盐矿采卤溶腔大型地下储气库建设关键技术及应用	重庆大学、四川大学等	杨春和、李银平、黄泽俊等	二等奖	2011
92	大同矿区复杂开采条件煤炭火灾防治关键技术	辽宁工程技术大学、中国矿业大学	王继仁、于斌、邓存宝等	二等奖	2012
93	海底大型金属矿床高效开采与安全保障关键技术	中南大学、北京科技大学	陈玉民、李夕兵、刘钦等	二等奖	2012
94	煤矿通风瓦斯超限预控与监管技术及系统	中国矿业大学（北京）、北京大学	金智新、孙继平、马平等	二等奖	2012
95	煤与瓦斯突出矿井深部动力灾害一体化预测与防治关键技术	辽宁工程技术大学、中国矿业大学	潘一山、梁铁山、张宏伟等	二等奖	2013
96	硬岩高应力灾害孕育过程的机制、预警与动态调控关键技术	东北大学	冯夏庭、吴世勇、陈炳瑞等	二等奖	2013
97	先进短流程工艺低成本高性能钢制造关键技术及其产业化	武汉科技大学		二等奖	2014
98	生态脆弱区煤炭现代开采地下水和地表生态保护关键技术	中国矿业大学（北京）	顾大钊、翟桂武、张建民等	二等奖	2014
99	大型铁矿山露天井下协同开采及风险防控关键技术与应用	东北大学、中国矿业大学等	邵安林、吴立新、任凤玉等	二等奖	2014
100	高瓦斯突出煤层强化卸压增透及瓦斯资源化高效抽采关键技术	中国矿业大学	林柏泉、翟成、屈永安等	二等奖	2015
101	露天转地下高效转型建设大型数字化地下金属矿山的研究与实践	北京科技大学、华北理工大学	蔡美峰、齐宝军、甘德清等	二等奖	2015
102	城市高密集区大规模地下空间建造关键技术及其集成示范	重庆大学	朱合华、刘新荣等	二等奖	2016

续表

序号	成果名称	主要完成单位	主要完成人	获奖等级	获奖时间
103	煤层瓦斯安全高效抽采关键技术体系及工程应用	中国矿业大学、河南理工大学	周福宝、孙玉宁、高峰等	二等奖	2016
104	煤层气储层开发地质动态评价关键技术与探测装备	重庆大学	许江等	二等奖	2017
105	煤矿深部开采突水动力灾害预测与防治关键技术	山东科技大学、中国矿业大学（北京）等	武强、刘伟韬、陈绍杰等	二等奖	2017
106	煤矿柔模复合材料支护安全高回收开采成套技术与装备	西安科技大学	王晓利、杨俊哲、李晋平等	二等奖	2018
107	西北地区煤与煤层气协同勘查与开发的地质关键技术及应用	中国矿业大学、中国地质大学（北京）	王佟、王宁波、傅雪海等	二等奖	2018
108	压灭火自动监到和调节	阜新矿业学院等		国家"七五攻关奖"	

参考文献

[1] 朱训. 中国矿业史［M］. 北京：地质出版社，2010.
[2] 《中国煤炭高等教育史》编写组. 中国煤炭高等教育史 1949—1999［M］. 徐州：中国矿业大学出版社，2001.
[3] 张琳琳. 金属矿山井下火灾预警监测体系研究［D］. 沈阳：东北大学，2009.
[4] 邓铁六，王洛斋. 光电自动水幕控制器［J］. 冶金安全，1977（5）：22-23.
[5] 牛京考等. 冶金矿山科学技术的回顾与展望［M］. 北京：煤炭工业出版社，2000.
[6] 教育部高等学校安全工程学科教学指导委员会. 安全科技概论［M］. 徐州：中国矿业大学出版社，2015.
[7] 陈宝智，王福成. 安全工程概论（第 2 版）［M］. 北京：煤炭工业出版社，2014.
[8] 辛嵩，刘剑. 安全工程概论［M］. 徐州：中国矿业大学出版社，2011.
[9] 章林. 我国金属矿山露天采矿技术进展及发展趋势［J］. 金属矿山，2016（7）：20-25.
[10] 陈泉. 建国以来我国金属矿采矿技术的进展与未来展望［J］. 科学技术创新，2018（17）：182-183.
[11] 煤矿安全监控系统发展简况［EB/OL］. （2019-05-05）［05-05］. http://www.chinacoal-safety.g ov.cn/xw/zt/2018zt/mkaqjkxtsj gz/201804/t20180402_217029.shtml.
[12] 潘尚达. KJ1 型矿井环境与生产监测系统总体设计中的几个问题［J］. 煤矿自动化，1988（1）：3-7.
[13] 田玉丽，郭宗跃. KJ4 煤矿安全监测系统分站的改造［J］. 内江科技，2009，30（1）：82，177.
[14] 谭细军. 非煤矿山安全避险"六大系统"建设存在问题及发展趋势［J］. 现代矿业，2012（8）：132-134.
[15] 田会，白润才，赵浩. 中国露天采矿的成就及发展趋势［J］. 露天采矿技术，2019，34（1）：1-9.
[16] 煤炭工业协会. 中国煤炭工业科学技术发展报告 2011—2015 版［M］. 北京：煤炭工业出版社，2016.
[17] 《中国矿业大学志》编写组. 中国矿业大学志 1909—2009 上［M］. 徐州：中国矿业大学出版社，2009.
[18] 姚海亮，杨菁菁，谢宗良，等. DGC 瓦斯含量测定过程中残存瓦斯含量的确定［C］. 2012.
[19] 张顺，葛新玉. DGC 瓦斯含量直接测定装置在瓦斯治理中的应用［J］. 能源技术与管理，2013，38（2）：30，51.

[20] 艾兴. 煤矿火灾防治技术发展历程及展望：煤炭安全/绿色开采灾害防治新技术——2016年全国煤矿安全学术年会[C]. 中国江西吉安，2016.
[21] 鲜学福，王宏图，姜德义，等. 我国煤矿矿井防灭火技术研究综述[J]. 中国工程科学，2001（12）：28-32.
[22] 梅甫定，李向阳. 矿山安全工程学[M]. 武汉：中国地质大学出版社，2013.
[23] 本书编委会. 2016—2020冶金与矿业学科发展战略研究报告[M]. 北京：科学出版社，2017.
[24] 韩猛，纪玉石. 控制开采技术在软岩边坡露天煤矿的实践[J]. 露天采矿技术，2015（7）：7-9.
[25] 张泉. 激励创新引领发展——我国科技奖励制度在改革中完善[J]. 科技传播，2019，11（2）：3.
[26] 杨富. 在全国煤矿安全科学技术创新交流大会上的讲话[J]. 煤矿安全，2015，46（S1）：1-2.
[27] 王建国. 全面建设现代化矿山安全研究院[J]. 煤矿安全，2003，34（z1）：1-4.
[28] 丁志超. 煤矿开采抑尘技术在黄陵一号煤矿的应用[J]. 科技展望，2015，25（29）：29.
[29] 吴昕芸. 新中国成立以来我国科技奖励制度演变研究[D]. 南京：南京信息工程大学，2015.
[30] 李娜. 知识经济时代我国科技奖励的制度困境及其路径优化研究[J]. 知识经济，2016（20）：14-15.
[31] 吴恺. 我国现代科技奖励制度的分类及特点[J]. 河北广播电视大学学报，2012，17（3）：73-76.

第5章 矿山安全学科学术共同体的发展

学术共同体是学科发展到一定程度的产物,最明显的标志是成立全国性的学会和定期发行学术刊物,其组织形式可以是实体型的学会、协会、研究会,也可以是松散的联盟、论坛等。由于学术共同体的形成和运行的基础是科学知识的共有性,科学知识本身发展的逻辑,所以要求科学家将其研究成果与其他科学家进行交流,通过交流,科学成为公共的领域,在遵循一定规范的前提下,参与科学交流的科学家形成了一个共同体。学术共同体还可以细分为各个子共同体,在学术共同体内有许多正式的组织,包括按具体学科和地理区域组成的各种专业协会。

本书中矿山安全学科学术共同体是指由从事矿山安全学科的科技工作者或科技单位,自愿组成的跨单位、跨部门的非营利性学术团体。矿山安全学科学术共同体宗旨是为促进矿山安全学科发展和技术进步服务,为矿山安全学科科技工作者服务。不同类型的矿山安全学科学术共同体的主要活动可以包括:开展矿山安全领域的国内外学术交流、组织学术座谈、提供学术技术咨询;出版科技期刊;普及科学知识、推广学术技术成果;组织、协调、拟订行业技术标准,维护学科道德规范,发现并举荐矿山安全方面的科技人才等。

5.1 矿山安全学术共同体的发展历程

5.1.1 矿山安全学术共同体的功能

矿山安全学术共同体是联系矿山安全学科内产、学、研、用各方的桥梁和纽带,它能促进矿业安全的发展,加强学术交流与合作,培养高级专业人才,提高学术审查与评价的权威,在以企业为主体的科技创新机制中发挥着不可替代的作用。

(1) 促进矿山安全学科与科技的发展

随着生产力的不断发展,矿山安全学科内部与其他学科之间的不断交叉融合,合作日益加强,矿山安全学术共同体获得在资源分配上的优势,由此产生优势效应——人才集中和资源的优势整合,从而为科学的发展奠定了基础,推动制度完善和引导舆论氛围,有助于其成员在相关领域内的健康成长,从而促进科技进步与发展。

矿山安全领域的各级学会或协会,如中国煤炭学会、中国劳动保护科学技术学会和中国煤炭工业协会等均以推动煤炭经济运行持续好转为重点,努力发挥联系政府、指导行业、服务企业的桥梁和纽带作用,认真开展调查研究,及时分析判断形势,科学地把握未来,千方百计地为煤矿行业健康发展营造良好的政策环境；坚持依靠科技进步，努力促进煤矿行业生产力水平提高。矿山安全学术共同体在政府的授权下从事与煤矿安全相关的工作，开展矿山行业安全生产标准制定修订工作；开展安全状况调查，参与起草矿山行业安全生产发展规划；开展技术管理咨询、技术服务和技术鉴定，做好安全生产技术引进、交流与合作等工作；开展矿山行业统计，掌握国内外发展动态，收集、整理、发布行业信息，对行业的发展状况及经济技术指标进行分析评价，为矿山行业的单位和政府、社会提供优质的信息咨询服务；参与煤矿建设项目矿产资源开发利用方案评审、安全核准的专家审查、环境影响评价预审等工作，开展技术咨询与服务；参与行业资质认证和煤炭新技术、新产品鉴定；根据市场和行业发展需要，开展煤炭新技术、新产品、新工艺推广工作，发布行业新纪录；经授权，开展矿山安全科学技术奖等评审奖励工作以及有关国家奖项的推荐工作。同时，向政府部门适时提出煤炭工业健康发展的思路和政策建议，推动安全高效矿井和质量标准化矿井建设，促进煤炭工业现代化和规模化。通过以上这些活动，在本行业有效地推动科技的发展。

（2）加强学术交流与合作

矿山安全学术共同体是推动跨矿山安全学科交流与合作、促进矿山安全学术繁荣和学术创新的重要载体，推动跨学科交流与合作，促进矿山安全学术繁荣和学术创新。作为专门进行群众性学术交流、开展学术活动的社会团体，它具有知识信息的集中共享优势，有比较明确的分工机制，为内部成员提供一个比较宽松的、平等的、自由的学术交流的平台。成员之间通过彼此交流自己的研究成果，做到资源的共享与互补，可以充分提高科研的效率。由于获取知识和科技信息来源广泛，因而具有吸收、传播、扩散知识信息的优势。同时，利用现代科技手段传递反馈新知识方便快捷，信息量大。通过交流与合作也可以提高研究人员对相关研究领域的知情权，避免了重复研究所造成的人力资源的浪费。另外，学术共同体内部具有相互制约、制衡、监督、仲裁评价等诸多学术功能。矿山安全学术共同体的论坛与学术交流会等，通过同行的制约、批评和评价，促进矿山安全业的发展，相应地，矿山安全学术共同体的发展也有助于维护学术自由和独立，有助于形成良好的学术风气，凝聚理论共识。

（3）培养高级专业人才

矿山安全学术共同体存在的意义在于学术研究，矿山安全学术研究的主体一般是本学科领域内取得一定成绩、较有影响力的专业人才。一旦这些人才加入矿山安全学术共同体，他们将会在原来的基础上进行更深层次的学术研究，从而在无形之中完成了对高级专业人才培养的使命。由于大多依托在实际部门，且有联系面广的特点，对社会实践活动有直接的了解，并以研究社会实际问题为主要方向，因此，对工作在不同部门的人们可以更好地掌握相关领域的前沿内容，学术共同体大多能够按照社会需要，有针对性地对人员分期分批进行技术培训，将专业知识或其他新知识、新技术传授给他们，为社会培养高素质的综合人才。

通过举办人才资源开发讲座、报告会、座谈会等活动，矿山安全学术共同体营造了使优秀人才脱颖而出的良好氛围，加大了人才开发的宣传力度；还通过举办人才交流会，向矿山安全行业内的各单位推荐专家、青年学术带头人和科技骨干，促进人才合理流动；重视技能教育和培训，发动学术共同体开展技能升级鉴定，组织技术工人开展技术比武及各种劳动技能大赛，提高其业务素质。矿山安全学术共同体对于科研人员更新知识的及时性、不间断和显效性是其他组织不可比拟的。

5.1.2 矿山安全学术共同体的发展

中华人民共和国成立前，由于矿山安全学术共同体理论和技术刚刚传入中国，矿山安全人员数量很少，矿山安全业还没有形成有组织的学术共同体。

中华人民共和国成立后，中央人民政府提出了"安全生产"的方针和要求，强调"安全为了生产，生产必须安全"，并建立了安全生产的一整套制度体系。矿山安全提上了日程，对矿山安全业的关注也越来越多，渐渐形成了矿山安全业的学术共同体。矿山安全学术共同体的发展在中华人民共和国成立后经历了三个过程：中华人民共和国成立至1962年初期发展阶段、1963—1977年几乎停滞阶段和1978年至今发展和繁荣阶段。

（1）中华人民共和国成立至1962年初期发展阶段

中华人民共和国成立后，为了恢复国民经济，解决经济建设、社会发展、人民生活所必需的能源材料和矿物原材料，毛泽东主席发出了"开发矿业"的伟大号召，中央人民政府采取了一系列措施发展矿业。截至1952年，矿业生产取得了突破性进展。煤矿方面，83%的国有煤矿矿山完成了恢复工作。随着国民经济初步发展，矿山安全学术共同体开始初步形成。1956年11月26日，由冶金、材料科学技术工作者及相关单位成立中国金属学会。1962年11月28日，经中国科学技术协会批准组建煤炭行业科技工作者学术性社会团体——中国煤炭学会。

（2）1963—1977年几乎停滞阶段

"大跃进"和"文化大革命"期间，矿山安全受到干扰、冲击和破坏，矿山生产付出了伤亡事故多发、人民生命财产遭受严重损失的惨痛代价。由于当时随着矿产资源开发强度的增大，矿山安全事故预防和管理技术相对来说处于滞后状态，生产从业人员安全意识不够、安全措施和科技投入有限、技术和防范措施落实不到位、安全生产监督管理体制不能很好地适应经济发展的需要等。矿山环境不断恶化、安全生产保障条件差、工程地质灾害隐患多、重大、特大事故频繁发生，造成了巨大的生命财产损失，制约了国民经济和我国矿业向深部及大规模方向的可持续发展。受此影响，矿山安全学术共同体几乎停滞，基本没有发展。在此期间，几乎没有学会和其他研究团体成立，原有的学会也暂时停止了相应的活动。

（3）1978年至今发展和繁荣阶段

改革开放后，矿山安全生产重新步入正常运行的轨道。为适应向社会主义市场经济体制转变新形势下加强安全生产的需要，党和国家积极推动安全生产监督体制改革，加快建立以《安全生产法》为主体的安全生产法律体系，依法开展煤矿等重点行业领域的安全整治，加大事故查处和责任追究力度。自1978年开始，从中央到省、市、自治区及各部门都重新开始了安全法规的建设，一批法规得到重申和修订，并颁布了新的安全法规。劳动人事部从1980年开始，组织有关单位制定了一系列安全卫生标准。特别是1992年颁布了《中华人民共和国矿山安全法》（1993年5月1日起施行）、2000年国务院颁布了《煤矿安全监察条例》（2000年12月1日起施行）、2001年4月21日国务院颁布了《国务院关于特大安全事故行政责任追究的规定》（自公布之日起施行）、2002年6月29日颁布了《中华人民共和国安全生产法》（自2002年11月1日起施行）等，使我国的安全法制建设得到进一步完善。与此同时，陆续由国外引进了安全管理的现代方法，并结合我国国情，创造发展了许多新的安全管理方法和技术，如系统安全分析和安全评价、安全目标管理、计算机辅助安全管理等。这些管理方法和技术的推广应用，开始使我国的安全工作从经验管理向现代科学管理过渡，对于提高安全管理水平，降低事故发生率，起到了极大的促进作用。同时，安全教育培训和安全科学研究得到了迅速发展，为科学、有效地开展安全管理注入了新的活力。与煤矿安全管理发展阶段相对应，我们对安全管理的认识也同样经历了概念与理解的变革。在我国，安全管理是从劳动保护开始的，经历了从劳动保护到安全科学的变化过程。

随着矿山安全技术的发展与推广应用，矿山安全业陆续出现了学术共同体，如中国劳动保护科学技术学会、中国非金属矿工业协会和中国劳动保护工业企业协会等。1983年9月17日至20日，中国劳动保护科学技术学会在天津成立。1987年8月，经中华人民共和国民政部批准，成立中国非金属矿工业协会。1991年5月2日，经民政部登记，中国冶金矿山企业协会成立。1994年，中国劳动保护工业企业协会正式成立。1999年3月18日，经原国家经贸委和民政部批准，中国煤炭工业企业管理协会更名为中国煤炭工业协会，是目前煤炭行业最大的社团组织。2004年2月1日，经民政部批准，中国劳动保护工业企业协会更名为中国职业安全健康协会。2001年4月，经国务院主管机关批准，中国有色金属协会正式成立。中国安防协会、非煤矿山安全协会、煤炭工业安全科技学会等相继成立。

当前，以习近平同志为核心的党中央对安全生产高度重视，提出发展不能以牺牲安全为代价、实行"党政同责、一岗双责、失职追责"等重要思想和重大决策。高度重视、切实做好安全生产工作，以高度的政治自觉和责任自觉来加强、推动安全生产工作。矿山安全学术共同体由最初的单一的注重金属、非金属等材料因素，逐步发展到关注劳动保护及矿山安全，关注点在逐步扩大，影响力逐步加深。随着人员的扩大和规模的增加，通过出版刊物、举办和参加会议、培训人才等各种形式，促进科学发展、安全发展并推动我国矿山安全生产形势实现根本好转。同时，伴随着信息社会的信息与技术的发展，学会、学术等学术团体进一步明确了自己的定位，努力开拓相关领域。相应的，各类民间学术、技术联盟、论坛等松散型的学术共同体等也产生了，并在矿山安全领域积极开展了活动。

目前，中国矿山安全已经初步形成了一个在政府宏观指导下的、多层次多形式的学术共同体架构，为推动我国矿山安全学科发展与技术进步，提升中国在国际上的话语权作出了贡献。矿山学术共同体已经成为中国矿山安全企业为主体的科技创新机制的一个重要组成部分。

5.1.3 矿山安全学术共同体的改革与创新

知识经济时代，矿山安全学术共同体必须要及时进行改革创新发展，是适应当今社会发展的迫切要求。要充分利用好国际化、数字化、信息化的优势，推动矿山安全学术共同体功能的发挥。探讨矿山安全学术共同体改革与创新发展思路，有利于提高自身竞争力，充分展现核心价值、重要功能和社会责任，这对促进矿山安全学术共同体的可持续发展、提高综合水平，以及推进国家的科技创新工作都具有重要意义。

（1）体制的改革与创新

中国早期的学术共同体是政府部门的内设专业单位，有国家核定的财政事业编制和经费核算，干部人员由政府安排，工资由政府发放。当时的主要任务是技术交流、政策支撑和国际技术业务交往等。随着国家改革开放和社会主义市场经济的逐步建立，这种社会团体依附于政府的体制也在逐步发生改变。以学会为例，1982年，中共中央书记处决定全国性学会由中国科协统一归口管理，并作为社会团体法人，依法在民政部注册登记。这一决定为学会改革创造了条件。

随着国家社会主义市场经济体制的进一步建立，在历次国务院机构改革决策中提出"政企分开"后，又在1998年提出了"政事分开"和"政社分开"的目标，要求社会团体与政府在组织上、人事上、财务上实行三脱钩。这种脱钩将学会推向了市场，使其必须自主发展。为了贯彻落实中央改革方针，也为了在市场经济的环境下保持学会的生存与发展，中国科协从2001年开始推进全国性学会改革。学会改革基本要求是探索适应社会主义市场经济体制、符合科技社团发展规律的组织体制、运行机制和活动方式。在改革中学会坚持学术水平和服务意识相结合的理事推选原则，既便于议事决策，又能够全面开展工作。主要目标是：①建立以会员为主体的组织体制，充分发挥会员代表大会、理事会、常务理事会的领导作用，实行民主办会；②在坚持非营利性质的基础上，树立经营学会的概念，逐步形成以有偿服务收入和会员会费收入为主要来源的学会经费渠道，不断壮大学会为会员服务的经济基础。学会成立了会员发展与服务的相关规划，负责调动理事参与会员发展、会员学术交流、人才培养、学会通信、企业展览及招聘信息等精准服务。在体制改革时期，由于国家对社团改革的相关政策尚不配套，脱离政府独立生存还有困难，还需政府的支持，有时候还要依托政府的公信力开展工作。1999年民政部批准的《中国煤炭工业协会》中仍然明确规定，协会的业务主管部门是中国科协，这种体制有利于协会开展工作，也有利于加强对协会的管理。后来成立的矿山安全学术共同体，按照市场经济的原则组建，在接受政府的宏观指导、执行相关政策法规的同时，在运行管理上实行独立自主的原则。

矿山安全学术共同体的改革还在不断深化。改革的方向是，根据社会主义市场经济体制的要求，进一步完善功能、自主发展、规范行为、加强自律，在矿山安全学科与产业化中发挥更大的作用。坚持深化改革，提高工作效率和质量，逐步成为政府认可、学者信赖、具有较强凝聚力的行业自律性组织。

（2）服务机制和工作方式的改革与创新

矿山安全学术共同体通过结合学会自身特色和工作实际，提出可监测、可考核、有突破、有提升的工作目标，做强工作品牌，扩大社会影响，提升服务能力。主要围绕以下方面积极开展创新服务：

1）搭建了高水平学术交流平台。通过举办高质量学术交流活动，创办高水平学术期刊，打造一流学术交流品牌，发起成立国际民间科技组织，为我国建成创新型国家提供支撑服务，努力提高我国科技界的国际影响力和话语权。

2）积极参与了创新驱动助力工程。组织开展多层次、多渠道精准务实服务，广泛凝聚各类创新资源，助力地方经济结构转型升级和产业发展，助力企业技术创新，服务大众创业万众创新，服务海外引智战略。

3）积极参与了学会联合体工作。通过参与学会联合体的组建及运营工作，主动与相关学会协同合作，充分发挥学会联合体协同改革、资源共享、共谋发展的平台功能。学会联合体牵头学会或有条件的学会要结合科技创新和产业变革的趋势，整合联合体各成员单位智库资源建设专业研究所，引领联合体智库工作向精深特方向发展。

4）推进学会社会化公共服务常态化。积极参与政府购买服务工作，推动学会拓宽服务领域,创新服务产品,打造"服务品牌"。

5)积极参与青年人才托举工程。多渠道募集资金开展青年人才托举工作,扩大青年人才托举工程的年度培养规模;自主开展青年科技人才培养工作,提高学会人才培养能力水平,扩大青年人才托举工程的后备队伍。

6)大力服务企业科技创新成果转化。积极参与了科技成果转化工作,建设科技成果转化平台,组建科技成果转化队伍,发挥矿山安全学术共同体的枢纽作用,围绕核心技术问题组织联合攻关,提升科技成果转化率。

7)加强科技创新智库建设工作。通过组织动员矿山安全学术共同体联系的各类专家积极参与高水平科技创新智库建设工作,科学预判科技前沿发展趋势、准确把握科技界动向、扎实开展第三方评估,加强与中国科协及中国科协创新战略研究院沟通交流,增强科协智库体系上下联动,形成合力。

8)创新拓展科普工作新内涵。依据《全民科学素质行动计划纲要》《中国科协科普发展规划(2016—2020年)》等制定矿山安全学科领域科普规划计划。加强科学传播专家团队建设,培养科普专家队伍、专兼职人员队伍和志愿者队伍。深化科普产品供给侧改革,针对矿山安全学科进展和行业相关社会热点焦点进行科学解读,繁荣科普创作,生产汇聚整合优质科普资源,依托电视台、互联网和传统媒体等立体广泛传播。开展全国性、创新性、示范性科普活动,形成学科科普品牌。推动矿山安全学科或行业科技博物馆和科普基地建设,推动矿山安全学术共同体开发开放优质科普资源。

9)积极开展国际交流合作。加大力度培养和支持我国科学家在国际组织任职,扩大任职的覆盖面;与国外矿山安全相关领域科技社团共同举办或承办国际学术活动,为中国科技工作者提供国际交流和学习的机会;学习借鉴先进科技社团的会员服务、市场运营方式;加强与"一带一路"倡议沿线国家在矿山安全领域的科技交流和人员互访,配合国家战略和科协总体部署,促进沿线国家民心相通,努力提升我国科技界在国际科技组织的影响力和权威性。

10)积极参与中国科协海智计划工作,推荐海外高端人才参与矿山安全行业的中国重大科研项目或开展合作研究,推荐有自主知识产权的原创项目到中国创业。

11)推进"互联网+"学会工作的建设。充分利用信息化手段,积极参与网上科协建设工作,在内部治理、学术交流、科学普及、会员发展、决策咨询、精准扶贫等方面优化资源配置,构建适合学会发展的互联网生态环境。

12)建设矿山安全协同创新组织。支持学会发挥优势,整合企业、高校、科研机构和金融机构等力量,以提高共性技术研发与成果转化能力为目标,以具有法律约束力的契约为保障,打造联合开发、优势互补、利益共享、风险共担的协同创新组织,更好地服务产业转型和企业创新发展。

5.2 学术共同体的组织与活动

5.2.1 部科技委的设立与发展

部科技委的发展经历了一个漫长的历史沿革过程。最初始于1949年,国家在燃料工业部下设煤炭管理总局。1949年10月1日，中华人民共和国成立后，开启了中国现代矿业发展历程，中国矿业由此进入了一个蓬勃发展的新阶段。中央人民政府采取了一系列措施来发展矿业，设立燃料工业部，负责管理煤炭、石油和电力。全国煤炭工业实行在中央人民政府统一领导下，以各大行政区为主进行管理的体制。

随后1955年，撤销燃料工业部，设立煤炭工业部。1970年，撤销煤炭工业部、石油工业部和化学工业部，合并为燃料化学工业部。1975年，撤销燃料化学工业部，再次成立煤炭工业部。1988年，撤销煤炭工业部，成立了由煤炭、石油、核工业部的全部政府职能和水利电力部的部分政府职能部门组成的能源部。煤炭工业部撤销后，成立了中国统配煤矿总公司。1993年，撤销能源部和中国统配煤矿总公司，组建煤炭工业部。1998年，将煤炭工业部改组为国家煤炭工业局。国家煤炭工业局为国家经济贸易委员会管理的主管煤炭行业的行政机构。1999年年底，国务院批准实行垂直管理的煤矿安全监察体制，设立国家煤矿安全监察局，与国家煤炭工业局一个机构、两块牌子。2000年年底，撤销国家煤炭工业局，组建国家安全生产监督管理局，与国家煤矿安全监察局一个机构、两块牌子。2003年，国家安全生产监督管理局（国家煤矿安全监察局）从国家经贸委独立出来，成为国务院直属国家局（副部级）机构，负责全国安全生产综合监督管理和煤矿安全监察。2005年，国家安全生产监督管理局调整为国家安全生产监督管理总局，规格为正部级，为国务院直属机构。国家煤矿安全监察局单设为副部级机构，作为国家安全生产监督管理总局管理的国家局。2018年，撤销国家安全生产监督管理总局，组建应急管理部，国家煤矿安全监察局由应急管理部管理。

应急管理部组建是根据中共中央印发的《深化党和国家机构改革方案》，将国家安全生产监督管理总局的职责、国务院办公厅的应急管理职责、公安部的消防管理职责、民政部的救灾职责、国土资源部的地质灾害防治职责、水利部的水旱灾害防治职责、农业部的草原防火职责、国家林业局的森林防火相关职责、中国地震局的震灾应急救援职责以及国家防汛抗旱总指挥部、国家减灾委员会、国务院抗震救灾指挥部、国家森林防火指挥部的职责整合，组建应急管理部，作为国务院组成部门。中国地震局、国家煤矿安全监察局由应急管理部管理。2018年4月16日，应急管理部举行挂牌仪式。应急管理部的主要职责为：组织编制国家应急总体预案和规划，指导各地区各部门应对突发事件工作，推动应急预案体系建设和预案演练；建立灾情报告系统并统一发布灾情，统筹应急力量建设和物资储备并在救灾时统一调度，组织灾害救助体系建设，指导安全生产类、自然灾害类应急救援，承担国家应对特别重大灾害指挥部工作；指导火灾、水旱灾害、地质灾害等防治；负责安全生产综合监督管理和工矿商贸行业安全生产监督管理等。至此，矿山安全的部科技委的发展到达一个新的界点。

5.2.2 学会、协会的设立与发展

学科处于不断发展变化之中，当一个学科形成一定的规模，具备一定专业水平的时候，同行间便需要组织起来，相互切磋和交流学术，这时往往由学科的带头人发起，联络各地同行组成学会，所以学会的成立亦被视为学科建立的标志。

1956—2012年，矿山安全学术共同体的学会和协会如雨后春笋，其间有的历经更名与改名。主要有中国煤炭工业协会、中国金属学会、中国煤炭学会和中国劳动保护科学技术学会等。1956年11月26日，由冶金、材料科学技术工作者及相关单位成立中国金属学会。1962

年11月28日，经中国科学技术协会批准组建煤炭行业科技工作者学术性社会团体——中国煤炭学会。1983年9月，中国劳动保护科学技术学会在天津成立。1987年8月，经中华人民共和国民政部成立中国非金属矿工业协会。1991年5月2日，经民政部登记，中国冶金矿山企业协会成立。1994年，中国劳动保护工业企业协会正式成立。1999年3月18日，经原国家经贸委和民政部批准，中国煤炭工业企业管理协会更名为中国煤炭工业协会，是目前煤炭行业最大的社团组织。2004年2月1日，经民政部批准，中国劳动保护工业企业协会更名为中国职业安全健康协会。2001年4月，经国务院主管机关批准，中国有色金属协会正式成立。随后，中国安防协会、非煤矿山安全协会、煤炭工业安全科技学会等纷纷成立。下面简要介绍一下这些学会，详细见表5-1。

表5-1 主要的学会及其成立时间

序号	学会名称	成立时间	网址
1	中国金属学会	1956年11月26日	http://www.csm.org.cn/
2	中国煤炭学会	1962年11月28日	http://www.chinacs.org.cn/
3	中国职业安全健康协会（原名"中国劳动保护科学技术学会"）	1983年9月17日（2004年2月1日更名）	http://www.cosha.org.cn/
4	中国非金属矿工业协会	1987年8月	http://www.cnmia.cn/
5	中国冶金矿山企业协会	1991年5月2日	http://www.mmac.org.cn/Index/
6	中国煤炭工业协会（原名"中国煤炭工业企业管理协会"）	1999年成立，其前身成立于1988年12月16日	http://mtxh.chinatsi.com/
7	中国安全生产协会	2008年	http://www.china-safety.org.cn/
8	中国矿业联合会	1990年	http://www.chinamining.org.cn
9	中国钢铁工业联合会	1999年1月21日	http://www.chinaisa.org.cn
10	中国有色金属工业协会	2001年4月	http://www.chinania.org.cn
11	中国有色金属学会	1984年11月28日	http://www.nfsoc.org.cn/
12	中国稀土行业协会	2012年4月8日	http://www.ac-rei.org.cn

（1）中国金属学会

中国金属学会（The Chinese Society for Metals，简称CSM），是最早成立的矿山安全行业的学会，1954年开始筹备，1955年2月，经中央人民政府内务部核准登记，正式成立于1956年11月26日。由周仁、王之玺、靳树梁、张文奇、魏寿昆、李薰第等发起，1956年11月，在北京召开第一次全国会员代表大会，首届理事长为周仁。1966—1977年停止活动，1978年恢复活动。它是由冶金、材料科学技术工作者及相关单位自愿组成、依法登记的全国性、学术性、科普性、非营利性的社会组织，具有社会团体法人资格。作为党和政府联系冶金、材料科技工作者的桥梁和纽带，它是推动我国冶金、材料科学技术事业发展的重要力量，它也是我国冶金行业的科技组织和中国科学技术协会的组成部分。

（2）中国煤炭学会（简称"中煤学会"）

中国煤炭学会（China Coal Society，简称CCS），是由原煤炭部技术委员会主任、煤炭科学院原党委书记何以端，采矿专家、煤炭科学院院长王德滋，地质和采矿专家、北京矿业学院何杰，原煤炭工业部副部长贺秉章，原煤炭工业部技术司副司长张培江五位煤炭行业科技事业奠基人于1962年发起，同年11月28日，经中国科学技术协会批准（科协〔62〕第270号）组建的煤炭行业科技工作者学术性社会团体，是中国科学技术协会所属全国学会之一。煤炭学会在筹建中开展了国内外学术交流、发展会员、筹建地方学会等工作，到1964年，北京、辽宁、吉林、黑龙江、新疆、山东、湖北、云南、四川等10个省（市、自治区）都相继成立了煤炭学会，并积极开展了卓有成效的工作。学会活动因"文化大革命"停滞十年。1972年，随着国际煤炭科技交流与合作的逐步展开。1979年8月，学会召开第一次全国会员代表大会，选举产生第一届理事会。贺秉章担任理事长，范维唐、蔡斯烈、张培江、王询、侯宝政、汤德全、沈季良等担任副理事长，范维唐兼任秘书长，学会进入了快速发展时期。进入21世纪以来，学会深入贯彻落实科学发展观和建设创新型国家的重要战略部署，坚持"自主创新、重点跨越、支撑发展、引领未来"的战略方针，确立了建设在国内外学术和推动煤炭科技进步方面有影响力的煤炭学术团体的目标，学会体系不断健全，结构不断优化，创建"1248品牌工程"，一个"开放、流动、竞争、协作"的运行机制不断形成与完善，在学术交流、科技进步、举荐人才、技术咨询服务等方面积极发挥作用，自身发展活力、行业凝聚力、影响力不断增强，行业发展服务能力不断提升。

（3）中国职业安全健康协会（原名"中国劳动保护科学技术学会"）

中国职业安全健康协会（China Occupational Safety and Healthy Association，简称COSHA）原名为"中国劳动保护科学技术学会"，中国劳动保护科学技术学会于1983年9月17日在天津成立，由原国家劳动总局、中华全国总工会、卫生部、原煤炭工业部、原冶金工业部、交通部、原航空工业部、原机械工业部、原兵器工业部、原石油工业部等单位联合发起成立，学会得到国家安全生产监督管理局的支持。经国务院同意、国家民政部批准，中国劳动保护科学技术学会从2004年2月1日起更名为中国职业安全健康协会。中国职业安全健康协会业务主管部门为中国科协，主管部门仍为国家安全生产监督管理局。协会开展学会原有的业务工作，同时，按协会的性质和职能，扩大在安全生产领域为行业、企业和会员服务，向政府和企业提供职业安全健康方面的咨询与建议；制订相关发展规划、组织科研攻关和培训，开展学术交流和国际合作；受政府委托，承办安全生产领域公共事务等方面的工作。

（4）中国非金属矿工业协会

中国非金属矿工业协会（China Non-Metallic Minerals Industry Association，简称CNMIA），是全国非金属矿生产加工、研究开发、科技教育、服务贸易以及相关业务组成的行业性社会组织，具有国家一级社会团体法人资格，于1987年8月经中华人民共和国民政部批准成立。中国非金属矿工业协会业务主管单位是国务院国有资产监督管理委员会。自成立以来，中国非金属矿工业协会在全面创新提升非金属矿产业及制品业、推进非金属矿工业加快步伐向高端发展和实现非金属矿业发展水平的整体提高和行业融合发展、创新发展、绿色发展等方面，发挥了重要作用。

（5）中国冶金矿山企业协会

中国冶金矿山企业协会（Metallurgical Mines' Association of China，简称MMAC）由原冶金工业部矿山司组建，1991年经民政部批准成立，是全国冶金矿山行业内各种所有制企事业单位、社团组织和个人自愿组成的行业性、非营利、具有法人地位的全国性社会团体。2011年经民政部评定为4A级协会。目前，协会已经制定了信息化建设总体规划，并且按计划逐步落实；建立起较为完善的煤炭企业管理控制模型；建立了具有煤炭企业特色的综合信息化平台；建立了"多网合一"的综合信息网络；在安全生产环境监测、生产过程自动控制和企业经营管理方面基本实现了信息化技术的全覆盖；在关键业务领域成功开发并实施了矿井提升、洗选及装车自动化、工业电视、安全监测监控、资产管理、生产管理、财务、办公自动化等应用软件系统，并建立了数据集中处理。

（6）中国煤炭工业协会（简称"中煤协会"）

中国煤炭工业协会（China National Coal Association，简称 CNCA），其前身为中国煤炭工业企业管理协会，是 1988 年 12 月 16 日经国家经贸委和民政部批准成立的全国煤炭行业综合性社团组织，1999 年 3 月 18 日更名为中国煤炭工业协会。现有团体会员单位 925 家，就组织规模和涵盖范围来说，是目前煤炭行业最大的社团组织之一。中国煤炭工业协会的性质为全国煤炭行业性协会，是由全国煤炭行业的企事业单位、社会团体及个人自愿联合结成，会员不受部门、地区、所有制限制的全国性、非营利性社会组织。中国煤炭工业协会内设综合部（党委办公室）、行业协调部、科技发展部、统计与信息部、政策研究部、人事培训部、资产财务部、国际合作部 8 个部门。长期以来，中国煤炭工业协会致力于开展安全生产技术管理咨询、技术服务和技术鉴定，做好安全生产技术引进、交流与合作等工作，取得了很好的效果。

（7）中国安全生产协会

中国安全生产协会（China Association of Work Safety，简称 CAWS）是面向全国安全生产领域，由各相关企业、事业单位、社会团体、科研机构、大专院校以及专家、学者自愿组成的，并依法经民政部批准登记成立的全国性、非营利性的社会团体法人。中国安全生产协会自 2008 年成立以来，始终坚持围绕中心、服务大局，认真履行"宣传、交流、自律、维权"的工作职责，坚持为政府安全监管、科学决策提供有力支持，坚持为会员单位的科学发展、安全发展提供良好服务，积极发挥参谋助手和桥梁纽带作用，取得了显著成绩，开创了良好局面，为今后发展打下了坚实基础，为促进全国安全生产形势持续稳定好转作出了积极贡献。

（8）中国矿业联合会

中国矿业联合会（China Mining Association，简称 CMA）是经国务院批准成立的覆盖矿业全行业的社团法人组织。主要由国内外有关矿业公司（含油田）、地勘企业、全国性矿业同业协会、省级矿业协会（联合会）以及与矿业相关的科研院所（校）和矿业城市自愿组成。主要功能是在矿业企业和政府间起桥梁、纽带作用。中国矿业联合会成立于 1990 年，最高权力机构为会员代表大会，执行机构为主席团会议，经常性工作机构为会长办公会议，办事机构为秘书局，秘书局内设综合管理部、党群工作部、会员服务部、咨询研究部、信息中心 5 个部门，12 家分支机构，主办中国矿业杂志、中国矿业网、中国矿业年鉴等媒体与出版物。中国矿业联合会宗旨是遵循矿业自身发展规律，为"四矿"（矿业、矿山、矿城、矿工）服务，为政府决策服务，为社会发展服务。

（9）中国钢铁工业协会

中国钢铁工业协会（China Iron and Steel Association，简称 CISA）是中国钢铁行业全国性行业组织，是由中国钢铁行业的企业、事业单位、社团组织和个人为会员自愿组成，为实现会员共同意愿，按照本章程开展活动的全国性、行业性、非营利性、自律性的行业组织，具有社会团体法人资格。该协会以党的路线、方针、政策为指导，坚持科学发展观，以为企业服务、为行业服务、为政府服务、为社会服务为宗旨,坚持依靠企业办协会的工作方针,坚持市场导向,积极提供服务、反映诉求,规范运作,建立和完善行业协调和自律机制,维护行业整体利益和会员的合法权益。努力发挥在政府和企事业单位之间的桥梁、纽带作用,不断提高中国钢铁工业在国内外市场竞争力,促进钢铁工业又好又快地发展,为建设钢铁强国而努力奋斗。

(10)中国有色金属工业协会

中国有色金属工业协会(China Nonferrous Metals Industry Association,简称 CMIA)正式成立于2001年4月,是经国务院主管机关批准并核准登记注册的全国性、非营利性、行业性的经济类社会组织,是依法成立的社会团体法人。中国有色金属工业协会是由中国有色金属行业的企业、事业单位、社团组织和个人会员自愿组成,现有会员单位726家。本会的业务主管单位是国务院国有资产监督管理委员会,登记管理机关是中华人民共和国民政部。

自2000年以来,CMRA已经成功举办了五届"再生金属国际论坛",吸引了国内外数千家从事再生金属回收利用的企业参加。"再生金属国际论坛"已成为全球再生金属行业的权威性年度盛会,是中国再生金属行业的国际会议品牌。CMRA与清华大学、北京大学、北京航空航天大学等高校以及中国科学院、北京矿冶研究总院等科研院所在技术支持、项目调研及专业培训等方面保持着长期密切的合作。CMRA与众多国内外再生金属行业的组织、企业保持着密切的交流与沟通,及时掌握国内外再生金属产业的发展动态。

该协会遵守国家法律法规,坚持为政府、行业、企业服务的宗旨,建立和完善行业自律机制,充分发挥政府的参谋助手作用,发挥在政府和企业之间的桥梁和纽带作用,维护会员的合法权益,促进我国有色金属工业的健康发展。

(11)中国有色金属学会

中国有色金属学会(The Nonferrous Metals Society of China,简称 NFSOC),成立于1984年11月28日,是由我国有色金属行业及其相关行业的学者、科学技术人员和企业管理人员自愿结成的全国性的学术性、科普性、公益性社会团体,是发展我国有色金属科技事业的重要社会力量,是政府联系有色金属科技人员的纽带和桥梁。中国有色金属学会受中国科学技术协会的领导,是经中华人民共和国民政部依法登记的社会团体法人。中国有色金属学会是在中华人民共和国民政部依法注册的法人社团,是由全国有色金属及其相关学科科技工作者自愿结成的、依法登记成立的学术性、科普性、公益性社会团体,是发展我国有色金属科技事业的重要社会力量,是党和政府联系有色金属科技人员的桥梁和纽带。

目前,学会有个人会员43000人,团体会员单位234家。湖南、江西、河南等17个省市、自治区的地方有色金属学会接受中国有色金属学会的业务指导。学会的会员遍布全国各地,已形成了一个较为完整的组织网络。

(12)中国稀土行业协会

中国稀土行业协会(Association of China Rare Earth Industry,简称 ACREI)经中华人民共和国工业和信息化部审核、中华人民共和国民政部批准,于2012年4月8日在北京成立。工业和信息化部为业务主管单位,会员单位主要由稀土开采企业、稀土冶炼分离企业、稀土应用企业、事业单位、社团组织和个人自愿组成,是全国性非营利社团组织。协会宗旨:遵守法律法规和政策,遵守社会道德风尚,坚持行业诚信自律,充分发挥协会在政府和企业之间的桥梁、纽带作用,为企业、行业和政府服务,促进国际交流与合作,维护会员单位合法权益和稀土行业乃至国家利益。

5.2.3 矿山报刊媒介的创立与发展

如果说专业学会是学术共同体的机构空间,那么专业报期刊则是学术共同体的"阵地",是共同体成员实验新思想、开辟新领域、从事批评、展示集体形象的重要平台和窗口。媒体报刊能推动学术生产与传播,可以比较集中便捷地向外界展示学者的学术研究成果,帮助学科形成一定的学术声誉。而科技期刊一般都是依托某一优势学科创办的,是科研人员发表学术论文、进行学术交流的重要平台。在中华人民共和国成立前一直到现在,报刊媒介在矿山安全行业的发展过程中一直发挥着重要的作用。

中华人民共和国成立前,煤炭科技刊物屈指可数,仅有1917年创刊的《矿业杂志》、1923年创刊的《矿业联合会季刊》、1927年创刊的《东北矿学会报》、1931年创刊的《河南中原煤矿公司汇刊》、1932年北洋大学创刊的《采治年刊》、1936年创刊的《河北井矿月刊》和1949年创刊的《抚矿旬刊》等少数刊物。1949年4月,东北人民政府煤炭管理局在东北解放区创办了《煤》杂志(季刊)。该刊主要宣传、报道党的方针政策和东北各煤矿的经验、生产统计等。刊物在东北地区内部发行。

中华人民共和国成立后,煤炭行业的刊物如雨后春笋,层出不穷。20世纪五六十年代,煤炭工业系统有《北京矿业学院学报》《矿业文摘》和《煤炭快报》3种刊物相继问世。1950年4月,燃料工业部华北煤矿管理总局创刊了《华北煤矿》,同年8月,《华北煤矿》更名为《煤矿工业》。1951年1月,东北煤矿管理局编印的《煤》刊,由季刊改为月刊。1953年1月,煤矿管理总局编印的《煤矿工业》与东北煤矿管理局编印的《煤》合并,以《煤》刊名义继续出版。煤矿管理总局规定该刊为全国各国营煤矿管理干部与技术干部的必读刊物和各煤矿工业技术学校、各技术训练班的参考教材,并要求各国营煤矿对《煤》刊所介绍的各项经验,必须结合具体情况,认真地研究和试行。1953年,由中华全国总工会和国家劳动部联合主办的《劳动保护通讯》创刊,是我国第一家宣传劳动保护的刊物,《劳动保护》杂志前身。1954年,由北京煤矿设计公司《现煤炭工业规划设计研究院》主办的《煤炭设计》(现《煤炭工程》)创刊,是我国煤炭系统最早的杂志。1955年,《北京矿业学院学报》(现《中国矿业大学学报》)创刊。1955年1月,燃料工业部煤炭管理总局创办《煤矿译丛》月刊,以翻译苏联刊物为主,1958年停刊。1955年10月,煤矿管理总局主办的《煤》半月刊第18期更名为《煤炭工业》,成为煤炭工业部机关刊物。1956年,由中南矿冶学院主办的《中南矿冶学院学报》(现《中南大学学报》)创刊。1956年4月,《煤炭工业》杂志一分为二,创刊了《煤矿技术》(月刊)。1963年7月,煤炭工业部情报所创办《煤炭译丛》,该刊是煤炭工业部综合性科技情报刊物,主要报道世界各主要产煤国家的先进经验、先进技术、最新科技成果及发展动向。1966年8月停刊,1979年复刊,为双月刊,1980年更名为《世界煤炭技术》月刊。1995年,《世界煤炭技术》更名为《中国煤炭》。1964年,中国煤炭学会创办《煤炭学报》季刊,该刊是综合性学术刊物,主要作为煤炭科技工作者进行学术交流的重要园地,发表有关煤炭学术论文,刊登煤炭科学研究成果及煤炭工业生产建设、企业管理经验总结等内容。1992年荣获首届全国优秀科技期刊评比二等奖,2009年获"中华人民共和国60年有影响力的期刊"。

1966年，由中国金属学会、中钢集团马鞍山矿山研究院主管主办的《金属矿山》创刊。1966年"文化大革命"开始后，煤炭科技刊物停刊。

20世纪70年代以后，矿业安全方面的报刊相继涌现。1970年，抚顺煤炭研究所创办了《煤矿安全》月刊。1972年，由中国煤炭科工集团有限公司主管《川煤科技》（现《矿业安全与环保》）创刊。1973年，煤炭科学研究总院创办了《煤炭科学技术》月刊。1973年12月，煤炭、石油、化工编辑人员联合组成编辑部，创办了《国外燃化消息》旬报（内部刊物）。1975年成立煤炭工业部后，更名为《国外煤炭消息》，1980年7月批准为正式刊物，限国内发行（1981年起国内发行），1983年更名为《世界煤炭消息》。为了更好地开发国内外信息资源，1985年更名为《煤炭信息》，增加了国内煤炭市场行情及新产品、新技术、物资供需等重要信息，并由旬刊改为周刊。1975年10月，煤炭工业部科技技术情报研究所创办《煤矿技术革新》报（半月刊）。1976年试刊，1978年12月以前在煤炭工业系统内部发行，1979年在全国公开发行，1980年发行量达4.3万份，1981年因贯彻"调整、改革、整顿、提高"方针而停刊。1977年，煤炭工业出版社创办《他们特别能战斗》月刊，1980年改名《煤矿工人》，1983年《煤矿工人》杂志改为《中国煤矿报》，机构独立，成为煤炭工业部机关报。1979年，地方煤矿小型机械化情报中心站创办《地方煤矿》季刊，之后该刊由季刊改为双月刊、月刊。1989年，《地方煤矿》编辑部由广州迁至北京，更名《中国地方煤矿》。1982年，由黑龙江矿业学院和哈尔滨机械研究所主办的《国外煤炭》（现《煤炭技术》）创刊。1984年，由中国矿业大学、中国煤炭工业劳动保护科学技术学会主办的《矿山压力》（现《采矿与安全工程学报》）创刊。1991年，中国有色金属学会主办、中南大学承办的《中国有色金属学报》创刊。1999年，由中国矿业大学主办的学术性学报《中国矿业大学学报》创刊。

矿山安全方面的部分刊物介绍如下：

（1）《煤炭学报》

《煤炭学报》由中国煤炭学会创办，创刊于1964年，《煤炭学报》是月刊；国际标准刊号ISSN：0253-9993；国内统一刊号/分类号CN：11-2190/TD。它是Ei核心版收录期刊，是由中国科学技术协会主管，中国煤炭学会主办，煤炭科学研究总院承办的面向国内外发行的煤炭科学技术方面的综合性学术刊物。刊登范围：主要刊载煤田地质与勘探、煤矿开采、矿山测量、矿井建设、煤矿安全、煤矿机械工程、煤矿电气工程、煤炭加工利用、煤矿环境保护等方面的科研成果和学术论文。

（2）《中国矿业大学学报（自然科学版）》（原《北京矿业学院学报》）

《中国矿业大学学报（自然科学版）》创刊于1955年，由中国矿业大学创办。是我国唯一一所具有矿业特色的综合性学术刊物。《中国矿业大学学报》（自然科学版）现为双月刊；国际标准刊号ISSN：1000-1964；国内统一刊号/分类号CN：32-1152/TD。

《中国矿业大学学报（自然科学版）》是中文核心期刊，已先后被Ei PageOne数据库、Ei Compendex、CA、美国《化学文摘》（CA）、美国《剑桥科学文摘》（CSA）、俄罗斯《文摘杂志》、英国《煤文精选》《中国科学引文数据库》（CSCD）、中国科技论文统计源期刊（CSTPCD）、《中国力学文摘》《中国学术期刊文摘》《矿业文摘》《中国地质文摘》《电子科技文摘》《中国无机分析化学文摘》《中国国土资源文摘》《全国报刊索引》《测绘文摘》《中国学术期刊（光盘版）》《中国期刊网》万方数据－数字化期刊群等国内外20多种权威数据库和二次文献收录。

（3）《中南大学学报（自然科学版）》（原《中南矿冶学院学报》）

《中南大学学报（自然科学版）》，原《中南矿冶学院学报》《中南工业大学学报（自然科学版）》是中南大学主办的以材料、冶金、选矿、化学化工、机电、信息、地质、采矿、土木等专业学科为主的科技期刊。该刊创办于1956年，自2011年起改为月刊，国内外公开发行。《中南大学学报（自然科学版）》为月刊；国际标准刊号ISSN：1672-7207；国内统一刊号/分类号CN：43-1426/N。被多家国内外知名检索刊物收录，如：美国《工程索引》（Ei Compendex）、《化学文摘》《金属文摘》《铝工业文摘》；英国《科学文摘》；日本《科学技术文献速报》；俄罗斯《文摘杂志》；中国科学引文数据库（CSCD）、《中文核心期刊要目总览》、中国期刊网、中国学术期刊（光盘版）、中国学术期刊综合评价数据库、中国科技论文统计源期刊、中文科技期刊数据库、中国学术期刊文摘等。

（4）《采矿与安全工程学报》（原《矿山压力与顶板管理》《矿山压力》）

《采矿与安全工程学报》原名《矿山压力》，创办于1984年，由中国矿业大学和中国煤炭工业劳动保护等单位主办。《采矿与安全工程学报》为双月刊；国际标准刊号ISSN：1673-3363；国内统一刊号/分类号CN：32-1760/TD。

《采矿与安全工程学报》是《CAJ-CD规范》执行优秀期刊，《中国科技论文在线》优秀期刊，美国《工程索引》收录期刊，中国科技论文统计源期刊（中国科技核心期刊），被国内外多家数据库或文摘收录，并先后获得中国高校首届及第二届特色科技期刊奖、中国科技论文在线优秀期刊二等奖。

（5）《矿业科学学报》

《矿业科学学报》以国家能源安全战略为指导，以矿业类院校和科研院所为依托，以宣传我国煤炭能源工业和安全科学技术发展的方针、政策为己任，以报道国内外矿业与安全工程领域基础理论研究与技术创新原创性成果为特色，传递科技信息，搭建交流平台，推动矿业科技进步，培养矿业与安全领域科技人才。《矿业科学学报》主要刊载矿业科学领域的原创性成果，内容包括矿业工程、煤矿开采、安全科学与工程、测绘科学与技术、地质资源与地质工程、矿山建设工程、岩石力学与地下工程、矿山机械工程、矿山电气工程与自动化、矿物加工与利用、煤矿环境保护、煤炭能源绿色开采与洁净利用、管理科学与工程、能源安全与发展战略等。《矿业科学学报》是由中国矿业大学（北京）主办的双月刊；国际标准刊号ISSN：2096-2193；国内统一刊号CN：10-1417/TD。

（6）《中国有色金属学报》

《中国有色金属学报》是中国科学技术协会主管、中国有色金属学会主办、科学出版社出版的以有色金属材料和冶金学科为主的高技术、基础性学术期刊。创刊于1991年10月，1991—1999年为季刊，2000—2003年为双月刊，2004年起改为月刊，面向国内外公开发行。

《中国有色金属学报》以繁荣有色金属科学技术、促进有色金属工业发展为办刊宗旨；坚持开展国内外学术交流，及时报道有色金属科技领域的新理论、新技术和新方法。目前设置的栏目如下：结构材料，功能材料，计算材料学与数值模拟，矿业工程·冶金工程·化学与化工。从影响因子和总被引频次来看，《中国有色金属学报》已成为我国材料、冶金和金属学领域最有影响力的科技期刊之一。《中国有色金属学报》是中国科技论文统计与分析数据库和中国科学引文数据的源期刊，已被美国《工程索引》（核心库）、美国《化学文摘》、英国《科学文摘》、日本《科学技术文献速报》、俄罗斯《文摘杂志》、美国《金属文摘》等国际著名检索系统收录。同时还被《中国学术期刊文摘》、中国学术期刊（光盘版）、万方数据、美国《工程材料文摘》、英国《矿冶文摘》等国内外其他重要检索系统／数据库收录。国际标准刊号ISSN：1673-3894；国内统一刊号CN：11-5407/TG。

（7）《金属矿山》

《金属矿山》杂志创刊于1966年，为月刊，由郭沫若先生题写刊名。原由国家冶金工业部主办，现由中国金属学会和中钢集团马鞍山矿山研究院联合主办。是面向国内外公开发行的综合性行业科技及信息交流的国家重点期刊，是国内创刊最早的一份矿业类科技期刊。主要报道国家矿业方针政策、冶金、有色、黄金、煤炭、化工、核工业、非金属、建材等矿山采选工艺、理论、研究成果与技术实践，介绍国内外先进技术与发展动态。《金属矿山》是美国Ei数据库PageOne收录期刊，入选全国中文核心期刊，矿业工程类首位，国家及省部优秀期刊。国际标准刊号ISSN：1001-1250；国内统一刊号CN：34-1055/TD。

（8）《矿业安全与环保》

《矿业安全与环保》杂志现属中国煤炭科工集团有限公司主管，由中煤科工集团重庆研究院有限公司与国家煤矿安全技术工程研究中心共同主办，面向国内外公开发行的全国性科技期刊，入选中文核心期刊、中国科技核心期刊、全国煤炭优秀科技期刊，中国学术期刊综合评价数据库来源期刊，中国期刊网、中国学术期刊（光盘版）全文收录期刊，万方数据数字化期刊群全文入网期刊，中文科技期刊数据库原文收录期刊。刊载内容以煤矿及非煤矿山安全技术、矿山环境保护技术为主，包括：矿井瓦斯、煤与瓦斯突出防治技术与装备；矿井通风防灭火技术与装备；工业粉尘及可燃性气体、粉尘爆炸防治技术与装备；矿山救援技术与装备；矿井水害防治技术；矿山压力与井巷支护技术；安全与环境检测、监控技术；物探与岩土工程技术；安全管理与评价；矿山污染治理与综合利用等环保技术。《矿业安全与环保》为双月刊；国际标准刊号ISSN：1008-4495；国内统一刊号CN：50-1062/TD。

（9）《煤炭科学技术》

《煤炭科学技术》，创刊于1973年，是由国家煤矿安全监察局主管、煤炭科学研究总院主办的综合性煤炭科技期刊，为中国科学引文数据库（CSCD）来源期刊、中文核心期刊、中国科技核心期刊、RCCSE中国核心学术期刊（A），是煤炭行业新技术、新成果、新产品的主要发布媒体。主要刊载煤田地质、煤矿基建、矿山测量、煤炭开采、岩石力学与井巷支护、煤矿安全、矿山机电及自动化、煤炭加工与环保、煤层气开发与利用等专业领域的学术论文。开设有采矿与井巷工程、安全技术及工程、机电与自动化、地质与测量、煤炭加工与环保等栏目。《煤炭科学技术》为月刊；国际标准刊号ISSN：0253-2336；国内统一刊号CN：11-2402/TD。

（10）《煤矿安全》

《煤矿安全》创刊于1970年，由煤科集团沈阳研究院有限公司主管主办。《煤矿安全》是全国中文核心期刊，中国科技核心期刊，RCCSE中国核心学术期刊，"中国学术期刊综合评价数据库"来源期刊，中国科技论文统计源期刊，入编中国知网，中国学术期刊网络出版总库全文收录，"中文科技期刊精品库"全文收录。2003年荣获首届《CAJ—CD规范》执行优秀期刊奖。美国《化学文摘》和《乌利希期刊指南》收录期刊。俄罗斯《文摘杂志》收录。其办刊宗旨是提高煤矿安全技术和管理水平，促进煤矿安全生产。《煤矿安全》为月刊；国际标准刊号 ISSN：1003-496X；国内统一刊号 CN：21-1232/TD。

5.2.4　矿山安全知识的普及与传播

矿山安全教育应该贯穿于生产活动的始终，是安全管理的经常性工作。为了使矿山职工适应生产情况和安全状况的不断变化，也为了创新性地进行矿山安全知识科普工作，必须不断结合这些新情况开展安全教育。除了通过出版印刷品如图书外，还成立了专门的科普机构，有计划地开展日常性、群众性、社会性的科普教育活动，提高科技工作水平及观众的科学文化水平，充分发挥科普教育基地的示范作用。矿山安全知识的普及与传播主要是通过中国煤炭学会及其科普工作委员会、博物馆、科技馆、展览会以及各种培训活动来实现的。常用的矿山安全知识科普方法很多，各学术共同体主要通过科普讲座、拍摄影片、举办展览和召开学术交流会议等，来进行矿山安全科普工作。

5.2.4.1　中国煤炭学会及其科普工作委员会活动

（1）科普讲座

1981 年，中国煤炭学会专业委员会开始试办科技培训班，共 4 期，有 175 人参加。1982 年举办了 2 期矿山测量和 3 期热喷涂方面的培训班。同年，中国煤炭学会还组织了 4 期系统工程科普讲座。1983 年，中国煤炭学会分别组织了微型机的应用和发展、模糊数学科普讲座。1983 年举办同类培训班 10 期，培训 829 人次，1984—1989 年约培训 32000 人次。

1982—1983 年，中国煤炭学会为宣传安全第一的方针政策，编辑出版了《煤矿安全知识丛书》10 册。1986 年，该学会与煤炭部安全局合作，在全国印发了煤矿安全挂图 75000 套，编辑出版《煤矿安全科普画册》。1989 年，中国煤炭学会开始举办刊授，由《煤炭学报》编辑部受中国统配煤矿总公司安全局委托，举办煤矿工程安全技术知识更新刊授班，1989 年、1990 年共两期，每期有 1000 多人参加。与枣庄矿务局联合编辑出版了《煤矿卫生保健》，计划发行 30 万册，1989 年已发行 10 万册。中国煤炭学会还组织编辑出版了《型煤与节能炉具》一书和《民用节煤炉灶》挂图面向行业内外发行。

（2）拍摄影片

20 世纪 80 年代，中国煤炭学会为普及煤炭综合利用知识，宣传先进煤炭企业的经验，共拍摄《煤海金花》等 10 余部科普电视片，先后在中央电视台播放。其中，10 集电视片《太阳石》在 1988 年中国科协系统声像评比中获最高奖——科蕾奖，《民用节煤炉灶》获二等奖。《太阳石》还获全国电视台系统科技录像片评比一等奖。《石煤吐艳》《民用节煤炉灶》《节煤茶水炉》在国家科委组织各部委的评比中被评为优秀科普电视片。1989 年，中国煤炭学会又拍摄了普及综采和洗煤技术知识的电视片，如《综采——煤炭工业的希望之光》《洗煤新星》等。

（3）科普夏令营

1983 年，中国煤炭学会科普工作委员会与中国煤矿地质工会、中国煤炭工人北戴河疗养院联合举办煤矿劳动模范夏令营，共组织 5 批，有 1500 多名劳动模范在此期间参加了科普讲座。1984 年，中国煤炭学会科普工作委员会举办了中国青少年煤炭科技夏令营，以宣传现代化煤矿形象和煤矿职工高尚品质，普及煤矿科技知识，于当年 7 月 16—28 日，与中国煤矿文化宣传基金委员会、山东省煤炭工业总公司、山东省煤炭学会、山东矿业学院在北京－泰安联合举办第一次中国青少年煤炭科技夏令营，山东省煤炭系统46所中学高中一、二年级学生以及21个省区煤炭部门代表和有关新闻单位同志300余人参加。以后每年7—8月举办一次。一般由各地方学会组织分营，派代表来北京参加总营活动。1985—2005年，科普工作委员会共举办了20届青少年煤炭科技夏令营活动，有十余万名青少年在暑假期间参加了北京总营和各矿区分营的活动。从2006年开始，举办全国煤炭工业生产一线青年技术创新交流活动，到2019年已经连续举办了11届，目前正在筹备2020年的第9届活动。

（4）举办展览

中国煤炭学会科普工作委员会自1986年10月起在煤炭部机关大楼前设立了煤炭科普画廊，向社会展示现代化煤矿的科学技术装备与管理现状及有关知识。至1990年，已展出近百期。1985年，中国煤炭学会编辑出版《当代矿工》。这是煤炭系统唯一的矿工科普刊物，为双月刊。1986年正式出版，年发行量为54000份，在湖南长沙出版发行。1990年，第2期改在北京出版发行，当年的发行量为36700册。截至1990年年底共出版30期。2013年全年编辑部走访了淮南矿业集团、淮北矿业集团、皖北煤电集团、兖矿集团、新汶矿业集团、晋煤集团、神华神东煤炭集团、神华宁夏煤业集团等矿山企业，以及中国煤炭博物馆、中国矿业大学中国煤炭科技博物馆、河南理工大学地球馆等煤炭行业的国家级科普教育基地。目前杂志的发行已覆盖全国30个省级行政区，其中，晋、冀、鲁、豫、皖、陕、辽是发行重点省份。2013年，中国煤炭学会召开了第三届矿区群众性技术创新活动研讨会。矿区群众性技术创新活动是一项重要的实用性科普活动，在矿区有广泛的基础。2013年是连续第3年召开研讨会，神华神东煤炭集团公司等5个单位在会上交流了经验。2013年，中国煤炭学会科普工作委员会召开第六届煤炭科普工作委员会第三次年会。在第八届交流大会召开期间，煤炭科普工作委员会召开了第三次年会，总结了煤炭科普工作，表彰了中国煤炭博物馆等10个煤炭科普先进单位。

5.2.4.2 中国煤炭科技博物馆与河南理工大学地球科学馆及其科普活动

（1）中国煤炭科技博物馆

中国煤炭科技博物馆探索科普工作的着力点和创新突破口是以科普工作为契机，有计划地开展日常性、群众性、社会性的科普教育活动，提高科技工作水平及观众的科学文化水平，充分发挥了科普教育基地的示范作用。从2010年起开展了20多项科普教育（系列）活动，接待观众近8万余人。博物馆在开展科普教育工作中，根据工作计划和时间安排，在节假日期间开展活动。在2012年全国科技活动周暨徐州市第二十四届科普宣传周期间，策划制作了题为"节能低碳，让科普走进生活"大型主题活动，2013年在全国科技活动周暨徐州市第二十五届科普宣传周期间，举办了"从影视中看环保"为题的观展活动。在2011年和2013年先后参加了第十一次及第十二次全国高校博物馆学术研讨会。

（2）河南理工大学地球科学馆

河南理工大学地球科学馆，原名为焦作工学院地球科学馆，是在该校1983年所建"地质陈列馆"和"遗迹化石陈列室"的基础上，经过充实、完善而建立起来的，是一个集教学、科研与科学普及为一体的地球科学园区，以对大学生，中、小学生普及地球科学知识、进行素质教育为宗旨。现为全国科普教育基地、河南省科普教育基地、焦作市科普教育基地。该馆自

2003年开馆以来,每年接待大学生参观学习及科普讲座约10000人,接待中、小学生参观学习及科普讲座约4000人,接待河南省及焦作市夏令营学员参观学习及科普讲座约1000人。

5.2.4.3 国内外矿山安全培训活动

1952年创立"三级安全生产教育"。1980年5月,经国务院批准在全国开展安全月活动,并确定今后每年5月都开展安全月活动,使之经常化、制度化。1991年4月26日,全国安全生产委员会作出决定,在全国开展安全生产周活动。1999年3月25日,全国总工会、国家经贸委在国有企业开展"安康杯"竞赛。1999年9月13日至12月21日,国家经贸委、全国总工会开展"百日安全无事故"活动。2006年1月17日,国家安全生产监督管理总局令第3号颁布《生产经营单位安全培训规定》。

我国各组织参与了很多国际矿山安全培训活动。

(1)参加美国安全培训

在美国西弗吉尼亚大学美国长壁采煤研究中心开展煤矿高产高效和煤矿安全培训。从1993年到2000年,从全国22个省市、自治区的煤管局、矿务局和煤矿企业选派464名局级管理人员、矿长、总工程师和工程师,参加高产高效和煤矿安全技术与管理培训,考察美国现代化高产高效煤矿,促使培训学员转变了观念,提升了能力,增强了信心。

(2)参与日本煤矿安全培训

2002年4月8日国家安全生产监督管理局和国家煤矿安全监察局与日本新能源产业技术综合开发机构签署《煤矿安全技术培训项目谅解备忘录》,日本政府给予全额资金支持,日本煤炭能源中心(JCOAL)和国家安全生产监督管理总局国际交流合作中心负责组织和实施,日本北海道全钏路煤矿提供培训和实训支撑保障。自2002年以来,每年选派100名煤矿安全监察人员、煤矿安全管理人员、煤矿矿长、区队长和技术人员赴日本全钏路煤矿进行中长期(30—90天)培训。培训分六个专题,煤矿安全监察、煤矿安全管理、煤矿瓦斯灾害防治、煤矿装备自动化、水灾害防治、自燃发火防治与矿山救护。截至2015年,派往日本的培训学员共1200多人。日方派遣煤矿安全和技术专家近400人次,在我国50多个煤管局、煤监局、矿业集团和矿区举办了100期培训班,培训人数达到1万人,中日煤矿安全技术培训取得明显成果。

(3)参加欧洲煤矿安全培训

2008年2月至2010年8月,国家安监总局与欧盟合作开展煤矿安全培训项目。选派150名煤矿安全监察员、煤矿企业安全管理人员和煤矿安全技术人员,分期赴德国、波兰、英国和捷克,进行煤矿安全监察、煤矿安全管理、煤矿安全技术与装备专题培训,学习欧盟国家煤矿安全技术标准和监管经验。

5.2.4.4 其他展览会及其科普活动

(1)煤炭工业展览中心

煤炭工业展览中心前身是煤炭工业展览工作室,1999年更名为煤炭工业展览中心,隶属于中国统配煤矿总公司办公厅,为处级单位;2002年7月,煤炭工业展览中心加挂国家安全生产监督管理局(国家煤矿安全监察局)宣传教育中心的牌子,升格为正局级事业单位;2005年8月,更名为国家安全生产监督管理总局宣传教育中心(煤炭工业展览中心)。

展览中心成立以来,在国家安全监管总局的正确领导下,在中央和国务院有关部门关心指导及各地方有关部门的密切配合下,牢固树立以人为本、安全发展的理念,紧紧围绕中心,服务大局,以实现安全生产长治久安为目标,以推动《安全生产法》等法律法规和《国务院关于进一步加强安全生产工作的决定》《国务院关于进一步加强企业安全生产工作的通知》的贯彻落实为重点,通过新闻、音像、影视、文艺、培训、图书、展览等多种形式,以及组织开展"全国安全生产月"、安全生产万里行、送安全文化到基层、全国安全生产宣传画设计大赛、《安全生产法》知识竞赛、全国安全科普知识竞赛、"安全在我心中"全国摄影书画大赛、首届全国安全生产及技术装备展览会、"安全伴我在校园,我把安全带回家"主题教育活动、"安全伴我行"演讲比赛、"以人为本,安全第一"全国百城百万人签名、全国职工安全生产文艺汇演、"生命之歌"全国安全歌曲大赛等大型宣教活动,宣传安全政策法规、传播安全知识、弘扬安全文化,努力提高全民的安全意识和素质,营造生产安全、生活安康、人民安乐、社会安定的舆论氛围和"关注安全、关爱生命"的社会风尚,为安全发展提供精神动力和思想保障,有力地促进了安全生产形势不断稳定好转。

(2)中国国际煤炭采矿技术交流及设备展览会

"中国国际煤炭采矿技术交流及设备展览会"是科学技术部批准,由中国煤炭工业协会主办,中国中煤能源集团公司协办,中国煤炭工业国际技术咨询有限责任公司和香港汇显展览有限公司共同承办的大型国际煤炭采矿设备展览会。"第十八届中国国际煤炭采矿技术交流及设备展览会"于2019年10月30日—11月2日在北京中国国际展览中心(新馆)举办。"中国国际煤炭采矿展"每两年举办一次,现已成功举办了15届。目前已成为国内和亚洲最大的煤炭设备展览会。"中国国际煤炭采矿展"也是世界上规模较大的国际采矿设备展览会之一,已经被许多国内外厂商看成与"美国国际采矿博览会""澳大利亚国际矿山设备展""德国矿山时代国际采矿展""南非采矿与电力国际展"具有相同影响力的展会。

(3)中国(北京)国际煤炭装备及矿山技术设备展览会

由中国煤炭城市发展联合促进会、中关村绿色矿山产业联盟、北京市矿业协会共同主办,北京华贸联展览有限责任公司、茄阳(上海)展览有限公司承办的"2018第十四届中国北京国际煤炭装备及矿山技术设备展览会"在北京中国国际展览中心胜利召开。中国(北京)国际煤炭装备及矿山技术设备展览会已成为世界了解中国煤炭工业、中国煤炭工业走向世界的平台和窗口。

5.2.5 国内外学术交流

随着中国矿山安全产业和技术发展越来越大的成就,中国矿山安全学术共同体在国际上发挥的作用越来越大。从最初小型的国内学术交流会议到组织国内学者到国外去参加高水平的国际交流会议再到将这些会议引入国内来召开,最后再到发起国际高水平矿山安全方面的会议,有力地促进了中国的矿山安全学术交流、产业发展和人才交流。

5.2.5.1 国内学术交流

为了探讨矿山安全方面的学术问题,推动矿山安全技术领域国内学术交流,展示近年来国内矿山安全方面的新理论、新技术和新装备,加强矿山安全学术共同体在矿山安全领域新技术的交流与合作,提升矿山安全技术水平,先后在国内召开了一系列矿山安全方面的会议。

(1)召开小型国内会议

早在1975年前后,一些单位就开始了矿山安全方面的研究,一开始列入矿山安全方面学科生长点，后来成立了协会和矿山安全专业组，这是矿山安全学科研究的开始。1975年西安矿业学院主办第一届煤炭高校通风安全教学研讨会，到2018年全国高校安全科学与工程学术年会已连续举办30届。中国矿山安全开始在国际矿山安全舞台上扮演重要角色，同时，这些国际学术交流活动极大地促进了中国矿山安全学科的飞速发展。

（2）召开大型国际性大会

1980年9月19—27日，中国煤炭学会、中国金属学会同美国弗利门公司共同在北京和北戴河举办第一届国际矿山规划和开发技术讨论会。有国外代表309人、国内代表178人，其中煤炭行业72人出席会议。10个国家的代表宣读27篇论文，有25家厂商和两个学会举办了展览会。该次会议是国内第一次召开国际性矿山学术会议。会议期间国内代表们学到了西德三维地震、加拿大布劳纳教授关于边坡稳定性研究经验以及美国和苏联注浆材料等新技术。1983年3月18—26日，中国煤炭学会与美国《世界采矿》《世界煤炭》杂志社和罗曼咨询公司在北京联合主办煤矿开发投资技术及市场研讨会。有105名代表出席会议，其中，国外49人，代表28个矿业、工程、制造厂和国家银行。会上宣读了14篇技术报告，其中中国代表方7篇。通过研讨会，中国煤炭学会向外方系统全面介绍了中国煤矿开发投资技术及市场情况，为寻找合适的合作伙伴创造了条件。同年11月，中国煤炭学会在太原举行了采煤设备图片技术交流展览会，并会同城乡建设部与美国东西政策研究中心联合主办了煤炭运输环境保护会议。1984年10月11—15日，中国煤炭学会与美国罗曼中国业务公司联合发起，东北内蒙古煤炭工业公司在长春承办国际采矿设备技术交流展览会。有7个国家和地区的33个公司、39名代表参加了展览，中国200多名工程技术人员参加了技术交流。同年11月21日，煤炭工业部安监局和外事局联合举办国际煤矿安全技术座谈会，来自中国、日本、美国、德国、英国的专家和国际劳联亚太地区代表出席了会议。1985年，中国煤炭学会与美国罗曼国际咨询公司在沈阳举办了采矿设备展览会。1986年4月16—21日，中国煤炭学会与美国罗曼国际咨询公司在济南举办了国际采矿技术交流设备展览会。有8个国家和地区的32个公司、90名代表参加，进行了24次专题技术报告和交流，中国有300名技术人员参加会议。1987年5月7—12日、1989年4月6—11日，中国煤炭学会与香港国际展览公司联合在北京先后举办了第二届、第三届国际煤炭技术交流展览会，先后有18个国家和地区的100多家厂商、14个国家地区的100多家厂商参加，各有50场和11场技术交流座谈，中国有数百名代表参加交流。1987年11月2日，第22届国际采矿安全大会在北京举行。来自德国、英国、美国、澳大利亚等20多个国家的采矿安全专家参加了会议，围绕采矿安全的技术与管理、交流与合作进行交流研讨。本届大会由煤炭工业部承办。1990年5月第十四届世界采矿大会在北京召开，大会的主题是"未来的采矿——发展趋势与展望"。2002年10月10—12日，中国煤炭工业协会协办第一届中国国际安全生产论坛暨中国国际安全生产及职业健康展览会。2004年10月26—29日，第十三届国际煤炭研究大会暨首届中国国际煤炭展览会在上海光大会展中心举行。2006年9月14—16日，第五届国际矿山救援技术竞赛暨安全生产应急救援技术装备展览会在河南省平顶山市开幕。

以上所列的各种学术交流活动，有力地促进了矿山安全学科的发展，并形成了若干研究基地：开展了多方面的研究工作，研究课题涉及诸多方面，如矿山通风安全，矿山瓦斯以及矿山火灾救治，通风安全和矿山水灾防治，煤层气的开采与利用等。随后展开的研究就矿山安全学科理论、矿山职业健康与环境安全、煤矿瓦斯、矿山安全信息化、矿山安全管理、矿山应急救援、教育培训与安全行为等方面进行。

5.2.5.2 国际学术交流

（1）参加"世界采矿大会"及活动

世界采矿大会于1958年在波兰华沙成立。同时召开第一届世界采矿大会。中国于1958年经国家科委和时任科委主任聂荣臻批准，加入世界采矿大会。根据世界采矿大会章程规定，经国务院批准，1976年4月正式成立中国采矿全国委员会，并以此名义参加世界采矿大会。国务院批准（〔76〕煤外字第217号文关于参加第九届世界采矿会议有关问题的请示，经国务院副总理纪登奎批准）成立的中国采矿全国委员会名称仅对外使用，其成员仍在原单位工作，只对采矿会议国际组委会的重大事情进行研究，日常工作由煤炭部外事局负责。1979年8月，中国煤炭学会正式成立，随后，以学会名义参加世界采矿大会的有关活动。世界采矿大会已在世界范围内召开过95届大会，中国采矿全国委员会以及煤炭和矿业主管部门积极推荐学术论文在大会上发表，选派行业专家学者及企业领导人参会交流研讨，组织先进技术和装备参加国际展览展示和交流。第14届世界采矿大会及第48次、第75次国际组委会会议分别于1981年、1990年和1996年在中国举行。特别是1990年5月由我国承办的第14届世界采矿大会和展览会，达到空前的规模，参会代表2750人，其中国外代表679人、随行人员122人；参加采矿技术与装备展览会的代表1350人，其中国外公司99家，外商代表300余人。参加国家与参会人数、论文数量和水准均创历史最高纪录。通过这些活动，增进了与国际采矿界的相互了解，加强了技术、信息和经济的交流，促进了中国与世界采矿业的不断发展。在中国国家委员会和王显政同志的推动之下，经世界采矿大会国际组委会批准，世界采矿大会成立煤炭委员会，秘书处设在中国，以促进煤炭科技进步和煤炭工业发展。

（2）参加"世界能源理事会"及活动

世界能源理事会的前身是国际电力大会，成立于1924年，于1968年将煤炭、石油、天然气和核能、再生能源也吸收进来，更名为世界能源大会。1989年在蒙特利尔第14届世界能源大会上又改名为世界能源理事会。总部设在伦敦，成员（国家或地区成员）97个。世界能源理事会的最高权力机构为执行理事会。世界能源理事会是交流和协调宏观能源政策的国际性权威组织，其宗旨是研究和交流各种能源开发利用战略及各国能源与环境、能源与社会发展宏观经济政策，研究能源工业与国民经济间的重大关系，促进能源洁净、有效利用和可持续供应。世界能源理事会的主要活动是举行世界能源大会，每三年一次，轮流在各成员国举行。我国是1983年在新德里举行的第12次世界能源大会上被接纳为成员的，同期成立中国国家委员会。中国国家委员会的历届主席为朱镕基（第一任），黄毅诚（第二任），叶青（第三任），张国宝（第四任）。中国国家委员会秘书处设在国家发改委。煤炭工业部是中国国家委员会成员单位，韩英副部长和张宝明副部长分别任中国国家委员会副主席。煤炭部组织煤炭行业的专家、企业领导人和科研人员参加世界能源理事会举办的大会、区域对话会议以及专门会议，就能源资源、矿物能源开发利用、煤炭及新能源技术等广泛交流。

（3）参加"世界煤炭协会"及相关活动

2011年，经国务院批准，中国煤炭工业协会加入世界煤炭协会。2016年，经国务院批准，中国煤炭工业协会成立世界煤炭协会技术委员会。中国煤炭工业协会副会长梁嘉琨任主席，副会长田会、刘峰任副主席,国际合作部副主任苏传荣任秘书长。2016年起,每两年在中国召开一次世界煤炭协会技术委员会议。

(4)参加"国际选煤大会"及相关活动

国际选煤大会中国组委会设在中国煤炭工业协会国际合作部。国际选煤大会每三年举行一次大会。第十五届国际选煤大会及展览会于2006年10月17—20日在北京国际会议中心举行,由中国煤炭工业协会和中国国际贸易促进委员会煤炭行业分会主办,中国煤炭工业协会选煤分会和中国煤炭工业协会国际合作部承办。

(5)参加"国际矿山测量协会"及相关活动

国际矿山测量学会是各国测量机构联合成立的非政府机构和学术性团体,服务于各国矿山数据的采集、测量、总结等。1969年8月在捷克布拉格成立。国际矿山测量学会近五年举行的大型学术活动:第一次于2011年6月18—20日在河南焦作,与河南理工大学联合举行2011年矿山测量论坛;第二次学术活动于2012年10月20—21日在徐州举行;第三次学术活动即第15届国际矿山测量学术会议于2013年9月17—20日德国亚琛举行,中国专家共有36篇论文被大会接纳,应邀并出席大会人员29人,应邀发言专家15人,会议安排论文张贴21篇;第四次学术活动于2014年5月18—19日在西安长安大学举行。

(6)参加"国际煤炭研究委员会"及相关活动

国际煤炭研究委员会成立于1973年5月,由美国及欧洲几个主要采煤国家发起成立,其主要目的是应对及解决第一次石油危机造成的能源短缺问题。中国于1996年应邀参加该委员会的年会,并被接纳为正式成员。中国有四位委员,分别是朱德仁、张玉卓、柏然、王金华。国际煤炭研究大会每三年举行一次。第十三届国际煤炭研究大会于2004年10月在上海举行,由中国煤炭工业协会承办。

(7)参加"国际矿山救援组织"及相关活动

国际矿山救援组织于2001年5月在波兰乌斯特龙矿山救援机构会议上宣布成立。中国于2003年加入该组织,并被接受为正式成员。国际矿山救援组织自2001年成立以来,致力于扩大成员国之间在矿山救援领域的交流与合作,从2003年开始每两年举行一届国际矿山救援大会,对于提升救援技术与装备水准、改进救援训练方法、促进国际矿山救援事业发展起到了非常重要的作用。中国加入国际矿山救援组织以来,积极参加了历届国际矿山救援大会,多次派专家出席会议。

(8)其他国际学术交流

1972年10月后,我国先后派人出席了在美国、保加利亚召开的第十六届、第十七届国际煤矿安全会议,在法国和澳大利亚召开的国际选煤会议,在加拿大召开的第六届国际顶板管理会议,在美国召开的世界煤炭研究会议。1976—1978年,中国煤炭学会先后派出10个考察组83人次出国考察,接待了五大洲的朋友46批256人次。

1984年9月21日—10月16日,根据国家科委与欧洲共同体合作协议,煤炭工业部选派王丙戌(安全局处长)、陈宗吉(北票矿务局局长)、金元斌(阳泉局安全专家)、李英俊(抚顺煤研所室主任)和柏然等5人,考察欧洲煤矿安全并进行技术交流。1985年和1990年,劳动部先后派代表参加了国际劳工组织的日内瓦专家会议,参与制定(修订)了《煤矿安全与健康实用规程》和《露天矿山安全与卫生实用规程》。1999年,中国国土资源部主办首届中国国际矿业大会，到 2015 年已连续举办十七届。1986 年 6 月 15—27 日，煤炭部选派安全局吴余超处长一行 4 人（技术司孟同明、抚顺煤研所叶泽福、外事局伯然）赴意大利参加国际电工委员会第 31 次技术委员会和防爆电气及危险场所分类会议，并在会上发表演讲和论文。1987 年 9 月 19 日—10 月 5 日，应英国安全健康局邀请，煤炭部派煤炭干部管理学院王家棣副院长一行 7 人，考察英国煤矿安全培训，与英方就培训机构、教材、师资以及安全培训机制进行深入交流。

1987 年 3 月 16 日，中国煤炭学会和波兰采矿工程师与技术人员协会在北京签订了双边科技合作协议。合作的目的是交流经验，提高干部的科技水平，普及科技成果并促进推广应用。按照双边科技合作协议，1987—1989 年，波方访华 8 个团组 25 人次，中方访波 7 个团组 27 人次。波方于 1987 年参加了在中国召开的第二十二届国际采矿安全会议，中方于 1987 年参加了在波兰什契尔卡召开的矿山救护会议，此外，自 1987 年 4 月起波方向中方寄发《采矿消息》和《采矿观察》月刊，中方向波方寄发《煤炭学报》和《煤炭科学技术》。1990 年，合作中断。

1981 年至 1984 年 6 月，中国煤炭学会与美国《世界采矿》和《世界煤炭》杂志合作，先后出版 4 期中文版《世界采矿》和《世界煤炭》杂志，每期一万册，免费分送全国各有关矿区。1986 年，该学会与英国中文版杂志出版公司合作，在中国印刷出版两期英国采矿杂志，每期 12000 册，免费分送各采矿科研、设计、生产部门。

1998 年 5 月 3—15 日，国家煤炭工业局副局长王显政率团访问俄罗斯和意大利。2000 年 6 月 25 日—7 月 6 日，应国际劳工组织邀请，国家煤炭工业局副局长王显政率团赴爱尔兰出席世界职业安全健康大会，顺访芬兰国家职业健康研究院。2001 年 5 月 5—21 日，国家煤监局、国家安监局派刘玉华、路德信、杨富、张玉卓、王树鹤、柏然、孙娇花一行 7 人赴阿根廷出席南美采矿大会。2001 年 12 月 2—17 日，张宝明局长率团访问欧洲，考察安全生产与煤矿安全。2002 年 5 月 23 日—6 月 6 日，国家煤矿安全监察局、国家安全生产监督管理局局长张宝明一行 8 人访问奥地利和美国，出席在奥地利维也纳举行的世界职业安全健康大会。2002 年 11 月，应澳大利亚安全委员会主席和新西兰劳动部邀请，国家安监局（国家煤监局）局长王显政率团访问澳大利亚和新西兰。2003 年 9 月 12—29 日，王显政率团访问英国、巴西。在巴西，出席巴西国际采矿大会，参观巴西国际采矿博览会，会见巴西矿产资源部副部长、巴西采矿协会主席。2004 年 5 月 18 日—6 月 3 日，王显政局长率团访问美国、日本，考察两国矿山安全。2005 年 9 月 14—25 日，国家安监总局副局长梁嘉琨率团出席在美国佛罗里达召开的第 17 届世界职业安全与健康大会并发表演讲。2009 年 11 月 9—18 日，中国职业健康协会理事长张宝明率团访问美国和加拿大，访问美国斯特塔（SRATA）公司和使用救生舱的煤矿企业，与技术人员及企业管理人员交流，考察矿井救生舱技术及使用情况，为我国使用和生产矿用救生舱提出意见和建议。2010 年 7 月 4—16 日，国家安监总局副局长梁嘉琨率团访问俄罗斯、挪威和瑞士，考察安全生产综合监管制度和安全事故综合预防体系。2013 年 8 月 9—13 日，王显政会长出席在加拿大蒙特利尔举行的世界采矿大会及第 94 次国际组委会，在大会上发表主题演讲，倡导世界采矿业的安全发展、绿色发展。会见加拿大政府部门负责人和采矿界人士。2015 年 6 月 22—26 日，王显政部长率团出席第 96 次世界采矿大会国际组委会会议。2018 年 9 月在中国首次举办第十一届世界矿山通风大会。

5.3 国外矿山安全学术共同体

5.3.1 国外学术共同体的形成

西方国家学术共同体的形成与发展极其漫长，大致经历了古希腊罗马时代的师生组合共同体、中世纪社会的"行会"大学共同体、17—18世纪的思想共同体、19—20世纪的"小科学"共同体和第二次世界大战以后的"大科学"共同体的过程。在这种背景下，学术共同体必然呈现不同于以往任何时代的面貌。总体来看，"大科学"时代的学术共同体至少有如下几个方面的特征：首先，共同体成员间的学科交叉性大。其次，学术共同体的地域性减弱，尤其是近几十年来，共同体成员的国际化程度很高。再次，不同共同体之间的交流日益频繁，越来越具备开放性、世界性的特征。矿山安全学术共同体作为国外学术共同体的一个分支，目前，也呈现开放性和国际性。

5.3.2 国外重要矿山安全期刊

国外矿山安全方面的刊物有许多种，下面介绍主要的几种。

(1)《国际岩石力学和采矿科学杂志》

《国际岩石力学和采矿科学杂志》(*International Journal of Rock Mechanics and Mining Sciences*)关注岩石力学和岩石工程的原始研究、新发展、现场测量和案例研究。它提供了一个国际论坛，用于出版关于岩石力学的高质量论文，以及岩石力学原理和技术应用于在岩石上或岩体中建造的采矿和土木工程项目。这些项目包括斜坡、露天矿山、采石场、竖井、隧道、洞室、地下矿山、地铁系统、大坝和水电站、地热能、石油工程和放射性废物处理。论文受到所有相关主题的欢迎，尤其是理论发展、分析方法、数值方法、岩石测试、现场调查和案例研究。

(2)《国际通风杂志》

《国际通风杂志》(*International Journal of Ventilation*)是一本同行评议的杂志，旨在提供最新的研究和应用信息。主题包括：与通风的开发或应用有关的新想法；验证案例研究，证明通风策略的性能；关于特定建筑类型的需求和解决方案的信息，包括：办公室、住宅、学校、医院、停车场、城市建筑和娱乐建筑等；数值方法的发展；测量技术；通风影响起重要作用的相关问题（如通风与空气质量、健康和舒适度的相互作用）；与通风有关的能源问题（如低能耗系统、通风采暖和散热损失）；驱动力（天气数据、风机性能等）。此外，还编制了涵盖特定主题、合作研究项目和会议的特别版。

(3)《采矿科学杂志》

《采矿科学杂志》(*Journal of Mining Science*)反映了当前基础和应用采矿科学的发展趋势。它发表了关于地质力学和地理信息科学的原创文章，研究全球地球动力学的过程与人为灾害之间的关系，多相结构地质介质中流变和波浪过程的物理和数学模型，岩石破裂、机理分析和综合，自动机械、机器人、采矿机械科学、矿产资源节余与生态安全技术的创造、矿井气象学与矿井热物理、煤层除气、自燃火灾的发生机理与扑灭方法、选矿和露天开采。

（4）《采矿科学档案》

《采矿科学档案馆》（Archives of Mining Sciences）发布了对采矿科学和能源、土木工程和环境工程广泛关注的研究成果，包括采矿技术、矿物加工、矿山工作稳定性、采矿机械科学、通风系统、岩石力学、动力学、地下储存石油和天然气、采矿和工程地质、岩土工程、隧道、隧道设计和施工、矿区设计和施工、采矿大地测量、采矿环境保护、后工业区振兴。是由波兰科学院创办的期刊，自1956年以来定期发行。

（5）《燃烧爆炸与冲击波》

《燃烧爆炸与冲击波》（Combustion, Explosion, and Shock Waves）是俄罗斯科学院西伯利亚分院出版的一本同行评议的期刊。该杂志介绍了燃烧和爆轰过程的物理和化学、物质在冲击波和爆轰波中的结构和化学转变以及相关现象的顶级研究，每一期都包含有关于凝聚态和气态相起爆、燃烧和爆炸的环境后果等。

（6）《岩石力学与岩石工程》

《岩石力学和岩石工程》（Rock Mechanics and Rock Engineering）主要收录了岩石力学的实验和理论方面的研究成果，还包括岩石力学在隧道、岩石边坡、大型坝基、采矿工程等方面的应用。

（7）《消防安全学报》

《消防安全学报》（Fire Safety Journal）是一本涉及消防安全工程各个方面的权威刊物，其论文主题主要涵盖火灾化学和物理、火灾动力学、消防安全管理、消防安全设计、火灾风险评估和量化以及消防安全在各领域的应用。

（8）《工程地质与环境公报》

《工程地质与环境公报》（Bulletin of Engineering Geology and the Environment）收录了工程地质灾害预测以及预防措施方面的研究成果，主要包括构造地质、水文地质条件的应用和影响，工程和土方稳定性分析，跨领域讨论地质构造的地貌、构造、地层、岩性和地下水条件。

（9）《国际煤地质学杂志》

《国际煤地质学杂志》（International Journal of Coal Geology）涉及煤、油气烃源岩和页岩气资源的地质学和岩石学的基础和应用方面。该杂志旨在促进这些资源的勘探、开发和利用，并激发环保意识和工程技术的进步，以实现有效的资源管理。主要内容包括煤和煤层的形成，煤系、油气烃源岩地质特征，煤和页岩中气体的形成、运输和储存，包括煤层气、煤矿瓦斯、废弃矿井瓦斯等。

（10）《隧道与地下空间技术》

《隧道与地下空间技术》（Tunnelling and Underground Space Technology）是一本国际性杂志，该杂志致力于出版关于地下空间规划、施工和管理的跨学科方面的论文，包括地质调查、地质力学分析、设计和建模、施工和监测、支护结构的维护和修复。

5.3.3 国外主要矿山安全协会及展会

5.3.3.1 国外协会或学会

关于矿山安全的协会、学会、研究会、社团及学派国外有许多，美国、南非、加拿大、巴西、日本、德国、印度、波兰、苏联、澳大利亚和韩国等国家都有这方面的学术共同体。除了上文提及的，世界能源理事大会、世界煤炭协会、国际矿山测量协会、国际煤炭研究委员会，还有一些其他协会，这里简要介绍一下。

（1）国际矿物学协会

国际矿物学协会（International Mineralogical Association，简称 IMA）成立于 1958 年，是世界上最大的矿物学组织，在各个国家都有分会。协会的宗旨是促进矿物学家的国际合作，矿物学研究成果的发表与交流，共同讨论、制定矿物分类方案、术语和符号的标准化，进行新矿物命名的核准和取消，探讨矿物学和其他学科间的交叉。IMA 有多个专业委员会和会员大会，以书面和电子方式出版科学刊物、专门的参考书籍、通信，并组织国际性的学术交流会。设团体会员、个人会员和名誉会员。现有团体会员来自五大洲 38 个国家和地区。

（2）国际矿业教授学会

国际矿业教授学会（Society of Mining Professors，简称 SMP）代表全球矿业学术界和致力于为矿业学科的未来作出重大贡献。协会的主要目标是利用科学、技术、教学和专业知识来保证矿产资源的可持续开发利用。协会促进会员间的信息交流、帮助建立研究和教育伙伴以及进行其他合作活动。国际矿业教授学会是一个充满活力的全球性协会，代表大多数矿业和矿业学者，成员已到达 43 个国家。学会的使命是通过积极的支持和开发采矿工程学科，发展长期的专业人员间的联系，交流具有创新性的教学实践经验，分享科研经验、能力和未来的挑战，促进专业职业发展和社会对矿业的意识，及时的、权威的和独立的发表对全球矿业形式问题的评论，一系列措施保证矿产的可持续供应和矿业可持续发展。自从 1990 年 9 月 21 日举办第一届国际矿业教授学会年会以来，已经举办多届。学会发展至今，取得了一系列成绩，包括在矿业技术比较落后的地区召开会议帮助当地矿业建设，通过国际矿业教授学会会员所在大学提高相关矿业课程的教学发展，分享前沿的教学方法，促进国际科研合作，加强学校间的教学协同，分享前沿的教学和评估工具等。

（3）美国国家矿业协会

美国国家矿业协会（National Mining Association，简称 NMA）的核心问题和活动侧重于政策制定，监管和许可事宜以及诉讼，突出了对采矿社区当前和未来业务需求以及从采矿开始的整个美国供应链最重要的问题。NMA 的使命是建立对公共政策的支持，帮助美国人充分和负责任地受益于丰富的国内煤炭和矿产资源。目标是参与和影响公共进程的最重大和最及时的问题，影响采矿安全和可持续地定位、许可、开采、运输和利用国家巨大资源的能力。

NMA 通过促进矿产和煤炭资源安全生产和利用，在首都建立强大的政治存在，作为美国矿业的信息中心和单一声音来满足美国采矿业、采矿设备制造商和 NMA 成员当前和未来的政策需求。

（4）加拿大采矿、冶金和石油协会

加拿大采矿，冶金和石油协会（Canadian Institute of Mining，Metallurgy and Petroleum，简

称 CIM）成立于 1898 年，是加拿大矿产、金属、材料和能源行业专业领先的非营利性技术协会。CIM 有三个战略目标：创造，策划和提供相关的前沿知识；培养一个强大、互联和参与的 CIM 社区；提高采矿业对社会的重要贡献的认识。CIM 拥有超过 11000 名成员，来自工业界、学术界和政府；成员拥有 10 个技术协会和 30 多个分支机构，在全球范围内领导采矿业的发展。

（5）国际铝土矿协会

国际铝土矿协会（International Bauxite Association，简称 IBA）于 1974 年 3 月 5—8 日，由几内亚、圭亚那、牙买加、塞拉利昂、苏里南、南斯拉夫（现已解体）和澳大利亚七个铝土生产国在几内亚首都科纳克里举行的铝土生产国部长会议上，成立了国际铝土矿协会。协会下设部长理事会、执行委员会、秘书处。部长理事会，每年举行一次会议；执行委员会，由各成员国指派两名代表组成；秘书处，下设科学研究、统计研究等五个部门，负责人是秘书长。后来多米尼加共和国、加纳、海地、印度尼西亚也参加了这个协会。协会成立以来，各成员国加强相互合作，反对跨国公司的控制、剥削和掠夺，在部长理事会上建议成员国对出口的铝土实行价格不低于最低限额的政策，维护了铝土生产国的民族经济利益。

5.3.3.2　国外矿山展览会或博物馆

国际上，关于矿山安全的大会和展览会有许多，国际大会在上文里中国参加的大会中已经提及，这里不再重复叙述。国外的展览会或博物馆有：美国国际矿业展览会、澳大利亚亚太国际矿业及矿山机械展览会、德国矿业博物馆、南非采矿与电力国际展览会、加拿大勘探者与开发者协会和澳大利亚勘探商与交易商大会等，以下是几个主要的展览会或博物馆。

（1）美国国际矿业展览会

美国国际矿业展览会是由美国矿业协会主办，每四年举办一届，该展会是全球采矿界规模最大的地表和地下采矿及设备展览会。2012 年美国国际矿业展览会共有来自 38 个国家的 1800 多家参展商，52000 名专业观众出席并参观此届展会，据统计超过 90% 的观众有购买意向。展出面积超过 90000 平方米，展会规模较 2008 年展会增长了超过了 40%。来自露天采矿、地下采矿、加工、矿场开发、矿产勘查、稀有金属、精炼与提炼等各个行业的决策者参加了展会。2016 年 9 月 26—28 日在美国拉斯维加斯国际会展中心举行展览会。

（2）澳大利亚亚太国际矿业及矿山机械展览会

亚太国际矿业技术及工程机械展览会（AIMEX）由励展博览集团澳大利亚公司主办，创办于 1970 年，两年一届。该展会更是全球最具影响力的矿业贸易盛会。展品范围有：安全防护及消防设备，防爆器材，瓦斯报警设备，风机及通风测试，传感器，通信，信息管理系统，除（降）尘设备，降温设施，噪声防护设备，井下照明设备，监测、监控技术及设备，火情预报系统，救火设备，车辆等。2019 年 8 月 27—29 日在悉尼奥林匹克公园悉尼展馆举行展览会。

（3）德国矿业博物馆

德国矿业博物馆（Deutsches Bergbau-Museum）建立于 1930 年，位于波鸿市鲁尔区的中心，是当今世界上最重要的矿业博物馆之一。该馆由德国工业建筑师弗雷兹·斯库珀（Fritz Schupp）在 20 世纪 30 年代设计建造。作为目前世界上最大的矿业博物馆，展示了从中世纪以前到现今世界各地采矿业的发展历史。矿业博物馆收藏的展品丰富多彩，详细全面地介绍了采煤技术的发展过程和其他矿业知识。这座博物馆设有 20 多个展厅，陈列着从镢头、风镐到采煤机等各种采矿工具，卷扬机、绞盘等矿井运输工具，矿山排水和通风设备，各式各样的矿灯和各种矿井支架。2009年，德国矿业博物馆进行了扩建，扩建后容纳了临时展厅和原有的永久性藏品。这座博物馆每年能吸引游客40万人，展览面积达到1.2万平方米。

（4）南非采矿与电力国际展览会

每两年举办一次。该展会是南非规模最大的工程机械、矿山机械、建筑设备、工程车辆及配件、电力能源设备专业展。作为南非最大工程矿山电力能源机械设备展，该展得到了如下单位的支持：南非矿业商会，南非矿业和冶金联合会，南非工程机械学院，南非物料搬运所，南非隔离爆破协会，南非输送机制造协会，南非采矿研究所，南非采矿和设备贸易联盟等。

（5）南非国际矿业大会

南非国际矿业大会是非洲最大的年度矿业盛会，也是与中国国际矿业大会齐名的全球四大矿业盛会之一，到2019年已连续举办了多届。

（6）加拿大国际矿山展暨加拿大国际矿业展会

组委会为加拿大勘探者、开发者协会，展会周期一年一届。该展会是全球最大、最重要的商业性、综合性矿业展会之一。自1932年第一次举办以来，已连续成功举办了多届。主要由国际会议、矿业勘查商业服务展、矿业勘查投资交流展三大部分组成。来自世界各地的矿产勘查开发有关人士，以各种不同方式积极参加历届大会。各类矿产勘查开发商业网站、矿业杂志、矿业报纸等在内的各类矿业媒体也都参会。设备展区有：采矿业，采矿设备；矿山机械等；矿业处理设备；选矿设备；材料的制备技术等相关行业设备技术产品。安全环保有：通风设备、除尘设备、防护设备；教育和科研机构：大学、研究机构、培训机构，媒体和出版商各类矿业资源，矿业产品等，全面的技术研讨会，涵盖全球、超过350个参展商组成的矿业勘查商业服务展，由各参展商组织的，以交流世界领先的产品和服务为核心内容的高峰论坛。

参考文献

[1] 博兰尼著，冯银江，等译. 科学的自治，自由的逻辑［M］. 长春：吉林人民出版社，2002.
[2] 张斌. 我国学术共同体运行的现状、问题与变革路径［J］. 中国高教研究，2012（11）：9-12+98.
[3] 舒小昀，袁勤俭. 学术共同体的构建——1998—2007年《史学理论研究》引文分析［J］. 史学理论研究，2010（1）：100-112.
[4] 冯从新. 强化学会功能，促进学会发展［J］. 科协论坛，1997（11）.
[5] 朱训. 中国矿业史［M］. 北京：地质出版社，2010.
[6] 朱义长. 中国安全生产史［M］. 北京：煤炭工业出版社，2017.
[7] 中国科学技术协会. 中国通信学科史［M］. 北京：中国科学技术出版社，2010.
[8] 中国科学技术协会. 中国科学技术协会2017年学会改革工作要点［J］. 科协论坛，2017（5）.
[9] 朱训. 中国矿业史［M］. 北京：地质出版社，2010.
[10] 中国科学技术协会学会学术部. 中国科学技术协会全国学会协会研究会简介［M］. 北京：科学普及出版社，2006.
[11] 邹放鸣. 中国矿业大学志（1909—2009）上卷［M］. 北京：中国矿业大学出版社，2009.
[12] 陈宝智. 矿山安全工程［M］. 沈阳：东北大学出版社，1993.
[13] 林培锦. 西方学术共同体的形成及其与同行评议的关系［J］. 福建师范大学学报：哲学社会科学版（福州），2012（5）：162-166.
[14] 中国科学技术协会. 中国通信学科史［M］. 北京：中国科学技术出版社，2010.

第6章 矿山安全学科科学技术与安全管理的发展

矿山安全工程是以矿山生产过程中发生的人身伤害事故为主要研究对象，在总结、分析已经发生的矿山事故经验的基础上，综合运用自然科学、技术科学和管理科学等方面的有关知识，识别和预测矿山生产过程中存在的不安全因素，并采取有效的控制措施防止矿山伤害事故发生的科学技术知识体系。中华人民共和国成立以来，尤其是十一届三中全会以后，矿山安全科学技术取得了长足的进步，得益于党和国家对安全生产的重视，尤其是高度重视矿山安全的生产工作。在国家的大力帮助下矿山安全生产制度化、规范化、标准化，法律体系建设不断完善，矿山安全学科各种理论和技术不断改进和创新，为矿山安全科学技术发展提供了强大动力，各种矿山装备、设计工艺的安全技术水平不断提高，矿山安全生产条件得到了大幅改善。我国矿山安全学科是建立在安全技术发展基础上的。矿山安全技术可以分为煤矿安全技术和非煤矿山安全技术。煤矿安全技术涉及顶板支护、通风安全、火灾防治、瓦斯灾害防治、水灾防治、热害防治与防尘等。除上述安全技术外，非煤矿山安全技术还涉及爆破、辐射防护、尾矿库安全防治等。

本章以中华人民共和国成立后，煤矿安全事故频发为起点，按时间顺序，从总体上阐述了现代矿山安全学科的起步和重大事件，详细回顾了我国现代矿山安全科学技术的发展历程。

6.1 矿山安全科学技术发展趋势与重要变化

6.1.1 矿山安全科学技术起步与发展

矿山生产与其他生产活动一样，是人类利用自然创造物质文明的过程。矿山生产过程中，人类会遇到各种各样来自自然界的不安全因素，同时人们会利用各种工程技术措施、机械设备以及各种物料，随之而来这些生产手段也会带来许多不安全因素，面对大量的不安全因素，人类必须克服、避免，来完成矿山生产活动。自古以来，矿山水害、火灾、冒顶片帮、沼气爆炸等是矿山生产中威胁人员生命安全的重大灾害。人们一旦对不安全因素忽略了控制或者控制不力，则将导致矿山事故的发生。矿山安全事故不仅会妨碍矿山生产的正常进行，而且会造成财产损失和环境污染，最重要的是有可能造成人员受伤甚至死亡。所以，矿山安全工作至关重要，是保障人员生命健康以及矿山生产工作顺利进行的前提。

矿山安全技术是实现矿山安全的技术措施，是矿山生产技术的重要组成部分。为了避免发生各种矿山事故，人们在矿山安全生产过程中与矿山事故进行了长期斗争，在此过程中不断积累经验，创造了许多安全技术方法、装备与措施。矿山安全技术是伴随着矿山生产的出现而出现的，又随着矿山生产技术的发展而不断发展。

（1）起步

中华人民共和国成立初期，为改变旧中国工人生命健康没有保障的状况，1949年在中国人民政治协商会上通过的《共同纲领》中规定"保护青工女工的特殊利益""实行工矿检查制度，以改进工矿的安全和卫生设备"。

1951年9月，燃料工业部发布了我国第一部煤矿安全生产规程《煤矿技术保安试行规程（草案）》，对煤矿采掘生产以及通风、排水、运输等各个环节的安全都做出了详细的规定，我国开始仿制苏联BY型的2BY、70BY和K70等型通风机用于井下通风。随后制定颁布的《煤矿和油母页岩矿保安规程》开始对煤矿顶板管理、瓦斯防治、防排水、放炮、机电运输等环节的工作提出了规范性要求。

1953—1957年，是我国国民经济发展的第一个五年计划时期。在"安全第一"的方针下，提出必须树立"安全为了生产，生产必须安全"的指导思想；全国矿井开始加大资金投入力度，改善通风安全，实行笨重劳动机械化投资占生产和改建矿井总投资的47.18%。大力改进安全设施，全国煤矿增加主扇128台，新开风道10万米，新开风井77座，国营煤矿基本消灭了自然通风与串联通风。井下增加了早期的防爆型设备，取缔明火灯，安设洒水设备，实施瓦斯抽放工程和防排水工程，1952年只有抚顺龙凤矿开始建立系统的工业规模连续抽放泵站，到20世纪50年代末全国有抚顺、阳泉、天府和北票的6个矿井有抽放瓦斯设备，矿井安全开始从设施设备进行了改变。

1958—1962年，"大跃进"期间，"安全第一"的方针不再被提及，安全监察与安全管理职能部门被取消，许多行之有效的规章制度被废除。不切合实际的高指标迫使许多煤矿乱采滥掘，设备失修，重大事故接连发生，伤亡事故明显增加。

1963—1965年，将煤矿安全生产列为调整重点，恢复安全监察与安全管理机构，修订、补充安全生产规章制度，开展以消除"五大灾害"（水、火、瓦斯、顶板、机电事故）为内容的安全大检查，推行全矿井正规循环作业，开展质量标准化矿井建设，这时期矿井通风防灭技术也开始在我国运用，安全生产进入了一个稳定时期。

1966—1976年，"文化大革命"期间，安全生产规章制度被视为"管、卡、压"遭批判，《煤矿安全规程》被否定，安全监察机构被当作"绊脚石"而搬掉，无政府主义思潮泛滥，安全工作形成无人管理的状态，煤炭生产增长主要依靠增加人员来实现，小煤矿重新得到重视发展，加之工程失修、设备老化，煤矿安全状况迅速恶化。

1977—1978年，一些煤矿盲目追求高指标，滥采乱掘，造成了煤炭生产的第三次采掘失调，煤炭产量增速放缓，安全工程欠账严重，通风、瓦斯抽放、防灭火和防尘系统不健全，煤矿生产中存在大量隐患。

（2）发展

1979—1989年，重新确立"安全第一"的方针，重新颁发《煤矿安全工作试行条例》和《煤矿安全监察试行条例》，整顿安全组织，强化"一通三防"管理，改善安全技术装备，补还安全工程欠账，确定了机械化矿井开采的发展道路，国有矿井安全状况稳步好转。1981年，冶金部矿山节能推广站开始着手研究适合在我国金属矿山区生产应用的低电压、低能源消耗的大风量型通风机，并成功研制出了叶轮与电机直联。先后从美国、英国等引入数套矿井安全生产监控系统（如美国的SCADA系统、英国的MINOS系统、德国的TF-200系统、加拿大的森透里昂系统），在"六五"期间开发了移动式瓦斯抽放泵站、束管监测系统、DQ系列燃油惰气灭火装置以及湿式除尘器等关键装备，在新汶孙村矿和平顶山八矿等热害严重矿井建立了井下和地面集中制冷系统，我国矿山安全技术开始从无到有、从有到起步发展，在现场发挥应有的作用，矿山安全状况大幅改善。但是这时期我国矿山安全生产技术水平与国外先进产煤国家相比，还有很大的差距，主要是对各种自然灾害发生的原因和条件尚无深入了解，灾害防治措施单一，只相当于20世纪50—60年代的国际先进水平。

1986年3月，第六届全国人大常委会第15次会议通过并公布《矿产资源法》，规定开采矿产资源，必须遵守国家劳动安全卫生规定，具备安全生产条件。"七五"期间矿山安全科技攻关全面起步，开展了矿井瓦斯涌出量预测方法、煤与瓦斯突出预测预报技术、水力冲孔和大直径钻孔石门揭煤及采掘工作面防突措施、隔抑爆技术、煤层自燃倾向性鉴定方法以及自然发火预测预报技术等多项专题研究，开发出了瓦斯抽放配套装备、突出预测仪等关键装备，进步完善了"六五"成果。通过"七五"期间的科研攻关，人们对煤矿灾害的起因和发展有了初步了解，抗灾措施研究密切结合生产实际，防治瓦斯煤尘爆炸、突出、火灾的单项技术逐渐成熟，并向综合配套方向发展，所取得的成果在全国各矿井得到推广应用，由此进一步改善了矿井安全状况。"七五"期间我国的矿井尤其是煤矿安全技术已达到20世纪70年代的国际先进水平。

进入"八五"时期，随着改革的不断深入和社会主义市场经济体制的建立与完善，我国矿山安全生产建设也加快了进程。1991年3月，国务院发布了《企业职工伤亡事故报告和处理规定》（第75号令），严格规范了对各类事故的报告、调查和处理程序。1992年11月第七届全国人大第28次会议通过并公布《矿山安全法》，就矿山建设、开采过程中的安全保障、安全设备的应用、矿山企业的安全管理、政府对矿山安全生产的监督管理，以及矿山事故的调查处理等作出了规定，规定矿山企业的安全工作人员必须具备必要的安全专业知识和安全工作经验。该法对于促进安全科学技术的发展有着重要意义。"八五"期间针对煤矿生产中的瓦斯煤尘爆炸、煤与瓦斯突出、矿井火灾三大灾害开展了攻关研究。地勘期间煤田瓦斯预测技术的研究，保证了地勘钻孔（500—1000米）测定瓦斯含量的准确、可靠性，准确率达90%，分源预测法的研究和应用，使矿井瓦斯涌出量预测准确率大于85%，该成果被国家评为"八五"期间十大世界领先科技成果。以强化瓦斯抽放为目的，开展了顶板和煤层水平钻孔抽放瓦斯、煤层预裂爆破和无煤柱抽放瓦斯等工艺方法研究，并研制出抽瓦斯监测装备和泵站无阻力阻爆（燃）装备，使矿井及工作面瓦斯抽放率大大提高，示范矿井的瓦斯抽放率大于40%，获得了显著的社会和经济效益。煤与瓦斯突出防治技术的研究，形成了"四位一体"综合防突措施，在非接触连续预测突出的技术和突出敏感指标以及临界值确定方法方面取得了较大的进展，使预测突出危险准确率达60%，不突出准确率达100%。新型隔爆棚的研究，提高了隔绝强爆炸、弱爆炸的综合性能，初步形成了防治炮掘和机掘工作面瓦斯、煤尘爆炸综合技术。易燃煤层最短自然发火期预测方法和多参数综合监测预报技术的研究，使矿井火灾预报准确率达80%以上。在井下移动式制氮设备和采空区防灭火技术取得了突破，形成了火灾预测预报和采空区惰化、阻化、堵漏技术。"八五"期间开发的以干式除尘器为主的掘进工作面综合防尘技术，进一步提高了防尘效果。通过"八五"攻关研究，进一步深化了对煤矿灾害的认识，完善提高了抗灾措施，各项措施初步配套，形成了煤矿主要灾害的防治体系。煤矿安全技术的总体水平达到了20世纪80年代的国际先进水平。

1996年12月《煤炭法》施行，该法对煤炭开发规划和煤矿建设、生产、经营等做出了全面规范的同时，首次从法律上对煤矿安全作出了系统的明确的规定。为了贯彻执行安全生产法规，由国家行政主管部门依据《中华人民共和国标准化法》规定，由标准主管部门审批和发布了一批安全生产和劳动安全卫生标准。这些从技术条件或管理业务方面提出的比较具体的定量标准，为矿山安全生产专业技术问题提供了技术规范。从1996—2000年，以建立瓦斯灾害治理示范工程为目标，结合平顶山、阳泉、兖州、淮南等矿区的特点，对瓦斯预测、煤与瓦斯突出、瓦斯抽放、瓦斯煤尘爆炸、火灾等问题进行综合配套研究，形成了技术配套、措施有效的瓦斯、火灾灾害综合治理措施体系，攻关取得的成果在矿区得到推广应用；通过攻关项目的实施，使示范矿区瓦斯灾害治理技术水平有了较大的提高，煤与瓦斯突出灾害得到了有效的抑制，基本控制了煤与瓦斯突出对人员造成的伤害，重大瓦斯爆炸事故有明显减少。矿山安全技术的总体水平达到了20世纪90年代的国际先进水平。

通过1981—2000年20年矿山安全技术的攻关研究，我国矿山安全技术保障体系已基本形成。已形成瓦斯灾害危险区域预测、瓦斯涌出量预测、瓦斯检测与监测、瓦斯抽放四位一体的煤与瓦斯突出防治技术相配套的综合防治措施。250m顺煤层强力钻机和600m水平钻机研制成功，为瓦斯抽放提供了更有力的手段；甲烷传感器的稳定性和可靠性有了进一步的提高。矿井火灾防治技术已形成了"火灾监测""堵漏""阻化""惰化"相配合的自然发火防治体系，带式输送机火灾监测采用光纤测温等高技术已取得突破。以防治呼吸性粉尘为重点，研制出了符合国际标准的粉尘采样器，煤层注水、高压雾化降尘与负压二次降尘技术的配合应用，减少了尘肺病的发生。通风装备方面已开发了一批高效、低噪、大功率局部通风机，灾害时期风流流动及控制、救灾决策辅助系统、灾后抢险救灾技术等也取得了较大进展。

坚持"先抽后采，以风定产，瓦斯监控"的瓦斯综合治理方针，结合新技术的推广应用，一些矿区的瓦斯灾害治理取得了良好的效果。抚顺矿区坚持本煤层抽放与开放式采空区埋管抽放相结合，通过对瓦斯抽放的综合监控，合理调整抽放参数，确定了抽放瓦斯与防火合理监控参数及临界指标，解决了单一特厚煤层综放开采时瓦斯与防灭火综合治理的难题；阳泉矿区通过推广顶板高抽巷、高仰角大直径钻孔和顶板岩石长钻孔抽放技术，成功地解决了综放工作面邻近层瓦斯涌出量大、综放工作面初采期瓦斯超限等问题，使得瓦斯抽放量一直位居全国之首，成为我国瓦斯综合治理的典范。淮南、沈阳等矿区一直都是瓦斯灾害多发区。淮南矿区确定合理的开采程序，加强保护层开采配合被保护层瓦斯抽放、顶板走向长钻孔抽放采空区瓦斯、本煤层采掘工作面和石门揭煤工作面强化预抽、煤巷掘进工作面边掘边抽等一系列综合瓦斯抽放技术的研究和推广应用，使年瓦斯抽放量迅速提高到近亿立方米，杜绝了10人以上特大事故。沈阳矿区通过"四位一体"综合防突技术的推广应用，建立以突出危险预测为基础、以瓦斯抽放为主导措施的防灾技术体系，实现了连续3年无死亡3人以上的重大事故。

6.1.2 矿山安全科学技术重要变化与发展趋势

中华人民共和国成立初期至 20 世纪 70 年代末期，国家把劳动保护作为一项基本国策实施，安全技术作为劳动保护的一部分而得到发展。这一阶段，为了满足我国工业发展的需要，国家成立了劳动部劳动保护研究所、卫生部劳动卫生研究所、冶金部安全技术研究所、煤炭部煤炭科学技术研究所等安全技术专业研究机构，开展了矿山安全技术等安全科学技术的研究工作。我国矿山安全技术主要在两个方面发展：一是作为劳动保护的一部分开展的劳动安全技术研究，包括机电安全、工业防尘和个体防护技术等；二是随着矿山生产技术发展起来的矿山安全技术，如防瓦斯突出、防瓦斯煤尘爆炸、顶板支护、爆破安全、防水工程、防火工程、提升运输安全、矿山救护及矿山安全设备与装置等，随着采矿技术、装备水平的提高而提高。

20 世纪 70 年代末至 90 年代初，随着改革开放和现代化建设的发展，我国安全科学技术得到迅猛发展。在此期间，建立了安全科学技术研究院、所、中心等 50 多家，拥有专业科技人员 5000 余名。1984 年，教育部将安全工程本科专业列入《高等学校工科专业目录》；1988 年，中国劳动保护科学技术学会正式成立；20 世纪 80 年代中期，我国学者刘潜等提出了建立安全科学学科体系和安全科学技术体系的设想；1986 年，中国矿业大学首次获得了安全技术及工程学科硕士、博士学位授予权，使我国在安全科学领域形成了从本科到博士的完整的学位教育体系，标志着我国安全科学技术教育体系形成；此外，企业数以万计的科技人员工作在安全生产第一线，从事安全科技与管理工作。可以说，我国已经形成了具有一定规模和水平的安全科技队伍和科学研究体系。

20 世纪 90 年代以来，我国安全生产科学技术研究有了突破性的发展。主要表现在安全科学体系和专业教育体系基本形成，安全科学技术发展纳入国家科学技术发展的规划，安全科学技术研究机构形成网络，取得一大批科研成果。近几年，已有数百项安全科技成果获得国家、省（市）和部门的奖励，"煤层瓦斯流动理论""矿井瓦斯突出预测预报""防静电危害技术研究""高效旋风除尘器"等多项成果获得了国家级奖，并相继建立了国家级和省部级重点实验室，如"爆炸灾害预防、控制国家重点实验室"在北京理工大学建立，"火灾科学国家重点实验室"在中国科学技术大学建立，"煤炭资源与安全开采国家重点实验室"与"煤矿瓦斯与火灾防治教育部重点实验室"在中国矿业大学建立。产业安全技术正向更高水平发展，传统产业如冶金、煤炭、化工、机电等都成立了自己的安全技术研究院（所），并开展产业安全技术研究。国家把安全科学技术发展的重点放在产业安全上，核安全、矿业安全、航空航天安全、冶金安全等产业安全的重点科技攻关项目已列入国家计划特别是我国实行对外开放政策以来，随着产业成套设备和技术的引进，同时引进了国外先进的安全技术并加以消化，如冶金行业对宝钢安全技术的消化等，均取得显著成绩。

综合性的安全科学技术研究已有初步基础。一方面，劳动保护服务的职业安全卫生工程技术继续发展；另一方面，更高层次的安全科学理论已初步形成。在系统安全工程、安全人机工程等软科学研究方面进行了开拓性的研究工作，对事故致因理论、伤亡事故模型的研究有了新的进展，安全检查表、事件树、事故树、管理疏忽和危险树等系统安全分析方法正在厂矿企业安全生产中推广应用，事故因果理论和伤亡事故追踪系统的应用，克服了片面追查操作人员责任的观点，树立了从产品和设备安全性能、管理失误和人为失误全面分析事故原因的新理念。在防止人为失误的同时，把安全技术的重点放在通过技术进步、技术改造，提高设备的可靠性，增设安全装置，建立防护系统。在研究改进机械设备、设施、环境条件的同时，研究预防事故的物质技术措施和防止人为失误的管理和教育措施。随着企业管理的现代化，安全管理也逐步走上现代化，现代管理科学的预测、决策科学和行为科学以及系统原理、反馈原理、封闭原理、能级原理、人本原理、动力原理正逐步应用于现代安全管理。

现在"科技兴安、人才强安、安全发展"的思想已经深入人心，安全本科教育与科技人才的培养得到了跨越式发展，同时国家也加大了安全技术与工程专业硕士、博士等高尖专人才的培养力度，其分布遍及煤炭、非煤矿山、石油等行业。安全工程专业在国内已形成具有一定规模，包括学历教育（本科、硕士、博士、博士后）、继续教育（安全专业人员的短期培训）、职工安全教育和官员安全教育（任职资格安全教育和安全意识教育）的完整教学体系。

总结我国现代矿山安全发展历程可以得知，影响矿山安全的主要因素是资源条件、生产力水平、生产开发布局、生产结构以及市场供求状况。

资源条件是指矿山赋存状况及开采技术条件，是影响矿山安全的客观因素。我国矿山资源赋存条件复杂、埋藏深、地质构造多，可供露天开采比例小，瓦斯、水害、冲击地压等自然灾害严重。

生产力水平的高低是影响矿山安全的根本原因，主要体现在机械化程度。提高机械化程度、现代化信息技术管理水平，不仅可以提高劳动生产率，也有利于改善矿山生产安全环境。

生产开发布局是资源分布、生产技术水平、市场供求状况的集中体现，是影响矿山安全的重要因素。中华人民共和国成立以来矿山生产开发布局的变迁，以及煤炭等矿产资源的开发向资源赋存条件好的中西部地区转移，极大地促进了矿山安全生产水平的提高。

生产结构变化体现了矿山生产增长方式的转变，是影响矿山安全的重要因素。历年事故统计表明，乡镇煤矿（以小煤矿为主）死亡人数占全国煤矿死亡人数比重大，百万吨死亡率高。1949—2000 年，乡镇煤矿百万吨死亡率增速远远高于国有地方和国有重点煤矿；2000—2012 年，大中型煤矿处数和产量分别由 2000 年的 599 处、5.95 亿吨增加到 2012 年的 2154 处、30.3 亿吨，改变了我国长期以来以中小煤矿为主的生产格局，安全状况实现了明显好转。

矿山生产中由煤炭市场需求旺盛和其他因素诱发的超能力生产是造成矿山安全中煤矿事故高发的主要原因。"大跃进"时期，1983 年国家放宽办矿政策、1985—1990 年乡镇煤矿快速发展时期，1992—1996 年煤价放开时期，2002—2005 年煤炭市场恢复时期，期间发生的 5 次事故高峰都印证了这一点。

几十年来，尽管我国矿山安全科学的研究和应用技术都取得了显著的进步，但还存在着许多不足之处。矿山安全科学的基础理论研究表现为分散状态，工伤事故和职业危害还未得到有效控制；矿山企业安全管理体系还不够完善等。今后，矿山安全科学的研究将在现有基础上逐步向宏观和微观两方面发展，向高度分化和高度综合方面发展，吸纳其他学科分析方法的同时逐步形成矿山安全科学理论体系。矿山安全科学技术研究内容将继续深化和扩展，具体表现在：一方面，将继续发展和完善事故致因理论、事故控制理论、矿山安全工程技术方法，并在更大程度上吸收其他学科的最新研究成果和方法；另一方面，随着矿山生产和社会发展的需要，将深入研究信息安全、生态安全等问题。矿山安全管理基础理论与应用技术研究将以建立和完善市场经济条件下我国矿山安全生产监察和管理体系为中心，形成完整的矿山安全管理学、矿山安全法学、矿山安全经济学、矿山安全人机工程学理论和方法。矿山安全工程技术研究将以预防和控制工伤事故与职业危害为中心：一方面，矿山产业安全技术将继续得到发展；另一方面，将大力发展矿山安全技术产业，以满足我国经济发展和人们生活水平大幅提高的需要。

6.2 矿山安全科学技术的发展轨迹

6.2.1 奠定基础及初步发展（1949—1978年）

（1）安全生产方针和管理体制初创时期（1949—1965年）

1948年我国东北地区先期解放，厂矿企业特别是煤矿安全问题摆在了新生的人民政权面前，新生的人民政权对于煤矿安全工作十分重视，"煤矿在产量方面成绩最大，但是平均出产3万吨煤事故导致死亡1个人，安全问题最严重"。当时的东北煤矿管理局下发了《加强保安工作的措施》，其中明确指出："在干部及员工当中，要充分地、切实地、彻底地认识保安工作的重要性，并成为经常性的工作""要完成生产任务，必须把保安做好。故在生产中保安工作第一"，同时提出了"积极防御事故，胜于消极处理事故"的口号。当时煤矿普遍把安全工作称作"煤矿安保工作"或"煤矿保安工作"，煤矿安全法规称为保安法规。

1949年10月1日，中华人民共和国成立。当月，中央人民政府成立了燃料工业部，陈郁任部长。1949年11月，燃料工业部召开了第一次全国煤矿会议。11月30日，全体大会通过了《第一次全国煤矿会议决议案》。会议"决议案"第二部分题为"加强保安工作"，明确提出要"在职工中开展保安教育，树立安全第一的思想"，并要求全国各矿必须贯彻落实，这在中国矿山安全历史上不仅是第一次，而且具有划时代的意义。

燃料工业部于1949年12月编印的《第一次全国煤矿会议材料汇集》中，收录了一份《第一次全国煤矿会议关于生产管理的几项决定》（以下简称《决定》）。这份《决定》分为采煤方法、煤矿示范运输、安全第一、井下劳动组织与配备问题等五个部分。特别是该《决定》把"安全第一"作为决定的一项，并以"安全第一"作为《决定》中的一个大标题，这充分说明了当时在煤矿生产领域中体现并贯彻了"安全第一"的原则。在该《决定》中这样写道："对井下安全问题的严重性，应引起我们高度注意和预防""各级干部，特别是领导干部，必须把安全第一提到原则高度，积极地设法改进"。此外，《决定》中还提出了落实"安全第一"的九条措施。这些措施无疑促进了"安全第一"原则的落实，在全国煤矿安全生产中发挥了重大作用。

1950年5月3日，政务院财经委员会发布了《全国公私营厂矿职工伤亡报告办法》，该办法规定：发生重伤事故，厂矿行政须立即直接报告当地劳动局；重大事故（重伤5名以上或有死亡），厂矿行政负责人应于获悉后半小时内将事故概要先以电话或电报报告。全国各地厂矿行政应于每月3日以前，将上月3日以前职工伤亡情况直接做表报告当地劳动局。1950年5月31日，劳动部公布试行《工厂安全卫生暂行条例（草案）》。

1950年5月15日，在燃料工业部召开的"全国各区煤矿管理局局长及总工程师联席会议"

上，全体会议代表一致通过了《燃料工业部关于煤矿保安问题的决议》（以下简称《决议》）。这是继 1949 年 11 月全国第一次煤矿会议上作出关于煤矿保安工作的决议之后第二个关于煤矿安全生产的重要决议。《决议》首先指出了 1950 年第一季度"死亡人数突出增高"的问题，仅 1950 年前 3 个月国有煤矿就死亡 326 人，"其中瓦斯爆炸占 59%"。对于造成这种情况的原因，《决议》指出有 7 个方面。①"有的煤矿对旧有的官僚组织原封未动，长期不加改造""领导上盲目追求生产数字，对保安工作麻痹大意，技术人员敷衍搪塞"。②"对矿工安全漠不关心，保守着旧的观点及严重的官僚主义作风"。③"由于教育不够，没有经过发动群众，建立起必要的制度""纪律松弛"。④"有些矿缺乏技术人员""或有技术人员，不能发挥其应有的作用"。⑤"固袭旧的采煤方法，未加改变"。⑥"疏忽大意，冒失自恃"。⑦领导干部存在着下井三分灾与要出煤就免不了死亡的观点，发生事故总是将责任推在伤亡工人身上。《决议》指出"大部分矿区对安全生产也做了许多工作"，简要总结了一些煤矿在安全生产中的成绩。这份《决议》的主体是针对存在的问题，以及造成煤矿事故多、死亡多的主要原因，作出了加强煤矿安全工作的 9 项决定。

1950 年，全国煤矿保安工作总结提出《1950 年煤矿保安工作总结（草案）》[以下简称《总结（草案）》]，分为两部分：第一部分为中国煤矿工业保安工作概况，第二部分为 1950 年保安工作的改变与收获。第一部分"概况"中，可以清楚地了解到从 1949 年 10 月到 1950 年年末这短短的一年多时间里，保安工作发生了巨大变化。①中华人民共和国成立以前煤矿安全状况的恶劣是尽人皆知的。中华人民共和国成立以后的煤矿安全工作就是在恢复生产的过程中，一边建设一边搞安全，使全国煤矿的安全工作走向社会主义的轨道，并逐渐形成新的格局。②在 1949 年 11 月召开的第一次全国煤矿会议上就作出了关于安全生产的决议，"号召干部树立安全第一的思想"。"安全第一"方针的确立，并逐渐得到贯彻执行，这是中国煤矿安全史上具有划时代意义的一件大事。③1950 年春，一些煤矿对安全生产"未能予以足够重视""伤亡事故连续发生"。政务院财经委员会于 1950 年 3 月中旬"通令全国各煤矿管理局"进行安全普查，要求"全国各矿立即改革通风设备，建立检查制度"。在这次大检查中，仅阜新、本溪、抚顺发现"不合保安条件的问题 2800 件"。上述情况中，我们可以看出中华人民共和国对煤矿安全工作的高度重视，同时也感到了煤矿安全工作的复杂与艰巨。第二部分关于 1950 年煤矿安全工作的收获与进展，《总结（草案）》从 6 个方面加以阐述。①各级领导干部基本上已正确认识了保安工作。逐步批判并改变了"要出煤就免不了死亡""煤矿如打仗，哪能不死人""死人也是为了完成任务"等错误认识。从消极的检查事故，转变成积极的预防事故。这一思想认识的转变，是前所未有的，是有历史意义的。②保安组织机构普遍建立起来。燃料工业部成立了监察处，全国各局矿都建立了保安机构。局设保安科，矿（井、坑）设保安股、保安班（组）等。仅华北、华东、东北等局就有班长以上的保安干部 1184 人。③改进了工程及设备。机械通风的矿井数量大为增加，扩大了通风断面，主要运输巷道改装了自动风门。安全灯加了锁，斜井均安装安全钩与安全闸，重建安全的火药库。井下运输改变了人工拉筐的做法，同时改善了防水工程。④制定了统一的保安规程。《总结（草案）》讲："在中国煤矿工业保安技术的统一上是有历史意义的"。⑤建立了保安检查制度。分为经常性检查、定期检查、每季大检查，收到了实效。⑥开展了保安宣传教育工作，训练了保安干部与工人。教育方式多样性，有井口学习班、下井前 15 分钟保安教育、受伤工友现身说法、印发保安通报、出了事故开会算账等形式。此外，还利用广播、黑板报、歌咏、戏剧、快报、漫画多种形式进行宣传，表扬先进事迹，"扩大保安宣传工作到职工家属"。

《1950年煤矿保安工作总结》中所列的六条保安工作经验教训，颇具概括性与指导性，在今天仍有较大借鉴意义：一是各级干部对安全负责的思想对于保安工作起着决定性作用；二是群众性的保安工作是个保证；三是遵守《保安规程》和《技术规程》是正规作业的前提；四是经常检查、即时处理是做好保安工作的关键；五是做好保安工作必须厉行专责制；六是提高干部及工人技术水平是保安工作的基础。1950年4月，开滦矿区设保安处，下设采煤保安科，四个矿和四个厂设保安科。

1950年，国务院批准了《中央人民政府劳动部试行组织条例》和《省、市劳动局暂行组织通则》等规定，各级劳动部门自建立伊始，即担负起监督、指导各产业部门和工矿企业劳动保护工作的任务。1951年9月燃料工业部发布了我国第一部煤矿安全生产规程《煤矿技术保安试行规程（草案）》，对煤矿采掘生产以及通风、排水、运输等各个环节的安全都做出了详细的规定。

1952年，第二次全国劳动保护工作会议明确要坚持"安全第一"的方针和"管生产必须管安全"的原则。

1953年起，开始执行国家建设的第一个五年计划，进入大规模的经济建设，与此同时开始强化安全生产、劳动保护监管工作。1953年，政务院财经委员会提出了各产业部门所属企业在编制生产技术财务计划的同时，必须编制安全技术措施计划的要求；随后，劳动部和全国总工会也发布了编制与执行安全技术措施计划的通知，制定了《安全技术措施计划的项目总名称表》，较大的企业每年都把劳动保护措施计划列入生产技术财务计划，作为生产任务的重要组成部分来完成。开滦矿区全面贯彻执行《煤矿技术保安规程》和《操作规程》，并以矿、厂为单位制定各工种的安全操作规程。1953年4月3日，劳动部、中华全国总工会共同决定定期出版《劳动保护通讯》（即现在的《劳动保护》杂志）。这是我国历史上创刊最早的一本安全生产、劳动保护工作指导性杂志。

1954年中华人民共和国制定的第一部宪法，把加强劳动保护、改善劳动条件作为国家的基本政策确定下来。1954年11月18日，劳动部发出《关于厂矿企业编制安全技术劳动保护措施计划的通知》，对编制计划的项目范围、职责、程序、经费开支等提出明确要求。在此期间，劳动部、中华全国总工会联合召开了劳动保护座谈会，明确了各级企业领导人员必须贯彻"管生产的管安全"原则，要求企业负责人在计划、布置、检查、总结、评比生产工作，同时计划、布置、检查、总结、评比安全工作，各企业开始建立安全生产责任制度。建立了由劳动部门综合监管、行业部门具体管理的安全生产工作体制，开滦矿区推行采掘工作面开工前编制《作业规程》，其内容必须有技术安全组织措施，没有安全措施不许开工，劳动者的安全状况从根本上得到了改善。但"大跃进"时期片面追求高经济指标，导致事故发生率上升。

1955年12月由燃料工业部组织修订和颁发了中国煤炭工业《煤矿和油母页岩矿保安规程》。这部规程很大程度上受苏联《煤矿、油母页岩矿保安规程》的影响，是仿效它而制订的。1956年5月，国务院正式颁布了《工厂安全卫生规程》《建筑安装工程安全技术规程》和《工人职员伤亡事故报告规程》，后被称为"三大规程"，标志着国家统一的安全生产法规和安全生产监管制度的初步建立，对我国的安全生产及法治建设有着深远影响，在这一时期各种劳动保护学校的劳动保护班、劳动保护系成立，北京经济学院开办了工业安全技术和工业卫生技术本科专业。

1958年3月19日，卫生部、劳动部、中华全国总工会联合发布《工厂防止矽尘危害技术措施暂行办法》《矿山防止矽尘危害技术措施暂行办法》《矽尘作业工人医疗预防措施暂行办法》和《产生矽尘的厂矿企业防痨工作暂行办法》。

1958年9月5—16日，劳动部在天津市召开全国第三次劳动保护工作会议，总结了"一五"计划时期劳动保护工作的经验，并着重研究劳动保护工作的政策思想、工作路线、体制规划。但是，随着"大跃进"的发展，生产秩序的破坏日益严重，安全生产的规章制度有破无立。为了产量翻番，违章指挥和冒险蛮干愈演愈烈。

1959年6月6日，周恩来总理到河北省井陉煤矿视察工作。周总理首先听取了矿务局领导、工会主席、总工程师的汇报，并就他们提出的生产、技术、安全及矿工生活等问题——做了指示，当场要求有关部门领导共同研究解决。周总理来在视察井陉煤矿时指出："在煤矿，安全生产是主要的，生产和安全发生矛盾时，生产要服从安全。"

1958—1961年，工矿企业年平均事故死亡比"一五"时期增长了近4倍，1959年8月4日，河南梨园煤矿胡沟分矿发生瓦斯爆炸事故，死亡91人；1960年5月8日，山西大同老白洞煤矿发生瓦斯爆炸事故，死亡684人，为中华人民共和国成立以来最严重的矿难。由于全局决策的失误，造成了当时全国矿山安全生产的被动局面。为了扭转局面，党中央、国务院采取一系列措施，先后颁布了一系列安全生产、劳动保护的工作文件。

1962年1月召开的扩大的中央工作会议有7000人参加，初步总结了"大跃进"中的经验教训，开展了批评和自我批评。1962—1966年，国民经济得到了恢复和发展，与此同时，要求全面加强安全生产、劳动保护工作，继续以扭转伤亡事故严重局面为中心，以煤炭、冶金、建筑、交通、铁路为重点，开展"十防一灭"安全生产活动。

1963年，国务院颁布了《关于加强企业生产中安全工作的几项规定》，恢复重建安全生产秩序，事故明显下降。

1963年，晋城煤矿筹备处制定《1963年安全工作计划》，明确规定各单位要建立交接班、领导指示、安全监察人员意见簿三大指示簿；基层区队每周开展一次安全活动日，由队长组织，生产队长、技术员必须参加；各单位安全生产必须执行"计划、布置、检查、总结、评比"五同时规定；明确提出三级定期检查制、安全教育制、安全例会制、事故分析报告制和规程审批制等规定。同时，要求从机电运输、顶板管理、通风、防排水、火药放炮、防火和高空作业等方面加强安全技术调整工作，预防重大灾害事故发生。同年，逐步建立健全各级《安全生产责任制》《重大安全隐患登记卡片制度》《安全定期评比升级制度》和《季度安全单项奖制度》等。

1961—1965年的全国安全生产形势，随着国民经济计划的调整，以及以扭转伤亡事故严重局面为中心的安全生产工作，全国工矿企业职工伤亡事故逐年下降。与1960年全国县以上企业职工因工死亡数相比，1961年下降1.82%、1962年下降3.74%、1963年下降3.6%、1964年下降6.1%。1965年10月，原劳动部在大连市召开了第五次全国劳动保护工作会议，检查"五项规定"的贯彻落实情况，总结防尘防毒工作经验。全国安全生产工作逐步驶入正轨，并涌现出一批安全生产先进单位。1965年12月，国务院批转地质部《矿产资源保护试行条例》，对矿产资源保护中的安全生产问题做了规定。

（2）受"文化大革命"冲击时期（1966—1977年）

1966—1969年，安全生产、劳动保护工作成为"文化大革命"对象。"文化大革命"造成了人们思想上的极大混乱。安全生产和劳动保护被抨击为"资产阶级活命哲学"，规章制度被视为"管卡压"，劳动保护机构从上到下被撤销，企业管理受到严重冲击，导致事故频发，矿山安全工作也受到了最严重的破坏，出现了又一次大倒退。一切行之有效的规章制度都被推翻，安全专业队伍被解散、安技干部被下放车间劳动。安全和生产极端对立，安全生产领域的综合管理和法制建设陷入瘫痪状态，伤亡事故和职业病再次大幅度上升。

1970年，劳动部并入国家计委，其安全生产综合管理职能也相应转移。这一阶段政府和企业安全管理一度失控，瓦斯与煤尘爆炸等恶性事故不断发生。由于管理失控，一般事故没有报告在事故统计上出现了一段空白。尽管如此，这一时期党和国家对安全生产问题仍比较重视，发布了一些关于安全生产的文件和指示。在周恩来总理的努力下，1970年12月，中共中央发出了《关于加强安全生产的通知》。1971年9月，在周恩来总理的主持下，对各地贯彻执行上述《通知》进行了检查，要求各地政府部门与企业重新认识安全生产工作的重要性与必要性，要求逐步恢复安全生产和劳动保护工作机构，要求恢复以安全生产责任制为中心的安全生产规章制度。1971—1973年工矿企业年平均事故死亡16119人，较1962—1967年增长2.7倍。

1975年9月，成立国家劳动总局，内设劳动保护局、锅炉压力容器安全监察局等安全工作机构。1976年10月，"文化大革命"结束，国家经济开始恢复，生产得到了较快的发展。但是"左"的思想并没有得到纠正，反而提出了严重脱离实际、急躁冒进的口号，一些部门与企业的领导人只抓生产、不顾安全，甚至采取恶劣的官僚主义态度，以致在1976—1978年这两年矿山安全工作的局面继续恶化，职业危害严重，伤亡事故频繁，甚至发生了一些十分严重的恶性事故。

6.2.2 快速发展（1978—2003年）

（1）恢复和整顿提高时期（1978—1991年）

矿山安全生产开始向好的方向发展。随着思想上、政治上的拨乱反正，矿山安全工作进入了全面整顿恢复和发展提高的崭新阶段。

粉碎"四人帮"后，治理经济环境和整顿经济秩序，为加强安全生产创造了较好的宏观环境。相继出台实施了《矿山安全监察条例》和《职工伤亡事故报告和处理规定》等法规，成立了全国安全生产委员会，工矿企业事故死亡人数下降。

1978年3月18日，邓小平同志在全国科学大会开幕式上的讲话中指出："四个现代化，关键是科学技术现代化。"在小平同志的重要思想指引下，我国的安全生产、劳动保护科学技术事业迅猛发展，矿山安全科学事业也随之发展起来。1978年12月召开的中国共产党第十一届三中全会，确立了改革开放的方针，邓小平同志在中央工作会议闭幕时的讲话中，把《劳动法》列为当前"应该集中力量制定"的法律，随着思想上的拨乱反正和生产秩序的逐步恢复，安全生产立法开始了新的历史发展时期。

1981年1月1日，原国家劳动总局正式成立国家矿山安全监察局，代表政府对矿山安全卫生工作实行国家监察，保护矿山职工在生产中的安全和健康。

1982年，国务院发布了《矿山安全条例》《矿山安全监察条例》。各级劳动部门在原设劳动保护机构的基础上，又增设了矿山安全监察机构。

1986年3月，第六届全国人大常委会第15次会议通过并公布《矿产资源法》，规定开采矿产资源，必须遵守国家劳动安全卫生规定，具备安全生产条件。全国28个省、自治区、直辖市人大或人民政府颁布了地方性劳动保护法规或规章。1987年，煤炭工业部颁发《煤矿救护规程》《军事化矿山救护队战斗条例》和《军事化矿山救护队管理办法》。

1988年，劳动部组织全国10多个研究所和大专院校的近200名专家、学者完成了"中国2000年劳动保护科技发展预测和对策"的研究。这项工作使人们对当时我国安全科技的状况有了比较清晰的认识，看到了我国安全科技水平与先进国家的差距，为进一步制定安全科学技术发展规划提供了依据。矿山安全工作是该研究中的重要内容之一。

1989年，国家中长期科技发展纲要中列入了"安全生产"专题。国家把安全科学技术发展的重点放在产业安全上。矿山安全、冶金安全等产业安全的重点科技攻关项目列入了国家计划。特别是我国实行对外开放政策以来，随着成套设备和技术的引进，同时引进了国外先进的安全技术并加以消化。同年，开滦按照煤炭部《煤矿安全规程》要求，对矿井上下168个主要技术工种安全技术操作规程做了明确的规定。

1990年，开滦煤矿按照中国统配煤矿总公司《关于煤矿安全监督检查工作制度》要求，印发《开滦矿务局安全监察工作制度》，就安全监察部门和安监人员的岗位责任、安全检查等作出12项具体规定。

到1991年，我国的矿山安全生产工作在安全法制建设、安全科学管理、组织机构建设、安全技术人员队伍建设、安全教育工作、安全科学技术等方面都取得了很大进展，矿山伤亡事故发生率年年递减。

（2）适应社会主义市场经济体制而快速发展阶段（1992—2002年）

这一时期既是我国为适应建立社会主义市场经济体制、发挥企业的市场经济主体作用的关键时期，我国的安全生产工作在前进中曲折地发展，主要表现在：各类伤亡事故严重。1998—2000年，全国共发生工矿企业职工伤亡事故39400起，死亡38928人。其中矿山企业发生职工伤亡事故起数占总体的34.7%。其中一次死亡10人以上的企业职工伤亡事故271起，死亡5158人。事故发生的主要原因有，企业安全生产行为不规范，纪律松弛，管理不严；生产经营单位从业人员有关安全生产的权利和义务不明确，"三违"现象严重；地方政府安全监管不到位，各级领导的安全责任不落实。为扭转矿山安全生产的被动局面，提高矿山生产职工安全素质，这一时期国家为矿山安全生产、劳动保护颁布了一系列法律、法规及实施条例等，为矿山安全科学的发展提供了保障。

国务院决定从1991年起恢复开展全国"安全生产周"活动。此后，全国"安全生产周"活动共持续了11年，收到了明显效果。从2002年起，"安全生产周"扩展成"安全生产月"，每年的6月份被确定为全国"安全生产月"。

1993年，国务院决定实行"企业负责、行业管理、国家监察、群众监督"的安全生产管理体制。相继颁布《矿山安全法》《劳动法》，以及工伤保险、重特大伤亡事故报告调查、重特大事故隐患管理等多项法规。

采矿业是我国国民经济的基础产业，为保障矿工的安全与健康，针对中华人民共和国成立以来采矿业伤亡事故和职业病严重的局面，总结多年来我国矿山建设正反两方面的经验与教训，借鉴国外采矿业的先进管理经验，国家在"八五"期间颁布了《矿山安全法》。《矿山安全法》的颁布实施，强化了我国矿山安全管理工作，为矿业的开发管理，开辟了一条依法安全管理之路，对于保障矿山安全、防止矿山事故，保护矿山职工人身安全，促进采矿业的发展有着重要意义。

1994年12月，国务院发布《煤炭生产许可证管理办法》和《乡镇煤矿管理条例》填补了国家立法中缺少煤炭工业立法的空白。1995年，煤炭工业部组织对《煤矿救护规程》《军事化矿山救护队战斗条例》和《军事化矿山救护队管理办法》三个文件进行修订合并，形成《煤矿救护规程》（1995年版）。

1995年，开滦煤矿制定并推行加强班组管理的8条规定，作业规程编制审查工作标准、采掘区队现场干部管理规范，规范约束班组安全管理行为。

1996年，颁布了《煤炭法》，强化了煤矿企业必须坚持安全第一、预防为主的安全生产方针，建立健全安全生产的责任制度和群防群治制度。开滦煤矿依据《煤炭法》，重新修订《安全技术操作规程》，提出加强顶板管理的40条措施。

1996年，国务院发布了《中华人民共和国矿山安全法实施条例》，明确规定，矿山应当有保障安全生产、预防事故和职业危害的安全设施，并提出21条基本要求。《矿山安全法实施条例》的发布实施，为矿山安全科学发展提供了保障。

1998年，为适应市场经济的需要，中央决定推进政府机构改革，矿山安全生产监督管理体制发生了重大变化。在机构改革中，国务院决定成立劳动和社会保障部，将原劳动部承担的安全生产综合管理、职业安全卫生监察、矿山安全卫生监察的职能，交由国家经济贸易委员会（简称国家经贸委）承担；原劳动部承担的职业卫生监察职能，交由卫生部承担；原劳动部承担的锅炉压力容器监察职能，交由国家质量技术监督局承担；劳动保护工作中的女职工和未成年工作特殊保护、工作时间和休息时间，以及工伤保险、劳动保护争议与劳动关系仲裁等职能，仍由劳动和社会保障部承担。国家经贸委成立安全生产局后，综合管理全国安全生产工作，对安全生产行使国家监督监察管理职权；拟订全国安全生产综合法律、法规、政策、标准；组织协调全国重大安全事故的处理。2000年年初，在国家煤炭工业局基础上加挂国家煤矿安全监察局牌子，成立了20个省级监察局和71个地区办事处，实行统一垂直管理，建立了全国垂直管理的煤矿安全监察体系。国家煤矿安全监察局是国家经贸委管理的负责煤矿安全监察的行政执法机构，在重点产煤省和地区建立煤矿安全监察局及办事处。省级煤矿安全监察局实行以国家煤矿安全监察局为主，国家煤矿安全监察局和所在省政府双重领导的管理体制。

2001年2月，国家煤矿安监局与新成立的国家安全生产监督管理局实行"一个机构、两块牌子"。当年7月中编办通知要求省级煤矿安全监察机构与当地煤炭工业管理机构分离，完全脱离地方政府管理，接受国家煤矿安监局的直接领导，独立履行职责职能。煤矿安全监察系统实行全国统一垂直管理，其安全监察业务工作以及行政编制、干部任免、人员经费等一概由国家煤矿安监局和中央有关部门统一管理、统筹解决。中华人民共和国成立以来政府机构实行全国统一垂直管理的，只有海关和煤矿安全监察两个系统。由此看出党和政府对煤矿安全生产问题的高度重视。2002年11月出台了《安全生产法》。但这一阶段由于经济体制转轨等，安全生产面临一系列新情况、新问题，安全状况出现较大反复。

晋城煤业集团于2001年5月开始建立OSHMS18000职业健康安全管理体系，企业安全生产实现文件化、法规化、系列化、标准化。这一时期，晋城煤业集团在制度建设方面取得长足进步，先后制定并实施《晋城煤业集团安全生产一票否决制度》《晋城煤业集团安全会议制度》《晋城煤业集团事故调查处理规定》《关于加强安监队伍建设的若干规定》《晋城煤业集团安全副（区）队长工作条例》《晋城煤业集团重大安全生产隐患责任追究制度》《晋城煤业集团安全事故受党纪政纪处分人员处罚执行的暂行规定》《晋城煤业集团安全事故机关处室业务保安绩效考核暂行规定》《晋城煤业集团安全生产隐患、事故和违法行为举报制度》等规章制度。2003年，晋城煤业集团开始大力推行安全文化建设，将安全文化植入安全管理之中，通过安全理念渗透和安全行为养成，内化思想，外化行为，努力提高全体职工的安全意识。

国家煤矿安监局建立后把瓦斯防治作为煤矿安全生产的关键环节来抓，在2001年9月新修订《煤矿安全规程》时，把"三专两闭锁""四位一体"等行之有效的技术措施、管理经验等吸收其中，上升为安全生产规章；在辽宁省铁法集团公司召开全国煤矿瓦斯治理现场会，提出了"先抽后采、监测监控、以风定产"瓦斯治理十二字方针；对历史上曾经发生过重特大瓦斯爆炸事故、安全欠账较多、隐患严重的煤炭企业，实施重点监控、跟踪监管；从煤炭科研机构和院校、地方煤炭行业管理部门、国有大中型煤矿聘请1000名安全监督员，对重点矿井瓦斯防治措施落实情况进行监督检查。

2002年，颁布了《中华人民共和国安全生产法》，这部安全生产基本法的通过和实施，标志着我国安全生产立法进入了一个新的发展时期。其第二十五条规定：矿山建设项目和用于生产、储存危险物品的建设项目，应当分别按照国家有关规定进行安全条件论证和安全评价。这样使得矿山安全评价工作有法可依，且该法极大地推动了矿山安全评价工作的深入开展。其第二章第十九条对生产经营单位和企业内部的安全管理进行了明确规定："矿山、建筑施工单位和危险物品的生产、经营、储存单位，应当设置安全生产管理机构或者配备专职安全生产管理人员。"其适用范围比之以前规定有所扩大和延伸，如将调整对象界定为生产经营单位，不再只局限于企业单位。《安全生产法》的落实也促使全国开办安全工程专业的高校数目不断增长，招生人数也不断扩大。

6.2.3 创新发展（2003年至今）

党的十六大以来，党中央以科学发展观统领经济社会发展全局，坚持"以人为本"，在法制、体制、机制和投入等方面采取一系列措施。

2003年，国家安全生产监督管理局（国家煤矿安全监察局）成为国务院直属机构，成立了国务院安全生产委员会。

2003年11月，召开的国务院安全生产委员会第一次全体会议，研究确立了安全生产控制考核指标体系。在借鉴以往的"千人因工死亡率"等指标的基础上，设置了亿元国内生产总值事故死亡率、10万人事故死亡率、工矿企业10万人事故死亡率、煤矿百万吨死亡率4项相对指标和全国事故死亡人数、工矿企业事故死亡人数、煤矿事故伤亡人数3项绝对指标。年度安全生产指标的确立，以激励、约束和实效为原则，以上一年的实际情况为基数，按照一定的下降幅度测算确定下一年度的控制指标。从 2004 年开始，国务院安全生产委员会在确定全国指标的同时，向各省（区市）政府下达年度控制指标。国家安监总局（国务院安委会办公室）对各地指标实施情况进行跟踪检查，通过新闻发布会、政府公告、工作简报等，每季度公布一次，年底进行考核和通报。2004 年，国家安监总局颁发《矿山救援工作指导意见》，2005 年颁布《矿山救护队资质认定管理规定》《矿山救护队培训管理暂行规定》。

2004 年 11 月，国务院办公厅下发《关于完善煤矿安全监察体制的意见》，按照权责一致原则和"国家监察、地方监管、企业负责"的要求，对国家和地方政府应当承担的煤矿安全生产工作职责，分别作出了规范。在国家监察方面，明确了重点监察、专项监察和定期监察"三项监察职能"以及国家煤矿安全监管机构对煤矿违法违规行为依法作出现场处理或实施行政处罚；对地方煤矿安全监管工作进行检查指导；负责煤矿安全生产许可证的颁发管理工作和矿长安全资格，特种作业人员的培训发证工作；负责煤矿建设工程安全设施的设计审查和竣工验收；组织煤矿事故的调查处理"五项工作任务"。在地方监管方面，明确了当地政府对本地区煤矿安全进行日常性的监督检查；对煤矿违法违规行为依法作出现场处理或实施行政处罚；监督煤矿企业事故隐患的整改并组织复查；依法组织关闭不具备安全生产条件的矿井；负责组织煤矿安全专项整治；参与煤矿事故调查处理；对煤矿职工培训进行监督检查"七项职责"和重点工作任务。同时着手建立煤矿安全监察、监管协调工作机制，要求设在地方的煤矿安全监察机构和当地政府及相关部门要加强联系，建立工作通报和信息交流制度，建立联席会议制度，及时协商解决安全监察、监管工作中的重大问题，提高执法效率。为贯彻落实国务院办公厅《关于完善煤矿安全监察体制的意见》，2007 年 5 月，国家安监总局、国家煤矿安监局启动了《煤矿安全监察条例》修订工作。2013 年 7 月，国务院发布《关于废止和修改部分行政法规的决定》，废止了煤炭生产行政许可制度，将《煤矿安全监察条例》的相关条款做了相应修改。

2006 年 7 月，下发《国务院办公厅关于加强煤炭行业管理有关问题的意见》，将煤炭行业标准制定、矿长资格证颁发管理、重大煤炭建设项目安全核准等与安全生产密切相关的煤炭行业管理职能，由国家发展改革委转移到国家安监总局和国家煤矿安监局。

2006 年 3 月公布的《国民经济和社会发展第十一个五年规划纲要》，首次设立了"提高安全生产水平"专节，系统地表述了"十一五"时期安全生产要点，包括健全安全生产监管体制，加强安全生产科研开发、监管监察和支撑体系建设，实施重大危险源普查和加强监测监控，加大安全设施投入，搞好隐患治理和安全技术改造等。取消了"10 万人事故死亡率"，将"工矿企业 10 万人事故死亡率"扩展为"工矿商贸从业人员 10 万人事故死亡率"，增设了特种设备万台事故死亡率。第一次在国家五年规划中设置了单位国内生产总值生产安全事故死亡率、10 万工矿商贸从业人员事故死亡率两个安全生产约束性指标。明确到 2010 年亿元 GDP 事故死亡率下降 35%，工矿商贸 10 万人事故死亡率下降 25% 的目标。国家统计局首次把这两个指标与煤矿百万吨死亡率、道路交通万车死亡率纳入国家统计公报。

2006 年，发布并实施了《金属非金属矿山安全规程》（GB 16232206），规定了金属非金属矿山设计、建设和开采过程中的安全技术要求，以及职业危害的管理与监测、作业人员的健康监护要求。适用于金属非金属矿山的设计、建设和开采，不适用于煤矿、煤系硫铁矿及其他与煤共生的矿藏的开采以及石油、天然气、矿泉水等液态或气态矿藏的开采。充分考虑了金属非金属矿山的特点，是更加具体、详细的安全技术规程，是金属非金属矿山必须遵循的安全技术与管理指南。

2006—2010年,"十一五"期间,我国社会经济快速发展,全国非煤矿业产量持续增长,其中2010年与2005年相比,铁矿石产量从4.2亿吨增长到10.7亿吨、原油产量从1.81亿吨增长到2.03亿吨、天然气产量从500亿立方米增长到948亿立方米,铜、铝、铅、锌等10种有色金属产量从1635万吨增长到3152.7万吨。非煤矿山安全生产条件不断改善和安全管理水平的不断提高,为非煤矿山安全生产形式持续稳定好转奠定了良好的基础。"十一五"期间全国非煤矿山安全生产形势总体稳定,事故起数和死亡人数逐年下降(见表6-1)。2010年与2005年相比死亡人数下降45.73%。

表6-1 2006—2010年非煤矿山企业事故情况统计表

年份	总事故数 起数/起	总事故数 死亡人数/人	死亡人数与上年相比/%	其中较大事故 起数/起	其中较大事故 死亡人数/人	重大事故 起数/起	重大事故 死亡人数/人	特别重大事故 起数/起	特别重大事故 死亡人数/人
2006	1872	2277	-2.8	74	300	2	27	0	0
2007	1861	2188	-3.9	79	301	2	46	0	0
2008	1416	2068	-5.5	63	249	1	19	2	326
2009	1230	1540	-25.5	45	176	4	70	0	0
2010	1009	1271	-17.5	43	179	2	26	0	0

2011年3月公布的《国民经济和社会发展第十二个五年规划》,设立了"严格安全生产管理"专节,强调要落实企业安全生产责任制,深化煤矿等领域安全专项治理,严厉打击非法违法生产经营,到2015年单位国内生产总值生产安全事故死亡率下降36%,工矿商贸从业人员生产安全事故死亡率下降26%。

2011年5月,国务院办公厅转发了国家发展改革委、国家安监总局《关于进一步加强煤矿瓦斯防治工作若干意见的通知》,从落实防治责任、提高准入门槛、强化基础管理、加大政策支持、加强安全监管监察5个方面,提出了20条具体要求。要求重点产煤地区政府、煤矿要签订煤矿瓦斯防治目标责任书,没有完成目标任务的要逐级追责;严格控制高瓦斯和煤与瓦斯突出矿井建设,"十二五"期间停止核准新建年产规模30万吨以下的高瓦斯矿井、45万吨以下的煤与瓦斯突出矿井;强力推进煤矿瓦斯抽采系统建设,做到先抽后采、抽采达标;落实煤矿瓦斯综合利用政策,电网企业要全部收购瓦斯发电的富余电量;实行瓦斯防治重大隐患逐级挂牌督办,从严查处超能力生产行为,依法从重处理煤矿瓦斯死亡事故。

2011年10月,国务院办公厅印发了安全生产"十二五"规划,并要求各地区、各部门做到责任到位、措施到位、投资到位、监管到位。明确了"十二五"时期企业安全生产标准化达标工程、煤矿安全生产水平提升工程、事故隐患治理工程、职业危害防治工程、道路交通安全生命保障工程、安全监管监察能力建设工程、安全科技研发与技术推广工程、应急救援工程和安全教育培训以及安全文化建设工程。规划得到了比较切实认真的贯彻实施,所设定的战略规划、五年奋斗目标也都如期实现。

2011年11月,国家安全监管总局发布关于印发《非煤矿山安全生产"十二五"规划》的通知。2017年8月国家安全监管总局发布关于印发《非煤矿山安全生产"十三五"规划》的通知,通知中对"十二五"时期非煤矿山安全生产情况做了总结,"十二五"期间,各地区、各有关部门和单位认真贯彻落实党中央、国务院关于安全生产的决策部署和习近平总书记、李克强总理等中央领导同志重要指示批示精神,牢固树立安全发展理念和发展决不能以牺牲安全为代价的红线意识,层层落实党政同责、一岗双责、失职追责的监管责任和企业主体责任,深入开展"打非治违"、整顿关闭和尾矿库综合治理,大力实施安全标准化、地下矿山安全避险"六大系统"和尾矿库在线监测系统建设,大力推广先进适用技术、淘汰落后设备工艺,大力强化典型事故防范措施落实和重点地区攻坚克难,大力推动"五项执法""三项监管"和宣传教育培训工作,严肃事故查处和责任追究,非煤矿山安全生产形势持续稳定好转,安全生产保障水平持续提升,事故起数、死亡人数连续五年"双下降"(见表6-2)。

表6-2 非煤矿山安全生产"十二五"规划主要指标实现情况

主要指标	2010年	规划目标百分比	2015年	实际完成百分比
事故死亡人数	1271	-12.5%	573	-54.9%
非煤矿山数量	75937	-10%	37897	-43.9%
安全标准化企业达标率	1%	100%	90.1%	—
安全避险"六大系统"建成率	1.8%	100%	99.2%	—
露天矿山机械铲装率	62.8%	100%	92.7%	—
尾矿库、险库数量	287	-100%	0	-100%

2005—2011年,国家每年召开一次煤矿瓦斯治理现场会或电视电话会议,均有国务院领导同志出席会议并发表讲话。2006年6月在山西省晋城市召开的现场会,总结推广了晋城市政府、晋城煤业集团公司、江西国家煤矿安监局和松藻、淮南、抚顺、平顶山等煤炭企业瓦斯治理利用的经验和做法。国务委员兼国务院秘书长华建敏在讲话中指出,瓦斯既是煤矿安全生产的最大危害也是宝贵能源,要增强煤矿瓦斯可防、可控、可治的信心,综合运用科技、经济、法律等手段,深化煤矿瓦斯综合治理与开发利用。在2008年7月于辽宁省沈阳市召开的全国煤矿瓦斯治理现场会上,国务院副总理张德江提出要建立"通风可靠、抽采达标、监控有效、管理到位"的瓦斯治理工作体系,集中力量打好瓦斯治理攻坚战。在2009年9月于江西省南昌市召开的全国煤矿瓦斯防治工作会议上,张德江要求抓紧落实和完善国家瓦斯抽采利用的政策措施,确保完成"十五"期间瓦斯抽采利用的目标任务,努力化害为利、变废为宝。2009年年底张德江还在《求是》杂志发表题为"大力推进煤矿瓦斯抽采利用"的文章,指出加快煤矿瓦斯抽采利用,是贯彻落实科学发展观,推进煤矿安全发展、清洁发展、节约发展的必然要求,是一项大有可为的事业;为此必须进一步加强领导,科学规划,抓紧理顺体制机制,加大投入和技术研发推广力度,落实完善支持煤矿瓦斯抽采利用的各项政策,尽快把煤矿瓦斯抽采利用提高到新的水平。在2011年11月于安徽省合肥市召开的全国煤矿瓦斯

防治现场会上,张德江指出"十一五"时期煤矿瓦斯防治工作取得了显著成就,瓦斯抽采量、利用量和环境效益大幅度提高,煤矿瓦斯事故大幅度减少;要求"十二五"时期要制定更优惠的政策、采取更有力的措施、实施更严格的管理,加强安全监管与加快抽采利用相结合,调整煤炭产业结构与整合关闭相配套,提升技术装备水平和加强现场管理相协调,全面推进煤矿瓦斯防治和抽采利用工作。

2012年之后,相关部门以"煤矿瓦斯抽采利用与通风安全技术""建立煤矿瓦斯'零超限'目标管理制度"等为主题,组织召开了一些现场会、经验交流会等。

2014年,晋煤集团牢固树立"经营好安全就是最好的经营、最大的效益"的理念,以贯彻落实新《安全生产法》为契机,不断完善"一岗双责、党政同责、齐抓共管"的安全生产责任体系,严格责任落实,狠抓安全管理,确保安全发展。突出瓦斯这一影响和制约安全生产的主要矛盾,不断创新、完善"采煤采气一体化、井上下立体抽采"的瓦斯治本之策,总结形成"坚持以抽采时间换安全生产空间、以技术创新换安全生产空间、以加大工作量换安全生产空间"的宝贵经验,瓦斯超限次数比上年下降25%;坚持管行业必须管安全、管业务必须管安全、管生产经营必须管安全,创新安全管理方式,严格落实煤矿安全监管"五人小组"制度,创造性地将每周三确立为晋煤集团"安全生产日",企业各级领导、各级管理部门都利用这一天,坚持深入基层、深入一线,了解安全生产动态,现场解决安全难题;创新实施每季度的安全述职会,切实强化安全思想、能力和作风建设,形成动静结合、高压严管的安全管理新常态;深刻吸取各类事故教训,狠抓煤化工、煤层气等非煤产业安全管理,保持企业安全生产的良好态势。晋煤集团时隔9年再次、建企57年来第六次创造了煤矿百万吨死亡率为零的历史纪录。

2015年7月,国家安监总局颁布了《强化煤矿瓦斯防治十条规定》,对瓦斯超限实行零目标管理、瓦斯防治责任制、矿井瓦斯等级鉴定、瓦斯防治中长期规划和年度计划、专业化瓦斯防治队伍、通风瓦斯分析制度、抽采抽放、安全监矿井通风、爆炸源管理等重要环节,提出了一系列比较简洁明白、便于学习掌握和贯彻执行的规定。国家煤矿安监局组织开展了瓦斯专项监察,核减了存在煤与瓦斯突出、冲击地压隐患矿井的产能。山西省推行"三区联动立体式"抽采方法,构建"采煤采气一体化""煤与瓦斯共采"的瓦斯抽采模式,实施瓦斯抽采全覆盖工程。河北省冀中能源集团建立高科技水准的瓦斯监测预警系统。辽宁省抚顺矿业集团老虎台矿制定预测预报、解危措施、效果检验、安全防护"四位一体"的综合防冲击地压措施,优化生产布局,实施保护层开采。

经过持续努力,煤矿瓦斯治理取得明显成效。2015年,全国煤矿瓦斯抽采量180亿立方米(为2006年的6.9倍),利用量85亿立方米。推广瓦斯区域治理技术的100多处高突矿井,80%以上实现了瓦斯零超限。当年全国煤矿发生瓦斯事故45起、死亡171人,比2005年减少369起、2000人,分别下降89%和92%;其中一次死亡10人以上事故3起,比2005年减少38起。2013年3月之后,全国煤矿没有发生一次死亡30人以上特别重大瓦斯事故。

2015年2月28日发布,4月1日起施行《煤矿作业场所职业病危害防治规定》,加强煤矿作业场所职业病危害的防治工作,强化煤矿企业职业病危害防治主体责任,预防、控制职业病危害,保护煤矿劳动者健康,依据《中华人民共和国职业病防治法》《中华人民共和国安全生产法》《煤矿安全监察条例》等法律、行政法规制定。

2017年8月，国家安全监管总局发布关于印发《非煤矿山安全生产"十三五"规划》的通知，确定了"十三五"时期非煤矿山安全生产的规划目标（见表6-3）：到2020年，非煤矿山法治建设得到全面加强，安全监管效能和信息化水平显著提升；淘汰关闭矿山6000座，矿山企业规模化、机械化、标准化水平明显提高，从业人员安全素质普遍增强；采空区等重大事故隐患得到有效治理，消除危、险库。社会组织和公众参与机制日益完善。重特大事故得到有效遏制，较大事故继续减少，非煤矿山安全生产形势持续稳定好转。

表6-3 非煤矿山安全生产"十三五"主要规划指标

序号	指标内容	目标
1	生产安全事故起数	降幅10%
2	生产安全事故死亡人数	降幅10%
3	较大事故起数	降幅15%
4	较大事故死亡人数	降幅15%
5	从业人员千人死亡率	降幅10%
6	淘汰关闭非煤矿山数量	6000座
7	危、险库数量	下降40%
8	采空区治理总量	2亿立方米

注：降幅为2020年较2015年下降的幅度

百万吨死亡率是衡量煤矿安全生产水平的重要指标。随着我国矿山安全工作的逐步改善，国家各项矿山安全政策、法律的实施以及国家对矿山安全监管监察工作的加强，促进矿山安全科学技术不断发展创新。从而，我国煤矿安全工作也得到了保障与完善，各类煤矿的百万吨死亡率均呈现持续下降的态势。2009年百万吨死亡率首次降到1以下，2013年百万吨死亡率降到0.3以下，2018年百万吨死亡率降到0.1以下。快速发展时期我国煤矿百万吨死亡率趋势见图6-1。

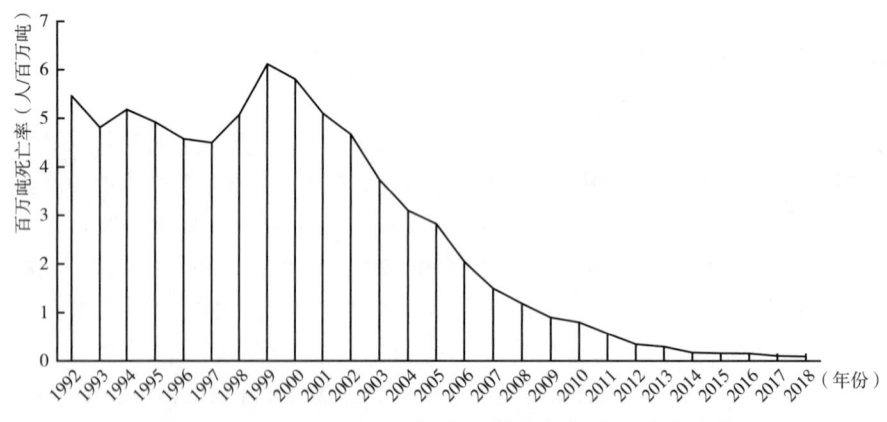

图6-1 1992—2018年我国煤矿百万吨死亡率趋势

2018年3月，根据第十三届全国人民代表大会第一次会议批准的国务院机构改革方案，中华人民共和国应急管理部设立。我国是灾害多发、频发的国家，为防范化解重大安全风险，健全公共安全体系，整合优化应急力量和资源，推动形成统一指挥、专常兼备、反应灵敏、上下联动、平战结合的中国特色应急管理体制，提高防灾减灾救灾能力，确保人民群众生命财产安全和社会稳定，方案提出将国家安全生产监督管理总局的职责，国务院办公厅的应急管理职责，公安部的消防管理职责，民政部的救灾职责，国土资源部的地质灾害防治、水利部的水旱灾害防治、农业部的草原防火、国家林业局的森林防火相关职责，中国地震局的震灾应急救援职责以及国家防汛抗旱总指挥部、国家减灾委员会、国务院抗震救灾指挥部、国家森林防火指挥部的职责整合，组建应急管理部，作为国务院组成部门。应急管理部的主要职责是组织编制国家应急总体预案和规划，指导各地区各部门应对突发事件工作，推动应急预案体系建设和预案演练。建立灾情报告系统并统一发布灾情，统筹应急力量建设和物资储备并在救灾时统一调度，组织灾害救助体系建设，指导安全生产类、自然灾害类应急救援，承担国家应对特别重大灾害指挥部工作。指导火灾、水旱灾害、地质灾害等防治。负责安全生产综合监督管理和工矿商贸行业安全生产监督管理等。

2018年8月4日，应急管理部开展了调研国家矿山应急救援队的工作，由国家应急管理部消防局办公室副主任王玮带队的综合性应急救援队伍建设工作调研组一行5人到国家矿山应急救援新疆队调研。调研组和国家矿山应急救援新疆队进行了全面深入交流，共同探讨了依托国家级安全生产应急救援队伍建设新时代综合性常备应急骨干力量的若干问题。查看了矿山救援队训练、培训和技术设施情况，对队伍建设、军事化管理、常态化训练、专业化培训、技术装备水平以及综合性应急救援队伍建设思路提出了具体化的要求。

2019年2月23日，内蒙古自治区西乌珠穆沁旗银漫矿业有限责任公司发生井下重大运输事故，针对金属非金属矿山暴露出的采用非法改装车辆运输人员、运人车辆违规使用干式制动器、未严格执行井下爆破等高危作业审批制度等方面的突出问题，应急管理部决定于2019年3—4月，开展金属非金属地下矿山专项执法行动。

6.3 煤矿安全技术的发展

6.3.1 矿山顶板支护

矿井支护作用在于地下采掘过程中维护工作面顶板安全，为井下开采各道工序如：凿岩爆破、通风、运输、充填等提供安全的作业环境。在地下矿山工业生产中，采（掘）、支、运是体现地下矿山开采技术水平高低的重要指标，矿井支护直接涉及采矿工业的安全、效率、消耗量（特别是木材、钢材的大宗消耗）、环境保护与工业卫生、采掘成本与工业机械化水平。

随着社会生产力的不断进步，人们继续沿用古老的支护方式如木支柱、干式充填垛的同时，发明了用水泥预制件砌筑的人工矿柱，机械化程度较高的注浆点柱、喷浆支护、以锚杆为主体的系列支护、摩擦式金属支柱、铰接顶架、可缩性支架、梯形矿用工字钢支架、柔性掩护支架、提腿式液压支柱、单体液压支柱等。20世纪末，联合国在环境与发展会议上通过的全球《21世纪议程》要求各国应制定和实施相应可持续发展战略和绿色设计政策，因此，在采矿业发达国家已逐步淘汰了采用乳化油为介质的支护设备，向推广使用环保型水压轻型支架的方向发展。中华人民共和国成立初期，我国煤矿矿井支护用木支柱，从1962年起，进行了较大规模的支护改革。目前，国内煤炭工业的矿井支护水平比其他地下矿山支护设备水平略高，煤炭工业普遍推广使用的液压支柱一直是国内矿井支护设备现行水平的代表。

（1）木支柱

长期以来，木支柱是我国煤炭开采的主要支护手段，每采1万吨煤的木材消耗量在100立方米以上。21世纪初期，虽然木支柱的替代支护设备早已有之，但由于经济技术、政策法规、环境保护等种种原因，每采1万吨煤的木材消耗量仍在50立方米以上。另外，其他地下开采矿山，尤其是金属矿山的壁式崩落法采场的使用比较普遍。

木支柱的架设比较简单易用，一般采取打"对山"顶子的方式独立支设或采用做框架的方式整体支设。木支柱对支撑空区地压变化有一定程度的预报性能，当地压增加时木支柱会因受力出现不同的声响或局部开裂等特征，有利于安全预防。

木支柱的回收比较困难，大部分为一次性消耗，对森林保护极为不利，因此，在21世纪初期，发达国家矿业生产已经很少使用，而国内是因为基础工业和支护设备机械化水平还比较落后，有一定的使用量，尤其在小煤窑和小金矿，木支柱仍是主要支护手段。目前，随着技术进步和安全环保意识的不断加强，木支柱的使用量越来越少。

（2）注浆点柱

注浆点柱的主要工作原理是，利用砂浆泵将水泥砂浆泵入一个由过滤材料缝制的密封的口袋，砂浆余水由口袋壁面渗透出，口袋内砂浆干凝后支撑采场顶板。一般适用于地下矿山采场临时支撑顶板，其最大的特点是不需人工搬运沉重的支柱（架）、操作简单省力，仅需将注浆管接入口袋，注浆完成后关闭入口阀，卸下注浆管即可。但注浆点柱在支柱时有一个干凝期，不能立即发挥支护作用，有时注浆袋内的砂浆缩水后使点柱与顶板出现一定的间隙，完全是一种被动的支护方式。此外，注浆点柱需整套机械设备系统，材料的运输难以连续且工序复杂。除少数基础工业发达国家使用注浆点柱外，一般矿山很少推广使用。

（3）以锚杆为主体的系列支护

20世纪初，美国的煤矿第一次在岩石巷道支护中使用了锚杆支护技术。1918年，锚索支护技术被用于煤矿巷道支护，之后锚固技术应用范围逐渐推广。20世纪50—70年代是锚固技术应用领域迅速扩展的时期，深基坑支护开始使用锚杆技术，高预应力长锚索和低预应力短锚杆相结合的支护方式被用于电站主厂房加固支护。我国于20世纪50年代开始在煤矿岩巷中试用锚喷支护技术，80年代开始在煤巷支护中应用锚杆支护，90年代引进澳大利亚成套锚杆支护技术，之后经过20多年不断研究探索，我国的锚杆支护技术在支护理念、支护材料、设计方法、监测技术等方面均取得了重大进展，煤巷锚杆支护的比重已经达到了60%以上，部分矿区达到了90%以上。锚杆支护技术的发展提升了我国煤矿巷道支护的整体水平，使巷道支护效果明显改善，成巷速度大幅提高，解决了大量复杂困难条件下的巷道支护难题，工人劳动强度明显降低，回采速度得到了释放，取得了良好的技术与经济效益，已经成为现代化矿井必不可少的配套技术。

早期的锚杆支护理论，如"悬吊理论""组合梁理论""加固拱理论"等具有简单朴素、形象直观等特点，对于理解锚杆支护原理、指导锚杆支护设计起到了重要作用。自 20 世纪 90 年代引进澳大利亚锚杆支护技术后，国内学者经过不断地攻关研究和实践，对锚杆支护理论进行了比较深入地研究，中国矿业大学董方庭教授等提出了"围岩松动圈支护理论"；侯朝炯教授等提出了"锚杆围岩强度强化理论"；陆士良等学者基于"新奥法"提出了针对软岩巷道的"二次支护"理论；康红普等针对深部和复杂困难巷道支护，提出了"高预应力、强力支护理论"，该理论认为深部巷道支护应采用先刚后柔的支护工序，保持围岩的完整性，尽量采用高预应力、强力锚杆一次性支护住巷道，避免巷道的二次变形维修。这些理论的出现进一步推进了锚杆支护技术在我国的应用与发展。

经过近 20 年的努力，锚杆支护材料发生了质的变化。木锚杆、竹锚杆、钢丝绳锚杆、圆钢锚杆基本被淘汰，现在普遍采用树脂锚固螺纹钢锚杆，所用的钢材由建筑螺纹钢向专用的锚杆钢材转变，杆体强度由低强度向高强度、超高强度方向发展。小孔径树脂锚固预应力锚索在 1996 年研制成功，锚索可以向锚杆一样快速安装，提升了锚索应用的便捷性，这是我国对锚杆支护技术的重要贡献。小孔径预应力锚索得到广泛应用，锚杆、锚索的锚固形式趋向树脂全长锚固，更加强调锚杆预紧力的作用，开始注意钢材冲击韧性对锚杆脆断的影响，对锚杆的加工精度提出了更高的要求，展开对锚杆杆体及托盘、螺母、钢带、金属网等配件的精细化研究。

锚杆支护属于隐蔽性工程，支护设计不合理或施工质量不好都有可能导致巷道失稳，出现安全事故，因此非常有必要进行巷道矿压监测。常规的矿压监测包括巷道表面位移监测，围岩深部位移监测，锚杆（索）受力监测，顶板离层监测等。为此研发了多种监测仪器，包括 ZW-4/6 多点位移计、LBY-3 顶板离层指示仪、CM-200 测力锚杆、GYS-300 锚杆（索）测力计等。近年来，又开发了 KJ25 压力综合监测系统，实现了由人工测量到自动测量，由间断测量到连续监测，由静态监测到动态监测的转变。

（4）液压支架

液压支架是以高压液体为动力，由数十个液压元件（油缸、阀件）与一些金属构件组合而成的一种支撑和控制顶板的采煤工作面设备。具有强度高、移动速度快、支护性能好、安全可靠等特性。煤矿井下支护问题始终是困扰煤炭高产高效、安全生产的重要问题。因此，以液压支架为主要设备的综合机械化开采的诞生和发展是煤矿生产发展史的一次重大革命，不仅从根本上改善劳动和安全条件，也为采煤产量和效率的迅速提高奠定了基础，使煤炭生产面貌彻底改观。

我国煤炭行业在 20 世纪 60 年代就已开展研究液压支架，现阶段我国大中小煤矿普遍应用液压支架。从 20 世纪 70 年代开始，我国从西方国家引进液压支架并开展了一系列研制工作，发展到 80 年代，我国对液压支架的研制应用工作已经得到了创新型的发展，研制形成了 TD 系列、ZY 系列、ZZ 系列等二十多种液压支架架型。自 20 世纪 90 年代开始，我国煤矿液压支架呈现飞速发展的状态。综合机械化开采数量得到了飞速的提升，液压支架的性能以及参数值、安全性能、稳定性能等各方面有了大幅度提升；架型也逐渐得到了丰富，其中主要包括工作面支架、端头支架以及支撑式支架、前移式支架、掩护式支架等各个不同的规格类型。

近几年，为了进一步提高回采率，国内大采高液压支架的研发与应用不断突破。随着高产高效矿井建设的理念日益高涨，煤矿高产高效综采技术进一步发展，特别是近10年来，煤矿装备与开采技术水平达到国际先进水平。尤其是薄煤层液压支架，大采高液压支架和放顶煤液压支架更是不断创新，为中厚煤层开采、厚煤层一次采全高开采和薄煤层全自动化生产等技术和工艺取得成功奠定了基础。

6.3.2 矿山通风安全

在矿产资源开采过程中，建设矿井通风系统是十分必要的，一方面，可以为矿井提供足够的新鲜空气，稀释矿井中的有害气体和粉尘；另一方面，可以降低易燃气体的浓度，防止爆炸事故的发生，从而营造一个良好、安全的工作环境。一个完善的矿井通风系统，不仅能有效排除有毒、有害气体，保证工作人员身体健康；还可以改善矿井下的环境条件，例如温度和湿度等；在事故发生后，还可以通过改变通风状态，为工作人员提供逃生路线，从而尽可能地减少人员伤害和财产损失。由此可见，通风系统的完善程度直接关系到工作人员的生命安全。

我国的煤层赋存条件决定97%的矿井为井工开采，对于井工开采矿井而言，通风系统是矿井安全生产的基础，是矿井的"血液循环系统"。随着安全高效现代化矿井建设步伐不断加快，煤矿综合机械化水平大幅提升，采煤工艺不断完善，采掘生产系统不断升级，这也促使我国矿井通风技术有了长足的进步，通风新装备不断升级，通风新技术广泛应用，以低耗、安全、可靠为准则的通风系统优化改造在许多矿井得以实施。通风系统合理、设施完好、风量充足、风流稳定为高产、高效、安全的集约化生产提供了安全保障。

6.3.2.1 矿井通风理论的发展

（1）通风可靠性评价

矿井通风可靠性是评价系统优劣的技术指标，也是矿井重要的安全指标。我国矿井通风可靠性研究从20世纪80年代开始，起初的研究主要集中在通风网络和通风构筑物可靠性研究方面，其主要目的在于优化通风网络，提高通风质量。之后，考虑到安全、经济等因素，对通风可靠性的研究延伸到与矿井通风有关的各环节中，包括通风动力系统及通风设施、通风系统环境、安全监测系统、防灾救灾系统等方面的可靠性评价体系，通过对矿井通风多种要素的综合评价，得出通风可靠性评价结果。此外，随着计算机技术在通风领域的应用，模糊数学、运筹学等方法被引入通风可靠性评价中。

（2）通风网络解算

通风网络解算是1928年波兰学者H. Czeczot提出的，距今已经有近百年的历史了。在没有计算机辅助计算的情况下，为了解决复杂通风网络的风量调节和分配问题，20世纪50年代，采矿技术人员开始尝试利用物理模拟法解决通风分配问题。物理模拟法就是利用其他流体网络或电气网络模拟矿井通风网络。我国学者兰献宸和赵梓成在20世纪50年代写的论文《通风矿井电器模拟》和《矿井通风网路电气模型》都反映了这方面的科研成果。

图解法解算通风网络的研究开始于20世纪30年代。我国起步较晚，是在20世纪60年代开始的。能查到的通风网络图解法的最早文献是我国通风界专家唐海清教授1964年的论文《矿井通风网路的动坐标解法及其应用》。该论文提出了动坐标图解法，该方法以静坐标为基准，通过动坐标的移动求算简单通风网络参数。之后，唐海清教授又在其论文《矿井通风系统风量自然分配问题"实测—笔算—图解法"》中完善了动坐标图解法。1975 年，我国通风专家宋化沂撰写的论文《矿井通风网路解法（上）——逐孔图解法》中提出通过通风网络图的网孔图解通风参数，使得较为复杂的通风网络图也能用图解法解决。1984 年，通风专家杨运良也提出了类似的方法。

  复杂通风网络不能直接利用解析法进行网络解算。1931 年，波兰学者 H. Czeczott 用几何学方法把角联分支含有的三角形网络转换成星形网络，从而把复杂网络转换为简单网络。但对大型通风网络，该方法因转换工作量和计算工作量均较大，很难在矿山实际推广。

  复杂通风网络的数学模型都是大型非线性方程组，只能使用数值法进行解算。使用该方法的背景是数学分析理论的成熟，数学分析理论是在 17—18 世纪发展起来的。波兰学者 S. Barczyk 在 1935 年就提出利用 Newton 法解算通风网络的非线性方程组，但由于该方法不适用于手工计算，在没有计算机辅助计算的情况下，该方法只能停留在理论研究上。为了能利用手工计算通风网络数学模型，1951 年，英国学者 D. Scott 和 F. Hinsley 改进了 1936 年美国学者 H. Cross 提出的解算流体管道网络的逐次解算法，并用于通风网络解算上。该方法后来一直被叫作 Scott-Hinsley 法。对简单的通风网络，可以利用 Scott-Hinsley 法手工解算。在计算机辅助计算的条件下，数值法解算通风网络得到了迅速发展。如果按通风网络解算数学模型分类，可以把通风网络解算方法分为：回路法、节点法和割集法。其中节点法数学模型是在 20 世纪 80 年代提出的，最先介绍节点法的我国学者是刘驹生先生。刘驹生在 1982 年的论文《节点风压法简介》和 1984 年的论文《用节点风压法解算复杂矿井通风网络》中较为全面地介绍了节点法。目前回路法应用最广，节点法次之，割集法应用最少。

6.3.2.2 通风装备

（1）矿井通风机发展

  煤矿用通风机就是向井下输送空气的设备，通常情况井下每采 1t 煤炭就要向井下输送 4—6t 新鲜空气，矿井主通风机的电耗平均约占煤矿电耗的 8%—15%，它是煤矿井下通风不可缺少的安全设备，也是矿井的关键设备。20 世纪 50 年代初至 70 年代末，我国矿山使用的矿井轴流主扇是仿制苏联 BY 型的 2BY、70B2 和 K70 等型风机（统称为 70B2 型）。70B2 系列矿井轴流通风机，由单级的 70B2-11N012、N018 和双级的 70B2-21N012、N018、3N024 和 N028 等 6 个机号组成，风量范围为每秒 7—160 立方米，静压范围为 400—5900 帕，它们在我国矿井通风方面曾发挥了主力军的作用。全国各类矿井共使用该类风机 5000 台左右。这类通风机是在空气动力学发展水平较低的 20 世纪 40 年代，根据苏联的煤矿通风网路参数设计的。属于高风压、中小风量型主扇，最高静压效率仅有 70% 左右。这类风机 20 世纪 80 年代被国家列为淘汰主扇，其全压、风量参数基本上适合我国早期的矿井通风网路。但因其效率未达到设计要求，相差甚远，没有进一步改进和完善就停止生产了。

  20 世纪 80 年代初，沈阳鼓风机厂参考苏联中央流体动力研究所提供的通风机气动略图和特性曲线，又研制推出了 2K60 型轴流式通风机，风量范围为每秒 20—400 立方米，静压范围为 2000—5000 帕，最高静压效率为 80% 左右，比 70B2 型风机约提高 10%。全压效率在 80% 以上的风量范围比值为 118，静压范围比值为 1143。可逆转反风，反风率在 60% 以上。设计考虑了在矿山现场可方便地更换 70B2 型老风机，为用户的使用提供了方便。在此期间，沈阳风机厂研制生产了 1K58 和 2K58 型矿井轴流通风机。2K60 和 2K58 型矿井通风机本是 70B2

型主扇的更新换代产品，风机效率虽然有所提高，但对多数金属矿山而言，其风压仍然偏高，与矿井通风网络的匹配仍不合理，只适用于少数高阻力矿山。这类风机在煤矿比较受欢迎，20 世纪 80 年代在煤矿和少量金属矿山中共推广应用了 500 台左右。但在运行了几年后，随着叶片安装角度的提高（达到 25°以上），第二级叶轮开始出现叶片撕裂和叶柄折断等质量事故。

1984—1985 年，冶金行业矿山节能风机推广中心（原冶金部、中国有色金属总公司矿山节能推广站）经过改进完善，推出了 DK45、K55、K45、K35 等系列主辅扇。

1987 年，推出 DK40、K40 系列主、辅通风机和 JK58 系列局部通风机，至此形成了第一代 K 系列矿用节能通风机。

1989 年，沈阳鼓风机厂生产的改进型 2K60 和沈阳风机厂生产的改进型和 2K58 主通风机，经工业性运转试验达到要求后，先后通过了部级技术鉴定，使我国常规型号的矿井主通风机的安全可靠性有了较大程度的提高。50A11 型轴流通风机主要用于纺织厂的空调室，也可用做矿井主扇通风，它是在 50B1 型轴流通风机的基础上发展起来的。主要特点是克服了 50B1 型风机的气动性能范围太窄和全压效率过低等缺点，风量范围为每秒 514—760 立方米，全压范围为 270—900 帕。有 50A11-N09、N012、N016、N020 等 4 个机号组成。其中 N09 为直联转动，其余均为三角皮带转动。该机的全压空气效率 94%，若考虑主轴承和三角皮带的转动效率，其风机装置的全压气动效率仅有 85%，与 K 系列和 FS 系列高效节能风机相比，全压效率的低 10% 左右。在过去可供金属矿山选型的主扇品种较少的情况下，50A11 型轴流通风机很长一个时期，在小型金属矿山中得到了广泛的应用。这种风机现已被淘汰。

1990 年，冶金行业矿山节能风机推广中心对第一代 K 系列矿用节能风机进行了以下技术改进：采用机翼型扭曲中空钢板叶片代替原玻璃钢叶片；优化叶型参数、降低噪声；改善叶柄受力结构和材料状态，提高叶轮的运转安全度；稳流环防喘振装置，消除了风机特性曲线上的驼峰，提高了风机在高阻力区运行和多风机联合工作的运转稳定性等，这样就形成了第二代 K 系列矿用风机技术。

1997 年，在 BDK65 和 BK54 系列主扇的基础上，推出了 BDK62 和 BK56 系列侧移式、轴移式和固定式煤矿防爆轴流主通风机，2002 年又推出了 FB-DCZ 和 FBCZ 系列侧移式、轴移式和固定式煤矿防爆轴流主通风机产品，性能范围和机号范围与 BDK65 和 BK54 系列主扇基本相同，但主扇叶片的加工成型精度有了大幅度的提高，通过改善叶片的加热方法、压型模具、钻空模具和弧根模具，使叶片的扭曲角误差大大减小，且叶片的光洁度大大提高，进一步提高了风机的静压效率，FBDCZ 系列主扇的静压效率达 88%，FBCZ 系列小型主扇的静压效率高达 86%。

沈阳鼓风机厂与东北大学合作开发的 2K56 系列矿井轴流主扇，W 钢带成型机适合中压大风量的要求。其装置静压效率为 85.3%，高效区域宽广，静压效率在 80% 以上的风量范围比值为 2.57，静压范围比值为 2.64。该机仍采用长轴传动，可逆转反风，反风率为 60% 以上。

上海鼓风机厂和德国 TLT（Tuibo Lufttechnik）公司合作研制的 GAF 型矿井轴流主通风机，风量范围为每秒 30—1800 立方米。风压范围为 300—8000 帕，最高全压效率为 88%。全压效率在 80% 以上的风量范围比值为 2.24，风压范围比值为 1.63。风机性能的调节方式有液压式动叶可调和机械式动叶可调两种，扩散塔安装形式有卧式和立式两种，立式安装于地面时，风机卧式采用长轴传动，且长传动轴从立式扩散塔端伸出。

吉林市鼓风机厂生产的 KZS 型矿井轴流主扇是仿苏联的产品，经改进后最高装置静压效率为 84%，采用长轴传动，可逆转反风。该机突出的优点是叶片强度高、安全可靠、动叶安装拆卸方便、中和后导叶可在风机运转中通过电控无级调角，可获得不同动叶角度下最佳导叶匹配角度的最佳节能效果，是一种效率高、安全性好的主扇风机。

第三代 K 系列矿用节能风机是对第二代 K 系列矿用风机的类型和机号组成进行系统的优化，是目前我国品种最全、性能覆盖面最广的金属矿用节能通风机。

2002 年，推出 TFBDCZ 和 FBCZ 系列侧移式、轴移式和固定式煤矿防爆轴流主通风机产品，性能范围和机号范围与 BDK65 和 BK54 系列主扇基本相同，但主扇叶片的加工成型精度有了大幅度的提高，使叶片的扭曲角误差控制在 0.5°以内。FBDCZ 系列主扇的静压效率高达 88%，FBCZ 系列小型主扇的静压效率高达 86%。FBDCZ 和 FBCZ 系列侧移式煤矿防爆轴流主通风机产品，两台主机并联在 1 台可侧向往返移动的平板车上，两台主机可在 5 分钟以内实现相互更换，共用 1 条总回风道和 1 套风机的集流器、扩散器和扩散塔，取消了分风岔道的局部阻力损失（5%—8%）和两副风闸门的漏风损失（13%—18%），两项损失合计高达 18%—26%，节能效果显著。

进入 21 世纪后，随着控制技术、变频技术、检测技术、通信技术等快速发展，矿井通风领域逐步迈入智能化时代。2000 年，中国矿业大学又推出"KJZ-2 型矿井主通风机在线监测与通信系统"，该系统的特点如下：软件由 VB 开发，硬件包括各种传感器及采集模块，监测的参数包括电流、电压、静压、风机起停、轴瓦温度和振动。同时可以提供趋势曲线、数据查询、工矿点、数据报表功能。

2000 年起，煤炭科学研究总院重庆分院将对旋局部通风机技术引入主通风机，研发了 FBCDZ 系列对旋轴流主通风机，机号 No10—40，功率 2×11—2×1600 千瓦，风量每秒 528—45600 立方米，负压 250—6800 帕，满足矿井对主通风机风量和压力的要求。

湘潭平安电气集团有限公司于 2004 年研发了矿用主通风机在线监测及故障诊断装置，利用 PLC 对矿井主通风机状态监测可以实现对风量、负压、通风机轴承温度、配套电动机的启停、正反转、电机电参数、定子和轴承温度、瓦斯浓度和风门的开闭状态等基本参数的在线监测，并附带部分故障诊断功能。

2007 年以后，我国制定了煤矿地面用轴流式主通风机的技术标准，对各类轴流式主通风机的设计、制造、检验等进行了规范，并统一了型号。煤矿地面用防爆抽出式对旋轴流主通风机型号为 FDCDZ（对应原有的 BD、BDF、BK 系列产品）。

2012—2014 年，重庆分院完成了山西省科技厅"新型矿用主通风机的研制"项目，研制的矿用主通风机在调节叶片角度时不再需要拆开风机，可在机外同步调节所有叶片角度，将叶片角度调整时间由原来的 3—4 个小时缩短到半个小时以内，降低了劳动强度。该型风机同时采用手、电动刹车技术，能在倒机时节省时间。手、电动刹车技术已在其他主通风机上获得应用。

2013—2014 年，针对煤矿主通风机倒机时存在一段停风时间，且备用风机存在可能发生故障的风险，尤其是主通风机性能测试时全矿井停风，有可能导致井下瓦斯积聚或超限等问题，重庆分院完成了山西省科技厅项目"主通风机智能切换、测试及诊断系统"，研发了矿井主通风机不停风倒机系统，使原来煤矿倒机至少停风10分钟变为不停风，风机性能测试至少停产8小时变为不停产。

（2）矿井局部通风机发展

20世纪60年代以前，根据外国资料设计制造了JBT和JBT1系矿井局部通风机。之后，我国矿用局部通风机大部分使用JBT系局部通风机，由于其能耗高、噪声大，国家已命令将其淘汰。但是由于新型局部通风机型号、数量、使用范围、极为有限更新速度极慢。

20世纪60年代末，我国冶金工业部安全技术研究所首次研制成功了JFD-5对旋式轴流局部通风机，直径500毫米流量每秒2.6立方米，全压2158帕，电动机功率5.52千瓦最高全压效率80%。该系列局部通风机曾在全国金属矿山推广应用。

1981年，山东矿业学院和沈阳鼓风机厂合作研制成功我国第一台子午加速型局部通风机BKJ66用来代替煤矿中使用的JBT局部通风机。这种BKJ66局部通风机的噪声比JBT系列低6—8dB（A）。

东北工学院与北票矿山机械合作，用子午加速叶轮对JBT局部通风机进行了改造，并首次在国产局部通风机上采用了消除通风机性能不稳定区的分流器装置，它为改造JBT节约能源打下了基础。

1985年，华中工学院和韶关冶金机械厂设计制造了GKJ67-Z4型局部通风机，采用单级子午加速叶轮，装置后导叶结构，叶轮设计上采用了准三元流动理论设计方法。该局部通风机叶轮用ZL104铝合金整浇铸成型，电机整体装置在机壳的内筒中45型局部通风机叶轮直径450毫米流量每秒3立方米，全压1569帕，电动机功率7.5千瓦，全压效率86%、噪声89.1dB（A）。浙江大学也研制了一种具有一级子午加速叶轮的局部通风机，定名为JKF-48，其叶轮直径480毫米，流量每秒3.1立方米，全压951帕，电动机功率5.5千瓦，全压效率81.5%。湖南郴州煤矿机械厂研制出的BKY63-11型2.2千瓦斜流式矿用局部通风机其噪声较低为88.7分贝（A），但功率流量压力都较小，只适用于短距离通风而且其比噪声级并不低。

1986年，广东韶关冶金机械厂与武汉华中工学院压缩机教研室共同研制成功GKJ系列高效低噪声节能轴流通风机新产品。其优点是：①该风机是按准三元流理论设计的子午加速式风机，与当时国内生产的同类型局部通风机相比具有效率高、噪声低、体积小、重量轻、高效区宽、性能调节范围大等优点。②较老产品（JF及JBT系列）效率平均提高25%以上。

20世纪80年代末至90年代，我国研制了初旋式局部通风机并迅速发展、推广。目前机号有№4.0至№10.0等，装机功率有1.1千瓦×2至75千瓦×2等，工作方式有压入式、抽出式和压抽式等，叶片材料有钢叶、铜叶片、铝合金铸造叶片和塑料叶片等。

20世纪90年代初期，斜流式（也称昆流式）局部通风机发展起来，其具有空气轴向流动、高效运行区域宽、噪声小等优点。但风压偏低，在效率指标上形同虚设，生产工艺、技术还不成熟。

20世纪90年代，我国的新型局部通风机有了长足的发展，矿用局部通风机几乎全部采用双级或三级高压对旋和双级高压轴流风机，其功率达264千瓦，压力8000帕，风量每秒1000立方米。在压入式掘进通风作业中推广了对旋局部通风机；在瓦斯排放和掘进除尘方面又出现了新型抽出式局部通风机和多功能局部通风机；在风机材质方面采用了无摩擦火花和安全摩擦火花材料；在驱动方面，除了传统的防爆电动机外，还采用了气马达；所有新型风机都设计了各种形式的消声结构。

2009—2012 年，煤炭科学研究总院重庆研究院为了解决井下局部通风机难以调节的问题和达到智能排放瓦斯的目的，研制了智能局部通风机，该风机主要由变频调速装置和矿用局部通风机组装在一起构成。智能局部通风机外接瓦斯浓度传感器；运行时可调节通风机转速，可实时显示通风机风量、风压、电机功率等参数；可根据瓦斯浓度值自动调节通风机电机转速，以实现掘进巷道安全排放瓦斯的目的，也可按用户指定风量运行，以实现节能运行的目的，其现场数据还可以通过分站传输到煤矿监控系统。

现今，国内外在局部通风机的研发和推广应用上总体趋势基本相近，主要都是在普通轴流、子午加速和对旋局部通风机等方面做了许多工作。对于地方中小型煤矿，掘进巷道不长，适宜选用单级普通轴流或子午加速局部通风机；对于国家统配矿井，掘进巷道较长，选用对旋或双级普通轴流局部通风机是合理、可行的。为了进一步提高单级普通轴流和子午加速局部通风机的压力，以适应增大通风输送距离的要求，开发"前导叶＋叶轮＋后导叶"的局部通风机是必要的。从降低噪声方面考虑，开发离心叶轮和轴向导流的筒型机壳的局部通风机，亦是新的研究方向。随着我国煤矿采掘机械化水平的提高，巷道掘进中产生的大量粉尘和沼气，严重污染井下空气。因此，矿井局部通风不仅要满足掘进巷道中风压和风量的要求，还需考虑清除巷道粉尘和烟雾的污染，通风与除尘必须同时进行，压入式和抽出式混合通风以及大功率局部通风机的开发必将提上日程。

6.3.2.3 通风监控

（1）传感器

用于通风监控的传感器主要有风速传感器、风压传感器、风筒传感器等。目前主流的风速传感器一般采用压差原理，通过测量监测地点全压和静压，计算后得到动压，进而计算得出该地点风速，具有代表性的是 GFY15（B）型矿用双向风速传感器。2015 年，中国煤炭科工集团有限公司重庆研究院有限公司基于超声波时差原理研制出了高精度全量程的电子风速传感器，可以监测每秒 0.1—15 米的风速，分辨率达到每秒 0.01 米，测量误差≤2%。风压传感器方面以 GF5 型风流压力传感器为代表，其测量精度可以控制在 1% 以内。

（2）主要通风机监测

美国、加拿大等国家对矿井通风机性能的监测研究起步较早，但由于监测设备的精确度、灵敏度等方面的问题仅停留在数据采集阶段。近年来，KJZ-I/II 矿井主要通风性能在线监测与通信系统的研制，解决了在含尘、潮湿、气流脉动等条件下的风量监测问题，在通风机性能监测、数据处理与显示、网络通信等方面实现创新。该系统可以实时在线监测通风机风压、风量、温度、湿度等通风机气体参数和电流、电压、轴承温度等通风机运行参数，能够对风门开关、通风机开停进行全天 24 小时远程控制。

（3）通风网络监测

自 1973 年抚顺煤炭研究所编制了我国第一个通风网络解算软件以来，随着科技工作者对矿井通风理论和通风网络图论研究的不断深入，一批通风网络解算与仿真的计算机软件涌现出来，如安徽理工大学的通风网络解算软件 MVENT、西安科技大学的通风安全管理软件、辽宁工程技术大学刘剑教授等开发的矿井通风仿真系统（MVSS）等。通过几十年的发展，通风解算与仿真的理论与技术不断成熟，为矿井通风系统调整、采掘部署等提供了理论指导。但是矿井的生产是动态变化的,这些软件并不能实时反映矿井的通风情况。对于我国现代化矿井而言,都安装有煤矿安全监控系统。目前用于矿井通风与安全监控的产品很多,如KJ90NB、KJ95、KJF2000等安全监控系统,可以实时监测井下风速、风压、温度、通风机工况等模拟量及风门开关、局部通风机开停等状态参量并上传到地面机房,为通风网络在线监测提供了条件。

近年来,我国各地由于矿井通风系统不完善引发的矿井事故时有发生,因此,国家和矿山企业不断致力于提高矿井通风系统的改造和完善,提高矿井生产作业的安全性。矿井生产的安全、有序、高效一直是各大矿厂企业不断追求的目标,矿井通风作为矿山安全中核心环节之一,增强对其相关研究投入,探索行之有效的通风安全防治技术与措施,方能从根本上避免生命财产损失,促进矿山企业长久发展。

6.3.3 矿山火灾防治

凡是发生在矿山地下或地面而威胁到井下安全生产,造成损失的非控制性燃烧均称为矿山火灾。矿山火灾的发生具有严重的危害性,可能会造成人员伤亡、矿井生产持续紧张、巨大的经济损失和严重的环境污染等。安全是实现煤矿正常生产的重要前提和保障。而我国多数煤矿因煤层赋存条件复杂、开采条件困难等原因,导致煤矿开采生产过程中事故频发,其中,矿井火灾更是煤矿安全生产中的重大灾害类型之一。我国90%以上的煤层属自燃或易自燃煤层,煤炭自燃引起的火灾占矿井火灾总数的85%—90%,其中采空区自燃火灾占煤矿内因火灾的60%以上。矿井火灾是公认的难度较大的矿山救援活动。数十年来随着科学技术的进步、我国煤炭工业的高速发展,我国学者以及煤矿工作者对于煤矿火灾的认识取得了巨大的进步。煤矿火灾作为一种自然灾害,它的发生既不具有完全的确定性,又不是完全的随机性,而是兼有确定性和随机性的双重特点。不仅火灾发生如此,火灾蔓延及其造成的损失也是如此。煤矿发生火灾的机理和规律具有普遍性,只要加以研究就可以认识和掌握,可以控制火灾事故的数量,降低火灾事故的损失,从而使煤矿和煤田火灾科研跨上一个新台阶。研究方法上改变了传统的以火场实测和统计经验数据为主的手段,承认并自觉运用流体力学、热力学和传热学等自然科学中的质量守恒、动量守恒和能量守恒的基本规律来指导火灾研究,并应用数理统计,力图揭示数据之间的关系,同时借助火灾模型并结合火灾现场实测的研究方法研究火灾的发生、发展和防治的机理与规律,不断深化对火灾客观规律的认识,减少火灾发生,降低火灾损失。防火策略上注意从系统工程角度出发,形成预报、预测、预防和灭火的四道火灾防治防线。

我国从20世纪50年代起在煤矿推广灌浆防灭火技术,60—70年代对均压通风防灭火技术、阻化剂防灭火技术和泡沫防灭火技术进行了研究应用,80—90年代研究了自燃火灾预测预报技术、惰气防灭火技术、凝胶防灭火技术、火区快速密闭技术、堵漏风技术、带式输送机火灾防治技术、内外因火灾监测监控技术等,90年代以后主要集中在原有防灭火技术装备性能提升以及新型防灭火材料研制等方面。矿山火灾防治技术经过50余年的发展,已形成了火灾预测、监测、预防、治理相结合的综合火灾防治技术体系,并且在灾变时期风流流动及控制、救灾决策辅助系统、灾后抢险救灾技术等方面取得了较大进展。

（1）煤炭自燃倾向性鉴定技术

我国从20世纪50年代初期即开展对煤炭自燃倾向性鉴定方法的研究，先后研究了克氏法、着火点温度降低值法（即固态氧化剂法）、双氧水法及静态容量吸氧法。1954年提出以着火点的高低作为鉴定煤自燃倾向的指标，后又应用苏联矿业研究所的固体氧化剂来测定煤的着火温度，确定了我国早期的煤自燃倾向性分类方法。1956年开展了煤的气体特征面积法鉴定煤自燃倾向性的研究，用煤的氧气特性面积与煤脆度两种指标衡量煤的自燃倾向性。1962年开展了对煤的吸氧和双氧水氧化的研究，意在克服着火点温度法存在的缺陷，建立更完善的自燃倾向性鉴定方法，但是研究工作结束后没能得到推广和应用。由于各种方法所存在的缺点和客观原因，之后一直沿用着火点温度降低值法。

20世纪80年代，随着色谱测试技术进步，并经过长期研究，流态色谱吸氧法已逐步成熟，并于1988—1990年在试用取得经验的基础上，研制了ZRJ-1型煤自燃性测定仪。

20世纪90年代初至今色谱吸氧法测定煤自燃倾向性逐渐成熟和推广。1992年《煤矿安全规程》规定了煤自燃倾向性色谱吸氧鉴定法为法定鉴定方法，并于1997年颁布了行业标准，2006年颁布了国家标准。

（2）自然发火预测预报技术

20世纪60年代开始自然发火预测预报研究工作，最初应用比长式CO检定管及测温仪进行自然发火预测预报。

1970—1980年，气相色谱技术应用于煤矿气体分析，提出了以CO、C_2H_4、C_2H_2、链烷比、烯烷比等为主指标的综合指标体系，并以典型煤种为例，提出了褐煤、长焰煤、气煤、肥煤、焦煤、瘦煤、贫煤、无烟煤八大煤种的标志气体优选原则，在众多矿井火灾早期监测中得到实际应用，收到了良好的效果。

1980年开始研发了束管地面取样监测系统，实现了井下气体自动取样。"八五"期间研制成功了GC-85型矿井火灾多参数色谱监测系统，提高了分析精度，随后色谱分析法作为自然发火主要的预测预报技术手段不断成熟和推广，并起草了行业标准。近年，中国煤炭科工集团有限公司沈阳研究院成功研制了井下红外光谱束管监测系统，实现了火灾气体的实时监测。同时井下温度测试方面，便携式激光测温仪、红外热成像、光纤测温等技术在煤矿得到大量应用。

（3）惰性气体防灭火

1960年，我国开始惰性气体防灭火研究。20世纪60年代主要开展了炉烟灭火工作，在鹤岗兴山、新一、大陆等矿，徐州、开滦、阿干镇等矿推广应用。1964年与南票矿务局合作，在邱皮沟矿进行边采边注烟的工作。

20世纪80年代我国进行了燃油惰气防灭火的研究，并研制成功煤矿专用的燃油惰气发生装置。1987年抚顺龙凤矿利用井上氧气厂生产的氮气，防治综放工作面采空区自燃。

20世纪90年代至今惰气防灭火技术进入成熟和推广阶段。1992年成功研制变压吸附制氮装置。1995年成功研制膜分离制氮装置。2000年以后氮气防灭火技术快速发展，制氮装置得到大范围的推广和使用。

21世纪初液态CO_2及液氮防灭火技术开始逐渐推广。

（4）注浆技术

20世纪50年代初期，我国开始研究应用灌浆法预防和消灭矿井火灾，使用的灌浆材料以黄土为主。

20世纪80年代，对黄泥灌浆的代用材料如页岩、矸石、电厂粉煤灰等材料进行了应用性研究，并在芙蓉、兖州、开滦、平顶山、抚顺等矿务局进行了推广。

21世纪至今，在灌浆材料方面研发了不同种类的添加剂，同时地面固定灌浆站实现了集中自动化，另外还研制了不同能力的井下移动式注浆装置。目前灌浆技术为我国煤矿普遍应用和行之有效的防灭火方法。

（5）阻化剂防灭火

20世纪70年代，我国开始研究阻化剂防灭火技术，主要以钙镁盐类作为阻化剂实施喷洒。20世纪80年代研究了汽雾阻化技术，并开发了配套装备，抚顺分院在铜川矿务局试验成功采空区汽雾阻化技术。阻化剂防灭火技术由于其成本低、工艺简单，在全国范围内得到了广泛应用。1997年起草了行业标准"煤矿采空区阻化汽雾防火技术规范（MT/T 699 1997）"。同时阻化防灭火材料也进行了改进，在传统常规阻化材料的基础上，先后研发了无毒、环保的多种复合阻化材料。

（6）泡沫防灭火

我国于20世纪50年代开始泡沫防灭火技术研究。先后研究了多型号的高倍数泡沫药剂及发泡装置，高稳定化学泡沫剂及压注装备，此时泡沫形式为气-液两相。1997年颁布了"煤矿用高倍数泡沫灭火剂通用技术条件（MT/T 695 1997）"。

21世纪初通过向泡沫中加入粉煤灰或黄泥浆，同时注入氮气发泡后形成三相泡沫，泡沫形式为固-气-液三相，其具有降温、阻化、惰化、抑爆等综合性防灭火性能，该技术得到了较好的推广。

（7）均压防灭火

20世纪50年代初我国开始研究和应用均压通风防灭火技术，主要有风门均压、风机-风门联合均压等技术。1984年由波兰专家、抚顺分院与大同矿务局煤峪口矿，共同协作在该矿采用了大面积均压通风防灭火技术，防治了大面积火区，取得了良好的效果。

20世纪90年代均压防灭火技术不断成熟和推广。1996年颁布了"矿井均压防灭火技术规范（MT/T 626 1996）"，2000年颁布了"煤矿均压防灭火调压气室通用技术条件（MT/T 855 2000）"。目前在煤矿的正常开采过程中均压通风已经成为一项系统的、常规的、行之有效的矿井防灭火技术措施。

（8）凝胶防灭火

20世纪70年代我国开始凝胶防灭火技术研究，以水玻璃为主体，添加碳酸盐促凝剂形成胶体防灭火材料，这种凝胶效果好，有着良好的降温、阻燃、隔氧的作用，但在其胶凝过程中会释放出对人体有害的刺激性气体，目前已逐渐被淘汰。

21世纪初研发了无机复合胶体材料及配套装备，无机复合胶体材料可直接按比例向黄泥浆、粉煤灰浆中添加，形成的胶体具有更好的流动性，成胶时间调节更为方便。

（9）综合防灭火技术

煤矿火灾防治是一系列措施方案组成的综合技术体系，矿井防灭火技术的实施必须面对复杂的矿井地质条件、多变的人员作业条件、艰巨的现场工程条件以及不可确知的火源或发火隐患变化条件等方面的制约，往往采取单一技术方法不能取得理想的防灭火效果，为此，必须因地制宜，采取综合防灭火措施，即将几种防灭火技术手段有机结合起来，可达到最佳的防灭火效果。目前，在煤矿生产实践中，"以防为主"的防灭火原则基本得到了贯彻，并逐渐形成了火灾预测、监测、预防、治理相结合的综合火灾防治技术体系。

6.3.4 矿山瓦斯灾害防治

矿山瓦斯是指矿山建设和生产过程中，从岩体或煤层中涌出的以甲烷为主的各种有毒有害气体的总称。煤矿术语中的瓦斯是指矿井中主要由煤层气构成的以甲烷为主的有害气体，有时单指甲烷。矿山瓦斯是严重威胁矿山安全生产的主要自然灾害之一。煤矿安全是安全生产的重点，瓦斯防治是煤矿安全的重中之重。2004年至2005年年初连续发生3起百人以上煤矿瓦斯事故后，国务院第81次常务会议确定大力开展煤矿瓦斯集中整治；根据全国人大常委会提出的阶段目标，国家安全监管总局、国家煤监局会同有关部门在全国范围内开展了瓦斯治理攻坚战。近年来，通过进一步深化煤矿瓦斯防治工作，不断从完善体制机制、强化政策引导、加大安全投入、提升科技水平、严格监管监察等方面采取一系列重大举措，瓦斯治理取得显著成效。从1951年颁布《煤矿技术保安试行规程》起，在不同历史时期颁布的《煤矿保安规程》和《煤矿安全规程》中都无一例外地把防治瓦斯灾害作为一个重要方面，加以规范，提出要求。

6.3.4.1 瓦斯预测

我国在瓦斯涌出量预测方面的研究尤以煤炭科学研究总院沈阳研究院最为突出，20世纪50年代，时为抚顺煤矿安全研究所，在国内首次研制了1883密闭式岩芯采取器。1954年建立了容量法测定瓦斯吸附量方法及装置。1956年，建立了重量法测定瓦斯吸附量方法及装置。1958年在1883密闭式岩芯采取器基础上研制了抚研-58集气式岩芯采取器，同时期研制了瓦斯含量真空密封罐、粉样球磨机、脱气仪，建立了全套地勘时期煤层瓦斯含量测定方法和测定工艺，至今一直在全国煤田勘探中广为应用。

1953年，首次在辽源矿务局中央竖井应用矿山统计法计算煤层瓦斯含量梯度，1959年，开展煤中瓦斯含量及其影响因素理论研究，探索煤中水分、孔隙率、煤阶、温度等因素对瓦斯容量的影响。1959年，国内首次在淮南矿务局谢家集二矿应用矿山统计法预测深部矿井瓦斯涌出量；1959—1964年，先后完成了抚顺煤田、北票台吉矿、峰峰煤田、南桐、梅田等矿区矿井深部瓦斯涌出量预测工作。此后，矿山统计法在全国瓦斯矿井得到了广泛应用。

1959—1961年，开展了压汞法测定煤孔隙结构的瓦斯基础理论研究，建立了压汞法测定煤的孔隙结构装置。

20世纪70年代，应用扫描电子显微镜、显微光度计等先进手段研究煤的结构特征，进行了地勘时期直接测定煤层瓦斯压力尝试。

"六五"期间（1981—1985年），进行了煤的瓦斯解吸规律研究，提出了解吸法直接测定煤层瓦斯含量的新方法，手工编制煤层瓦斯含量等值线图；在我国首次制定了WT77-84解吸法测定煤层瓦斯含量和瓦斯成分测定方法的部颁标准；同时开展了煤层烃类组分与煤岩煤化关系研究，对北票、湖南、重庆等全国重点高瓦斯矿区进行煤层烃类组分详细普查，结合煤层气开发探讨重烃组分与煤岩成分及煤与瓦斯突出的关系，提出了判别煤层气的"苯指数"指标。两项技术均在地勘系统中得到了广泛应用。

"七五"期间（1986—1990年）开展了矿井瓦斯涌出量预测方法，GWRVK-1型瓦斯解吸仪及配套取样装备的国家"七五"重点科技攻关研究，提出了矿井瓦斯涌出量分源预测方法，研制了GWRVK-1型等压瓦斯解吸仪、定点煤样采集器。瓦斯涌出量预测技术有了较大的发展，并得到了初步推广应用。

"八五"期间（1991—1995年）主要开展"地勘瓦斯含量测定""矿井瓦斯涌出时预测方法及规范""自动地勘瓦斯解吸仪""微机绘制瓦斯地质图件和煤矿瓦斯综合评价系统的研究"等多项国家重点科技攻关项目。在国内外首次建立了提钻模拟瓦斯解吸装置，进行了提钻模拟解吸试验，研制成功了ZAMG-1型自动化地勘瓦斯解吸仪，解决了500—1000m深孔瓦斯含量测定成功率低、准确性差的技术难题，使瓦斯含量预测准确率达到90%以上。瓦斯涌出量预测在分源预测基础上，提出了构造单元分源预测法，首次建立了全国统一的矿井瓦斯涌出量预测方法和预测规范，将预测精度提高到85%以上。在收集了我国20个矿务局45个矿井11万个综合瓦斯数据的基础上，建立了瓦斯地质图件和煤矿瓦斯综合评价微机绘图处理系统及瓦斯基础参数数据库，实现趋势面优化、非规则区域控制、地质构造区等值线编绘自动化。

"九五"期间（1991—1995年），进一步研究了高产高效采煤工作面和综掘工作面的瓦斯涌出规律，对回采工作面瓦斯涌出量引入工作面推进度修正系数，研究了综掘落煤瓦斯的均匀性并与落煤量、运煤速度、工作面长度有关。通过研究完善了矿井瓦斯涌出量预测方法。50年的不懈努力，尤其是经过"六五""七五""八五""九五"攻关，进行了含量测定、涌出量预测到矿井瓦斯地质图件绘制全部实现微机化、自动化、规范化，形成了成熟、完善、配套的矿井瓦斯预测技术，为新矿井设计、老矿井深部改造、矿井通风、瓦斯抽放设计提供了科学依据。

"十五"期间进行了瓦斯涌出动态监测技术，建立了掘进工作面瓦斯涌出量预测模型并研制了瓦斯涌出动态监测装备。经过不断的发展，目前分源预测法已达到实用化阶段，并于2006年发布了行业标准《矿井瓦斯涌出量预测方法》（AQ 1018-2006）。随着现代科技的迅速发展，特别是数学方法和计算机技术的发展，原有的预测方法和应用范围得到了拓展，出现了一些新的预测方法，如瓦斯地质数学模型法、速度预测法以及灰色系统理论预测法、神经网络预测法等，但这些方法还在探索阶段，没有达到实用阶段。

6.3.4.2 瓦斯抽放

我国煤矿的瓦斯抽放工作是1949年在抚顺龙凤矿开始的，先采用自然排放法排出煤层瓦斯，1952年在地面安泵，开始用巷道法大规模抽放瓦斯。1957年首先在阳泉开展抽放邻近层瓦斯，此后，抽瓦斯工作在全国迅速发展。我国煤矿瓦斯抽放技术，大致经历了四个发展阶段：

（1）高透气性煤层瓦斯抽放阶段

20世纪50年代初期，在抚顺高透气性特厚煤层中首次采用井下钻孔预抽煤层瓦斯，获得了成功，解决了抚顺矿区向深部发展的安全关键问题，而且抽出的瓦斯还被作为民用燃料得到了应用。

（2）邻近层卸压瓦斯抽放阶段

20世纪50年代中期，在开采煤层群的矿井中，采用穿层钻孔抽放上邻近层瓦斯的试验在阳泉矿区首先获得成功，解决了煤层群开采中首采工作面瓦斯涌出量大的问题。此后在阳泉又试验成功顶板收集瓦斯巷（高抽巷）抽放上邻近层瓦斯，抽放率达60%—70%。60年代以后，邻近层卸压瓦斯抽放技术在我国得到了广泛的推广应用。

（3）低透气性煤层强化抽瓦斯阶段

由于在我国一些透气性较差的高瓦斯煤层及突出危险煤层采用通常的布孔方式预抽瓦斯的效果不理想、难以解除煤层开采时的瓦斯威胁，为此，从20世纪60年代开始，试验研究了多种强化抽放开采煤层瓦斯的方法，如煤层注水、水力压裂、水力割缝、松动爆破、大直径（扩孔）钻孔、网格式密集布孔、预裂控制爆破、交叉布孔等。在这些方法中，多数方法在试验区取得了提高瓦斯抽放量的效果，但仍处于试验阶段，没有大范围推广应用。

（4）综合抽瓦斯阶段

从20世纪80年代开始随着机采、综采和综放采煤技术的发展和应用，采区巷道布置方式有了新的改变，采掘推进速度加快、开采强度增大，使工作面绝对瓦斯涌出量大幅度增加，尤其是有邻近层的工作面，其瓦斯涌出量的增长幅度更大。为了解决高产高效工作面瓦斯涌出源多、瓦斯涌出量大的问题，必须结合矿井的地质条件，实施综合抽放瓦斯。所谓综合抽放瓦斯就是：把开采煤层瓦斯采前预抽、卸压邻近层瓦斯采后抽及采空区瓦斯采后抽等多种方法在一个采区内综合使用，使瓦斯抽放量及抽放率达到最高。

（1）井下瓦斯抽采技术

从1938年我国抚顺矿务局龙凤矿第1次将抽采泵运用于采空区瓦斯抽采以来，根据我国各个地区的不同开采条件，研究和试验成功了采空区、邻近层、本煤层等多种瓦斯抽采方法。主要包括平行钻孔、交叉布孔、穿层网格式钻孔、穿层钻孔等本煤层瓦斯抽采方法；顶（底）板穿层钻孔、顶（底）板巷道、顶板水平长钻孔等邻近层瓦斯抽采；顶板裂隙带钻孔、埋管抽采、地面抽采等采空区瓦斯抽采方法，并配套研发成功了深孔预裂爆破、水力割缝、水力压裂、水力钻（扩）孔等卸压增透技术。这些方法在埋深1000米以上的煤层得到广泛使用。

我国山西晋城地区多为单一煤层、瓦斯含量大，但煤层赋存条件稳定、裂隙发育、渗透性较好，井上井下均具备良好的煤层气抽采条件，因此将井上和井下结合进行联动抽采，即煤矿规划区、开拓准备区、生产区"三区"联动煤层气立体抽采工艺与配套技术，称为"晋城模式"。

以淮南矿区为代表的煤层群开采、透气性差、地质构造复杂的矿井，瓦斯含量高、煤层突出危险严重，产量受瓦斯灾害的影响严重，运用上述传统煤层气抽采技术存在瓦斯抽采巷道、钻孔工程量大、成本高、抽采周期长等问题。而且随着我国矿井加速向深部延伸，传统巷道煤层气抽采技术无法满足千米深井的瓦斯治理难题，迫切需要解决低透气煤层气抽采和深部安全开采面临的技术瓶颈，在卸压开采抽采煤层气技术基础上将瓦斯治理、煤炭开采、巷道支护、地温地压治理等安全技术难题统筹考虑，从而提出了煤与瓦斯共采的科学构想。

（2）煤与瓦斯共采关键技术

煤与瓦斯共采就是根据煤层群赋存条件，首采关键卸压层，采用沿空留巷替代预先布置顶（底）板瓦斯抽采岩巷，变传统U型为Y型通风方式，在留巷内布置钻孔连续抽采采动区卸压瓦斯，以留巷替代多条岩巷抽采卸压瓦斯，实现无煤柱煤与瓦斯安全高效共采。从1998年开始，淮南矿业（集团）联合我国主要产煤企业和科研院所，围绕井下煤层气抽采和煤与瓦斯共采的关键技术开展了广泛的合作，取得了多项创新性研究成果，有力保障了矿井高产高效生产，产能大幅攀升，百万吨死亡率降至历史最低水平，矿区瓦斯抽采量由每年1000万立方米提高到每年3.5亿立方米，瓦斯综合利用率由3%提高到70%，淮南矿区瓦斯治理技术、管理和理念在行业内产生了重要影响，形成了以保护层卸压和高强主动预抽技术为代表的区域性瓦斯治理技术，称为"淮南模式"。

6.3.4.3 井上下联合抽采技术

美国自20世纪70年代初首先利用地面钻孔的方法开发煤层气资源获得成功；澳大利亚广泛应用地面采空区垂直钻孔抽采技术；德国1992年开始应用地面钻孔技术开发鲁尔煤田的煤层气；英国煤层渗透率低，目前正在研究低渗透率瓦斯的开发技术。我国自20世纪80年代开始引进国外煤层气勘探与开发技术，经过不断地消化和改良，支撑了我国煤层气地面井开发的发展。

但我国煤层渗透性低、煤层气抽采效果差，传统的煤层气（瓦斯）抽采手段难以满足煤矿区煤层气高效抽采和煤矿瓦斯高效治理需要，此外我国煤层气赋存地质条件复杂，盆地原型及构造样式多变，煤层气成藏地质条件与国外存在很大区别，具有成煤时间早、演化程度高、构造变动强烈等特点，因此，国外成熟的煤层气开发技术不能完全适应于我国煤层气赋存地质特征，这也决定了我国煤矿区煤层气开发技术必须走自主创新的道路。

长期以来，煤炭与煤层气作为典型的共生矿藏，主要实行"先采气，后采煤"的开发模式。随着对煤炭开采与煤层气开发相关关系认识的不断深入，"十一五"以来，在晋城矿区进行了地面和井下联合抽采先导性试验，实现了地面和井下两种开发方式的联合，在井上下联合抽采方面获得了一定经验，初步形成了"煤层气与煤炭协调开发模式"，通过协调煤层气抽采和煤炭开采在时间和空间上的关系，并充分利用采动效应对煤层进行卸压增透，从而达到优化煤层气抽采方案、提高抽采效果的目的，主要形成了"晋城模式""两淮模式"和"松藻模式"等煤层气开发模式。我国煤层气开发地质条件的特殊性决定了煤层气产业化发展必须走煤层气与煤炭协调开发的道路，且应实行煤层气地面开发和井下抽采相结合的煤层气资源开发利用的方案。

6.3.5 矿山水害防治

随着采矿业的高速发展，矿山开采数量日益增多。矿山开采地区水文地质条件复杂，开采过程中改变了原岩应力分布，引发的矿山沟道灾害破坏了天然地表排水系统，为地表水淹井提供了重要通道，严重威胁着矿井生产安全。为顺利开发矿产资源，维持矿山的可持续发展，减少与预防各种地质灾害，有效降低矿坑涌水量，降低排水费用，保障矿山安全高效开采，对该矿山的地下水水害防治问题的研究具有重要意义。矿山水害是影响矿山安全生产的主要灾害之一，中华人民共和国成立以来国家对矿山水害防治研究技术方面做了工作，矿山水害防治得到了较为突出的发展。

6.3.5.1 水害治理技术

水害治理方法目前主要是注浆堵水与疏水降压两种对策。

（1）注浆堵水技术

注浆堵水技术应用于堵水和加固地层至今已有两百多年的历史。按照国际上将浆液最早用于水利工程计算，注浆法的开拓者当属法国人查理斯·贝里格尼（Charles Berigny）。1802

年,贝里格尼采用注浆技术修复被水流侵蚀了的挡潮闸的砂砾土地基。在修复基础的木板桩后,通过闸板,钻间距为1米的孔,采用一种"压浆泵"(blowpump),把塑性黏土通过钻孔注入。压浆泵由一个内径为8厘米的木制圆筒组成,筒内装满塑性黏土,在顶部安装一个木制活塞,用此设备将黏土强制挤入孔内。重复这一步骤,直到黏土完全充填基础底板与地基之间的空隙。第一次注浆的初步应用取得了巨大成功,修复的挡潮闸继续投入使用,这是在基础工程的历史上第一次有记载的注浆技术应用。

1824年,英国人阿斯普丁发明了波特兰水泥(硅酸盐水泥),以水泥浆为主要注浆材料的注浆法开始推广。

1845年,美国的沃森在一个溢洪道陡槽基础下灌注水泥砂浆。

1864年,巴洛利用水泥浆液在隧洞衬砌背后充填注浆,并用于伦敦、巴黎地铁工程;同年,阿里因普瑞贝矿井首次用水泥注浆技术对井筒进行注浆堵水试验。

1876年,美国的托马斯、霍克斯莱利用浆液下流方式向腾斯托尔水坝的岩石地基注入硅酸盐水泥浆液。

1885年,德国人提琴斯采用向岩层裂隙注入水泥浆的方法防治涌水取得成功,并在欧洲矿山建设中广为应用。

1886年,英国研制成功了"压缩空气注浆泵",从而促进了水泥注浆法的发展。

1887年,德国人杰沙尔斯基(Jeziorsky)在一个孔中注入浓水玻璃,在临近孔中注入氯化钙,从而创造了硅化法,并成功应用于建桥固砂工程,开创了化学注浆的先河。

1909年,德国和比利时先后获得水玻璃注浆材料和双液单系统注浆法专利。

1914年,比利时阿尔伯特·弗兰克伊斯用水玻璃和硫酸铝浆材注浆,而后德国的汉斯耶德(HansJanade)研制了水玻璃和水泥浆一次压注法。

1920年,荷兰采矿工程师尤斯登(E. J. Joosten)采用水玻璃、氯化钙双液双系统注浆,在方法理论基础与工艺上真正建立起从水泥注浆到化学注浆的桥梁,形成了"尤斯登灌浆法",并于1926年取得了专利,自此,双液注浆堵水技术开始推广应用。

1924年,日本在旧丹那铁路隧道中,采用水泥-水玻璃混合浆液注入断层破碎带,取得了良好的效果,以后在隧道工程中广泛应用。

20世纪40年代,注浆技术研究和应用的发展进入了鼎盛时期,各种水泥浆材和化学浆材相继问世,尤其是60年代以来,有机高分子化学材料得到了迅速发展,各国大力发展和研制注浆材料和注浆技术。随着注浆材料的飞速发展,注浆工艺和注浆设备也得到了巨大发展,注浆技术应用工程规模越来越广,它涉及几乎所有的岩土和土木工程领域,例如矿山、铁道、油田、水利水电、隧道、地下工程、岩土边坡稳定、市政工程、建筑工程、桥梁工程、地基处理和地面沉陷等各个领域。1974年日本福冈发生丙烯酰胺注浆引起环境污染造成中毒事故后,化学注浆材料及其技术的研究和应用一度跌入低潮,日本禁止除水玻璃之外的所有其他化学浆液的应用,世界各国也禁止使用毒性较大的化学浆材。

20世纪80年代,由于化学浆材的改性,化学注浆技术又得到继续发展。目前,针对水泥浆材和化学浆材的缺点,世界各国展开了改善现有注浆材料和研制新的注浆材料的工作,先后研制出一批低毒、无毒、高效能的改进型浆材。

综合上述,注浆技术经过两百多年的发展,由开始的单液注浆发展到多液注入;注浆材料由黏土类浆液发展到高效无毒易注的化学类浆液，设备也由单一的注浆设备发展到勘测、制浆、灌注、记录、检查分析配套专用设备，工艺技术日臻完善，应用领域愈加广泛。

（2）疏水降压技术

在注浆堵水作为防治断层带突水的手段取得良好效果并不断深入实践的时候，1958年出现了两次在没有大断层的条件下回采工作面底板大量突水的事故。这说明矿区愈往深部开采水压愈高，有的地段底板隔水层变薄不能有效隔水，故单纯堵防断距较大断层带已不能有效地防治煤层底板的突水，必须同时考虑疏水降压手段。

1958年，煤炭工业部煤田地质勘探研究所承担了煤炭部项目。针对峰峰一矿、二矿、五矿煤系中山青、伏青、小青和大青等薄层灰岩含水层的疏干问题，形成了"逐层分水平疏干法"。该方法在河南焦作李封矿，山东新汶、孙庄、良庄和协庄等矿进行了应用。

20世纪60年代，煤炭工业部煤田地质勘探研究所承担了煤炭工业部项目"淄博煤田水文地质条件及夏庄一立井徐家庄灰岩疏干的研究"。在综合研究淄博煤田水文地质条件的基础上，采用水文地质测绘、抽水试验、放水试验等手段，提出了利用底板隔水层降低徐家庄石灰岩水压的方法，解决了夏庄一立井十行煤开采中徐家庄灰岩的水害问题。

20世纪90年代，徐州矿务局开展山西组9煤底板4灰含水层的疏水降压工作，降压的成功保证了9煤安全带压开采，从此张双楼矿9煤进入大规模开采时期，原煤产量大幅度提高，取得了显著的经济效益和社会效益。

2005年，中国矿业大学、淮北矿业集团公司联合开展了"淮北矿区高承压岩溶水上开采水害治理模式与关键技术研究"，提出了岩溶含水层富水规律、隔水层综合阻水性能、构造对矿井水害控制条件及工作面水害特征的综合配套勘探技术，将底板高承压岩溶水防治类型划分为隔水层带压开采、疏水降压限压开采和注浆改造抗压开采三种模式，并提出了相应的判别准则和配套技术，首次提出Ts-M法煤层底板突水危险性评价的技术指标，提出了确定防治水方案的"经济疏水量"、工作面治水勘探技术与方法，为矿区总储量6亿吨的6（10）煤安全开采提供可行的技术途径。

6.3.5.2 底板突水预测预报技术

底板突水预测预报技术是矿井水害防治的重点应用技术之一，我国在研究底板突水工作的集中点主要是针对底板突水机理理论和实验，研发可以在底板突水预测预报的技术。

20世纪60年代，我国学者在焦作矿区水文地质大会战期间，就开始了底板突水规律的研究，提出了采用突水系数作为预测、预报底板突水与否的标准，突水系数就是单位隔水层所能承受的极限水压值。

20世纪70—80年代，煤炭科学研究总院西安分院水文所引用了匈牙利学者的"等值隔水层厚度"的概念对上述突水系数公式进行了修正，使突水系数概念明确、公式简便实用，一直沿用至今。

20世纪80年代，李白英等提出了"下三带"理论，认为煤层底面至含水层顶面可分为"三带"，自上到下依次为底板导水破坏带、保护带和承压水导升带。"下三带"理论认为底板突水机理不仅是底板在水压力作用下由于底板强度低于水压力的失稳现象，而且也是由于底板含水层在水压力和矿山压力共同作用下产生了升高所致。当底板含水层与底板导水带沟通时，就会发生突水事故。

20 世纪 90 年代，煤炭科学研究总院西安分院又通过工业性试验的形式在多个大水煤矿进行了矿山控制测量、注水试验、矿压测试等大量的底板试验。测量了底板突水前的位移、钻孔中水压的变化和弹性波的变化，发现了突水前的物理量的变化指标，研制了煤层底板突水前兆监测仪器，开发了相应的岩水耦合的突水判别模型。

2000—2002 年，煤炭科学研究总院西安分院运用原位应力测试和突水实时监测系统对采动过程中底板突水进行监测预警，监测使用数字传感器和重新开发的监测软件，使数据的采集、存取及传输更为可靠。

2004—2006 年，煤炭科学研究总院西安分院在原有突水前兆监测仪的基础上，以 KJ117 煤矿安全监控系统为平台，开发研制了一套集数据采集、通信传输、实时显示、警情发布等功能于一体的新型矿井水害实时监测预警系统，实现了工作面煤层底板岩体内多点应力、应变和水温、水压分布式连续监测。

2006—2010 年，中国矿业大学（北京）提出了一种将可确定底板突水多种主控因素权重系数的信息融合方法与具有强大空间信息分析处理功能的地理信息系统（GIS）耦合于一体的煤层底板突水预测评价方法——脆弱性指数法，建立了一套系统的评价技术体系。提出了"三图双预测法"的煤层顶板水害预测预报新技术，较好地解决了顶板水害预测预报评价难题，填补了我国煤矿相关研究在该方面的技术空白。

2007—2010 年，煤炭科学研究总院西安分院首次将光纤光栅通信技术应用于煤矿突水现场监测中，形成了多点、多参数底板突水实时监测系统，实现了对监测点前后各 80m 范围内的有效监测和预警，创建了由工作面突水点分析系统、监测系统、预警系统和应急预案组成的煤层底板突水综合监测预警体系。

2008—2010 年，煤炭科学研究总院西安分院建立了不同介质地下水淹没上升的模型并进行了耦合分析，形成一套分析、模拟、预测矿井关闭后水位淹没过程与淹没水动力学机理的理论与方法。

2009—2012 年，东滩煤矿与中国矿业大学合作开展了"超高承压奥灰水上采煤水害隐患"研究，揭示了深部岩溶的富水规律，首次提出了底板突水评价的 Ts-q 法，为超高承压岩溶水上采煤水害预测评价提供了重要的理论方法。

2011—2014 年，煤炭科学研究总院西安分院开发出煤层开采综合动态监测与矿井防治水相结合的综合防治水技术体系。参与了国家自然科学基金重点项目"深部煤层开采矿井突水机理与防治基础研究"，通过数值计算获得了不同结构岩体地下水渗流特征，揭示了底板突水孕育过程中的多场非线性耦合作用机理。

近年来，由于计算技术和计算机技术的迅速发展，一些定量、半定量的方法已经应用到对矿井突水水源的判别中，如模糊综合评判法、人工神经网络、灰色关联分析等。发挥各种方法的优势，实现对矿井突水水源的准确判别及预测。

6.3.6 矿山热害防治与防尘

6.3.6.1 热害防治

我国自淮南九龙岗煤矿开采到 –630 米水平出现高温问题以来，高温热害矿井的数量增加较快，危害程度逐步加深。从 2008 年国家煤矿安全监察局开展的煤矿高温矿井摸底调查来看，截至 2008 年 5 月，全国共有各类煤矿高温矿井 62 个，分布在河北、辽宁、黑龙江、江苏、江西、安徽、山东、河南、湖北、湖南、重庆、广西、福建 13 省（市、自治区），矿井深度范围在 310—1300 米，其中井深超过 1000 米的矿井有 11 个，占全部高温矿井的 17.7%，矿井最深的为山东新汶矿业集团的孙村煤矿，井深为 1350 米，为亚洲煤矿第一深井。62 个煤矿高温矿井共有 857 个采掘工作面，其中高温采掘工作面为 333 个，占采掘工作面总数的 38.9%，高温采掘工作面的温度范围在 26℃—36℃，个别矿井原岩温度甚至达到 40℃以上，相对湿度范围在 45%—100%。62 个煤矿高温矿井中温度超过 30℃的矿井共有 38 个，占全部高温矿井总数的 61.3%。

我国对矿井热害的治理研究工作起步于 20 世纪 50 年代初期。当时，抚顺煤矿安全研究所（现煤炭科学研究总院沈阳研究院）就对抚顺煤矿用的充填料（干馏过的油页岩）的放热、井上下气温变化和地温进行过调查、测定。此后还在抚顺、淮南、合山、平顶山、北票、长广、新汶等矿务局（矿）进行了井下热源考察和风流温度预测，并开展了大小型号的制冷机、空冷器及其他降温器材的研制和试验工作，协助新汶矿务局孙村煤矿建立了我国第一个井下集中制冷站。中国医学科学院劳动卫生研究所曾应前煤炭部的邀请，先后在京西、开滦、淮南、合山、北票等矿务局进行了井下热气候对人体危害及各工种代谢产热量的调查。此外，马鞍山钢铁设计院、长沙有色金属设计研究院、淮南矿业学院、山东矿业学院、中国矿业大学、河北煤矿建筑工程学院、湖南 711 矿、江苏韦岗铁矿、三河尖煤矿等，也做了一些调查、研究和试验工作，这些成就的取得大多在 60 年代之后。我国自 1964 年淮南九龙岗设计了国内第一个矿井局部制冷降温系统以来，经过几十年的努力，在矿井降温理论、降温技术及设备等方面做了大量的工作，取得了一定的成绩。

20 世纪 60 年代，煤炭科学研究总院抚顺分院、中国科学院长沙矿冶研究所和武汉冷冻机厂联合研制了 JKT-20 型矿用移动式空调器，制冷量为 70 千瓦。

20 世纪 70 年代，我国专家学者在矿井热环境、矿井热交换和矿井降温技术等方面进行了深入的研究，如杨德源提出了矿内风流热力计算方法，在装备方面，研制的移动式冷水机组制冷量达到 232 千瓦。

20 世纪 80 年代，我国矿井降温的理论体系得到了迅速的发展，取得了一批研究成果，如岑衍强等编著的《矿内热环境工程》、余恒昌主编的《矿山地热与热害治理》、严荣林等主编的《矿井空调技术》等，初步形成了我国矿井降温理论体系。在技术设备方面，山东新汶矿务局孙村煤矿、平顶山八矿相继设计及应用了我国第一、第二套井下集中降温系统，总制冷能力分别为 2326 千瓦和 4652 千瓦。

20 世纪 90 年代至今，煤矿高温热害防治理论及技术更加丰富，在理论研究方面，对矿井热交换、矿山地热学及矿井降温系统热力学等进行了深入的研究，我国矿井降温的理论体系得到了进一步的完善。在技术设备方面，对集中空调制冷、涡轮膨胀制冷、矿井压气空调制冷、冰冷辐射矿井降温、HEMS 降温、热－电－乙二醇降温等技术进行了深入的理论和实践研究，取得了良好的效果。目前，我国煤矿高温热害防治工作正逐步与节能减排联系起来，朝着综合防治的方向发展。

6.3.6.2 防尘

矿井粉尘是煤矿五大自然灾害之一，一直是煤炭行业防治工作的重点。近年来，随着煤矿采掘机械化程度的不断提高，矿井的开采方法和采煤工艺向着高效、集约化生产的方向发展，产尘量大大增加，粉尘危害也不断加剧，对煤矿粉尘进行防治显得尤为重要。

目前我国煤矿常用防尘技术有：煤层注水除尘、通风除尘、泡沫除尘、喷雾除尘、化学除尘、空气幕隔尘、除尘器除尘、个体防护等。

（1）煤层注水

煤层注水防尘已有120多年的历史，早在1890年前后，德国就开始在萨尔煤田进行煤层注水实验，到20世纪40年代开始应用于矿井。20世纪50—60年代，德国、英国、苏联、美国、比利时、波兰、日本等国也相继开展了大量实验并推广应用。

我国煤炭开采时间早，但在中华人民共和国成立之前，产煤量少，煤矿生产方式落后，产生的粉尘量少。随着国家经济的发展，煤炭需求量大幅增加，尤其近些年随着开采方法由炮采变为综合机械化作业，工作面粉尘含量大量增加，部分煤矿开始采用煤层注水的方法降低工作面粉尘。

1952年开滦矿务局和大同矿务局分别进行了煤层注水减尘技术的试验工作。1956年抚顺煤炭科学研究院先后在本溪矿务局、阳泉矿务局进行了长孔注水实验，在开滦矿务局和萍乡矿务局进行了短孔注水实验，作为一项矿井防尘措施在煤矿推广应用是从20世纪70年代才开始的。目前，国内煤层注水技术已较为成熟，注水方式多种多样，按照几何尺寸分类：长孔注水、短孔注水、深孔注水、巷道注水；按照供水方式分类：静压注水、动压注水。我国大多数矿井普遍采用长孔注水，其优点是可以使采煤和注水作业互不干扰，注水时间可以按照需要控制时间长短，一次湿润范围大且均匀，长钻孔煤层注水按照《长钻孔煤层注水方法》（MT 501-1996）进行，各煤矿依据自己的经验进行短孔注水和深孔注水的施工操作。

添加湿润剂是改善煤层注水效果的最有效的措施之一，湿润剂有增强水或水溶液取代固体表面空气的能力。20世纪80年代我国就已经开始对煤层注水中添加湿润剂进行研究，阳泉一矿采用了注水时添加0.5%的洗衣粉的方法使注水效率得到了提高。90年代，提出表面活性剂的添加可以减小水的表面张力，降低水与煤体的界面接触角，增加了水溶液在细小孔隙的毛细作用力，提升了煤体中水分的含量。现阶段，我国对湿润剂的研究主要以实验为主，采用的方法主要包括表面张力测定法、沉降法、滴液法、毛细管上下向渗透法、动力试验法及Z-电位测定法等，研究内容主要集中于阴离子及非离子表面活性剂及其复配对粉尘湿润能力的改善程度，基础理论方面的研究较少。目前，我国煤矿应用的湿润剂类别主要有：降尘剂FC-I、渗透剂JFC、除尘剂CHJ-I、高效化学除尘剂J-85、化学除尘剂T-85、湿润剂SR-I、湿润剂SR-H、除尘助剂RI-89、高效化学降尘剂DS-I、降尘剂DA-85等。

（2）泡沫除尘

泡沫除尘是用无空隙泡沫体覆盖尘源，使刚产生的粉尘得以湿润、沉积，失去飞扬能力的除尘方法。泡沫除尘技术问世于20世纪50年代，英国最先开展了这方面的研究，之后美国、苏联、德国、日本等国陆续开展了这方面的工作，并取得了一定的效果。

我国泡沫除尘的研究起步较晚。1984年年底，煤炭科学技术研究院上海研究所开始了泡沫除尘的探索，初步研究了泡沫除尘的机理，并在实验室模拟了泡沫除尘，试验结果表明泡沫除尘是一种有效的除尘方法。但由于当时条件的限制，没有进行工业型试验，更没有在煤矿上建立一套实用的泡沫除尘系统。1986年湖北省劳保所开始研究凿岩泡沫除尘技术，发明了凿岩泡沫除尘器,并在五台煤矿的茅口灰岩和武钢程潮铁矿的花岗岩凿岩工作面进行了现场试验,取得了良好的效果。但由于该设备中发泡液是间断添加,不能实现连续工作,导致研究成果只适用于钻孔施工地点,不适用于采掘工作面和转载点等空间狭小、连续产尘的地点。1995年以来,北京科技大学也开展了泡沫除尘相关内容的研究,从理论上分析了泡沫除尘机理、网式发泡器的结构、性能及其工作参数,其研究内容主要集中在高倍数泡沫。2005年以来,中国矿业大学在泡沫除尘机理、井下泡沫除尘发生器、发生装置及除尘系统进行了较深入的研究和实践,取得了显著进展。

(3)喷雾除尘

20世纪40年代中期,喷雾降尘理论及技术起步,Penney研制出了世界上第一台荷电水雾除尘器。20世纪50年代,苏联在许多研究所和生产上进行了喷雾除尘的研究,积累了矿山开采使用的合理的喷雾技术资料和制度。20世纪80年代至今是喷雾降尘理论及技术的发展。1981年东北工学院通风研究室与酒泉钢铁公司镜铁山矿合作研究成功了"矿山风源湿式化纤过滤除尘",采用W型结构的净化装置和密度渐变的大容尘量化学纤维层滤料,具有"过滤除尘"和"喷雾除尘"的综合作用。20世纪90年代以后,喷雾除尘得到了快速发展,出现了煤矿井下自动喷雾除尘技术、风水联动喷雾除尘技术、智能控制喷雾除尘技术、气动高压喷雾除尘技术、活性磁化水降尘技术等。目前,煤矿综采工作面主要的防尘方式仍然为喷雾降尘。

(4)化学除尘

我国关于化学抑尘剂的研究和应用起步较晚,但发展迅速。在20世纪70年代末,我国一些科研院校的研究人员开始研究化学抑尘剂;80年代取得了显著的进展,不少成果还申请了专利;90年代以来,有关化学抑尘剂的研究成果不断出现,涉及的领域也不断深入和拓宽;现在我国的化学抑尘剂研究已在国际上占有一席之地,特别是21世纪以来国内有关化学抑尘剂的研究成果也不断涌现,以硫酸钠和阴离子表面活性剂为配方应用于煤尘润湿、以GL-1型抑尘剂无机固化剂为配方应用于尾沙库干滩防尘等方面取得了巨大的突破。

(5)除尘器除尘

除尘器的发展已有100多年的历史,最早的除尘器主要用于回收物料,因而其除尘效率并不高。其中具有代表性的时期是:1881年,西方国家出现第1台袋式除尘器;1892年,G. Zschohe研制了一种湿法网格式除尘器;1907年,第1台电除尘器被制造出来,这些除尘器都曾先后应用于矿山井下除尘。

1)湿式除尘器的研究在我国起步较晚,在最初阶段,主要是引进国外成套的湿式除尘设备,用于国内矿山井下的除尘。但由于国内外矿山的地质结构和粉尘浓度的复杂性,各矿山采取的除尘系统不尽相同,因而从国外直接引进的成套高效湿式除尘设备并不适合国内矿井当时的生产技术条件。之后,国内研究院所根据我国矿山的具体情况,自行改装并研制生产了许多大型湿式除尘设备。

20世纪50—60年代,我国主要引进旋风水膜除尘器,它是旋风除尘器的改进型。20世纪70年代,旋风水膜除尘器的缺陷日益明显,除尘效率低且极易阻塞,渐渐被冲击式除尘器(CCJ冲击式除尘器)所替代并至今仍有使用。

20世纪70—80年代,通过对湿式除尘理论和国外湿式除尘新技术进行研究总结后,国内研究单位自行研制出了适合我国矿山的湿式除尘器,这也是我国湿式除尘设备研制发展的高速期，其中最具代表的研究单位有马鞍山矿山研究所、煤炭科学研究总院重庆研究所、冶金部安全环保研究院以及东北工学院等。20世纪70年代后期，马鞍山矿山研究院研制成功2种规格的含有湿润层的湿式除尘风机。煤炭科学研究总院重庆研究所于1983—1985年，先后研制成功了MLC-I型喷射机湿式除尘器、JTC-I型和JTC-II型掘进矿用通风湿式除尘器、KGC-I型掘进湿式除尘器。东北工学院将纤维层过滤和水膜除尘两种作用综合起来，于1985年研制成了SLC-I型掘进通风湿式除尘器，同时期通过从英国恩加特公司引进技术，与煤炭科学研究总院重庆研究所和镇江煤矿机械厂合力研制了SCF湿式除尘风机。冶金部安全环保研究院在探索新的除尘机理的基础上，于1987年研制了具有复合除尘机理的金属湿式纤维栅除尘器。

20世纪90年代至今，MLC-I型喷射机湿式除尘器、MPC-I型锚喷除尘器和PSC-I型风水除尘器等是我国于20世纪80年代末研制出来用于矿山机掘工作面的湿式除尘器，由于易被水泥浆黏结和收尘效果差等原因，在矿山没有得到真正的推广应用；20世纪90年代初，从波兰引进的湿式除尘器存在阻力较大、体积较大的不足。"十一五"期间，针对上述问题，我国自行研制了新一代体积小的高效除尘器KCS系列湿式除尘器和CSY系列液动湿式除尘器。这两类湿式除尘器在矿山井下得到比较广泛的应用，现在很多科研单位仍在对这两类除尘器进行研究和改造，以便使其拥有更广的应用范围。KCS系列湿式除尘器主要分为KCS-I系列、KCS-II系列和KCS-280-JZ型机载式湿式除尘器，该系列除尘器用轴流式防爆型抽出式局部通风机与湿式螺旋捕尘器装配而成。KCS-II系列湿式除尘器在出风口设有旋流器，加强了三级除尘效果。该矿用湿式除尘器可根据工作面断面大小、工作面压入风量大小、运输方式等条件组成车式结构与掘进机二运连接，形成与掘进机同步运行的配套除尘设备，使用方便、控制简单、除尘效果好。CSY系列液动湿式除尘器采用斜流风机提供动力，与脱水部分有机结合，虽减小了除尘器体积和工作阻力，但除尘效率高达99%，能够适应我国矿山的粉尘治理。

2）干式过滤降尘技术除尘效率高、零耗水、普适性好。中国煤炭科学研究总院重庆研究院首先研制了第一代矿用干式除尘器KLM-60，应用于石炭井乌兰煤矿综掘工作面，除尘系统采用单轨吊安装与移动，总除尘效率为93.3%。2012年，神华集团神东哈拉沟煤矿，引进德国CFT公司HBKO 1/600型干式（滤板）除尘系统，为国内首台。但是，国外设备体积大，与我国井下生产工序不相协调，且价格昂贵，设备损坏后维修周期长，难以在我国推广。近年我国部分企业也研发了KCG系列矿用干式除尘器，并在江苏徐州、陕西榆林等煤矿试用，取得了一定的除尘效果。

6.3.7 矿山安全避险

矿山安全避险系统对保障矿山安全生产发挥着重大作用，为地下矿山安全生产提供良好的条件。长期以来，我国矿山开采并没有井下避险系统的理念，只是建有一些配置简单、功能单一、不成体系的避难设施，并缺乏相应的技术积累。

在国外矿山最早的避难方式是19世纪20年代在加拿大出现的呼吸面具，这种系统采用压缩空气通过工人所戴的面具提供新鲜空气。南非自20世纪70年代就首次出现了避难硐室的雏形，其避难硐室雏形是南非金矿火灾事故发生时，工人利用盲巷建立的简单避难硐室，此后南非法律强制井工矿必须设立避难所,并制定了救生船的标准,南非《矿产法》规定:必须定期检查避难所和其他安全设施。澳大利亚金属矿自 2000 年一直使用可移动式救生舱,按照法律规定,澳大利亚矿井的每一个采掘区都必须开辟救生巷道,并且配备有救生设备。美国正在使用的安全防护救援系统 PED 通信系统始于 1990 年,在很多火灾事故中成功实现了报警功能。

我国大部分矿井采用井工开采,在避险系统的研究方面起步较晚。煤矿事故频繁发生,重大事故起数多,人员伤亡数量多,为了改变煤矿的安全生产状况,国家出台多项关于安全生产的技术政策。

2010 年颁布《国务院关于进一步加强企业安全生产工作的通知》(国发〔2010〕23 号),进一步提高金属非金属地下矿山安全生产保障能力,对高危行业的机械化做了明确的要求,文件要求对先进适用的技术装备进行强制推行,重点突出了紧急避险设施的安装要求,要求在"十二五"期间继续组织对紧急避险设施的研发,紧急避险设施在矿难中发挥的重要作用,推动了我国六大系统的建设。"六大系统"的推广及完善使得矿山高发事故的形势有了明显好转,事故伤亡人数大幅度减少,对矿山安全现状的有效改善具有重要的现实意义。

2010 年,国家安全监管总局组织制定了《金属非金属地下矿山安全避险"六大系统"安装使用和监督检查暂行规定》和《煤矿井下安全避险"六大系统"建设完善基本规范》(安监总煤装〔2011〕33 号)。六大系统由监测监控系统、供水施救系统、压风自救系统、人员定位系统、紧急避险系统和通信联络系统构成。其中,前 3 项可实现矿山安全事故的预防与监测,后 3 项是针对灾后处理和降低事故危害程度。

2011 年 7 月 15 日,国家安监总局发布了《金属和非金属地下矿山"六大系统"建设规范》(AQ 2031-2011、AQ 2032-2011、AQ 2033-2011、AQ 2034-2011、AQ 2035-2011、AQ 2036-2011),指出所有地下矿山企业必须加紧建设监测监控、人员定位、紧急避险、压风自救、供水施救和通信联络六大系统,确保现场员工安全和生产设备正常运行。同时还发布了《金属非金属地下矿山安全避险"六大系统"安装使用和监督检查暂行规定》,有力地推动了各类地下矿山积极进行或探索"六大系统"建设,出现了一批试点示范项目,并促进了矿山装备制造业适时地进行技术研究和开发资金投入,同时众多高校也加大了在"六大系统"上的技术研究,取得了很多有创新的成绩,也开拓出了巨大的相关机电产品市场。

2006 年,矿用救生舱研究项目经科技部批准,列入国家"十一五"科技支撑计划专题,并在煤矿进行了试点。在国家有关政策的鼓励下,有实力的科研机构和企业纷纷涉足这一领域,截至 2011 年 3 月,国内进入矿山避险设备领域的研制单位和代理厂商已超过 100 家。

煤矿井下安全避险"六大系统"建设被国家推出后,对井下避险硐室、矿用救生舱等紧急避险设施的研发也被列入了国家"十一五"科技支撑计划,取得了开创性成果。

2011 年,山西省加快推进井下安全避险"六大系统"和应急救援体系建设,将潞安常村、同煤塔山等 7 座煤矿建设为全省紧急避险系统先行示范矿;吉林省在通化矿业集团松树镇煤矿、八宝煤矿等 2 个矿井开展省属国有煤矿紧急避险系统建设试点工作,在珲春市吉春煤矿、金山矿业板石一井等 2 个矿井进行小煤矿的紧急避险系统建设试点工作。

2012 年,唐山开滦林西矿业公司在有突出危险的煤层均在防逆流风门外的进风流中设置了采区避难硐室,避难硐室避开了地质构造带、应力异常区及透水威胁区,设置在顶板完整、支护完好的地带。

在矿山企业加快建设步伐的同时许多院校科研机构也进行了相关研究，国内已经有数十家企业和部分高校共同研究紧急避险系统，对矿用可移动式救生船、避难硐室等紧急避险技术和装备的研究已全面展开，同时，也加强了对煤矿井下通信系统、压风系统以及防尘供水系统的建设。山西潞安矿业集团与北京科技大学联合组成可移动救生舱项目研究课题组，在国内率先展开对救生舱的研究，"遇险人员快速救护关键技术与装备的研究"作为国家"十一五"科技支撑计划专题，共同承担了"可移动救生舱研究"项目，通过借鉴国外先进技术和充分发挥自主创新，研制出适应我国煤矿井下特点的可移动式救生舱，2010年3月通过了科技部的验收。2011年4月，其衍生产品井下避难硐室在山西潞安集团常村煤矿N3采区井下避难硐室真人试验获得成功，标志着我国井下避难硐室进入试用阶段。

6.4 非煤矿山安全技术的发展

近年来，随着我国经济社会不断发展与壮大，矿产资源市场消费需求持续增长，非煤矿山也进入了新的发展时期。据统计，截至2013年年底，我国已取得安全生产许可证的非煤矿山的数量累计达到47468座，在建的非煤矿山达到843座。近年来，国家对非煤矿山的监管力度一直在加强，无论是从法律法规的出台还是对监管体制的改进，都有效地改善了非煤矿山安全生产的严峻形势。比如2015年上半年国家安监总局发布的《国家安全监管总局关于全面开展非煤矿山"三项监管"工作的通知》，创新了监管手段。据国家安全监管总局的统计数据显示，2001—2014年的14年间，我国非煤矿山共发生安全生产事故19592起，死亡2465人，相当于每年发生事故约1406起，死亡人数约180人，事故发生的起数和死亡人数呈逐年下降趋势，事故总体趋势较好。

我国金属矿产资源贫矿多，富矿少；小矿多，大型、特大型矿少，矿产资源缺口严重，金属矿开采技术的高低直接影响到我国国防安全和全面小康社会的建设。现阶段我国部分矿山采掘设备实现了大型化、自动化和智能化，采矿工艺实现连续或半连续化，矿山生产与管理广泛应用了计算机技术，有力地促进了金属矿开采工业的发展。采矿方法可大致分为露天开采、地下开采两种基本采矿方法。20世纪50年代以前，中国金属矿开采技术长期处于停滞落后状态，矿山生产基本是靠手工作业，直到中华人民共和国成立以后金属矿采矿技术才得以迅速发展。特别是近几十年来，中国全面地开展了各种现代化采矿工艺和技术的科技攻关研究，在露天陡帮开采、间断-连续开采、阶段大直径深孔采矿、分段中深孔采矿、机械化分层采矿、自然崩落采矿、溶浸采矿、高效率矿山充填、岩体支护与加固、矿山防治水、露天成套采矿装备和井下成套采矿装备等方面均取得了重大成就，我国金属矿采矿技术水平迅速提高，有力地促进了金属矿开采工业的发展。

现阶段采矿方法仍以充填采矿法、空场采矿法、崩落采矿法为主。对18个重点铁矿山统计，崩落采矿法占94.1%，空场采矿法占5.9%。黄金矿山充填采矿法占31%，空场采矿法占65%，其他占4%。有色金属矿山空场采矿法占46.1%，充填采矿法占19.6%，崩落采矿法占34.3%。可以看出，铁矿地下开采以崩落采矿法为主，有色及黄金矿山地下开采以空场采矿法和充填采矿法为主。

在通风系统方面，我国金属矿井从20世纪50年代开始逐步建立机械通风系统。60年代，建立分区通风系统和棋盘式通风网络。70年代，出现梳式通风网络、爆堆通风，推广地温预热技术及云锡的排氡通风经验等。进入80年代，我国金属矿井通风技术以节约能耗为中心有了比较快的发展，取得的主要成就有：高效节能风机的研制与推广、多风机多级机站通风新技术的应用、矿井通风网络的节能技术改造、建立矿井通风计算机管理系统和井下风流调控技术与手段的完善等。

6.4.1 矿山爆破

采矿工程中，在矿山或岩石上钻凿炮眼称为凿岩；将炸药装入炮眼，把矿石或岩石从它们的母体上崩落下来，称为爆破。矿山爆破就是利用炸药来破碎岩石或矿石的技术，也是矿山安全重点涉及的部分，必须严格遵守《爆破安全规程》。冶金矿山大部分是露天开采，建材化工部门也以露天开采为主，因此，爆破技术的发展主要为露天开采所促进；爆破技术也受爆破器材的发展而互相制约和促进。现今，由于矿山矿岩地质条件及开采区周围地表条件的变化，开采深度的增加，采掘设备的更新，开采作业对爆破工程提出了更高的要求：进一步提高爆破技术水平，改善爆破质量，消除根底，增加爆破材料品种，提供适合不同条件的新的爆破器材，减轻爆震及保证安全生产等。

20世纪50年代，我国矿山开采以齐发爆破和秒差爆破为主，技术比较单一。露天矿硐室大爆破在我国运用较早，在我国矿山工程中，有两次大规模地用硐室大爆破进行露天矿表土剥离的事例。1956年，白银厂露天矿采用抛掷和加强松动爆破进行基建剥离，共分三次起爆，总炸药量达15573.3吨，其中最大一次装药量达9314.7吨，是当时世界上最大的一次工业爆破。1971年，在我国西南某矿又进行了第二次大规模硐室爆破，这次爆破完全是由我国工程技术人员设计施工的，采用双层松动爆破，总炸药量为10162吨，总爆破岩量为1140万立方米。此后硐室爆破有了迅速的发展，特别是在一些条件困难的地区，也成功地应用了硐室爆破。如1971年江苏冶山铁矿，在距主、副井仅160米左右地段，采用加强松动大爆破，形成了20米高的废石垫层，井巷及地面建筑物都安全无恙，工期提前一年，节省投资95万元。1977年兰尖矿用硐室和深孔联合爆破成功处理放矿溜井塌陷区，炸药用量为1359吨，消除了隐患。1979年金厂峪金矿采用定向硐室爆破筑尾矿坝成功，建设时间提前9个月，节约投资55%，坝体稳定性良好；70年代初朱家包铁矿又进行了万吨级的硐室爆破，其装药量为10162万吨，爆破方量为1140万立方米。这两次硐室大爆破不但在技术上，而且在施工组织上为我国积累了丰富的经验。

20世纪60年代初开始在露天矿进行毫秒爆破的研究，由于毫秒雷管在初期尚不完善，它是以毫秒爆破仪（机械式、电磁式、电子式）与瞬发雷管联合使用为主来进行毫秒爆破的。这种起爆方法网路比较复杂，使用不方便，且其延时精度也不够高，但在当时对促进毫秒爆破技术的发展还是起了一定作用。毫秒爆破具有改善爆破质量、降低爆破震动、减少炸药单耗和增加一次起爆药量等优点。因此，毫秒雷管研制成功以后毫秒爆破技术得以迅速推广，不论是露天或地下，不论是冶金、煤炭或是建材、化工，均普遍使用了这种技术。其爆破规模也随着毫秒雷管的段数增加和精度的提高而扩大，毫秒雷管的段数初期仅5段和10段，后来增加到 20 段、30 段的电和非电的高精度毫秒雷管,这对促进毫秒爆破的发展起着很大作用。

光面爆破是在 20 世纪 60 年代中期开始进行研究的,初期主要在巷道中进行,采用这种技术可使巷道轮廓面光滑平整,减少超挖,减少对巷道周壁岩石的破坏,试验是富有成效的。70 年代这种技术不但在冶金矿山的巷道、硐室开挖中应用,而且在煤炭、铁道、水利等部门也大为推广。

预裂爆破技术在我国是 20 世纪 70 年代才着手研究的,首先成功地应用于建筑岸壁固定式码头,其后应用于冶金露天矿山的最终边帮。采用这种技术可减少爆破对周壁基岩的震动破坏,维护边帮的稳定性,故现在冶金露天矿山在形成最终边帮时基本上都采用了此技术。另外,预裂爆破技术在水利部门应用得也较早较多,如葛洲坝、东江大型水电站等基坑开挖工程中都成功地采用了预裂爆破,使数万平方米的坑底和坑壁免遭爆破破坏,大大减少了清基工程量,保证了水电工程质量。另外水利部门又首先试验成功了水平预裂爆破法。

20 世纪 80 年代初,我国在井下矿山试验成功了 VCR 为矿山爆破开拓了新路。

爆破材料方面,根据我国矿岩性质以中硬和坚硬为主的特征,铵油炸药在我国自 20 世纪 50 年代开始试验以来已全面得到了推广应用,耗用量约占全国冶金矿山总量的 70%。1969 年以后,部分露天矿山采用了国内研制成功的浆状炸药,初步解决了露天有水炮孔的爆破问题。1979 年我国研制乳化炸药初步成功,由于它的抗水性强、爆炸威力高、制造工艺简单、加工制造的劳动卫生条件好,因而迅速得到了发展和推广。目前,我国各主要冶金矿山基本上都拥有自己的炸药加工生产厂房,并形成铵油炸药、浆状炸药和乳化炸药的生产线。自 1956 年我国第一次应用硐室大爆破进行露天剥离获得成功以来,据不完全统计,爆破药量达万吨以上者有两次、千吨以上者有五次、百吨以上者六十多次。通过这些大规模爆破,加速了矿山建设,积累了较丰富的设计施工经验,特别是在合理利用地形条件、控制集中药包作用、保证周围地区内的建筑物安全等方面取得了成功的经验。我国还成功地应用抛掷爆破进行了矿山尾矿坝的建筑处理。

起爆器材方面,为适应矿山爆破技术的要求,正逐渐得到完善,并满足了一些特定条件的需要。目前我国已拥有电和非电起爆系统,明火起爆系统正在被取代,已能生产瞬发、秒差、半秒差及微差雷管,继爆管和导爆管也相继得到了应用,特别是导爆管系统,由于成本低,使用方便而迅速得到发展。矿山爆破工程中的繁重的装填工作,正在走向机械化。已研制成功的机械装药设备,有地下矿使用的铵油炸药装药器和露天矿使用的铵油炸药装药车及浆状炸药装药车,部分矿山还试验了炮孔充填设备。

我国的爆破技术自改革开放以来取得了突飞猛进的发展,如今不仅在爆破技术开发应用上成果显赫,炸药技术输出和理论研究方面也取得了令世人瞩目的成就,21 世纪更是一跃跨进世界爆破技术先进国家行列。

6.4.2 尾矿库治理

尾矿库是具有高势能的人造泥石流危险源,由筑坝拦截谷口或围地构成,用以堆存金属或非金属矿山选矿后排出尾矿或废渣的场所,一旦失事,将造成重特大事故。尾矿库在长达数十年的运行期间及闭库后,受到各种自然或人为的不利因素影响,影响尾矿库安全的不利因素不断累积。如果不予以足够重视、不及时采取合理治理措施,轻则尾矿泄漏,造成环境污染；重则溃坝，给当地的工农业生产以及下游人民生命财产造成巨大的损失和灾难。

历史上由于尾矿库失稳引发的事故时有发生，例如，1962 年云南省火谷都尾矿库发生溃坝，368 万立方米尾矿浆一涌而出，冲毁 8112 亩农田，171 人死亡，92 人受伤，受灾人数多达 13970 人；2008 年山西新塔矿业公司尾矿库发生溃坝，大量泥浆奔泻而下，吞没了下游的新塔矿业公司，直接导致 277 人死亡，9600 多万元的经济损失；湖南省野鸡尾矿库和某铅锌矿尾矿库、安徽省黄梅山铁矿尾矿库分别发生溃坝，给国家和人民造成了巨大损失。历史的惨痛教训让人们认识到对存在安全隐患的尾矿库进行治理是非常迫切且十分必要的。

6.4.2.1　尾矿库治理

尾矿库的破坏模式包括洪水漫坝、渗透破坏及坝体失稳等。对于不能满足安全要求的尾矿库，需采取工程措施对其进行治理以使其达到矿山安全生产的要求。主要可以从以下三个方面着手。

1）利用爆破法、削坡减载和削坡压脚等抗液化措施提高尾矿库的稳定性。

国内首次采用爆破法治理尾矿库是木子沟尾矿库，它借鉴了苏联尾矿库治理工程实例。20 世纪 80 年代末以来，我国先后从工程实践和技术层面上证明了爆破法治理尾矿库的可行性。21 世纪初期，提出了削坡减载和削坡压脚的方法。

2）对于增强坝体强度，主要通过工程措施及添加各种外部材料等方法来提高坝体自身的承载力。

增强坝体强度，主要通过工程措施及添加各种外部材料等方法来提高坝体自身的承载力。主要包括利用黏土浆、水泥、水玻璃等黏结剂灌入坝体裂缝中的灌注黏土浆加固；依靠桩基岩体的弹性抗力及桩自身的强度来抵抗下滑力的抗滑桩加固；通过振冲设备产生的振动及高压水的辅助作用，使得松散的土颗粒重新排列或者可在土体内成孔、充填，并且和周围土层组成复合地基的振冲加固；在坝体建筑工程中通过加入加筋材料，比如土工织物来提高坝体稳定性的加筋加固。

灌注黏土浆指将一定浓度浆液注入裂缝、孔洞及渗漏通道中的一种坝体治理方法。它对于治理尾矿库下游坝体渗漏及裂缝渗漏比较有效。灌注黏土浆治理方法主要有充填式和劈裂式两种。

抗滑桩是设置于滑动面上、下岩体中为防止桩后土体滑移的桩形结构。作用机理是作用于抗滑桩上的滑坡推力，一部分首先传递给了桩本身，桩传给了桩前的滑体，桩前滑体产生抗力抵抗滑体推力；另一部分传给桩后的基岩，使得基岩产生了抗力。

振冲法是通过振冲设备产生的振动及高压水的辅助作用，使得松散的土颗粒重新排列或者可在土体内成孔、充填，并且和周围土层组成复合地基。振冲法可以分为干法和湿法两种，目前大部分采用湿法。20 世纪 70 年代，南芬铁矿成为首个将振冲法应用于尾矿库治理的矿山，之后招远金矿进行了更深入的研究。

土体具有一定的压缩强度和剪切强度，但是拉伸强度却相当低，1960 年，法国工程师 Henri Vidal 根据三轴实验结果提出了加筋土的概念，之后，对其又进行更深入研究。因此加筋土在欧洲被推广应用，国内于 20 世纪 70 年代末发展起来。加筋材料主要包括：有纺布、无纺布、土工格栅、土工织物及土工格室等，国内外在加筋材料的选用上，一致认为强度较高的土工格栅和土工织物是首选材料。其中，土工织物应用最多。

3）应用排渗系统降低浸润线的高度，含早期采用的管井法，自流式水平井排渗系统，可操作性强的虹吸管系统和寿命长、出水量大的辐射井系统等。

管井法被较早应用于尾矿库加固中,它是简单地由一口竖直井和抽水泵组成的降水系统,虽然管井法初期降水量效果较好、施工简单、工期短。但是管井法多应用于渗透性较好的砂性土层,尾矿颗粒细小,透水性极差,易造成淤堵。如20世纪80年代初,马钢南山铁矿尾矿库修筑的30多口管井,几乎全部淤堵报废。所以目前管井法已经被辐射井等方法取代。

水平井排渗法是自流式的排渗系统,在设计位置埋设水平管,其中,一端起过滤作用,另一端用于排水,排水一端需伸出坝外。该方法工艺简单,运营费用低,工期较短,经济适用,有很好的发展前景。但该方法不适用于有隔水层且垂直渗透系数过低的坝体。

虹吸管法是在井管内部采用虹吸排水装置,应用虹吸原理来实现降低坝体浸润线高度的方法。系统组成包括虹吸井、水封槽、观测井及虹吸管路等。虹吸井可有效降低地震液化面积;提升水头效果明显,大大节约水泵的运营费用;排渗效果显著,可操作性好。虽然该方法极易产生"气塞"断流和模拟计算困难等问题,但是都已经成功解决。

垂直-水平联合排渗系统依靠坝体内的渗透压力以及重力进行排水,系统运行过程中无须消耗额外能量,运行成本低。另外,该系统还具有排水量大、排渗效果好、见效快、工艺简单、造价相对低廉等优点,使得该排渗系统在矿山得到广泛应用。但该排渗系统在长期的使用过程中会发生生物、化学的老化,水平排渗管也会出现机械淤堵等问题。

轻型井点降水法是土建工程中常见的降水方法,它是利用抽水泵将各个井点密封联通形成一条负压带系统,运用抽水设备将水从过滤系统中抽出。轻型井点降水法有平面布置灵活、排水密度高、速度快、坝坡的渗流易被控制等优点,早期就有大量矿山选择该方法治理尾矿库,包括安徽省马钢、合钢钟山铁矿、符山铁矿等,并且取得了显著效果。

辐射井排渗技术在尾矿库中的应用可以追溯到20世纪90年代,其中白银三冶炼厂尾矿库是国内利用辐射井排渗技术的先例。它是由一口较大口径的垂直井和多条连接于垂直井的水平滤水管组成。垂直井直径一般为2—3米,控制深度大,水平滤水管可控制多层次、大面积的含水层,影响半径可达50—60米。它的作用机理是四周的水通过水头作用渗入滤水管,滤水管将收集到的水汇入垂直井中,最终水通过水泵抽出或者自流排水管排出,从而达到降水排渗的作用。辐射井系统布置形式灵活、出水量大(是普通井4—8倍)、寿命长及可解决"疏不干含水层"的降水问题,使得应用越来越广泛。但是一般辐射井会与其他排渗降水系统结合使用,例如虹吸井排渗系统。秦岭电厂灰坝、栗西尾矿库、孟家冲尾矿库、积寨沟灰坝等都采用了辐射井排渗技术加固坝体,并取得了显著的效果。

6.4.2.2 尾矿库安全监测

随着我国社会的进步与发展,尾矿数量也逐渐增多,为了防止尾矿库出现安全问题,我国尾矿库监测技术已经实现了跨越式的发展。从早期的人工监测到现在的在线监测,有效地提高了尾矿库安全系数,降低了安全事故的发生率,为我国现代社会经济的可持续发展提供了技术保障。

(1)人工监测

人工监测作为早期尾矿库安全监测的一种手段,它是通过人工定期用传统仪器在尾矿库现场进行测量,这种监测手段虽然在当时取得了一定的成效,但随着尾矿数量的增加以及各种因素的变化,这种传统的测量方法已经很难确保尾矿库的安全。另外,在利用人工监测手段进行安全监测时，容易受天气、人工、现场条件等许多因素的影响，存在一定的系统误差和人工误差。而尾矿库安全监测对安全参数要求非常高，一旦监测的各项技术参数出现误差，势必会影响尾矿库的安全生产和安全管理水平。

（2）在线监测

随着科学技术的发展，人们对尾矿库安全监测方面的研究已经取得了突破性的进展。在线监测及系统警报是在结合当前先进科学技术，对监测对象进行自动监测及预警的系统。在线监测系统中，在线监测结合了传感器技术、遥感技术、电子技术、信息技术、通信技术、计算机技术、网络技术等多种技术，在尾矿库建立在线监测系统，可以完成尾矿库监测信息的自动采集、存储、网络分发、预警显示等功能，实现信息化、实时化、网络化，进而确保尾矿库安全。在尾矿库在线监测系统中，当系统感知危险系数时，会自动发出警报，进而提醒安全管理人员采取相关应对措施。在线监测系统为尾矿库的安全监测与管理决策提供有力支持，为确保坝体安全，充分发挥工程效益，实现安全生产，提供一个良好的高新技术平台。

（3）坝体位移监测

尾矿库是指筑坝拦截谷口或围地构成的，随着尾矿数量的增加，围筑尾矿库的筑坝会因为尾矿数量的增加而发生位移，一旦坝体发生位移，就会造成重大事故。通过坝体位移监测，可以及时地发现尾矿坝外坡破坏程度，进而提醒安全管理人员作出应急措施，减少灾害损失。坝体位移监测就是利用智能监测仪对坝体表面形态进行监测，通过智能监测仪可以自动搜索、跟踪、确定目标的三维信息，并自动进行数据分析，通过智能监测仪监测到的数据可以采取应急措施，降低灾害的发生。另外，在坝体位移监测中，常用的检测技术就是 GPS 技术，GPS 是根据全球定位系统来监测坝体变形，GPS 监测技术精度高，抗干扰强，但是费用也相对较大。

（4）库水位监测

库水位监测就是通过观察尾矿库的水位标高，而水位越高，对应的水量就越大；反之，水位越低，水量就较少。在尾矿库中，随着尾矿数量的增加，尾矿库内存有大量的尾矿浆沉淀水，通过库水位监测可以监测尾矿库的防洪性能。在库水位监测中，采用超声波液位计，通过测量超声波液位计距离库水面的高度来计算库水位高程，进而了解尾矿库的防洪能力。

6.4.2.3 土地复垦

国务院 1988 年颁布、1989 年 1 月 1 日实施的《土地复垦规定》将土地复垦定义为：对在生产建设过程中，因挖损、塌陷、压占等造成破坏的土地，采取整治措施，使其恢复到可供利用状态的活动。《土地复垦规定》是我国矿山领域生态修复发展历程中的一个重要的里程碑，生态修复、土地复垦的定义逐步深入人心。随后，马恩霖等人编译了《露天矿土地复垦》，林家聪、陈于恒等翻译了苏联的《矿区造地复田中的矿山测量工作》，介绍引进了国外土地复垦的做法或经验。同时，煤炭生态修复领域重要科研课题"煤矿塌陷地造地复田综合治理研究"亦在本阶段完成，该课题成果提出了适合于我国东部矿区特点的矸石充填、粉煤灰充填和挖深垫浅工程复垦与修复技术。

1989—1998 年的 10 年间，我国土地复垦事业是在探索中前进的。在此期间虽然有《土地复垦规定》作为法律依据，但大规模的复垦并未开展。1989—1994 年期间主要是各地依据土地复垦规定自发零星地开展土地复垦，或通过法律手段，要求矿山企业履行复垦义务，开展了一些复垦示范工程，如铜山县开展了万亩非充填复垦与高效农业复垦示范工程。1995—

1998年国家土地管理局争取到财政部国家农业综合开发土地复垦项目资金，在全国实施了铜山、淮北、唐山3个首批国家级采煤塌陷的复垦示范工程。在各地的试验示范过程中，人们逐步认识到在复垦土地的同时，恢复生态环境的重要性，土地复垦与生态修复如何实现理论、技术、工程的高度融合是本阶段发展重点。

1998年国土资源部成立之后，成立了耕地保护司和土地整理中心，负责全国的土地复垦工作，并在国家农业综合开发土地复垦项目资金的基础上，依据《中华人民共和国土地管理法》及其实施条例，国家实行占用耕地补偿制度。《中华人民共和国土地管理法》规定的耕地开垦费与新增建设有偿使用费为土地复垦开辟了新的、稳定的、数量可观的资金渠道，因此大大地推动了土地复垦事业的发展，在此阶段出台了土地开发整理行业标准，土地复垦工作进一步规范化、科学化。

1996年和2001年，中国矿业大学卞正富教授先后撰写《矿区土地复垦规划的理论与实践》《矿区土地复垦界面要素的演替规律及其调控研究》两部专著，系统阐述生态修复中土壤重构、植物修复、微生物修复、景观规划等理论方法与技术体系，为中国矿山领域生态修复与土地复垦奠定了理论基础。

2001年，中国科学院生态环境研究中心高林研究员提出，在矿山生态恢复过程中：①选择耐旱、耐贫瘠、速生的作物或牧草，以便在矿山上迅速生长，并获得持久的植被；②在基质得到一定程度改良后，可采用混播草种使之迅速覆盖废弃地，或与豆科作物轮作、套作的方式达到"种地、养地相结合"的目的；③根据土壤的元素组成和肥力，辅之一定的水肥（尤其是微生物肥）措施，建立可以维持的土壤生态系统；④发展多种作物，因地制宜地开展农林牧副业，综合利用矿山废弃地，从而加速演替或改变演替方向。

2003年，中国矿业大学（北京）陆兆华教授进一步细化矿区生态环境问题，从矿区尺度延伸到区域尺度，将生态修复扩展至生态安全层面，以可持续发展为目标，分别从环境要素（水、土、气）和生物要素（植物、动物、微生物）角度，综述了我国煤矿区主要的生态环境问题以及具体的治理方法和技术措施，包括矿井水和煤矸石的资源化、污染土地的修复、植被的恢复及水土流失和沙漠化防治技术等。

2006—2010年期间，"矿区复垦关键技术开发与示范应用""尾矿与煤矸石综合利用技术研究""煤炭开发利用副产物利用关键技术开发"三项"十一五"科技支撑项目的完成，重点解决了煤炭领域土地复垦、固废利用等关键技术问题。

2011—2015年期间，"大型能源基地生态恢复技术与示范""燃煤电厂综合烟气净化集成技术与应用示范"两项"十二五"科技支撑项目的完成，进一步完善了矿区生态修复技术体系及煤炭资源开采、利用的污染治理技术体系。

2016年，科技部立项"东部草原区大型煤电基地生态修复与综合整治技术及示范"，覆盖水资源保护与利用、土地复垦与土壤重构、植被修复、景观重建、生态安全调控等多个领域，将煤炭领域生态环境综合治理技术体系提升到了一个新的高度。

6.4.3 矿山辐射防护

6.4.3.1 铀矿山

在铀矿采冶中，辐射危害是其特点之一，特别是氡及氡子体的辐射是造成铀矿工人肺癌的主要危害因素，也是对公众照射的主要辐射贡献，辐射防护自然就成为铀矿工人健康保护和环境保护的重要工作内容之一。

氡对铀矿工的健康危害影响记录可以追溯到16世纪，当时，中欧施内贝格矿山一些矿工患有一种异常致命的肺部疾病，1913年阿恩斯坦将这种疾病确诊为"初期肺癌"。1924年路德维格和洛伦森报道该矿山矿井空气中氡活度浓度高达每立方米15—570千贝克，并认为是矿工高发肺癌的致癌因素，这个观点在铀矿辐射防护方面具有里程碑的意义。1940年埃文斯等人建议将铀矿井下空气中的最大允许氡活度浓度定为每立方米370贝克，并于1941年被美国国家标准局批准，这是现在已知的第1个关于铀矿井下氡的防护安全标准。1951年贝尔在美国联邦政府公共卫生调查局的支持下调查了科罗拉多高原铀矿井下辐射环境，提出矿工吸入含氡和氡子体的空气后，肺部辐射剂量几乎全部来自氡子体的α辐射贡献。从此铀矿冶氡及氡子体的辐射防护得到了世界各国与国际组织的高度重视，国际原子能机构（IAEA）和国际放射防护委员会（ICRP）相继发表了多项铀矿冶辐射防护与环境保护建议和规定。

我国铀矿冶建设开始于1958年，1962年以后相继投产。在铀矿冶建设初期，我国就借鉴国外经验教训，积极开展铀矿冶的辐射防护工作，50多年来，我国铀矿冶辐射防护事业随着铀矿冶的发展而发展，防护水平逐步提高，铀矿冶环境得到不断改善，铀矿工人年个人平均有效剂量从1961年的129毫西弗降到了1990年的20毫西弗左右，再降至2006年的10毫西弗左右。

（1）辐射防护建立阶段

自1958年开始建设铀矿山到20世纪70年代初为我国铀矿冶辐射防护建立阶段。这其中又可以分为学习阶段（1958—1959）和建立阶段（1960—1973）。学习阶段主要是学习和引进苏联的技术和经验。在此阶段铀矿山通风系统尚未形成，防护条件较差，还存在干打眼的作业现象，估算这两年铀矿井下工人年均个人有效剂量为1120—2390毫西弗。随着1960年中华人民共和国卫生部与科学技术委员会共同颁布了《放射性卫生防护暂行规定》，对井下氡活度浓度提出了每立方米3.7千贝克的控制要求，投产矿山都建立起完整的机械通风系统，采取以风、水为主的综合防尘降氡措施。各矿山均逐步建立起通风降氡和辐射监测队伍，采用FD105电离室–静电计测氡仪测量矿井空气中氡活度浓度，滤膜称质量法测量粉尘含量，积累了大量的井下和环境辐射监测数据。原核工业第六研究所（1976年前为南昌矿业研究所）自1962年以来先后开展了"采场氡析出率规律""铀矿井下氡析出与分布规律""氡析出率全巷动态法""快速测定铀矿井大气中氡子体产物"等的探索性研究，并开展了"防氡覆盖材料""采场通风降氡""通风方式对氡析出的影响"和"通风系统调整"等试验技术研究，为解决铀矿通风风量计算参数，降低矿井氡析出，快速测定氡及氡子体浓度，正确、合理地选择防护措施，降低矿井氡浓度与粉尘含量作出了应有的贡献，使铀矿冶工作环境得到了较大改善。

（2）辐射防护发展与巩固阶段

1974年至20世纪90年代初为我国铀矿冶辐射防护发展巩固阶段。1974年中华人民共和国卫生部颁布了国家标准《放射防护规定》（GB J8-1974）。此规定除了限制铀矿冶空气中氡活度浓度为每立方米3.7千贝克以外，还对氡子体α潜能浓度做出了1GB（1GB=0.308WL=6.4μJ/m^3）的限制，对推动我国铀矿冶辐射防护的发展起到了决定性的作用。由此，各铀矿冶企业全面开展了氡活度浓度和氡子体α潜能浓度的测定。随着1975年我国铀矿山较大规模的发展，矿山辐射防护状况有所恶化。1976年发现了第1例铀矿工肺癌患者，云南锡业公司矿工高发肺癌及其病理分析资料的报道，以及周恩来总理"一定要把云锡肺癌问题解决好"的指示，引起了核工业部等有关部门对铀矿冶辐射防护问题的高度重视。为了进一步改善铀矿井下环境，1978年核工业部安全防护卫生局和矿冶局组织了铀矿通风协作组，经过3年努力，较好地解决了3种不同类型铀矿通风问题，完善了通风系统，提高了矿井有效风量利用率，降低了矿井空气中氡活度浓度及氡子体α潜能浓度，将空气质量合格率提高到80%—85%以上。取得了氡析出率局部静态法测定、风量计算、通风与氡析出、风压控制工作面氡浓度、静电除氡子体等一批成果，并在此基础上提出了控氡通风原理。同期，在铀矿冶辐射测量方面做了许多工作，研制了KF系列氡及氡子体测量仪器、气球法测氡仪和氡子体连续测量仪器等，研制了我国第一座氡及氡子体测量仪检定与实验装置（简称氡室），并在各铀矿冶企业得到应用。在此基础上，于1981年和1985年先后召开了我国第一、第二次矿山辐射防护学术讨论会，1986年11月在北京召开了国际矿山辐射防护学术讨论会，对铀矿冶辐射防护事业的发展起到了促进作用。

随着铀矿冶的迅速发展，辐射防护和剂量监测与评价工作也有较大发展，职业剂量估算和评价方法逐步得到完善，研制了有源式（KF-603）和无源式（KF-606）矿工个人剂量计。从1982年开始着手开展铀矿冶工作人员的个人剂量估算，到1992年完成了铀矿冶30年个人剂量回顾性估算与评价工作，并由原核工业第六研究所和中国辐射防护研究院进行了实验验证。

在此期间还相继颁布了《放射卫生防护基本标准》（GB 4792-1984）、《辐射防护规定》（GB 8703-1988）、《铀矿冶辐射防护规定》（EJ 13-1982）、《铀矿冶辐射防护设计规定》（EJ 348-1988）、《铀矿井排氡通风技术规范》（EJ 359-1989）、《铀矿井排氡子体风量计算方法》（EJ 360-1989）、《铀矿山空气中氡及氡子体测定方法》（EJ 378-1989）、《铀地质、矿山、选冶厂工作人员个人剂量管理规定》（EJ 273-1985）、《铀矿冶辐射环境监测规定》（EJ 432-1989）、《铀矿冶工作人员辐射防护监测规定》（EJ 614-1991）、《铀矿通风防护最优化方法》（EJ/T 944-1995）等一系列国家和行业标准，并在铀矿冶工程设计、建设和生产过程中得到贯彻与落实，从而巩固了铀矿冶前30年的辐射防护成果。这一阶段估算的铀矿山井下工人年平均个人剂量由110毫西弗（1975年）降到30毫西弗左右，最低降至22毫西弗（1986年）。

铀矿冶的环境保护工作国际上均开展得较晚，在20世纪70年代后期，美国才开始重视铀矿冶对环境的污染，开展了环境治理的"补救行动"，我国铀矿冶也才开始环境辐射污染治理工作。到1984年全部铀矿山均建立了矿坑水处理设施，广泛采用流化床离子交换除铀工艺，处理后的矿坑水中铀的质量浓度降至每升0.1毫克以下。水冶工艺废水均采用氯化钡除镭、石灰乳中和沉淀除铀的处理工艺，处理后废水中的铀质量浓度降至每升0.5毫克以下。在20世纪80年代初又进一步开发出氯化钡-污渣循环-分步中和沉淀法处理酸性废水新工艺，产生的渣量是常规中和沉淀法渣量的1/17。1982年出版的《铀矿山废水处理——铀、镭的去除》，有力推动了铀矿冶废水治理的技术进步。在核工业部的支持下，1989年完成了中国核工业（铀矿冶）30年辐射环境质量评价，铀矿冶辐射对公众造成的集体有效剂量年均值为9.3人·毫西弗，最大年个人有效剂量小于1.82毫西弗，其贡献占全核工业的83.3%，其释放的氡所致公众集体剂量当量占全部源项的80%。因此，提出加强对铀矿冶氡的治理是降低对公众辐射照射的重要途径，从而在20世纪80年代末开始了铀矿冶企业环境影响评价和铀矿冶退役治理工作。

（3）辐射防护停滞与转移阶段

自20世纪90年代初至2002年为铀矿冶辐射防护工作停滞与转移阶段。铀矿冶实施从计划经济向市场经济的转变,将资源接近枯竭和采矿成本居高不下的铀矿山或水冶厂关停转民,其中大部分铀矿冶企业开始退役治理。对在役铀矿冶企业采用地浸、堆浸和原地爆破浸出等新工艺技术进行新建与改造,并全部建成铀采冶联合企业。在此阶段铀矿冶的辐射防护技术研究重心转移到退役铀矿冶设施及环境的治理技术上,开展了覆盖治理技术的研究、铀尾矿库与废石堆氡析出规律的研究、铀尾矿库的安全分析与研究,以及铀矿冶设施的退役治理。

这一时期,在役铀矿采冶企业的辐射防护工作受到很大冲击,工作人员转行,资料流失,仪器设备老化,机构不全,经费不足,辐射防护工作和防护技术的研究几乎停止(1998年才在某铀矿山开展矿工佩戴个人剂量计的个体监测试验,2000年进行了无轨采矿通风降氡技术初步研究)。这一时期,矿山井下工人个人辐射剂量居高不下,矿山通风系统紊乱,设备陈旧,主扇风机因种种原因不能正常工作,以致2002年4月某原地爆破浸出铀矿山发生特大安全事故。尽管当时各铀矿冶企业举步维艰,但依然尽可能地开展辐射防护工作,使这一阶段铀矿山井下工人年平均个人剂量保持在20毫西弗左右,没有出现倒退的现象。

由于"八五"至"十五"铀矿冶辐射防护的科研投入不足,对原地爆破浸出矿山氡析出机理与通风安全、深部矿井复杂网络通风系统降氡技术、尾渣充填的辐射影响、铀矿冶辐射防护体系的优化等未做过系统的研究,从而使铀矿冶的辐射防护工作进展缓慢。

(4)辐射防护新时期稳步发展

自2002年至今铀矿冶辐射防护工作新时期稳步发展。经过2002—2004年的通风系统改造,以及铀矿冶企业辐射防护管理的加强,铀矿井下工作人员个人有效剂量2004年平均为15.43毫西弗,超过每年20毫西弗的占26%左右;2005年平均为10.29毫西弗,超过每年20毫西弗的占7.4%;2006年平均为每年9.63毫西弗,超过每年20毫西弗的占2.2%,其中主要剂量贡献是氡子体产生的内照射,占总剂量的85%左右。从总体上看,个人剂量呈现逐年下降的趋势。这一时期,主要对铀矿勘探辐射防护、铀矿辐射监测、退役铀矿周围辐射环境影响与治理等进行深入的研究。2009年,颁布了《铀矿地质勘查辐射防护和环境保护规定》(GB 15848-2009)。为了摆脱我国铀资源不足的尴尬局面,围绕快速探明铀矿储量和保障环境辐射安全两类科学问题,由东华理工大学牵头,与核工业航测遥感中心、上海市计量测试技术研究院、贝谷科技股份有限公司等单位联合开展了"面向铀矿与环境的核辐射探测关键技术、设备及其应用"的协同攻关,科技成果获2016年度国家科学技术进步奖二等奖。

铀矿山严格执行《电离辐射防护与辐射源安全基本标准》(GB 18871-2002)、《铀矿冶辐射防护和环境保护规定》(GB 23727-2009)、《铀矿山空气中氡及氡子体监测方法》(EJ 378)、《铀矿井排氡子体风量计算方法》(EJ 360)、《铀矿井排氡通风计算规范》(EJ 359)、《铀矿冶辐射防护设计规定》(EJ 348)等一系列标准、规定,使得我国铀矿山的辐射防护状况有了较大改善和提高。

6.4.3.2 非铀矿山

非铀矿山是指不以生产铀为主要目的的各种矿山,即除铀矿山以外的各种矿山,包括能源矿山(油气、煤炭、地热)、黑色金属与冶金辅助原料矿山(铁、锰、铬铁、耐火黏土、菱镁、萤石等矿产)、有色金属矿山(铜、铝土、铅锌、镍、钨、锡、钼、锑等矿产)、稀土金属、贵金属矿产、化工矿产(硫、磷、钾盐、硼、盐矿等矿产)、建材和其他非金属矿产(水泥石灰质原料、玻璃硅质原料、饰面用石材等)、水气矿产以及海洋矿产等。我国非铀矿山中的部分有色金属矿、化工矿等矿井下氡水平较高，井下矿工受到的职业照射剂量大多超过国家现行放射防护标准中对放射性工作人员个人规定的有效剂量限值。

我国在20世纪70年代就注意到了非铀矿山地下工作场所氡的职业危害，并开展了放射性职业危害调查。20世纪80—90年代，对全国255座非铀矿山氡和氡子体水平及其所致年个人有效剂量进行了汇总，氡和氡子体水平较高的非铀矿山以有色金属矿为主，主要分布在湘、赣、鲁、粤等地区。其中，以钨矿的氡水平最高，平均值为每立方米7943.5贝克；其次为锡矿和钼铋矿等。可见，我国部分非铀矿山的氡水平已远远超过铀矿山的氡浓度限值。2000年开始，我国初步进行了非铀矿山的氡水平监测，调查中有3个矿井氡水平均值超过每立方米4000贝克。2000年以后，根据非铀矿山的矿井工人年有效剂量调查结果，金属矿山井矿工受到的剂量仍居最高，为8.15毫西弗。有15.6%的铜矿工人年个人有效剂量高于10.0毫西弗；2004年以后，矿山采用机械通风，并对采空区及盲巷及时封闭，钨矿、铝矿和铁矿工人的年个人有效剂量有所降低。

流行病学研究显示，肺癌与氡接触有很强的相关性，氡已被世界卫生组织确认为人类致癌物。由于氡的致癌作用，1988年其被国际癌症机构定为具有确定性致癌效应的A类致癌物。20世纪90年代，我国学者对有色金属矿工肺癌的高发进行了大量的流行病学调查。其中，最为著名的是云南个旧锡矿矿工的肺癌调查，结果表明：氡在矿工肺癌病因中的相对贡献大约是矿尘的4倍。

我国关于非铀矿山的辐射防护管理，已相继出台了部分专项标准。非铀矿山的氡在国内主要参考和引用《电离辐射与辐射源安全基本标准》（GB 18871-2002）作为基准，即在工作场所中，氡持续照射情况下补救行动的行动水平是在年平均活度为每立方米500.0—1000.0贝克（假定氡的平衡因子为0.40），达到每立方米500.0贝克时宜考虑采取补救行动，达到每立方米1000.0贝克时应采取补救行动；同时，将《锡矿山工作场所放射卫生防护标准》（GBZ/T 233-2010）和《稀土生产场所中放射卫生防护标准》（GBZ 139-2002）中规定的对工作场所氡引起的工作人员照射均纳入标准适用范围，并对氡的防护作出相应规定。新基本标准在职业照射的安全控制方面有许多重要改变。例如职业照射定义的更新，由此引申出若干受天然辐射源照射的人员，如果超出国家有关法规与标准规定的排除或予以豁免阈限值，则也纳入职业照射范围。针对非铀矿山矿井下环境差异较大，较难采用统一的作业方法，导致对非铀矿山的辐射防护规定也不尽统一，包括工作场所分类、辐射监测、矿工的健康监护等问题，非铀矿山的辐射防护实施分级管理。我国开展非铀矿山氡调查和研究的目的在于控制非铀矿山放射性职业危害，铀矿山降氡实践说明，在各种降氡措施包括通风、岩壁喷涂防氡覆盖层、抽出地下水等措施中，强制通风是降低矿山井下氡浓度的最有效的措施。

6.4.4 矿山采空区治理

建筑材料矿山安全除涉及上述顶板支护、通风、防尘、爆破、辐射等外，采空区大面积坍塌造成生产区域人员伤亡的事故较为严重，尤以石膏矿山最为突出。我国石膏矿资源同样非常丰富，分布广泛，总保有储量约576亿吨，居世界首位，其中华东地区的石膏储量近400亿吨，占全国总储量的70%左右。石膏矿石类型齐全，硬石膏类矿床矿石储量占60%，石膏类矿床矿石储量占40%（其中：纤维石膏占2%、普通石膏占20%，其余为泥质石膏、石膏及碳酸盐质石膏，占18%）。随着我国城市化的推进，建筑业和装饰业迅速发展，给石膏工业提供了广阔的发展空间，市场容量不断扩大。

我国石膏矿山70%是地下开采，主要以中、小型国有企业和民采为主，绝大多数采用房柱法开采。由于安全投入少、开采技术水平低和设备落后等原因，重大、特大矿难事故不断，以采空区坍塌造成人员伤亡的事故最为严重。2001年5月18日，广西合浦县恒大石膏矿发生冒顶事故，29人死亡；2005年11月6日，河北邢台县尚汪庄石膏矿区发生坍塌事故，导致37人死亡；2006年8月19日，湖南省石门县蒙泉镇天德石膏矿、澧南石膏矿因采空区大面积冒顶引发了"8·19"重大坍塌事故，造成9人死亡，塌陷区面积约为1.8万平方米，塌陷区中心下沉约15米；2012年4月15日，江苏省邳州市邢楼镇冠源石膏矿采空区发生坍塌事故，10人被埋，地表坍塌总面积近千亩；2015年12月25日，山东省平邑石膏矿因废弃采空区引发坍塌事故，由塌陷引发的震动相当于4.0级地震，共死亡13人。

目前石膏矿山采用房柱式开采，目的是控制地表沉降，对地表建筑物起到保护作用。我国在石膏矿采空区房柱损坏及稳定性（包括岩石损坏机理、采场矿柱稳定性、采场顶板稳定性等）和治理技术方面做了大量的工作。

（1）采空区沉陷模式

采空区沉陷模式研究起源于15世纪，发展历程经历了"垂线理论""法线理论""拱形理论"。进入20世纪以来随着矿山岩土工程实践的增多、矿山力学的发展以及现代技术的应用，开采沉陷学也在多学科相互渗透中快速发展。其中最具代表性的是以阿维尔申及沙武斯托维奇为代表的连续介质理论；波兰学者李特威尼申院士为代表的随机介质理论，用严密的数学理论将岩体视为非连续介质提出了随机介质理论，卓有成效地促进了岩移工作的开展，后来经过我国学者刘宝深、廖国华等发展完善。

（2）采空区稳定性分析

采空区的稳定性与各种地质因素及非地质因素有关，其稳定性分析评价是一个十分复杂的动态过程。20世纪80年代以前，研究都是建立在经验和调查的基础上，没有系统的规律。传统的采空区稳定性分析方法是从覆岩的力学性质、应力分布状态入手，研究顶板岩体破坏机理、塌陷的分带性、地表移动和变形的计算、移动速度和移动过程的持续时间、岩移的观测方法、观测网的设置原则等，对于后期的位移预测多是探讨计算方法，而目前较常用的是定性和半定量的分析方法。稳定性定量分析方法主要有力平衡分析法、附加应力法、数值计算分析法等。采空区的稳定性研究一般可以从顶板稳定性、矿柱稳定性和地表变形三个方面来着手。近年来，随着计算机的发展，数值方法有了长足的进步，已经成为岩石力学研究和工程计算的重要手段。在岩石力学中所用的数值方法先后有有限差分法、有限单元法、边界元法、半解析解法、离散元法和无界元法等。

（3）采空区充填治理

采空区形成以后使周边一定范围的岩体应力重新分布，致使岩石变形、破坏和移动，成为安全隐患。为了减少岩体和地表移动幅度，减慢其移动的发生和发展，降低移动对地表构筑物的影响，防止大面积的地压活动，因此必须对采空区进行处理。根据采空区的不同特征及采空区破坏规律，常用的处理方法可以归纳为充、崩、撑、封等4种。其中充填是一种很常见的方法。

我国充填技术的发展经历了四个阶段。第一阶段为20世纪50年代的干式充填，1955年我国干式充填采矿法在有色金属地下开采中占38.2%，在黑色金属地下开采中高达54.8%，但由于当时设备比较落后，技术水平比较低，从采矿生产能力及成本上制约了充填采矿技术的发展。到1963年，有色矿山中充填采矿法的应用比重降至0.7%。第二阶段为20世纪60—70年代，以分级尾砂、河砂、风砂、碎石等为集料的水砂充填和胶结充填工艺。1960年，湘潭锰矿为了防止矿坑内因火灾，采用了碎石水力充填技术，1965年锡矿山南矿为了控制采场大面积地压和采空区塌陷，使用了尾砂水力充填工艺，1968年凡口铅锌矿为了满足采矿工艺要求，首次采用分级尾砂和水泥胶结充填工艺。第三阶段为20世纪80年代发展起来的全尾砂高浓度胶结充填、高水速凝全尾砂固化胶结充填和块石胶结充填工艺，20世纪80年代末，凡口铅锌矿和金川有色金属公司开始试验全尾砂充填，同时高水速凝充填技术在煤矿开始应用，1988年大厂铜坑矿采用了块石胶结充填工艺。第四阶段为20世纪90年代发展起来的膏体泵送充填工艺，1997年金川有色金属公司二矿区建成了膏体泵送充填系统，1999年大冶有色金属公司也采用了膏体泵送充填技术。此后，随着各种新型充填工艺、新型胶结材料的成功应用，极大地推进了充填采矿技术的发展。

6.5 矿山安全管理的发展

安全生产管理是随着生产的产生而产生，随着生产的发展而发展，随着社会及科技的进步而进步的。因此，哪里有生产活动，哪里就有安全生产管理。从古至今，安全生产管理一直伴随着生产活动而存在。中华人民共和国成立以来，党和政府十分重视安全生产，安全生产管理工作取得了很大的成绩。矿山安全工作历经70年发展历程，是曲折前进的路程，安全状况总体呈现起伏不平、趋于好转态势。从国家层面到各省市地区、各企业集团在矿山安全管理方面都做了大量的工作，推动矿山安全管理不断向前发展。

6.5.1 安全监管体制与模式

6.5.1.1 初步建立时期：1949—1958年

中华人民共和国成立以后，百废待兴，作为国民经济能源需求的绝对构成，煤炭生产亟需恢复与提高。早在1949年的第一次全国煤矿会议上，周恩来总理就提出了"安全第一"的方针。1949年10月成立的中央人民政府燃料工业部，下设煤炭管理总局，既负责煤矿行业管理，又负责煤矿安全监管。1953年，中央人民政府燃料工业部增设技术安监局，初步形成了"行业管理、工会监督、劳动部门检查"的煤矿安全工作体系。1955年中央人民政府燃料工业部被撤销，煤炭行业管理职能移交给了新成立的煤炭工业部，煤炭工业部下设安全司负责全国煤矿安全监管工作。据统计到1955年年末，全国10个产煤区和27个矿区都建立了煤矿安全监管机构，我国煤矿安全监管体制初步形成，煤矿安全形势也开始好转，1957年全国煤矿百万吨死亡数由恢复期间（1949—1952年）的10.88下降至5.65。

6.5.1.2 动荡时期：1958—1978年

1958年，"大跃进"开始，在强调"生产第一"和"高指标"的口号下，初步建成的全国性煤矿安全监管体系被撤销。直至改革开放前，煤矿安全监管机构未能真正恢复，监管制度也未被有效执行。

6.5.1.3 恢复时期：1978—1998年

十一届三中全会以后，我国煤矿行业与煤矿安全监管体制开始逐步恢复。1980年煤炭工业部发出了"建立健全安全监察机构，强化安全监察工作"的指令，1982年国务院颁布了《矿山安全条例》和《矿山安全监察条例》，1983年又颁布了《煤矿安全监察条例》，具体规定了煤矿安全监管的组织机构、职权范围等基本制度。在这些法规的指引下，我国煤矿安全监管体制平衡恢复。1987年，中共十三大以后正式提出了"企业负责，国家监察，行业管理，群众监督"的安全工作新格局。1988年，根据"政企分离"的改革原则，煤矿工业部再次被撤并入新成立的能源部，后又于1993年恢复煤炭工业部，但这些变化对已经建成的煤矿安全政府监管体制并未造成过大影响。

6.5.1.4 新体制形成时期：1998年至今

1998年4月8日，在我国新一轮大规模的国务院机构体制改革中，煤炭工业部被撤销，成立国家煤炭工业局，"安全司"也被撤销，煤矿安全监管工作转划归国家经贸委下新成立的"安全生产局"负责，该局同时接受了原劳动部承担的安全生产综合监管职能，原劳动部承担的职业卫生监管则移交至卫生部承担。这种体制下，煤矿安全与煤矿职业卫生仍是分别监管，统一由国家经贸委下的"安全生产局"负责，煤矿行业独立监管的特殊性与重要性并没有得到充分的重视。1999年12月30日，国务院办公厅印发"煤矿安全监察管理体制改革实施方案"（国办发〔1999〕104号）。首次明确规定，改革现行煤矿安全监察体制，实行垂直管理。根据该方案，2000年1月10日成立了"国家煤矿安全监察局"，与国家煤炭工业局一个机构、两块牌子。原国家经贸委下安全生产局负责的煤矿安全监管职能移归新成立的"国家煤矿安全监察局"承担。2000年12月31日，国务院办公厅印发"国家安全生产监督管理局（国家煤矿安全监察局）'三定'规定"（国办发〔2001〕1号），撤销安全生产局并将其职能移归2001年2月26日成立的"国家安全生产监督管理局"，同时将"国家煤矿安全监察局"整体职能与"国家安全生产监督管理局"合并，实行一个机构，两块牌子，统称"国家安全生产监督管理局（国家煤矿安全监察局）"，综合管理全国安全生产和煤矿安全监察，由国家经贸委负责管理。从这一时期开始，煤矿安全监管工作再度与煤炭行业管理工作相分离，但独立的煤矿安全国家监察体制则继续保持。

2003年3月，国务院机构改革，国家经贸委被撤销，国家安全生产监督管理局（国家煤矿安全监察局）被调整为副部级直属机构。2005年，国家安全生产监督管理局升格为正部级的总局。单设副部级的国家煤矿安全监察局，是国家安全生产监督管理总局管理的行使国家煤矿安全监察职能的行政机构。后根据国务院办公厅关于印发"国家煤矿安全监察局主要职责内设机构和人员编制规定的通知"（国办发〔2005〕12号）的规定，原由卫生部承担的煤矿职业卫生工作也转归国家煤矿安全监察局承担。

2018年3月，根据第十三届全国人民代表大会第一次会议批准的国务院机构改革方案，将国家安全生产监督管理总局的职业安全健康监督管理职责整合，组建中华人民共和国国家卫生健康委员会；将国家安全生产监督管理总局的职责整合，组建中华人民共和国应急管理部；不再保留国家安全生产监督管理总局。

至此，国家煤矿安全监察局亦发展为国家应急管理部下属的一个独立的副部级单位，主管全国矿山行业的垂直监察工作，负责对负有煤矿安全监管职责的地方政府和煤矿企业的守法情况进行监察，我国现行矿山安全监管体制正式形成。

改革开放以来，我国矿山安全监管工作历经多次改革，目前监管体制已经基本定型，并在长期的监管工作中形成以下特点：

（1）为监管依据的矿山安全立法具有详述式立法特点

详述式立法的典型特征是国家颁布大量的强制性技术标准，在实现安全目标时几乎不给企业留下自我发挥的空间。矿山安全立法模式直接影响着煤矿安全监管模式。在详述式立法模式下，其监管模式主要是强制服从模式，因为大量详细的规则需要通过检查与调查确保得到实施。我国的煤矿安全法律体系包括法律、行政法规、部门规章以及司法解释共44部，国家标准93项，行业标准303项，再加上地方性法规、国务院文件等内容，已经形成了一个庞大在法律体系。总体来看，我国煤矿安全立法具有明显的详述式立法特点。以《煤矿安全规程》为例，全文共750余条，包括从开采、通风与瓦斯粉尘防治、通风安全监控，到运输、提升、空气压缩机、电气设备以及煤矿救护等十章内容，对煤矿开采过程中大部分安全行为与安全条件都做出了详细规定。再加上部门规章、地方性法规以及大量的技术性标准，我国煤矿安全立法已经较严密地覆盖了煤矿生产中的几乎所有行为。

（2）矿山安全违法责任严厉

民事赔偿责任，主要指发生事故造成伤亡需要承担的赔付责任。在赔付标准上，2004年初，《国务院关于加强安全生产的决定》（国发〔2004〕2号）提出要加大赔偿力度，当年年底，山西省出台政策规定责任矿难事故中对死亡职工的赔偿标准每人不得低于20万元，其后许多地方陆续出台了类似规定。这些最低赔偿标准普遍高于民事侵权致人死亡的赔偿标准，其目的就是要突出事故赔偿的惩罚功能，激励煤炭企业主动加强安全管理，增加安全投入。在行政责任方面，包括行政处分与行政处罚。2001年，国务院颁布了《关于特大安全事故行政责任追究的规定》（国务院令〔2001〕第302号）。在刑事责任方面，于2006年颁布的《刑法修正案（六）》修正了我国煤矿安全刑事法律政策导向，新设了"不报、谎报事故罪"，加大了对重大责任事故罪、重大劳动安全事故罪的刑罚力度。针对实践中经常出现的事故后由聘任的名义企业负责人承担刑事责任，但真正的投资人却逃脱刑事制裁的不公平现象，2007年最高人民法院、最高人民检察院联合发布了《关于办理危害矿山生产安全刑事案件具体应用法律若干问题的解释》（法释〔2007〕5号），将重大责任事故罪的犯罪主体扩大到对矿山生产、作业负有组织、指挥或者管理职责的负责人、管理人员、实际控制人、投资人等人员，以及直接从事矿山生产、作业的人员；规定不报、谎报事故罪的犯罪主体包括矿山生产经营单位的负责人、实际控制人、负责生产经营管理的投资人以及其他负有报告职责的人员。

（3）矿山安全行政监管体制日渐强化

中华人民共和国成立后相当长的时期内，矿山安全监管工作由煤炭行业主管部门负责，后调整由独立的国家煤矿安全监察局负责。2005年国家安全生产监督管理局升格为正部级的总局，2018年组建应急管理部，国家煤矿安全监察局也相应地提升为副部级单位。中国是唯一一个设立了部级单位专门负责煤矿安全监管的国家，煤矿安全监察机构在我国享有极高的行政地位。而且，我国矿山安全监管机构权力行使过程中所受到的制度性制约因素也较少。

（4）工人与工会事实上被排除在煤矿安全监管体制之外

我国的煤矿安全监管体制所构建的是监管机构与煤炭企业二元关系，矿工与工会在事实上被排除在监管体制之外。根据以上特征分析,我国煤矿安全监管模式可以归纳为"政府一元强制服从监管模式"。法律责任严厉,过度依赖于政府的强制监管,不重视工人与工会的监管参与是这一模式的典型特征。

6.5.2 职业卫生管理

6.5.2.1 行政管理方面

(1) 1949—1998 年,由劳动部负责

从中华人民共和国成立之初,中央人民政府就设立了劳动部,劳动部下设的劳动保护司成为全国的劳动保护工作的专管机构。国务院于 1956 年 9 月发布的《中华人民共和国劳动部组织简则》中,对劳动部的职责进行了规定:在劳动部的权限范围内,发布与劳动工作相关的命令、指示和规章,各级劳动部门和企事业单位都必须遵照执行这些命令、指示和规章。另外还对劳动保护的管理工作由劳动部负责进行了规定,在劳动保护、安全生产及工业卫生等工作上,劳动部有权对国民经济各部门进行监督检查,领导劳动保护监督机构的工作,对企业发生的重大事故给予调查并做结论性处理意见。而在 1966—1976 年的"文化大革命"期间,规章制度遭到破坏,职业卫生与安全工作缺乏管理。在"文化大革命"末期,随着治理整顿工作的开展,其他工作也得以进行。国家劳动总局由国务院设立,恢复了国家的劳动安全卫生管理和监督检查工作。1981 年,为加强对矿山安全卫生的检查工作,我国又设立了矿山安全卫生监察局,1988 年,按照七届人大一次会议批准的国务院机构改革方案的要求,劳动部被重新组建,在国务院的领导之下对全国劳动相关工作进行综合管理。

(2) 1998—2003 年,由卫生部监管

1998 年,政府机构进行了大规模的调整,以便进一步适应社会主义市场经济体制建设的需要。调整之后,卫生部承担了职业卫生监管职能(包括矿山卫生监察),劳动部不再承担这项职能。2002 年我国正式实施《职业病防治法》之后,职业卫生监管主体更加明确,那就是卫生行政部门领导、卫生监督部门实施、职业病防治单位和疾病控制机构共同进行技术支持。

(3) 2003 年至今,卫生部门和国家安监总局各司其职

国家安全生产监督管理局于 2001 年成立,监管全国的安全生产工作,并于 2005 年,作为国务院的直属机构改称为国家安全生产监督管理总局。我国从 2003 年 10 月开始,对职业卫生监管职责进行了调整,中央机构编制委员会办公室下发了《关于国家安全生产监督管理局(国家煤矿安全监察局)主要职责内设机构和人员编制调整意见的通知》(中央编办发〔2003〕15 号)。2005 年 1 月,卫生部和国家安监总局联合下发了《关于职业卫生监督管理职责分工意见的通知》(卫监督发〔2005〕31 号)。根据"第十一届全国人民代表大会第一次会议批准的国务院机构改革方案"和《国务院关于机构设置的通知》(国发〔2008〕11 号),设立卫生部,作为国务院的组成部门之一。具体的职业卫生监管职责移交给安监部门,但是由于多种原因,并未得到落实。2010 年根据监管工作中出现的问题,对用人单位进行职业卫生监管的所有职能都被转给了安全生产监管部门,在国家安全生产监督管理总局内设立职业健康司,具体负责职业卫生监管工作。卫生部从 2011 年 1 月 1 日起,正式把对用人单位进行职业卫生监管的职能移交至安监总局。全国人大第 24 次常委会于 2011 年 12 月 31 日通过了"关于修改《职业病防治法》的决定",标志着职业病防治监管的新格局在法律上正式确立,即安全部

门对工作场所中的职业病危害预防进行监管，卫生部门对职业病的诊断救治工作进行管理、劳动部门对工伤及患职业病的劳动者提供社会保障。从而可以得出，2011年修订后的《职业病防治法》明确了安全生产监督部门、卫生部门和劳动保障部门在职业病防、治、保三个环节上的职责。2018年国家安全生产监督管理总局撤销，成立中华人民共和国国家卫生健康委员会，内设职业健康司，负责职业安全健康监督管理职责。

6.5.2.2 技术管理方面

国家级的技术指导机构为职业卫生与中毒控制所。其建立过程如下：为了加强对全国职业卫生工作的指导，卫生部在中国预防医学科学院建立全国劳动卫生职业病防治中心。1999年在该院成立了中毒控制中心，并逐步发展而形成了全国的中毒控制网络。2002年1月，"中国预防医学科学院劳动卫生与职业病防治研究所"正式更名为"中国疾病预防控制中心职业卫生与中毒控制所"。职业卫生与中毒控制所是在中国疾病预防控制中心领导下的国家级的职业卫生与中毒控制专业机构、全国的职业卫生与中毒控制业务技术指导中心，还是世界卫生组织职业卫生合作中心（北京）。职业卫生与中毒控制所的工作包括：职业健康监护和职业病防治、中毒控制、毒理学、病理学、分子生物学、职业流行病学、职业卫生评价、工效学、职业卫生管理等。该所为政策和法律、法规、规章和职业卫生技术标准的形成提供科学依据，并在预防和控制法定职业病和与工作有关的疾病方面提供技术指导、服务和管理。另外还负责国家职业卫生培训和教育。

另外，职业安全健康信息与培训中心（CIS中国国家中心）也是全国性的技术指导机构。职业安全健康信息与培训中心设置在中国安全生产科学研究院下，其前身是原国家经贸委职业安全卫生培训中心。职业安全健康信息与培训中心信息部于1987年被国际劳工组织国际职业安全卫生信息中心（ILO-CIS）纳入正式的成员单位，在我们国内称作CIS中国国家中心。自1987年建立以来，中国国家中心为国内外人士提供最新的职业安全卫生方面的信息资料，尤其在国外职业安全卫生信息的提供上，CIS中国国家中心有着很好的信息资源声誉。该中心主要是为职业安全卫生方面的工作服务，进行国内外信息的交流与传播；搜集、整理及馆藏各种文献信息；为中国相关部门进行相关领域的立法及制定有关方针政策提供信息；为社会各界提供信息服务。

6.5.3 现代矿山安全管理技术

近年来，随着全球经济快速发展，市场经济下各行各业的竞争日益激烈，特别是伴随着计算机、信息技术、互联网、大数据、云计算、物联网等技术的快速发展，以及先进技术和产品的不断推出，各行各业逐步向信息化、数字化、智能化转变。矿业工程作为国民经济的重要组成部分，矿山企业要提升自身在市场中的竞争性，保证矿山的可持续发展，需要逐步向信息化、数字化、自动化、智能化转变，建设现代化的矿山。矿山安全管理是保持矿山竞争性和可持续发展的重中之重，通过物联网技术和大数据技术相结合，充分发挥物联网技术的信息收集和大数据在数据分析中的优势，切实提高矿山企业的安全管理水平。下面主要介绍矿山物联网技术。

物联网是新一代信息技术的重要组成部分，物联网通过智能感知、识别技术与普适计算等通信感知技术，广泛应用于网络的融合中。

"物联网"的概念是在1999年提出的，它的定义很简单：把所有物品通过射频识别等信息传感设备与互联网连接起来，实现智能化识别和管理。也就是说，物联网是指各类传感器和现有的互联网相互衔接的一个新技术。2005年国际电信联盟（ITU）发布《ITU互联网报告2005物联网》，报告指出，无所不在的"物联网"通信时代即将来临，世界上所有的物体从轮胎到牙刷、从房屋到纸巾都可以通过因特网主动进行交换。射频识别技术（RFID）、传感器技术、纳米技术、智能嵌入技术将更加广泛的应用。2008年3月在苏黎世举行了全球首个国际物联网会议"物联网2008"，探讨了"物联网"的新理念和新技术与如何将"物联网"推进发展的下个阶段。

自2009年8月温家宝总理提出"感知中国"以来，物联网被正式列为国家五大新兴战略性产业之一，写入"政府工作报告"，物联网在中国受到了全社会极大的关注，其受关注程度是在美国、欧盟以及其他各国不可比拟的。

物联网的概念与其说是一个外来概念，不如说它已经是一个"中国制造"的概念，它的覆盖范围与时俱进，已经超越了1999年Ashton教授和2005年ITU报告所指的范围，物联网已被贴上"中国式"标签。

矿山物联网技术就是将矿井生产过程中的设备、人员、环境、基础设施、采矿工序等形成一个互相通信、互相协同的整体，实现在自动控制、全面感知以及智能管理的系统目标，从而实现信息化的智能高效矿山安全生产管理。

2010年，成立中国矿业大学物联网（感知矿山）研究中心，是一个多学科交叉融合，集基础研究、技术研发、成果转化、技术服务和高层次人才培养、国际合作等为一体的高水平研究机构。2010年7月，提出了《"感知矿山"物联网技术方案》，在全国范围内率先提出"三个感知"的概念，即：①感知矿山灾害风险，实现各种灾害事故的预警预报。②感知矿工周围安全环境，实现主动式安全保障。③感知矿山设备工作健康状况，实现预知维修。2010年11月，该方案通过了国家安全生产监督管理总局组织的专家论证，这也是国际上通过的第一个"感知矿山"物联网技术方案。

2011年2月，始创中国矿山物联网，由科大立安（新疆）工业信息科技有限公司主办，中国矿业大学物联网（感知矿山）研究中心、新疆中亚电子信息技术研究院（筹）协办，是集中展示我国矿山物联网的专业性技术门户网站。

从煤矿事故来看，2009年是矿山事故发生数量的分水岭，2009年以前重特大事故多发；2009年以后重特大事故大幅减少，2011年以来杜绝了特别重大事故。其总体情况与物联网技术在我国出现和飞速发展阶段基本契合。可以看出，随着大量的信息化系统和信息化服务的接入，现有矿山系统正在日益趋于信息化、数字化和专业化。

物联网技术的发展，为矿山安全生产管理提供了新的思路、技术和方法，通过物联网和大数据技术完善矿山的信息化建设，提高矿山的安全管理水平已成为行业共识，将会得到更广泛、更深入的推广。物联网技术将单一、独立的信息汇集整合传入大数据云计算平台，进行分析整理，给矿山安全生产管理提供参考，实现矿山安全高效生产。但物联网技术和大数据技术在矿山的应用仍处于起步阶段，需要更多的企业和技术人员参与其中，建设稳定、高效、精准的安全管理信息化技术，强化矿山生产的安全性和可靠性，提升矿山企业的安全生产管理水平，推动矿业行业的进一步发展。

6.6 矿山安全学科发展的推动力

6.6.1 矿山安全生产法规的发展对学科的推动

矿山安全生产法规是国家为了保障矿山安全生产、防止矿山事故，保护职工人身安全，促进采矿业的发展，依法定程序制定的有关矿山安全生产方面的法律、行政法规等的统称。矿山安全生产法规的发展一定程度上促进了矿山安全学科的发展，通过理清安全生产法规的发展历程可以很好地理解对矿山安全学科的推动过程。要厘清矿山安全法规的整个发展历程，首先需要理解矿山安全法整个法律体系的构成，通过梳理出各部分的发展过程去理解矿山安全法的发展历程。

6.6.1.1 矿山安全生产的法律法规体系

矿山安全生产法律法规既包括《宪法》《劳动法》《刑法》《安全生产法》《矿山安全法》《中华人民共和国矿产资源法》《职业病防治法》《煤炭法》等国家法律，也包括国务院制定、批准和实施的一系列条例和规章，如《安全生产许可证条例》《矿山安全法实施条例》《矿山安全监督条例》《煤矿安全监察条例》《乡镇煤矿管理办法》《尘肺病防治条例》《国务院关于特大安全事故行政责任追究的规定》等，还包括国务院有关部门为加强安全生产工作而颁布的一系列规程，如《煤矿安全规程》《金属非金属矿山安全规程》《爆破安全规程》《尾矿库安全管理规定》等。

矿山安全法律法规体系可分为三个层次，如图 6-2 所示。

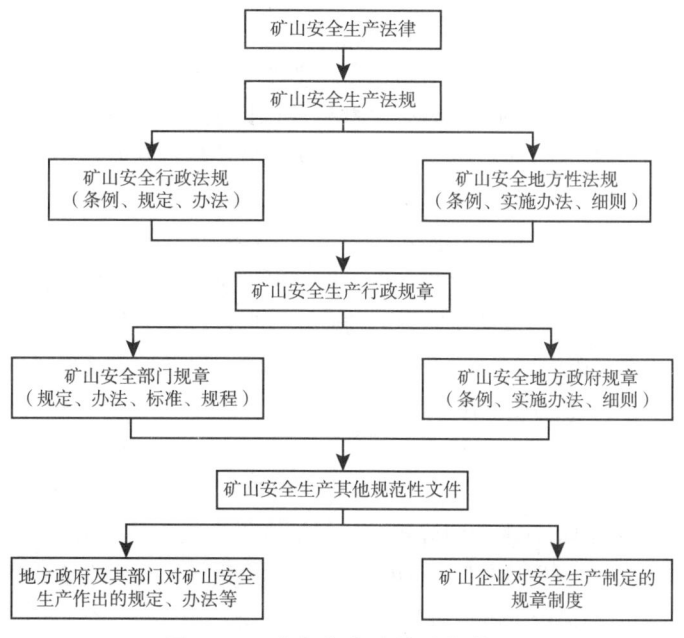

图 6-2 矿山安全法律法规体系

（1）矿山安全生产法律

法律属于第一个层次。由全国人大常委会审议通过的《安全生产法》和《矿山安全法》为矿山安全法规体系的母法。

（2）矿山安全生产法规

法规属于第二个层次，包括行政法规和地方性法规两个方面的内容。由国务院制定和颁布的有关矿山安全法规及其他有关法规，其中最主要的是《矿山安全法实施条例》以及国务院制定的与矿山安全有关的其他单行法规，如1991年2月颁布的《企业职工伤亡事故报告和处理规定》等。

（3）矿山安全生产行政规章

行政规章属于第三个层次，包括部门规章和地方人民政府规章两个方面的内容。由国务院行政主管部门制订的有关矿山安全的规定、办法、规程、标准。如原劳动部制订的《矿山建设工程安全设施"三同时"规定》《培训教育规定》《安全生产条件审查规定》《矿山事故调查处理规定》《矿长安全资格考核规定》等，原国家经贸委制定的《尾矿库安全管理规定》、国家安全生产监督管理局制定的《非煤矿矿山建设项目安全设施设计审查与竣工验收办法》以及国家标准《爆破安全规程》《金属非金属矿山安全规程》等。

（4）矿山安全生产其他规范性文件

安全标准是安全生产法律的重要补充。国家标准由国务院标准化行政主管部门制定，行业标准由国务院有关行政主管部门制定。国家标准、行业标准分为强制性标准和推荐标准。保障人身健康，人身、财产安全的标准是强制性标准，国家标准如 GB 16423-2006《金属非金属矿山安全规程》，国家安全生产监督管理总局颁布的行业标准 AQ 2007.1-2006《金属非金属矿山安全标准化规范导则》、AQ 8002-2007《安全预评价导则》等。

6.6.1.2 矿山安全生产法的发展及对学科的推动

我国的安全生产立法的源头可追溯到建党、建政之初，在土地革命时期的根据地革命政权，以及抗日战争、解放战争时期各根据地和解放区民主政权也制定颁布了《劳动保护法》《劳工保护暂行条例》等法规，但客观地看，中华人民共和国成立前我党在安全生产方面的这些呼吁更多的是为了团结和代表广大劳动群众，向统治阶级开展斗争的方式。在中华人民共和国成立后，安全生产立法才逐步走上正轨。中华人民共和国成立70多年来，在党中央和国务院的关怀和领导下，我国的安全生产立法工作发展迅速，取得了很大成绩，同时安全生产法规的发展也是与全国各高校安全生产领域的专家、学者研究、参与修订和编写工作分不开的。纵观70多年的发展历程，安全生产立法工作与国家的政治、经济发展紧密联系，经历了一个曲折的过程，大致可分为以下几个阶段。

（1）初建时期（1949—1957年）

中华人民共和国成立初期，为改变工人生命健康没有保障的状况，1949年在中国人民政治协商会上通过的《共同纲领》中明确规定"保护青工女工的特殊利益""实行工矿检查制度，以改进工矿的安全和卫生设备"。1949年10月，中央人民政府成立了劳动部，明确要求由劳动部负责"管理劳动保护工作"。1950年5月，政务院财经委员会发布了《全国公私营厂矿职工伤亡报告办法》，规定发生重伤事故，厂矿行政须立即直接报告当地劳动局。1950年12月政务院通过了《中华人民共和国矿业暂行条例》，对安全及管理做出了原则规定，1951

年 4 月公布了该条例,共五章 34 条。

1951 年 9 月,燃料工业部发布了我国第一部煤矿安全生产规程《煤矿技术保安试行规程(草案)》,对煤矿采掘生产以及通风、排水、运输等各个环节的安全都做出了详细的规定,有力地促进了煤炭工业的恢复。以此为基础,随后制定颁布的《煤矿和油母页岩矿保安规程》对煤矿顶板管理、瓦斯防治、防排水、放炮、机电运输等环节的工作提出了规范性要求,是第二部煤矿安全规程。同年焦作工学院划归燃料工业部,1950 年 3 月,华北煤矿专科学校并入焦作工学院,1950 年 9 月,焦作工学院根据燃料工业部的通知,改名为中国矿业学院。在此背景下唐山工学院(现西南交通大学)、东北工学院(现东北大学)、中南矿冶学院(现中南大学)、北京钢铁学院(现北京科技大学)等高等院校组建了矿山通风与安全教研室,并开始从事有关矿山劳动保护的研究和培养研究生。安全科学研究与专业人才的培养教育工作刚刚起步。

1951 年,燃料工业部制定了《改善现有矿井通风的规程》。一些从事劳动保护的研究人员从重点行业的劳动安全和卫生条件出发,并结合当时的形势,开始翻译当时苏联的著作,如斯阔成斯基等著的《矿井通风设计法》《矿内通风学》;与此同时,一些劳动保护科技工作者开始独立开展研究,例如,我国矿井通风界前辈黄元平先生等开始出版自己的研究成果《矿井通风计算》。

1954 年,第一部《宪法》中明确规定要改善劳动条件和建立工时休假制度,保证公民劳动权利。《共同纲领》和首部宪法的相关规定,为中华人民共和国成立初期安全生产、劳动保护立法提供了根本依据。

1955 年 12 月,由燃料工业部组织修订和颁发了中国煤炭工业《煤矿和油母页岩矿保安规程》。这部规程很大程度上受苏联的《煤矿、油母页岩矿保安规程》的影响,是仿效它而制订的。1955 年淮南煤矿工业专科学校改造为合肥矿业学院,1958 年,更名为合肥工业大学。1971 年,与煤矿有关的学科专业等整建制迁回淮南,与淮南煤矿学校(1963 年淮南矿业学院大部迁至山东泰山后,留下部分组建淮南煤矿学校)合并组建淮南煤炭学院。之后,经历了淮南矿业学院、淮南工业学院等,其间原华东煤炭医学专科学校和淮南化学工程学校相继并入。1998 年,学校由煤炭工业部划转安徽省,实行"中央与地方共建,以地方管理为主"的管理体制。2002 年学校更名为安徽理工大学。1982 年,正式招收"矿山通风与安全"硕士研究生。1983 年,开始培养"矿山通风与安全"本科生。2003 年,开始招收安全技术与工程专业博士生。2012 年,设立博士后科研流动站。

1956 年 5 月,国务院正式颁布了《工厂安全卫生规程》《建筑安装工程安全技术规程》和《工人职员伤亡事故报告规程》,后被称为"三大规程",标志着国家统一的安全生产法规和安全生产监管制度的初步建立,对我国的安全生产及法治建设有着深远影响,在这一时期各种劳动保护学校的劳动保护班、劳动保护系成立,北京经济学院开办了工业安全技术和工业卫生技术本科专业。

(2)调整时期(1958—1965 年)

1958 年下半年,由于政策决策的失误,"大跃进"时期忽视科学规律,只讲生产,不讲安全,大量削减安全设施,因此导致中华人民共和国成立以来伤亡事故的第一个高峰。1958 年 3 月,卫生部、劳动部、中华全国总工会联合发布《矿山防止矽尘危害技术措施暂行办法》。

1958年年初，为了适应我国国民经济和教育事业发展的需要，冶金工业部和江西省人民委员会决定，建立新型社会主义工科大学——江西冶金学院（江西理工大学前身）。江西理工大学安全科学与工程专业是由1958年所开设的通风教研组逐步演变发展而成，在开设通风教研组后，1985年开设了专修科班（大专），于1987年开始以矿山通风与安全专业名称招收本科生，1990年改为安全工程专业。该专业于2000年获得工学硕士学位授予权，2004年获得工程硕士学位授予权，并于2004年被评为江西省品牌专业，2005年"十一五"被评为江西省重点学科，2006年被评为江西省第二批示范性硕士点。该专业于2012年获国家"安全科学与工程"一级学科，并于2017年在江西省安全本科专业综合评价中排名第一。以矿山安全为传统优势，人才培养方案中突出了矿山安全与职业健康课程模块，建立以《采矿概论》《工程流体力学》《矿井通风》《矿山安全技术》《工业通风与防尘》《职业卫生》等核心课程群，形成了具有矿山安全与职业健康特色的人才培养方案。

1961年实行"调整"方针，安全生产立法转入正轨。在这一时期我国先后发布了《工业企业设计卫生标准》《关于加强企业生产中安全工作的几项规定》《国营企业职工个人防护用品发放标准》等一系列安全生产法规、规章和标准，使安全生产立法工作得到了进一步加强。在总结和吸取以往安全生产经验的基础上，初步建立起了企业安全生产责任制度、安全技术措施制度、安全教育培训制度、安全生产监督检查制度、事故调查处理制度。安全生产检查从一般性检查发展为专业性和季节性的检查，推动了安全生产工作向经常化和制度化前进，机械防护、防尘防毒、锅炉安全、防暑降温、女工保护等立法工作显著发展。

1961年4月至1963年6月，抚顺煤矿学院、辽宁煤矿师范学院、鸡西矿业学院和阜新煤矿学院四校合并，校址选于辽宁省阜新市，定名为阜新煤矿学院，成为东北地区唯一一所煤炭高等院校。1958年，阜新煤矿学院成立采煤教研室。1961年，成立阜新煤矿学院的通风教研室。1972年，阜新煤矿学院成立经济与通风教研室。1979年，阜新矿业学院党委常委会决定经济与通风教研室分为经济管理教研室、通风安全教研室。1988年，开始招收矿山通风与安全专业本科生。1990年，成立矿山安全工程研究所。1998年，采矿系撤系建院，成立了资源与环境工程学院，同时在采矿系通风安全教研室、露天开采教研室（部分人员）、矿山安全工程研究所的基础上组建资源与环境工程学院环境与安全工程系。2000年撤销环境与安全工程系，分别成立环境工程系和安全工程系。2006年12月，学校党委决定在安全工程系的基础上组建安全科学与工程学院。

煤炭工业企业经过三年恢复和第一个五年计划，新技术、新工艺、新装备有了长足进步与发展。在1961年10月由煤炭工业部组织制订了《煤矿保安暂行规程》，这部《规程》存在着不少照搬外国《规程》条文的现象。此外，1960年为乡镇小煤矿制定了《地方小煤矿安全生产几项规定》。1965年12月，国务院批转地质部《矿产资源保护试行条例》，对矿产资源保护中的安全生产问题做了规定。

（3）"文化大革命"时期（1966—1976年）

"文化大革命"时期，安全生产工作被认为是"活命哲学"而受到批判，安全生产立法停滞，工业生产秩序混乱，劳动纪律涣散，安全生产工作倒退，伤亡事故急升，形成了中华人民共和国成立以来的第二个事故高峰，这是安全生产立法遭受破坏和倒退的阶段，也造成了校园房舍、图书资料、仪器设备的大量损失和人才的严重流失，使得矿山安全教学、科研工作被中断。

尽管如此，这一时期党和国家对安全生产问题仍比较重视，发布了一些关于安全生产的指示。1970年12月，中共中央发出了《关于加强安全生产的通知》，要求各企业、单位充分发动群众，克服忽视安全生产和违反安全制度的现象。

(4) 恢复发展时期（1978—1990年）

1978年12月，中国共产党第十一届三中全会确立了改革开放的方针，邓小平同志在中央工作会议闭幕时的讲话中，把《劳动法》列为当前"应该集中力量制定"的法律，随着思想上的拨乱反正和生产秩序的逐步恢复，安全生产立法开始了新的历史发展时期。党中央、国务院对安全生产工作非常重视，先后发出了中央〔78〕76号文件和国务院〔79〕100号文件，即《中共中央关于认真做好劳动保护工作的通知》和《国务院批准国家劳动总局、卫生部关于加强厂矿企业防尘防毒工作的报告》，要求各地区、各部门、各厂矿企业必须加强劳动保护工作，保护职工的安全和健康。1979年4月，国务院重申认真贯彻执行《工厂安全卫生规程》《建筑安装工程技术规程》《工人职员伤亡事故报告规程》和《国务院关于加强企业生产中安全工作的几项规定》。1979年全国五届人大二次会议颁布了《中华人民共和国刑法》，1997年3月14日第八届全国人民代表大会第五次会议修订的《刑法》（新刑法），对安全生产方面的犯罪做了更为明确具体的规定。

从1978年开始，煤炭工业部集中了煤炭为生产、建设、设计、科研、院校等各方面专家60余名，经过两年时间，反复征求各方面意见，在1980年2月颁布一部适应中国煤炭工业发展，符合煤矿安全生产实际情况的《煤矿安全规程》（12章462条）。

1982年2月，国务院颁布了《矿山安全条例》《矿山安全监察条例》和《锅炉压力容器安全监察条例》等行政法规，要求加强矿山及锅炉、压力容器的安全生产工作。两个条例的颁布，结束了我国矿山安全工作"无法可依"的历史，以法规形式依法规范了矿山安全工作，实行矿山安全国家监察制度。

1984年7月，国务院发布了《关于加强防尘防毒工作的决定》，进一步强调了生产性建设项目"三同时"的规定；对企业、事业单位治理尘毒危害和改善劳动条件的经费开支渠道，对于严禁企业、事业部门或主管部门转嫁尘毒危害问题，以及关于加强防尘防毒的监督检查和领导等问题，都做了明确规定，同年教育部、国家计委批准将安全工程正式列入《高等学校工科本科专业目录》，1984年全国已有6所大学成立"安全工程"本科专业，开设的"矿山通风与安全"本科专业在部分院校开始招生。1986年3月第六届全国人大常委会第15次会议通过并公布《矿产资源法》，规定开采矿产资源，必须遵守国家劳动安全卫生规定，具备安全生产条件。全国28个省、自治区、直辖市人大或人民政府颁布了地方性劳动保护法规或规章。1987年，煤炭工业部颁发《煤矿救护规程》《军事化矿山救护队战斗条例》和《军事化矿山救护队管理办法》。我国学者刘潜等提出了建立安全科学学科体系和安全科学技术体系结构的设想。1986年，在部分高校设置了安全技术及工程专业学科硕士、博士学位，使得我国在安全学科领域形成了完整的学位教育体系。据不完全统计，到20世纪80年代末期，全国已有42所大专院校设置了安全工程、卫生工程专业本科或专科，经国务院学位委员会批准的安全技术及工程学科（专业）硕士学位授予单位有5个、博士学位授予单位有2个，我国安全科学技术教育体系初步形成。全国各地大型劳动保护教育中心有70多个，企业劳动保护宣传教育室 2000 多个。在企业，数以万计的科技人员活跃在安全生产第一线，从事安全科技与管理工作。中国科学技术大学、北京理工大学相继建立了火灾科学国家重点实验室、爆炸灾害预防和控制国家重点实验室。初步形成了具有一定规模和水平的安全科技队伍和科研体系。

（5）逐步完善时期（1991—2002 年）

进入"八五"时期，随着改革的不断深入和社会主义市场经济体制的建立与完善，我国安全生产法制建设也加快了进程。1991 年 3 月，国务院发布了《企业职工伤亡事故报告和处理规定》（第 75 号令），严格规范了对各类事故的报告、调查和处理程序。

1992 年 11 月，第七届全国人大第 28 次会议通过并公布《矿山安全法》，就矿山建设、开采过程中的安全保障，矿山企业的安全管理，政府对矿山安全生产的监督管理，以及矿山事故的调查处理等做出了规定，规定矿山企业的安全工作人员必须具备必要的安全专业知识和安全工作经验。该法对于保障矿山安全、防止矿山事故，保护矿山职工人身安全，促进采矿业的发展有着重要意义，劳动部于 1996 年 10 月发布了《矿山安全法实施条例》。

1994 年 12 月，国务院发布《煤炭生产许可证管理办法》和《乡镇煤矿管理条例》填补了国家立法中缺少煤炭工业立法的空白。1995 年，煤炭工业部组织对《煤矿救护规程》《军事化矿山救护队战斗条例》和《军事化矿山救护队管理办法》三个文件进行修订合并，形成《煤矿救护规程》（1995 年版）。

1994 年 7 月，第八届全国人大第 8 次常务会议通过了《劳动法》，1995 年 1 月 1 日实施，它的颁布和实施，标志着我国劳动保护法制建设进入了一个新的发展时期。《劳动法》以保护劳动者合法权益为立法宗旨，不仅规定了劳动者享有的权利，同时规定了用人单位的义务和对劳动者保护的相应措施，为保护劳动者安全健康的合法权益提供了有力的法律保障。

1996 年 8 月，第八届全国人大第 21 次会议通过并发布了《煤炭法》，1996 年 12 月起施行。该法对煤炭开发规划和煤矿建设、生产、经营等做出了全面规范的同时，首次从法律上对煤矿安全做出了系统的明确的规定，如规定煤矿安全生产实行矿务局局长、矿长负责制；要求煤矿对职工进行安全生产教育培训，未经教育培训的不得上岗作业。

为了贯彻执行安全生产法规，由国家行政主管部门依据《中华人民共和国标准化法》规定，由标准主管部门审批和发布了一批安全生产和劳动安全卫生标准。这些从技术条件或管理业务方面提出的比较具体的定量标准，为矿山安全生产专业技术问题提供了技术规范。

为了保障煤矿安全，规范煤矿安全监察工作，保护煤矿职工人身安全和身体健康，2000 年 11 月，国务院发布了《煤矿安全监察条例》。

2001 年 11 月 21 日，国务院第 48 次常务会议审议通过了《安全生产法（草案）》，提请全国人大常委会审议。2001 年 11 月 29 日，第九届全国人大常委会第 25 次会议对《安全生产法（草案）》进行了初审。2002 年 4 月 24 日和 6 月 25 日，第九届全国人大常委会第 27 次、第 28 次会议又分别对《安全生产法（草案）》进行了第二次和第三次审议，并进行了反复研究论证和认真修改。于 2002 年 6 月 29 日下午举行的第九届全国人大常委会第 28 次会议的全体会议上审议通过。江泽民主席当日签发第 70 号中华人民共和国主席令予以公布。《安全生产法》于 2002 年 11 月 1 日正式实施。2002 年 11 月 1 日开始执行的《中华人民共和国安全生产法》标志着安全生产真正走向法制化轨道。

为适应煤炭工业科技发展、技术进步和煤矿安全管理体制的改革，更好地与现行的有关法律法规相衔接，推动全国煤矿安全生产的进一步好转和健康、有序发展，按照"全国所有煤矿不分大小、不分办矿性质和隶属关系，凡是煤矿一律执行一个规程，一个标准"的原则，将原来能源工业部 92 版《煤矿安全规程》、93 版《煤矿安全规程》（露天煤矿）和原煤炭工业部 95 版《煤矿救护规程》《防治煤与瓦斯突出细则》《矿井通风安全监测装置使用管理规定》以及 96 版《小煤矿安全管理规程》统一纳入一个版本，合而为一，在 2001 年 9 月 28 日修订完成了《煤矿安全规程》，并在 2001 年 11 月 1 日正式执行。

（6）加速发展期（2002 年至今）

进入 21 世纪后，我国安全生产法律与以往相比在制度内容上和立法质量上都有大幅度提高，通过的《宪法》以及《劳动法》等法律中对劳动保护和安全生产工作都作了相应规定。2002 年 6 月 29 日，全国人大常委会通过了《安全生产法》对各级政府制定应急救援预案、建立应急救援体系和企业建立应急救援组织、配备应急救援装备作出明确规定。这部安全生产基本法的通过和实施，标志着我国安全生产立法进入了一个新的发展时期。其第二章第 19 条对生产经营单位和企业内部的安全管理进行了明确规定："矿山、建筑施工单位和危险物品的生产、经营、储存单位，应当设置安全生产管理机构或者配备专职安全生产管理人员。"其适用范围比之前规定有所扩大和延伸，如将调整对象界定为生产经营单位，不再只局限于企业单位。《安全生产法》的落实也促使全国开办安全工程专业的高校数目不断增长，招生人数不断扩大。

2004 年，国家安全生产监督管理局（国家煤矿安全监察局）颁发《矿山救援工作指导意见》。2005 年，国家安全生产监督管理局颁布《〈矿山救护队资质认定〉管理规定》《矿山救护队培训管理暂行规定》。2006 年 1 月，国务院发布《国家突发公共事件总体应急预案》，7 月出台《国务院关于加强应急管理工作的意见》。2007 年 8 月 30 日，国家颁布《中华人民共和国突发事件应对法》，已于 2007 年 11 月 1 日起施行。2007 年 10 月 22 日，国家安全生产监督管理总局以第 20 号公告批准安全生产行业标准《矿山救护规程》（AQ 1008-2007）和《矿山救护队质量标准化考核规范》（AQ 1009-2007），自 2008 年 1 月 1 日起施行。

6.6.1.3 矿山安全生产法规建设的意义

法律把生产经营单位的安全生产列为重中之重，对其生产经营所必须具备的安全生产条件、主要负责人的安全生产职责、特种作业人员的资质、安全投入、安全建设工程和安全设施、安全管理机构和管理人员配置、生产经营现场的安全管理、从业人员的人身保障等安全生产保障措施和安全生产违法行为应负的法律责任等做出了严格、明确的规定。这对促进生产经营单位尤其是非国有生产经营单位提高从业人员安全素质、建立健全安全生产责任制、严格规章制度、改善安全技术装备、加强现场管理、消除事故隐患和减少事故、提高企业管理水平，都有重要意义。

从业人员安全素质的高低，直接关系到能否实现安全生产。《安全生产法》在赋予从业人员安全生产权利的同时，还明确规定了他们必须履行的遵章守规、服从管理、接受培训，提高安全技能，及时发现、处理和报告事故隐患和不安全因素等法定义务及其法律责任。只有从业人员切实履行这些法定义务，逐步提高自身的安全素质，提高安全生产技能，才能及时有效地避免和消除大量的事故隐患，掌握安全生产的主动权。

6.6.2 矿山安全生产监督管理体制改革对学科的推动

在我国，安全生产监督管理是督促企业落实各项安全法规，治理事故隐患，降低伤亡事故的有效手段。中华人民共和国成立70多年来，我国的安全生产监督管理体制经历了曲折的发展变化，而矿山安全生产作为整个国家安全生产监督管理体制中的重要组成部分，也是从无到有，在摸索中不断发展完善，至今基本形成了较系统的矿山安全生产监督管理体制。

（1）中华人民共和国成立初期

中华人民共和国成立的前夕，第一届中国人民政治协商会议通过的《共同纲领》中就提出了人民政府"实行工矿检查制度，以改进工矿的安全和卫生设备"。中华人民共和国一成立，中央人民政府就设立了劳动部，在劳动部下设劳动保护司，地方各级人民政府劳动部门也相继设立了劳动保护处、科、股，作为劳动保护工作的专管机构。政府许多产业主管部门也相继在生产和人事部门设立了专管劳动保护和安全生产工作的机构。中华全国总工会在各经工会中设立了劳动保护部，工会基层组织一般设立了劳动保护委员会，以加强对企业劳动保护的监督。

1950年5月，国务院批准了《中央人民企业劳动部试行组织条例》和《省、市劳动局暂行组织通则》等规定，要求："各级劳动部门自建立伊始，即担负起监督、指导各产业部门和工矿企业劳动保护工作的任务"，对工矿企业的劳动保护和安全生产工作实施监督管理。

1951年，中央人民政府燃料工业部制定了《改善现有矿井通风的规程》。一些从事劳动保护的研究人员从重点行业的劳动安全和卫生条件出发，并结合当时的形势，开始翻译当时苏联的著作，如斯阔成斯基等著的《矿井通风设计法》《矿内通风学》；1956年5月，中共中央批示："劳动部门必须早日制定必要的法规制度，同时迅速将国家监督机构建立起来，对各产业部门及其所属企业劳动保护工作实行监督检查"。同年5月25日，国务院在发布"三大规程"的决议中指出："各级劳动部门必须加强经常性的监督检查工作"。这是我国安全生产监督管理体制的初创阶段。

在"大跃进"和"文化大革命"中，原劳动部门被精简合并，劳动保护和安全生产工作遭受到严重挫折。

（2）十一届三中全会以后

1979年4月，经国务院批准，原国家劳动总局会同有关部门，从伤亡事故和职业病最严重的采掘工业入手，研究加强安全立法和国家监察问题工作。1979年5月，原国家劳动总局召开全国劳动保护座谈会，重新肯定加强安全生产立法和建立安全生产监察制度的重要性和迫切性。1982年2月，国务院发布《矿山安全条例》《矿山安全监察条例》和《锅炉压力容器安全监督暂行条例》，宣布在各级劳动部门设立矿山和锅炉压力容器安全监督机构；同时，相应设立了安全生产监督机构，以执行安全生产国家监督制度。1983年5月，国务院批转原劳动人事部、国家经委、全国总工会《关于加强安全生产和劳动安全监督工作的报告》，指出："劳动部门要尽快建立、健全劳动安全监督制度，加强安全监督机构，充实安全监督干部，监督检查生产部门和企业对各项安全法规的执行情况，认真履行职责，充分发挥应有的监督作用。"从而，全面确立了安全生产国家监督制度，即确定了我国安全生产工作中实行"安全监察、行政管理和群众（工会）监督"相结合的工作体制，并称为安全生产管理的"三结合"

体制。"三结合"体制的建立,明确了国家监察体制、行政管理体制和群众监督体制三者的权限、职责、任务及其相互关系,使三者从不同的层次、不同的角度、不同的方向贯彻执行"安全第一,预防为主"的安全生产方针,协调一致地实现安全生产的共同目的。可以说,"三结合"的体制在推动我国安全生产管理工作方面发挥了积极的作用。

(3) 改革开放初期

从1982年至1995年,由四川、湖北、天津等地区带头,相继有28个省、自治区、直辖市和一些城市通过了劳动保护地方立法,规定了劳动行政部门(劳动局、厅)是主管安全生产监督工作的机关,在本地区实行安全生产监察工作。同时,下级劳动安全卫生监察机构在业务上接受上级安全生产监察机构的指导。从而,形成了中央统一领导,属地管理,分级负责的安全生产监察体制。

截至1992年,全国有31个省、自治区、直辖市和计划单列市劳动部门设立了矿山安全监察处,160多个矿山集中的地、市和600多个县的劳动部门设立了矿山安全监察站,配备国家矿山安全监察员2000多名。各级矿山安全监察机构根据《矿山安全监察条例》赋予的职权,积极开展了矿山安全检查、矿山设计审查和矿山工程竣工验收、查处矿山重大伤亡事故、实行矿长安全资格审查和乡镇矿山矿井安全条件合证认证制度等工作,取得了一定成就。1992年11月颁布《矿山安全法》,使原劳动部门对矿山安全生产的监察工作首次具有法律基础。

1993年8月,原劳动部发布了《劳动监督规定》,对劳动监督的内容做出了规定。1993年,国务院下发了《关于加强安全生产工作的通知》,在明确规定原劳动部负责综合管理全国安全生产工作,对安全生产实行国家监察的同时,也明确要求各级综合管理生产的部门和行业主管部门,在管生产的同时必须管安全,提出一个建立社会主义市场经济过程中的新安全生产管理体制,即实行"企业负责、行业管理、国家监察、群众监督"的新体制。随后,在实践中又增加了劳动者遵章守纪的内容,形成了"企业负责、行业管理、国家监察、群众监督、劳动者遵章守纪"的安全管理体制。

1994年7月,全国人大通过了《劳动法》,进一步明确了安全生产国家监督体制。1995年6月,劳动部颁布了《劳动安全卫生监督员管理办法》。这些对于完善安全生产国家监督体制和建立一支政治觉悟高、业务能力强的安全生产监督队伍,有很大的推动作用。

1998年,为适应市场经济的需要,中央决定推进政府机构改革,矿山安全生产监督管理体制发生了重大变化。在机构改革中,国务院决定成立劳动和社会保障部,将原劳动部承担的安全生产综合管理、职业安全卫生监察、矿山安全卫生监察的职能,交由国家经济贸易委员会(简称国家经贸委)承担;原劳动部承担的职业卫生监察职能,交由卫生部承担;原劳动部承担的锅炉压力容器监察职能,交由国家质量技术监督局承担;劳动保护工作中的女职工和未成年人工作特殊保护、工作时间和休息时间,以及工伤保险、劳动保护争议与劳动关系仲裁等职能,仍由劳动和社会保障部承担。国家经贸委成立安全生产局后,综合管理全国安全生产工作,对安全生产行使国家监督监察管理职权;拟订全国安全生产综合法律、法规、政策、标准;组织协调全国重大安全事故的处理。1999年,国家煤矿安全监察局成立。国家煤矿安全监察局是国家经贸委管理的负责煤矿安全监察的行政执法机构,在重点产煤省和地区建立煤矿安全监察局及办事处。省级煤矿安全监察局实行以国家煤矿安全监察局为主,国家煤矿安全监察局和所在省政府双重领导的管理体制。

（4）进入21世纪

2000年12月，为适应我国安全生产工作的需要，借鉴英美等国家的一些先进经验和做法，国务院决定成立国家安全生产监督管理局和国家煤矿安全监察局，实行一个机构、两块牌子。涉及煤矿安全监察方面的工作，以国家煤矿安全监察局的名义实施。国家安全生产监督管理局是综合管理全国安全生产工作、履行国家安全生产监督管理和煤矿安全监察职能的行政机构，由原国家经贸委负责管理。

2001年3月，国务院决定成立国务院安全生产委员会，成员由国家经贸委、公安部、监察部、全国总工会等部门的主要负责人组成。安全委员会办公室设在国家安全生产监督管理局。

2003年3月，第十届全国人大第1次会议通过了《国务院机构改革方案》。《方案》将国家经济贸易委员会管理的国家安全生产监督管理局改为国务院直属机构，负责全国生产综合监督管理和煤矿安全监察。安全生产机构从削减到恢复，再到单独设置，体现了我国政府对安全生产工作的高度重视，标志着我国安全生产监督管理工作达到了一个更高的高度。

2004年11月，国务院调整补充了部分省级煤矿安全监察机构，将煤矿安全监察办事处改为监察分局。有省级煤矿安全监察局20个，地区煤矿安全监察分局71个。与国家煤矿安全监察局的垂直管理不同的是，安全生产监督管理的体制是在省、地、市分别设置安全生产监督管理部门，由各级地方政府分级管理。

自2003年以来，全国矿井瓦斯爆炸事故不断发生，死亡人数不断增多，例如：2003年1月，江西丰城建新煤矿发生瓦斯爆炸事故，48名矿工遇难；2004年2月，山西灵石煤矿发生爆炸事故，29名矿工遇难；2004年3月1日，山西省介休市金山坡煤矿发生瓦斯爆炸，28人遇难；2004年5月18日，山西省吕梁地区交口县双池镇蔡家沟煤矿发生爆炸事故，33人遇难；2004年11月28日，陕西陈家山煤矿瓦斯爆炸，166名矿工遇难。温家宝总理也非常关心瓦斯利用的问题，2005年1月2日下午，温家宝总理在看望"11·28"陈家山煤矿瓦斯爆炸后回京的专机上，特地邀请周世宁和张铁岗两位瓦斯问题治理专家到总理座舱谈话，"和总理做了三四十分钟的谈话，一直谈到飞机准备下降了，总理很高兴，意犹未尽。"

在这次谈话后，国家发改委主任马凯让两位院士将我国燃气能源的研究调查报告直接送交发改委。瓦斯的抽放、利用已经开始由专家论证逐渐向高层的认知转变。

2005年2月，国家安全生产监督管理局调整为国家安全生产监督管理总局，升为正级，为国务院直属机构；国家煤矿安全监察局单独设立，为副部级，为国家安全生产监督管理总局管理的国家局。

2005年3月，国家煤矿安全监察局成为国家安全生产监督管理总局管理的行使国家煤矿安全监察职能的副部级机构，内设综合司（科技装备司）、安全监察司、事故调查司；随后又将科技装备司单设，增设了行业安全基础管理指导司。

把国家安全监督管理局升为总局，提高了政府安全生产监督管理的权威性和严肃性，使政府对企业安全生产管理力度明显加大；并且有利于规范我国安全生产监督管理体制和机制。2006年国家安全生产应急救援指挥中心成立，以整合全国应急救援资源，提高国家应对重特大事故灾害的能力。

2011年5月，国家安监总局、国资委《关于进一步加强中央企业安全生产分级属地监管的指导意见》，规定国家煤矿安监局依法监督检查中央管理的煤炭企业和为煤矿服务的（煤矿矿井建设施工、煤炭洗选等）企业的安全生产工作。这使国家煤矿安监局不仅要履行监察职能，同时还要履行煤矿安全监管方面的部分职能。同年在国家安全监管总局积极努力下，"安全科学与工程"成功获批为研究生教育一级学科，安全科学与工程列为一级学科，进一步推进了安全学科专业的发展。

国家安全生产监督管理总局中负责金属非金属矿山安全监督监察工作的部门是监督管理一司。监督管理一司依法监督检查非煤矿山、石油、冶金、有色、建材、地质等行业的工矿商贸生产经营单位贯彻执行安全生产法律、法规情况及其安全生产条件、设备设施安全情况；组织相关的大型建设项目安全设施设计审查和竣工验收；负责非煤矿矿山企业安全生产许可证的颁发和管理工作，指导和监督相关的安全评估工作；参与相关行业特别重大事故的调查处理等。国家安全监管总局于2010年组织制定了《金属非金属地下矿山安全避险"六大系统"安装使用和监督检查暂行规定》和《煤矿井下安全避险"六大系统"建设完善基本规范》（安监总煤装〔2011〕33号）。六大系统由监测监控系统、供水施救系统、压风自救系统、人员定位系统、紧急避险系统和通信联络系统构成。其中，前3项可实现矿山安全事故的预防与监测，后3项是针对灾后处理和降低事故危害程度。

（5）现阶段

2018年3月，第十三届全国人大第1次会议批准的国务院机构改革方案，国家应急管理部设立，将国家安全生产监督管理总局的职责，国务院办公厅的应急管理职责，公安部的消防管理职责，民政部的救灾职责，国土资源部的地质灾害防治、水利部的水旱灾害防治、农业部的草原防火、国家林业局的森林防火相关职责，中国地震局的震灾应急救援职责以及国家防汛抗旱总指挥部、国家减灾委员会、国务院抗震救灾指挥部、国家森林防火指挥部的职责整合，组建应急管理部，作为国务院组成部门。

国家煤矿安全监察局划由国家应急管理部管理，国家煤矿安全监察局为国家安全生产监督管理总局管理的国家局，国家煤矿安全监督监察局行使行政执法的机构，履行国家煤矿安全监察职责。国家煤矿安全监察局强化行政执法监管，从上至下实行垂直管理、分级负责的体制。

6.6.3　现代科学进步对矿山安全技术的推动

如何提高生产的现代化水平，将事故防患于未然，减少事故造成的人员和财产损失，除了加强管理、制定科学的安全生产管理监督体系外，利用现代科学技术在矿山安全生产各个环节发挥的作用也是重要的措施之一，这也成为矿山安全学科进行研究的主要方面，也是学科发展的外在动力。现代科学技术的应用，使矿山具有人类般的思考、反应和行动能力，实现物物、物人、人人的全面信息集成和响应能力，主动感知、分析并快速做出正确处理的矿山系统，人为的因素将降低到最低限度，矿山企业的人财物产销存等能协同、自动运作，实现矿山企业的集约、高效、可持续发展。新一代互联网、云计算、智能传感、通信、遥感、卫星定位、地理信息系统等各项技术的成熟与融合，实现数字化、智能化的管理与反馈机制，为智慧矿山发展提供了技术基础。

（1）现代矿山监测预警技术

预防为主是安全生产的重要方针，也是安全生产的灵魂所在，只有把安全工作重心放在事前预防上，才能把事故消除在萌芽状态，切实保障人民的生命财产安全。影响安全生产的各个要素，都需要现代科学技术提供技术支撑，改进工艺装配以及管理水平，以技术手段提高本质安全，将矿山安全生产从经验管理转变为科学管理。

事前预防是根本，但生产过程中各个生产要素是在不停的运动变化中，过程控制也是安全生产的关键所在。加强安全过程监控是利用现代科学技术来加强生产过程的温度、压力、浓度、流量、料位等工艺参数监控，当工艺参数产生偏离可能造成危险时，实现报警、提示、自动调控功能，从而消除危险。如煤矿企业巷道内瓦斯浓度检测报警、民爆物品生产过程的断水、断料自动控制和安全连锁。在金属矿山的开采过程中，通过岩层稳固性探测雷达的应用，可有效减少矿石贫化，并提高采矿生产的安全性。地震层析 X 射线摄影机对矿山深部矿柱相对应力测定，可在开采前更好地了解矿区的高应力，并保证在开采过程中去除和避开高应力区。携带式热应力监测计可实现对岩石温度进行有效检测，从而保证在开采过程中，能够对各种环境参数、空气冷却量、平均辐射热温度等进行有效的检测。这些都是利用现代科学技术加强安全监控的事例。

传感器是井下矿山安全监测监控系统可靠运行的关键，而且由于传感器运行在矿井特殊的工作环境下，增加了开发的难度，开发适用于矿井的安全传感器，已成为国内外研究的热点。微型化、集成化、智能化、系统化、低功耗是当今全球传感器发展的方向，而光纤技术、生物工程技术、微电子技术及微加工技术等多种技术的融合，可使传感器性能最优化，这是各研究机构、高校特别关注的地方，也促使矿山安全学科一直朝着这一领域不断取得进步。

（2）现代安全信息技术

随着数字矿山的建设及发展，智能矿山建设将成为煤炭开采行业发展的趋势。现代化的数字化技术、自动化控制技术、通信技术、信息化技术、大数据技术及其他先进技术，越来越多地被用于智能矿山建设。现代安全信息技术采用大数据分析手段对生产过程中所能获得的各种信息收集、整理、分析、整合，并进行最全面、最科学的评价，从而使得管理者能够及时、准确掌握开采中的安全信息，从而准确预警矿山开采中的隐患，以达到预防、减少安全事故的目的。能客观地分析所发生的事故原因，准确地界定事故责任，科学地制订防范措施是事故处理的关键环节，要做好这些环节，只靠询问现场人员，根据经验判断是远远不够的，缺乏说服力和权威性。利用大数据、人工智能等现代技术是客观、准确地开展事故处理的技术手段，如 2006 年山东某铵锑炸药生产线和安徽某乳化炸药生产线爆炸事故、2010 年青海某膨化硝铵混碾机爆燃事故，就是利用现场视频监控和生产过程流量、转速、温度、断水等自动控制记录为事故调查提供了科学、有力的依据。

随着传统数据的积累和现代矿业全自动化系统建设，物联网在煤炭行业的应用，煤矿安全生产管理相关数据也将出现数据爆炸现象，数据越多，也就越容易建立起煤矿事故灾害的预测预警模型，预警预报也就越准确。通过引入大数据综合分析平台，利用大数据分析数据间的相关关系，对瓦斯事故、顶板事故、水害事故等可以建立起有效可靠的预测预警模型，可有效提高矿山安全生产能力。有效改变矿山行业事故率高、矿难频发的状况，如离层分析仪等数据平台的引入，可有效预警顶板事故，大大降低顶板事故伤亡率。

2016 年，我国发布了《全国矿产资源规划（2016—2020 年）》，明确提出未来 5 年要加快建设数字化、智能化、信息化、自动化矿山。总体来看，矿业在发展中经历了人力矿山、机械矿山、数字矿山、感知矿山等不同业态，正朝着自动化、智能化和无人化迈进。中国煤炭工业协会2016年发布了煤炭工业"十三五"大数据建设指导意见。煤炭行业智能矿山工程研究中心于2017年9月成立，为煤炭企业的自动化、信息化、数字化、智能化建设提供强有力的专业技术支撑。2018年工业和信息化部将着重支持煤炭智能采掘装备研发和推广应用，在此基础上加强智能矿山大数据应用研究。国内各类院校、机构以及企业等开展了智能矿山大数据研究以及实践应用，已初见成效，大数据技术在各矿山企业的应用有了开创性的进展。神东锦界煤矿展开了智能矿山示范工程建设，设计了智能矿山5层架构体系并对其关键技术进行攻关，重点强化了智能矿山体系中的"智慧"和"能力"平台建设，主要包括大数据中心和决策分析平台。同煤集团塔山煤矿强化科技支撑，以"大数据"应用为突破口，通过健全完善以太网综合自动化系统、应用无轨胶轮车智能调度系统、产量平衡时空预警系统等，确保矿井实现安全高效生产，助力能源革命。陕煤柠条塔煤矿利用大数据、物联网等技术，对煤矿安全生产全因素进行数据收集分析、实现风险预测预警，优化、改进了安全生产运营管理方式和综采、主运输、生产辅助等系统的运行管理以及全时空的岗位管理等。

大数据在煤矿安全生产中的应用，是一个新的领域与尝试。在此历程中，数据会越来越规范、有效，随着此技术的普及，也将对现有安全管理模式产生有利影响。大数据的应用必然引起传统行业安全管理的一场变革，也将提高煤矿安全管理的技术能力。智能矿山大数据的研究以及工程应用是一个复杂的系统工程，相关研究与应用实践既有诸多驱动因素，同时也存在诸多阻碍因素，需要经过一个漫长的发展过程，不仅需要矿山安全学科领域各研究人员有足够的耐心和持久的投入，也需要其他学科研究者和实践者共同参与，紧跟前沿理论和现代技术，合力破除阻碍，制定各个层面的智能矿山大数据发展战略，不断将更新理论、技术应用到智能矿山实践中。通过大数据在矿山行业中的深入应用，为安全管理者及政府部门决策提供有效的理论依据，更好地服务于矿山安全生产。

（3）现代矿山无线通信技术

随着矿山安全生产信息化水平的不断提高，先进的通信手段不断应用于矿山。光电传输、数字程控交换机、宽带互联网接入，无线技术在矿井安全生产中应用领域越来越广泛，如井下通信、传输、人员定位、无线传感器、无线局域网、现场工业设备遥控、应急通信、环境监测、安全生产指挥、移动办公、移动商务等领域。应用现代无线电通信技术中的信令技术及无线发射接收技术，结合流行的数据通信、数据处理及图形展示软件等技术，矿区通信网正在向集语音、图像和数据等多媒体信号传输"三网合一"的综合信息网方向发展。

随着无线通信和自动识别技术在煤矿安全生产监测应用领域中的不断发展，我国也开始在井下人员具体情况和分布位置进行探索研究并取得了很大的成果，出现了各种人员定位产品。通过利用现代先进的射频识别技术、数据通信传输技术、计算机管理数据库，结合煤矿生产实际，建立起井下人员定位系统，能够及时、准确地将井下各个区域人员和移动设备情况动态反映到地面计算机系统，使管理人员能够随时掌握井下人员和移动设备的总数及分布状况；能跟踪下井情况、矿工入井、出井时间及运动轨迹，企业能更加合理地调度和管理。我国自主开发的第一代井下人员定位系统主要以无源射频识别技术为主，给每个井下工人配发一张无源卡，每次经过井下基站时需工人拿卡在井下阅读基站上进行识别，或在井下巷道中做一个大型无线感应线圈，让井下人员从中钻过去，实现井下数据交换。随着我国射频识别技术的日趋发展，在射频识别系统的应用领域已逐步跟上了国际先进水平，而我国自主开发的新型有源井下人员定位系统也正处于不断完善的阶段。现在研发的新型人员定位系统主要以有源射频卡为基础，已有的系统加大了井下人员阅读基站数据交换的有效范围（10—20米），提高了射频卡使用的方便性。

现代矿山无线移动通信技术，作为有线通信的补充，由于矿山通信技术要能够满足井下特殊的工作环境，且能够满足矿山综合通讯需求，且矿山作业环境、用户分布和使用要求等因素，构成了自身的行业特征，并形成了一门新的科学分支。可以预计，现代无线移动通信技术在矿山安全生产中有着广阔的发展前景，必将发挥越来越多的作用。

参考文献

[1] 陈宝智. 矿山安全工程［M］. 北京：冶金工业出版社，2009.
[2] 吴晓煜. 中国煤矿安全史话［M］. 徐州：中国矿业大学出版社，2012.
[3] 陈维健，等. 矿井安全监测监控设备［M］. 徐州：中国矿业大学出版社，2014.
[4] 王显政，等. 煤矿安全新技术［M］. 北京：煤炭工业出版社，2002.
[5] 郭忠林，陶军，李先祥. 重视矿山安全促进矿山持续稳定发展［J］. 采矿技术，2003（2）：26-28.
[6] 林柏泉. 安全学原理［M］. 北京：煤炭工业出版社，2013.
[7] 王首道文集编辑委员会. 王首道文集［M］. 北京：中国大百科全书出版社，1995.
[8] 朱义长. 中国安全生产史 1949—2015［M］. 北京：煤炭工业出版社，2017.
[9] 周超. 中国安全发展历史回顾（一）［J］. 劳动保护，2008（1）：76-79.
[10] 周超. 中国安全发展历史回顾（二）［J］. 劳动保护，2008（2）：92-93.
[11] 周超. 中国安全发展历史回顾（三）［J］. 劳动保护，2008（3）：78-81.
[12] 周超. 中国安全发展历史回顾（五）［J］. 劳动保护，2008（5）：80-82.
[13] 陈世江. 矿山安全评价［M］. 北京：煤炭工业出版社，2014.
[14] 安全监管总局. 关于印发非煤矿山安全生产"十二五"规划的通知［EB/OL］. ［2019-05-06］. http：//www.gov.cn/gzdt/2011-11/29/content_2005768.htm.
[15] 安全监管总局. 安全监管总局印发《非煤矿山安全生产"十三五"规划》［EB/OL］. ［2019-05-06］. http：//www.gov.cn/xinwen/2017-08/25/content_5220261.htm.
[16] 黄启富. 对我国矿井支护设备的分析与探讨［A］. 湖南省岩石力学与工程学会. 湖南省岩石力学与工程学会 2003 年年会论文集［C］. 湖南省岩石力学与工程学会，中国岩石力学与工程学会，2003：6.
[17] 阎木山. 煤矿支护改革的经验与发展［J］. 煤矿科学技术，1983（7）：9-12+61.
[18] 康红普，王金华，林健. 煤矿巷道锚杆支护应用实例分析［J］. 岩石力学与工程学报，2010，29（4）：649-664.
[19] 鞠文君. 我国煤矿锚杆支护技术的发展与展望［J］. 煤矿开采，2014，19（6）：1-6.
[20] 曹霞. 煤矿液压支架应用现状及发展趋势探究［J］. 煤矿科技，2016（1）：50-52.
[21] 张庆华. 我国煤矿通风技术与装备发展现状及展望［J］. 煤炭科学技术，2016，44（6）：146-151.
[22] 田卫东. 通风网络解算方法综述［J］. 矿业安全与环保，2016，43（3）：96-99.
[23] 张庆华. 我国煤矿通风技术与装备发展现状及展望［J］. 煤炭科学技术，2016，44（6）：146-151.
[24] 艾兴. 煤矿火灾防治技术发展历程及展望［A］. 中国煤炭学会煤矿安全专业委员会、中国煤炭工业安全科学技术学会瓦斯防治专业委员会、中国煤炭工业安全科学技术学会火灾防治专业委员会、中国煤炭工业安

全科学技术学会矿井降温专业委员会、《煤矿安全》编辑委员会. 煤炭安全/绿色开采灾害防治新技术——2016年全国煤矿安全学术年会论文集[C]. 2016: 5.

[25] 瓦斯通风防灭火安全研究所. 矿井瓦斯涌出量预测方法的发展与贡献[J]. 煤矿安全, 2003 (S1): 10-13.

[26] 姜文忠, 霍中刚, 秦玉金. 矿井瓦斯涌出量预测技术[J]. 煤炭科学技术, 2008 (6): 1-4.

[27] 何学秋等. 中国煤矿灾害防治理论与技术[M]. 徐州: 中国矿业大学出版社, 2006.

[28] 徐超, 辛海会, 刘辉辉. 我国煤矿瓦斯抽放技术现状及展望[J]. 煤矿现代化, 2010 (1): 3-4.

[29] 王江泽, 刘志鸿, 傅艳. 煤层气抽放技术现状探讨[J]. 山西煤炭, 2008 (2): 18-20+35.

[30] 袁亮, 薛俊华, 张农, 等. 煤层气抽采和煤与瓦斯共采关键技术现状与展望[J]. 煤炭科学技术, 2013, 41 (9): 6-11+17.

[31] 张福涛. 我国煤矿区煤层气井上下联合抽采研究进展[J/OL]. 煤炭工程, 2019 (6): 1-5.

[32] 中国职业安全健康协会. 安全科学与工程学科发展报告2007—2008[M]. 北京: 中国科学技术出版社, 2008.

[33] 余恒昌. 矿山地热与热害治理[M]. 北京: 煤炭工业出版社, 1991.

[34] 何国家. 我国煤矿高温热害现状及防治技术措施[A]. 中国煤炭工业协会. 第七次煤炭科学技术大会文集（下册）[C]. 中国煤炭工业协会: 中国煤炭工业协会, 2011: 4.

[35] 谢宏, 王凯. 煤层注水防尘技术研究现状及发展趋势[J]. 华北科技学院学报, 2015, 12 (6): 10-13.

[36] 王和堂, 王德明, 任万兴, 等. 煤矿泡沫除尘技术研究现状及趋势[J]. 金属矿山, 2009 (12): 131-134.

[37] Л·И·巴隆, 蒋述善, 曹寿本. 矿山喷雾除尘[J]. 有色金属, 1956 (2): 26-32.

[38] 肖玉昌. 科技新成果[J]. 东北工学院学报, 1981 (4): 32.

[39] 李玢玢, 许勤, 洪运, 等. 矿用湿式除尘器的发展和现状[J]. 矿山机械, 2016, 44 (11): 4-9.

[40] 周福宝, 李建龙, 李世航, 等. 综掘工作面干式过滤除尘技术实验研究及实践[J]. 煤炭学报, 2017, 42 (3): 639-645.

[41] 卢春燕, 石文芳, 罗涛, 等. 尾矿库治理技术研究现状与展望[J]. 江西理工大学学报, 2016, 37 (1): 48-56.

[42] 慕雨, 王锐. 尾矿库安全监测的现状及前景[J]. 中国新技术新产品, 2015 (17): 157.

[43] 李先杰, 王廷学. 我国铀矿冶辐射防护的过去、现在与未来[J]. 铀矿冶, 2009, 28 (3): 135-139.

[44] 杨芬芳, 袁镛龄. 我国锡矿山的辐射水平和放射卫生防护对策研究[J]. 中国辐射卫生, 2010, 19 (3): 272-274.

[45] 姚树祥, 孙全富. 非铀矿山井下环境氡辐射监测分析: 第十六届中国科协年会——分3环境污染及职业暴露与人类癌症学术研讨会[C]. 中国云南昆明, 2014.

[46] 联合编制组, 编制组秘书单位为核工业标准化研究所. 电离辐射防护与辐射源安全基本标准[S]. 中华人民共和国国家质量监督检验检疫总局.

[47] 王鉴. 中国铀矿开采[M]. 北京: 原子能出版社, 1997.

[48] 张道勇. 石膏矿采空区稳定性分析和治理技术研究[D]. 长沙: 中南大学, 2010.

[49] 汤道路. 煤矿安全监管体制与监管模式研究[D]. 徐州: 中国矿业大学, 2014.

[50] 孙胤羚. 职业卫生管理政策分析与评价研究[D]. 济南: 山东大学, 2014.

[51] 中国职业安全健康协会. 安全科学与工程学科发展报告2007—2008[M]. 北京: 中国科学技术出版社, 2008.

[52] 潘涛. 煤炭行业智能矿山工程研究中心成立[J]. 工矿自动化, 2017, 43 (10): 33.

[53] 韩建国. 神华智能矿山建设关键技术研发与示范[J]. 煤炭报, 2016, 41 (12): 3181-3189.

[54] 张科利, 王建文, 曹豪. "互联网+"煤矿开采大数据技术研究与实践[J]. 煤炭科学技术, 2016, 44 (7): 123-128.

[55] 申雪, 刘驰, 孔宁, 等. 智慧矿山物联网技术发展现状研究[J]. 中国矿业, 2018, 27 (7): 120-125+143.

[56] 付碧锋. 现代矿山安全管理新技术 [J]. 科技创新导报, 2018, 15 (16): 181+183.
[57] 时强, 王国帅. 基于物联网技术的矿山安全管理系统的构建 [J]. 甘肃科技, 2015, 31 (6): 14-15.
[58] 张昌华. 基于大数据分析时代对矿山安全生产信息化建设的探讨 [J]. 世界有色金属, 2017 (12): 169+171.
[59] 武旭东. 矿井防治水的发展 [J]. 矿业装备, 2020 (4): 90-91.
[60] 张立新, 李长洪, 赵宇. 矿井突水预测研究现状及发展趋势 [J]. 中国矿业, 2009, 18 (1): 88-90+108.
[61] 王广弟. 我国矿井突水预测评价方法的发展 [J]. 内蒙古煤炭经济, 2016 (1): 31-32.
[62] 于广香, 徐志富. 山西组 9 煤底板 4 灰含水层的疏水降压 [J]. 徐煤科技, 1995 (4): 11-13.

第 7 章　中国矿山安全学科的评价与展望

与其他学科相比，中国的矿山安全学科是年轻的。随着矿山安全在矿山相关行业中的重要地位，人们安全意识的提高，以及国家对安全生产的重视扶持，矿山安全学科在近些年飞速发展，形成了符合我国特色的学科体系，组建了专业的教学队伍，在国际上也取得了重大的成果。但面临能源结构的调整，安全概念的不断变化，我国现构建的安全学科也具有技术创新不足、学科与实践有断层、教师队伍培育等问题和一系列的挑战。在之后的发展中，矿业安全学科体系需更加完善，重视与相关学科的交叉融合发展，加快建设一流的科研基地，改善科研条件，并且努力提高原始创新能力，努力形成一批重大科研成果，培养一批优秀的矿业安全人才，提高学科的国际影响力，进一步加深国际合作交流。

7.1　矿山安全学科发展的有利形势

7.1.1　相关矿山安全法律法规的支撑

1949 年 11 月，燃料工业部召开第一次全国煤矿会议，针对旧中国煤矿劳动条件极端恶劣、工人生命安全没有保障的情况，要求组织生产时，要妥善安排工作，必须做到安全生产，把安全生产摆在第一的位置，并提出"煤矿生产，安全第一"的方针。

1951 年 4 月，燃料工业部召开的第二次全国煤矿会议上，提出煤矿贯彻执行安全生产方针。

1952 年，毛泽东同志在对劳动部工作报告的批示中明确指出："在实施增产节约同时，必须注意职工的安全健康和必不可少的福利事业，如果只注意前一方面，忘记和稍加忽视后一方面，那是错误的。"根据毛泽东同志这一指示和当时实际情况，在 1952 年第二次全国劳动保护会议上，提出劳动保护工作必须贯彻的安全生产方针，明确了安全与生产的辩证统一关系，要求企业各级领导必须把关心生产和关心人统一起来。

1959 年，周恩来总理视察河北省井陉煤矿时指出："在煤矿安全生产是主要的，生产与安全发生矛盾时，生产必须服从安全。"

20 世纪 50 年代，中央有关文件提出了"生产必须安全，安全为了生产"的口号。

20 世纪 60 年代，周恩来总理对民航、煤炭、航运、交通行业，作出了"安全第一"的指示。

20 世纪 70 年代末，党的十一届三中全会以来，中央有关文件正式确立了"安全第一，预防为主"的安全生产方针。煤炭工业部提出"安全第一，预防为主，综合治理，总体推进，依靠科学,讲求实效"的安全生产指导思想,以后又逐渐形成了"安全第一,预防为主,综合治理,总体推进,管理与装备并重,当前以管理为主"的指导方针。

1985年,煤炭工业部在全国煤矿安全工作会上提出贯彻执行安全生产方针的十条标准。

1992年,煤炭工业部又将"管理与装备并重,以管理为主"改为"管理、装备与培训并重"。

1997年,江泽民同志指出:"必须坚决树立'安全生产第一'的思想,强调任何企业都要努力提高经济效益,但是必须服从安全第一的原则。"

近年来,党和国家对安全生产工作空前高度重视。

2004年年初,国务院作出《关于进一步加强安全生产工作的决定》,指出要把安全生产作为一项长期艰巨的任务。

2005年10月11日,中国共产党第十六届中央委员会第五次全体会议审议通过了《中共中央关于制定国民经济和社会发展第十一个五年规划的建议》,明确要求坚持安全发展并首次提出了"安全第一、预防为主、综合治理"的安全生产方针。

2005年年底,国务院常务会议强调,必须坚持标本兼治,抓紧研究解决安全规划、行业管理、安全投入、科技进步、经济政策、教育培训、安全立法、激励约束考核、企业主体责任、事故责任追究、社会监督参与和安全监管体制等12个方面的问题,解决安全生产领域存在的种种历史和现实问题。

2006年3月14日,十届全国人大四次会议通过的《中华人民共和国国民经济和社会发展第十一个五年规划纲要》中,明确了坚持"安全第一、预防为主、综合治理"的安全生产方针。

2009年4月30日国家安全生产监督管理总局局长办公会议审议通过国家安全生产监督管理总局令第19号《防治煤与瓦斯突出规定》,自2009年8月1日起施行。

2011年3月17日颁布的《中华人民共和国国民经济和社会发展第十二个五年规划要》中提出"落实企业安全生产责任制,建立健全企业安全生产预防机制"。

2012年11月8日,胡锦涛同志在党的十八次全国代表大会上的报告中提出"强化公共安全体系和企业安全生产基础建设,遏制重特大事故"。

2014年6月8日,习近平同志就做好安全生产工作再次做出重要指示,他关于安全生产的重要论述,贯穿着马克思主义的科学思想方法,特别强调"红线意识"和"底线思维",对于构建我国安全生产理论体系,加快实施安全发展战略,促进安全生产形势根本好转,具有重大的理论和实践意义。

2015年12月22日国家安全生产监督管理总局第13次局长办公会议审议通过修订后的《煤矿安全规程》,自2016年10月1日起施行。

2017年1月12日,国务院办公厅正式印发《安全生产"十三五"规划》,坚持一条红线——推动安全发展,瞄准一个目标——为全面建成小康社会提供安全保障,坚持一个中心——坚决防范遏制重特大事故。

2019年国家煤矿安全监察局第14次局长办公会议审议通过《防治煤与瓦斯突出细则》,自2019年10月1日起施行。

健全完善的矿山安全相关法律与规定,对我国矿山安全学科发展以及矿山安全生产具有重大意义。

7.1.2 矿山安全是中国经济快速发展的需要

根据有关资料介绍，2000 年以来矿山伤亡事故给我们国家造成了巨大的经济损失。矿山企业由于作业条件差以及历史的原因，资金匮乏，安全欠账多，职工待遇较低，加之安全事故多，人员流失严重，尤其是大批科技人员外流。矿业院校招生难，使许多国有大型矿山采掘第一线技术人员奇缺，长期得不到补充，而大批技术熟练的特殊工种工人离矿另谋职业。劳动力作为必不可少的生产投入，其质量仍是生产力水平的决定因素。长此以往，矿山安全人才的短缺势必制约矿山安全的发展。矿业是国家经济的基础产业，为各行各业提供原料和能源。如果矿业得不到发展，国家经济的发展必将减缓。矿山安全学科的建设有助于为矿业输送大量专业人才，解决矿山安全人才短缺的问题，提高国家矿山安全水平，促进国家经济的快速稳定发展。

我国加入世贸组织后，对中国经济而言，遇到的最基本问题就是"公平竞争"，公平竞争中包含了环境保护和职业安全卫生。欧美一些国家的代表认为：发展中国家在职业安全卫生上的低成本投入是一种不公平竞争，生产出的产品价格低廉，使其在国际贸易中有相对的价格优势，势必造成由发展中国家向劳工标准高国家的"社会倾销"，因此提出在国际贸易自由化的同时，应在贸易协议中制定统一的劳工标准，并对达不到国际标准的国家的贸易进行限制。在全球经济一体化的大背景下，近年来国际上已出现安全卫生标准协调一体化（Harmonization of Safety and Health Standards，HSHs）的倾向。国际标准化组织（ISO）一直在努力使职业安全卫生标准化管理体系（Occupational Safety&Health Standard Management System，OSHSMS）发展成为与质量标准化管理体系（ISO 9000）和环境标准化管理体系（ISO 14000）一样的，推行企业安全卫生评价和规范化安全生产的管理体系。从 1999 年下半年开始，国际劳工组织（ILO）已经开始制定国际化的职业安全卫生管理体系文件，这些新的国际动向可能对我国社会与经济发展产生潜在的、巨大的影响，我国应尽早采取防范对策，以便尽量消除或减少可能带来的不良后果。当前我国生产的安全状况与工业发达国家差距明显，与一些发展中国家相比也有较大差距，这种落后状况已经使我们在一些国际交往中处于被动。我国是矿产品出口大国，煤炭出口位居世界第二，2001 年全年出口煤炭 8590 万吨。如果煤矿生产安全状况长期落后，势必影响到其国际经贸活动。因此，无论从保护劳动者的生命安全和健康，促进国家社会经济健康可持续发展，还是从顺应全球经济一体化的国际趋势出发，都应注重矿山安全生产，强调对职工的劳动保护。同时，也应该尽早在具备条件的国有大型矿山企业推行与国际接轨的职业安全卫生管理体系。

7.1.3 矿山安全是国家长治久安的保障

经济的发展和社会的进步需要一个稳定的环境，矿山安全生产事关矿工的基本人权和根本利益，如果工伤事故和职业病对矿工生命与健康的威胁长期得不到解决，会使广大矿工感到不满，问题严重时可能使人民群众对国家政府失去信心和希望，会直接影响到稳定发展的大局。2000 年 9 月 27 日，贵州省水城木冲沟煤矿瓦斯爆炸事故，造成 162 人死亡，14 人重伤，23 人轻伤，直接经济损失 1227.22 万元，是近年世界煤炭行业伤亡人数多的一次事故。事故的发生必将影响矿山企业的正常生产和工作，对遇难人员及其家庭无疑是一场巨大灾难。曾有不少企业由于发生重大事故而倒闭，重大事故对社会安定和国家的形象必将产生不利的影响。

矿山安全的提高将有助于降低矿山事故的发生，减少开采中的伤亡人数，有效地保障矿工的生命安全和健康，提高矿工家庭的生活幸福度，减少企业的经济损失，有助于国家的长治久安。

7.2 矿山安全学科发展面临的挑战

在矿山安全学科取得显著成绩、学科发展处于有利形势的同时，与国外同类学科相比，中国矿山安全学科在研究的深度、广度和理论集成和创新等方面与世界先进水平还存在一定差距；学科发展历史与欧美等科学发达国家相比还比较短暂；国内矿山相关资源管理等存在欠缺；受过去旧的办学模式影响，矿业安全高等教育同我国其他专业高等教育的专业人才培养一样存在专业面窄、教学内容缺乏广泛性和灵活性、学生社会适应能力较差等问题。这些问题关系到学科发展、关系到人才培养和科普教育，也关系到未来矿山安全学所发挥的重要作用，需要引起广大工作者与相关部门的深入思考与关注。

7.2.1 人才培养面临困境

目前矿业类专业招生普遍面临生源短缺和毕业生不愿意从事本专业工作，这其中有社会发展的必然性，但是这也与目前高校人才培养模式缺乏针对性，与企业人才需要匹配度低有关，矿业安全学科亦是如此。

随着我国经济结构调整，矿山企业发展进入一个新的阶段，矿山安全学科人才培养与矿山产业结构调整不相适应，在学科专业设置上，实践导向性较弱且缺乏针对性。部分学生仅仅依靠课程知识的学习，且轻视通识教育课程，专业实践训练也不能深入矿业企业开展实战训练，基础知识狭窄、专业知识技能薄弱。学生毕业后进入矿山从事矿山安全工作，仍需要再次接受矿山安全的教育和培训。此外，目前我国矿业工业科技发展趋势势必是要推动物联网、大数据、人工智能与采矿业跨界融合，走智能、无人、安全精准开采道路。而目前矿业安全学科课程设置仍是基于目前开采技术水平，缺乏物联网、大数据、人工智能等现代信息技术的基础知识，这也进一步加剧了人才培养与企业未来人才需求的差距。

另外，教育资源和实践机会方面也面临严峻挑战，高质量的工程实践平台缺乏，比如国家级工程实践中心，导致实践教学环节薄弱。由于矿业类企业特殊性，许多企业不愿或无法提供较为合适的实习机会，导致专业实习"广度有限、深度不足"，导致工程实践训练不足。

由于部分学生工作意愿的变化，目前从事矿山安全相关工作的毕业生比例较小，愿意进行科研深造的学生更少，这也是矿山安全专业培养面临的困境之一，而且随着经济水平的发展，这一困境将会越来越明显。

7.2.2 科学研究和创新有待提升

有些学科和多数研究仍然局限于运用传统手段进行形态描述和对比，缺乏深入的理论探讨，疏于对新技术、新方法的应用。在新技术应用和新学科方向的开拓等方面多处于漫步跟踪和表层探索阶段,相应的技术手段不完备,在某些方面还明显滞后。更重要的是,多数矿山安全学者的受重视度不高,方向培育和相关队伍建设的力度不足。矿山安全学科数据库建设和大数据分析研究刚刚起步,大多数研究区域或者门类及时段没有建立起矿山安全数据库。已经有的数据库存在分散和标准不统一的问题,数据库的共享和开放联合需要深化。矿山安全研究的定量化和数字化程度不高。相关安全学会在促进学科发展、促进学术交流、青年人才举荐以及科普教育等方面的作用有待于进一步发挥和拓展。

7.2.3 学科发展滞后于矿山科技的进步

我国在矿山安全绿色开发、矿石加工转化与高效利用、节能减排和废物利用等领域的技术与装备上已拥有了一批领先国际水平的科技成果。在瓦斯灾害防治、冲击地压防治、矿井水害防治、矿井火灾防治、矿井粉尘防治、矿井热害防治、辐射及尾矿库治理等主要矿山安全技术方面取得了显著进步。这些科技的进步对我国矿石产量逐年增加,生产事故及死亡人数实现逐年下降具有极为重要的作用。然而,矿山安全学科的发展还没有跟上矿山科技的步伐,新兴的矿山科技一部分还停留在学术科研交流层面,没有落实到科技成果转化和人才培养的现实需求中来。矿山高校应建立矿山科技发展趋势的跟踪机制,将学科调整建立在当代科技发展趋势的大背景下,不断优化学科结构,按社会需要培养人才,不断适应和推动经济社会的发展。

7.3 矿山安全学科发展展望

矿山安全学科内容广泛,研究领域亦日趋多样化。经过多年发展,已有坚实的基础,横向上形成安全哲学、安全学、安全工程学等科学技术层次;纵向上形成安全人体学、安全设备学、安全社会学、安全系统学等分支学科。在新的形势下,学科发展需着力于积极推动与国内外采矿、地质、力学、信息、建筑、交通、能源等领域安全学科的交叉融合,实现学科间互补,丰富学科研究内容,提高研究深度。

7.3.1 矿山安全学科发展趋势

矿山安全学科持续发展,总体来说需要全方位落实"四化"建设。

(1) 科研规模化

由于学科划分日益精细、学科研究愈发深入具体,建立规模化科研团队,网罗各学科领域的优秀人才,分工协作、共同探讨,是提高科研水平的上策良方。

(2) 服务专业化

矿山类高校安全科学与工程应担负起寻求解决矿山安全事故良方的先行者责任。多年来,矿山类高校专家学者常年深入矿山一线,实践经验丰富。在我国新时代科技创新的推动下,高校可组建专业化成果转化及科技服务工程队伍,同时搭建矿山安全疑难远程会诊平台,通过现场服务和在线会诊等方式切实解决煤矿安全难题。

（3）人才敬业化

矿山类院校安全工程专业在实施过程中，尤其应注重培养高层次人才的远大理想与敬业精神，着力培养高素质学生，为其奔赴全国各地矿山安全生产第一线工作奠定坚实的基础。

（4）成果基础化

纵观我国矿山行业现状，在矿山安全生产方面治标不治本的情况仍然存在，某些矿山危险源的根本原因还只是猜想，并没有让学术界完全认同的理论出现。只有基础研究达到一定的高度，才能指导研究出切实可行的具体应用理论体系，促进实现真正有效的矿山安全生产。

7.3.2 矿山安全学科发展对策

为了实现矿山安全的"四化"建设，期望未来的矿山安全学科发展对策如下：

（1）紧跟时代步伐，强化矿山安全学科建设

加强矿山安全学科建设，科学设定课程体系。矿山安全工程学科属于交叉学科，建立于安全科学学科技术体系结构基础之上，进一步加强教学改革、加强实践教学环节的建设，加强与工业企业的合作，注重培养学生的工程设计能力和实践能力。教育主管部门和安全管理主管部门加大对矿山安全这一交叉学科多方位支持力度，积极组织开展有关矿山安全学科体系及内涵的深入研究，进一步突破传统学科观念的局限，拓展科研和教学创新的空间，促进我国矿山安全学科的发展和提升。针对未来矿山开采将走向智能化、无人化，迫切需要强化矿山安全学科与其他学科的交叉和融合，特别是现代信息技术。结合当今社会安全理念变化，增加矿山安全课程中有关信息技术、现代安全管理、职业卫生、医学以及心理学等课程的开设比例，培养学生应对矿山事故的综合能力。

（2）人才培养与社会需求高度融合

我国人才市场的供需关系由于产业转型升级，正在由高校主导转变为以行业企业为主导。这就要求人才培养应适应社会经济发展的需要，矿山安全学科的招生要与煤炭企业实际的发展需求相一致。因此，在招生时，矿山高校要根据矿山行业的具体形势，针对矿业技术发展的趋势，调查分析专业人才需求情况，确定招生的规模和学生的素质要求。在此基础上，加大宣传力度，让学生充分了解矿山安全工程学科专业的就业方向和前景，充分调动其积极性，提高学生培养的质量。在课程设置上，构建符合行业发展的矿山安全特色课程体系。加强校企合作，共同开发出体现学科前沿性和实践性的产学研培养课程体系。同时，建立好高校与企业之间的反馈机制，了解用人单位对矿山安全学科专业学生的评价反馈，并作为优化专业设置的重要标准，从而有针对性地调整专业培养目标、专业特色与要求、核心课程和实践环节教学等，培养符合企业需求的学生。在学生导师的选聘上，将"双导师"制落到实处，突破单一导师指导的知识局限性，通过校内导师提高课程学习、论文写作等相对理论部分的学习；煤炭企业高管兼任校外导师负责指导学生深入实践，提升解决煤炭生产和利用实际问题的能力水平。

（3）创造优质科研环境，注重科研创新能力的培养

深入实施创新驱动发展战略，科研创新能力的培养离不开自由宽松的科研环境和民主、诚信的科研道德氛围。创造宽松自由的科研环境，形成和谐诚实的科学文化。将国家自然科学基金发展战略的源头创新类的研究项目系列、科技人才类的人才培养系列、创新环境类的科研环境建设等方面有机融合，形成更加明确的国家研究团队；在人才培养、科研管理、待

遇等方面实施灵活、实用的政策，实行科学家对研究项目的"负责制"，使科学家在优越的科研环境中一心一意地从事科学研究；在经费来源上力争多元化，努力调动社会各方面的积极性和资源，完善资助机制，促进产学研合作和社会资源的共享。

通过集中优势资源和高素质人才形成优秀的科研团队，特别是合理引进海外优秀人才，完善团队的学科结构和知识背景，加强科研成员之间的合作，凝聚力量创造出新思想和新成果，促进学科的发展和科研人员自身能力的提升。制订科学合理公正的成果评价制度与考核标准，针对需要解决的科学问题，重点考核科学家到底解决了什么科学问题或科学问题的哪个方面；培养具有国际视野、国际领先水平的矿山安全研究领域的创新团队，吸引本领域世界高水平科研人才合作开展研究。

（4）矿山科技转化与学科发展紧密结合

在科学技术飞速发展的当今时代，学科的发展与经济和社会的发展紧密相连。科技成果转化成为促进学科发展的重要因素之一。科技成果的顺利转化不仅会带动经济发展和社会变革，也会在一定程度上影响学科发展的方向，促进学科的发展与建设，直接关系到新兴学科，尤其是应用性技术学科的发展。中国要建设一流研究型大学离不开建设一流的学科，这就需要准确把握学科发展的方向，将学科发展贯穿于科技成果转化中，把科技成果转化与学科发展建设紧密结合。高校矿山安全学科要取得长远发展，矿山科技的转化工作至关重要。当前社会背景下，矿山高校的任务之一是建设一流学科，成为科技成果转化的中心，只有当科技成果成功运用于社会，才是对学科发展的真正检验。反之，矿山科技成功转化带来的经济和社会效益又会成为推动学科发展的动力。在对矿山安全先进技术与装备进行转化时，也不能局限于经济利益，还需要注重学术梯队、人才培养和科研水平等诸多因素，促进矿业安全学科长足发展。

参考文献

[1] 袁亮. 我国煤炭工业安全科学技术创新与发展［J］. 煤矿安全，2015，S1：5-11.

[2] 何满潮，朱国龙. "十三五"矿业工程发展战略研究［J］. 煤炭工程，2016，453（1）：27-32.

[3] 张剑虹，任月梅. 我国古代矿业管理法律制度研究［J］. 中国矿业，2012，21（6）：28-30.

[4] Wei-ci G, Chao W. Comparative Study on Coal Mine Safety between China and the US from a Safety Sociology Perspective［J］. Procedia Engineering，2011，26：2003-2011.

[5] 宋守信，杨书宏，傅贵，等. 中美安全工程专业教育及认证标准对比研究［J］. 中国安全科学学报，2012，22（12）：23-28.

[6] 吴超，杨书宏. 安全工程专业继续教育知识讲座第一讲我国安全工程专业高等教育现状及发展（中）［J］. 劳动保护，2011（2）：120-121.

[7] 王德明. 矿业安全学科教育的现状及发展对策研究［J］. 煤炭高等教育，1995（3）：94-95.

[8] 周福宝. 矿业安全学科"龙头"地位不可动摇［N］. 中国能源报，2012.7.2.

[9] 余照阳，江泽标，刘勇，等. 安全工程专业面临的现状与思考［J］. 教育文化论坛，2017，9（2）：77-81.

[10] 国家自然科学基金委员会工程与材料科学部. 安全科学与工程学科发展战略研究报告（2015—2030）（第一版）［M］. 北京：科学出版社，2016.

附录：矿山安全学科发展大事记

公元前 2 世纪

西汉汉文帝元年，在河南宜阳山中煤窑发生煤矿坍塌事故。这起事故造成"尽压杀卧者"——《史记》《汉书》。

公元 11 世纪

宋代孔平仲在《谈苑》中记载防止冷烟气的办法："役夫云：地中变怪至多，有冷烟气中人即死。役夫掘地而入，必以长竹筒端置火先试之，如火焰青，即是冷烟气也，急避之，勿前，乃免。"

公元 17 世纪

明代宋应星在《天工开物》中记载了竹筒排毒气及支护的安全技术："凡取煤经历久者，从土面能辨有无之色，然后掘挖。深至五丈许，方始得煤。初见煤端时，毒气的人。有将巨竹凿去中节，尖锐其末，插入炭中，其毒烟从竹中透上，人从其下施镢拾取者。或一井而下，炭纵横广有，则随其左右阔取。其上支板，以防压崩耳。"

清代孙廷铨的《颜山杂记》记载井下照明和井下通风："凡行隧者，前其手，必灯而后入。井则夜也，灯则日也。冬气既藏，灯则炎长；夏气强阳，灯则闭光。是故凿井不两，行隧必双，令气交通，以达其阳。攻坚致远，功不可量，以为气井之谓也。"

公元 18 世纪

吴其濬的《滇南矿厂图略》，共分十六个部分，其中第十一、十二讲矿山制度和禁忌；第十三讲矿灾、矿害。

1878 年（清光绪四年）

开滦矿物局建立，是最早使用机器开采的煤矿。

1895 年

10 月，北洋大学工学院采矿冶金科成立。

1906 年

山西大学堂西学专斋开设矿学专门科。

1907 年

马吉森投资 1.4 万元在泽州（现晋城市）创建山西晋益煤矿公司。

1908 年

山西巨商渠本翘创建山西省保晋矿物有限公司，以半机械式开采煤炭，其下分公司先后设在平定县、大同县、寿阳县和晋城县（今晋城市）。

1909 年

外国人在中国开办焦作路矿学堂，是唯一的私立工科高校，焦作路矿学堂从 1920 年起历经河南福中矿务学校、福中矿务专门学校、福中矿务大学、私立焦作工学院、西北工学院、国立焦作工学院、焦作矿业学院等历史时期。

1912 年

民国政府工商部内设矿政司。

山西大学堂改为山西大学校，取消西学专斋名称，筹建本科和预科，开设采矿工程学门。

1914 年

民国政府工商部改为农商部，附设矿政司。

1918 年

善根在《每周评论》上发表《修武煤场之工头制》，同年三月李大钊在《每周评论》发表《唐山煤场的工人生活》，这两篇文章标志着马克思主义在中国煤矿工人中不断传播的开始，是中国矿工时代精神武器的先进代表，是中国先进分子对十月革命之后世界局势发展新认知的标志。

1926 年

北京农商部地质调查所刊印的矿业报告中有煤矿的安全状况和事故灾变的描述。

1927 年

民国政府农商部改组为实业部，仍设矿政司。

1930 年

12 月，民国政府成立实业部，内设矿业司，其与劳工司均分别有矿业安全和劳工安全管理职责。

1931 年

国民政府教育部将山西大学校改名为山西大学，学科改为学院，学门改为学系，设有采矿工程学系。

1933 年

中华矿学出版社主办《矿业周报》。

1935 年

民国政府设有四个矿业监察员及监督，派驻北平、石家庄、芜湖和焦作。

1945 年

安徽省立蚌埠高级工业职业学校（现安徽理工大学）成立，是全国最早开展矿业人才培养的两所高校之一。

1947 年

在鸡西建立东北第一所煤矿工人学校（现黑龙江科技大学）东北矿区工人干部学校，1948 年更名为鸡西矿区职工学校。

1948 年

鹤岗矿务局技术学校和鹤岗矿务局职工学校成立。

1949 年

1 月，阜新矿力中等技术专科学校（现辽宁工程技术大学）成立。

《有色金属（矿山部分）》创刊，是一本面向国内采掘工业的科技期刊。

燃料工业部成立煤炭管理总局安全监察处。

中国人民政治协商会议第一届全体会议通过《中央人民政府组织法》，规定政务院设劳动部。

11月，燃料工业部召开的第一次全国煤矿工作会议，针对中华人民共和国成立以前煤矿劳动条件极端恶劣、工人生命安全没有保障的情况，要求组织生产时，要妥善安排工作，必须做到安全生产，把安全生产摆在第一位，并提出"煤矿生产，安全第一"。

国家在恢复煤炭生产的同时，要求各局、矿建立了煤矿生产保安专职机构。

1950年

政务院财经委员会发布了《全国公私营厂矿职工伤亡报告办法》。

劳动部公布试行《工厂卫生暂行条例（草案）》。

1951年

中央人民政府燃料工业部制定了《改善现有矿井通风的规程》。

4月，燃料工业部召开的第二次全国煤矿会议上，提出煤矿贯彻执行安全生产方针。

1952年

抚顺煤科院（沈阳设计研究院有限公司）成立，是中华人民共和国成立以来建立的第一所煤炭工业设计院。

第二次全国劳动保护工作会议明确要求坚持"安全第一"的方针和"管生产必须管安全"的原则。

"三级安全生产教育"创立。

开滦煤矿工业学校建立（现河北工程大学）。

1953年

煤炭工业部技术安全监察局，全国煤炭系统设立三级技术安全监察机构。

由中华全国总工会和国家劳动部联合主办的《劳动保护通讯》创刊。是我国第一家宣传劳动保护的刊物，是《劳动保护》杂志的前身。

东北工学院（现东北大学）招收第一届矿山通风安全专业研究生。

苏联莫斯科矿业学院派遣其采矿工程系副主任阿历克塞伊·阿基莫维奇·哈廖夫到东北工学院采矿工程系工作。

1954年

由北京煤矿设计公司（现煤炭工业规划设计研究院）主办的《煤炭设计》（现《煤炭工程》）创刊，是我国煤炭系统最早的杂志。

翻译苏联教材《矿内通风学》出版。

1955年

《北京矿业学院学报》（现《中国矿业大学学报》）创刊。

1956年

由中南矿冶学院主办的《中南矿冶学院学报》（现《中南大学学报》）创刊。

11月26日，由冶金、材料科学技术工作者及相关单位成立中国金属学会。

济南煤炭学校建立（现山东科技大学）。

1958 年

取消安全监察机构，15 个省区相继建立煤炭工业管理局。

北京经济学院（现首都经贸大学）设立工业安全技术和工业卫生技术专业。

山西工业学院建立（现太原理工大学），直属国家煤炭工业部。

在阜新工科高等职业学校基础上建立阜新矿业学院。

西安矿业学院建立（现西安科技大学），直属国家煤炭工业部。

1959 年

全国矿业高校以及少数煤校共 14 所院校合作编写《矿山通风与安全》，这是我国第一部自己编写的教材。

周恩来总理视察河北省井陉煤矿时指出："在煤矿安全生产是主要的，生产与安全发生矛盾时，生产必须服从安全。"

1962 年

11 月 28 日，经中国科学技术协会批准组建煤炭行业科技工作者学术性社会团体——中国煤炭学会。会议由原煤炭部技术委员会主任、煤炭科学院原党委书记何以端，采矿专家、煤炭科学院院长王德滋，地质和采矿专家、北京矿业学院何杰，原煤炭工业部副部长贺秉章，原煤炭工业部技术司副司长张培江五位煤炭行业科技事业奠基人发起。

煤炭工业部恢复建立安全监察司。

1964 年

由中国煤炭学会主办的《煤炭学报》创刊。

1965 年

煤炭科学研究总院重庆分院成立，是在全国煤矿安全领域居于龙头地位的一流科技型企业。

1966 年

由中国金属学会、中钢集团马鞍山矿山研究院主管主办的《金属矿山》创刊。

1970 年

由煤炭科学研究总院沈阳研究院主办的《煤矿安全》创刊。

1972 年

由中国煤炭科工集团有限公司主管的《川煤科技》（现《矿业安全与环保》）创刊。

1973 年

煤炭科学研究总院主办的《煤炭科学技术》创刊。

1974 年

对湖北大冶铜绿山春秋战国时代的两处古铜矿遗址进行了发掘，证明我国在春秋时代已经具备了发达的采矿技术。使用竖井、斜井、斜巷、平巷相结合等方式，有效解决了井下通风、排水、提升、照明灯复杂技术问题。

1975 年

9 月，国务院调整直属机构，决定设立国家劳动总局，内设矿山安全监察安全局。

西安矿业学院主办第一届煤炭高校通风安全教学研讨会，到 2018 年全国高校安全科学与工程学术年会已连续举办 30 届。

11月，国际矿山通风大会（International Mine Ventilation Congress，IMVC）在南非约翰内斯堡召开，由世界重要采矿大国的行业与学术组织发起，每四年召开一次，是全球矿山通风安全领域历史最长、影响最广、学术水平最高的国际学术会议，已成为全世界采矿界通风安全与职业健康领域新技术、新观念、新产品及创新成果交流的重要平台。

1976年
第一届通风安全年会在西安胜利酒店召开，由西安矿业学院发起并承办。

1978—1991年
国家相继出台实施了《矿山安全监察条例》和《职工伤亡事故报告和处理规定》等法规，成立了全国安全生产委员会，工矿企业事故死亡人数下降。

1979年
8月25—30日，中国煤炭学会煤矿安全学术讨论会在辽宁抚顺市召开。

10月20日，国家科委矿业安全专业组第一次会议在北京召开，矿业安全专业组组长煤炭部副部长邹桐出席了会议。制定了矿业安全科学技术发展规划。

1980年
5月，经国务院批准在全国开展安全月活动，并确定今后每年五月都开展安全月活动，使之经常化、制度化。

1981年
"安全技术与工程学"二级学科、专业被列为首批硕士学位点。

1982年
2月13日，国务院发布《矿山安全条例》和《矿山安全监察条例》。

由黑龙江矿业学院和哈尔滨机械研究所主办的《国外煤炭》（现《煤炭技术》）创刊。

国务院学位办公室公布我国第一个《人才培养与学位授予专业目录》，安全学科的名称是"安全技术与工程学"，为二级学科，列在一级学科"地质勘探、矿业、石油"之下。

中国矿业大学矿山安全通风教研室创建了我国第一个"通风与安全"本科专业。

10月6—12日，中国煤炭学会矿井建设专业委员会主办的《井巷支护与安全》学术会议举行。煤炭、冶金、铁道、化工、建工、水电、兵器、核工业部及有关高校、中国科学院、解放军等单位的代表190人出席了会议。

1983年
9月17—20日，中国劳动保护科学技术学会在天津成立。

取消了原二级学科"安全技术与工程学"，只在一级学科"地质勘探、矿业、石油"下列出二级学科"采矿工程（含安全技术）"。

《煤炭高等教育》创刊，是由中华人民共和国教育部主管，中国煤炭教育协会主办的学术性刊物。

10月24—30日，中国金属学会、中国煤炭学会、中国核学会、中国硅酸盐学会、中国化工学会在马鞍山市联合召开了第一届全国采矿学术会议。煤炭学会理事长、煤炭部顾问贺炳章，核工业部顾问张忱，金属学会副理事长、中国科学院学部委员王之玺，化工部矿山局副局长兼总工程师芮文桐，中国非金属矿工业公司负责人宗本木等同志出席并主持了会议。

1984 年

由中国矿业学院、中国煤炭工业劳动保护科学技术学会主办的《矿山压力与顶板管理》（现《采矿与安全工程学报》）创刊。

国家教育委员会颁布《高等学校工科本科专业目录》，将工业安全技术、工业卫生技术、卫生工程学等综合性专业名称统一整合为安全工程。

1985 年

1月3日，国务院批准成立全国安全生产委员会并召开第一次会议。

1985年和1990年，劳动部先后派代表参加了国际劳工组织的在日内瓦召开的专家会议，参与制定（修订）了《煤矿安全与健康实用规程》和《露天矿山安全与卫生实用规程》。

煤炭工业部在全国煤矿安全工作会上提出贯彻执行安全生产方针的十条标准。

1986 年

"安全技术及工程"在中国矿业大学设立博士点。

1987 年

8月，经中华人民共和国民政部批准成立中国非金属矿工业协会。

颁布执行《尘肺病防治条例》《有色金属工业安全生产管理办法》。

国家劳动部首次颁发"劳动保护科学技术进步奖"。

1988 年

劳动部设矿山安全卫生监察局。

1989 年

劳动保护科学更名为安全科学。

国家中长期科技发展纲要中列入了《安全生产》专题。

国家把安全科学技术发展的重点放在产业安全上。

1990 年

二级学科名称改为"安全技术及工程"，列在一级学科"地质勘探、矿业、石油"之下。

11月5—7日，冶金部矿山司在海南铁矿召开了1990年度黑色冶金矿山教育会议，同时召开第五次黑色冶金矿山教育研究会年会。此次教育会议是近年来冶金矿山系统一次较大规模的教育会议。

11月6—9日，冶金部安环司在武钢大冶铁矿召开了全国冶金矿山通风防尘工作会议。各有关部门、重点矿山、部分地方矿山和科研院所主管安全防尘工作的负责人、矿厂长、院所长和科技人员等参加会议。

1991 年

4月26日，全国安全生产委员会做出决定，在全国开展安全生产周活动。

5月2日，经民政部登记，中国冶金矿山企业协会成立。

中国有色金属学会主办、中南大学承办的《中国有色金属学报》创刊。

中国劳动保护科学技术学会创办了《中国安全科学学报》。

1992 年

国标"学科分类与代码"GB/T13747-92中把安全科学技术列为一级学科。

煤炭工业部将"管理与装备并重，以管理为主"改为"管理、装备与培训并重"。

1993 年

国务院决定实行"企业负责、行业管理、国家监察、群众监督"的安全生产管理体制。相继颁布了《矿山安全法》《劳动法》等多项法规。

安全工程被列为安全科学技术下的二级学科,属管理类,此时矿山通风与安全专业属于地矿类的二级学科。

发布的《中国图书分类法》中以 X9 列出劳动保护科学(安全科学)专门目录。

1994 年

中国劳动保护工业企业协会正式成立。

《中国矿业报》创刊,主管部门为中国矿业联合会,后变更为国土资源部。

1995 年

2 月 20 日,国家安全生产专家组成立,由 72 名专家组成,分为铁道、民航、交通、爆炸、化工、矿山六个组。

1996 年

《劳动法》和《煤炭法》发布实施。

1997 年

二级学科"安全技术及工程"名称不变,一级学科"地质勘探、矿业、石油"改为"矿业工程"。

人事部、劳动部发布了《安全工程专业中、高级技术资格评审条件(试行)》。

江泽民同志指出:"必须坚决树立'安全生产第一'的思想,强调任何企业都要努力提高经济效益,但是必须服从安全第一的原则。"

1998 年

6 月,原劳动部安全生产综合管理职能(包含矿山安全监察职能)划归国家经贸委成立的安全生产局承担。

7 月,教育部将"矿山通风与安全"和"安全工程"统一为安全工程专业。

教育部取消矿山通风与安全专业,将安全工程专业列为安全与环境科学下的二级学科,涵盖所有行业的安全问题,属工程技术类。

1999 年

3 月 18 日,经原国家经贸委和民政部批准,中国煤炭工业企业管理协会更名为中国煤炭工业协会,是目前煤炭行业最大的社团组织。

3 月 25 日,全国总工会、国家经贸委在国有企业开展"安康杯"竞赛。

9 月 13 日至 12 月 21 日,国家经贸委、全国总工会开展"百日安全无事故"活动。

12 月,经国务院批准,成立国家经贸委委管国家煤矿安全监察局。

中国国土资源部主办首届中国国际矿业大会。

由中国矿业大学主办的学术性学报《中国矿业大学学报》创刊。

2001 年

年初,国家安全生产监督管理局组建,实行统一垂直管理。

4 月,经国务院主管机关批准,中国有色金属工业协会正式成立。

经贸委下增设国家安全生产监督管理局,由王显政担任第一任局长。

2002 年

5月1日，开始实施《职业病防治法》。

9月3日，建立注册安全工程师执业资格制度。

11月1日，实施《安全生产法》，安全生产管理开始纳入法制管理的轨道。

国家经贸委发布了《安全科技进步奖评奖暂行办法》，并进行了首届"安全生产科学技术进步奖"的评奖工作。

2003 年

10月29日，国务院安全生产委员会办公室成立，由王显政担任办公室主任。

2004 年

年初，国务院做出《关于进一步加强安全生产工作的决定》，指出要把安全生产作为一项长期艰巨的任务。

12月1日，经民政部批准，中国劳动保护工业企业协会更名为中国安全生产协会。

2005 年

1月1日，实施现行《煤矿安全规程》由国家安全生产监督管理局（国家煤矿安全监察局）颁布。

3月26日，国务院决定将国家安全生产监督管理局调整为国家安全生产监督管理总局（正部级）。

10月11日，中国共产党第十六届中央委员会第五次全体会议审议通过了《中共中央关于制定国民经济和社会发展第十一个五年规划的建议》，明确要求坚持安全发展并首次提出了"安全第一、预防为主、综合治理"的安全生产方针。

2006 年

1月17日，国家安全生产监督管理总局令第3号，颁布《生产经营单位安全培训规定》。

2月21日，国家安全生产应急救援指挥中心成立，以整合全国应急救援资源，提高国家应对重特大事故灾害的能力。

3月14日，第十届全国人大第四次会议通过的《中华人民共和国国民经济和社会发展第十一个五年规划纲要》中，明确了坚持"安全第一、预防为主、综合治理"的安全生产方针。

7月26日，正式批准建设依托中国矿业大学和中国矿业大学（北京）的煤炭资源与安全开采国家重点实验室。

安全工程硕士获批。

2007 年

2月，正式批准建设煤矿安全技术国家重点实验室，依托煤炭科学研究总院沈阳研究院。

安全评价师成为一个新的职业，同年安全工程同其他9个工程教育专业加入华盛顿协议，成为教育部2008年认证试点专业。

10月22日，国家安全生产监督管理总局公布《矿山救护规程》，自2008年1月1日起施行。

12月11日，国家安全生产监督管理总局、国家煤矿安全监察局安监总政法〔2008〕第212号，印发《安全生产违法行为行政处罚办法》，自2008年1月1日起施行。

首届中国高校资源开采与安全学院院长学术论坛开展，每两年举办一次，后更名为全国高等学校矿业石油安全学院院长学术论坛。

2008 年

全国工程教育专业认证专家委员会在安全工程等多个专业领域开展专业认证试点工作。

2009 年

4月1日，国家安全生产监督管理总局令第17号，公布《生产安全事故应急预案管理办法》，自2009年5月1日起施行。

5月6日，发布国家标准GB/T 13745-2009《学科分类与代码》，将"矿山安全"作为二级学科（44075）增加到"矿山工程技术"一级学科。

12月4—5日，于西安召开"中日安全管理理论与实践学术研讨会"，此为国内最早的安全管理领域国际会议之一。

2010 年

1月，科技部批准建设瓦斯灾害监控与应急技术国家重点实验室，依托中煤科工集团有限公司重庆研究院。

12月，科技部批准建设金属矿山安全技术国家重点实验室、深部煤炭开采与环境保护国家重点实验室和金属矿山安全与健康国家重点实验室，依托单位分别为长沙矿山研究院有限责任公司、淮南矿业（集团）有限责任公司（淮南矿业集团）和中钢集团马鞍山矿山研究院。

2011 年

3月8日，"安全科学与工程"升级为国家一级学科。

3月17日颁布的《中华人民共和国国民经济和社会发展第十二个五年规划纲要》中提出"落实企业安全生产责任制，建立健全企业安全生产预防机制"。

3月21日，国家安全监管总局、国家煤矿安监局安监总煤装〔2011〕33号关于印发《煤矿井下安全避险"六大系统"建设完善基本规范（试行）》的通知。

10月，科技部批准建设煤矿灾害动力学与控制国家重点实验室依托重庆大学资源及环境科学学院。

10月26—28日，首届矿山安全科学与工程国际学术会议（First International Symposium on Mine Safety Science and Engineering）在北京举行。

2012 年

9月27—29日，煤矿安全高效开采地质保障技术研讨会在云南腾冲召开。

11月8日，胡锦涛同志在党的十八次全国代表大会上的报告中提出"强化公共安全体系和企业安全生产基础建设，遏制重特大事故"。

2013 年

7月13—14日，岩石力学与矿井动力灾害防治国际学术研讨会在辽宁阜新辽宁工程技术大学举行，此次会议由辽宁工程技术大学主办，德国克劳斯达尔工业大学、国家自然科学基金委员会、煤炭科学研究总院、《煤炭学报》《International Journal of Coal Science&Mining Engineering》、抚顺矿业集团有限责任公司协办。

2014 年

6月8日，习近平同志就做好安全生产工作再次做出重要指示，他关于安全生产的重要论述，贯穿马克思主义的科学思想方法，特别强调"红线意识"和"底线思维"，对于构建我国安全生产理论体系，加快实施安全发展战略，促进安全生产形势根本好转，具有重大的理论和实践意义。

12月12—13日，煤矿动力灾害防治国际学术研讨会在重庆大学举行。

2015年

6月22—26日，王显政部长率团出席第96次世界采矿大会国际组委会会议。

2016年

7月24—29日，第十一届工业爆炸与安全防护国际学术会议（11th International Symposium on Hazards, Prevention, and Mitigation of Industrial Explosion）在大连成功召开。

2017年

9月，教育部公布双一流建设高校及建设学科名单，中国科技大学、中国矿业大学和中国矿业大学（北京）3所高校的安全科学与工程专业位列其中。因此，为实现国家当前和未来的宏伟战略，安全工程专业更是需要发展立足中国、面向世界的一流工程教育。

12月22—24日，昆明理工大学国土资源工程学院、中国矿业大学矿业学院、福州大学紫金矿业学院、江西理工大学资源与环境工程学院、太原理工大学、西南科技大学环境与资源学院共同主办的"2017全国矿业学科发展基础研究中青年学者学术研讨会"在太原举行。

2018年

3月，中华人民共和国应急管理部设立。

9月16—18日，在中国首次举办第十一届世界矿山通风大会。

11月14—17日，"2018全国矿业学科发展基础研究中青年学者学术研讨会"在昆明举行。来自中南大学、东北大学、中国矿业大学、昆明理工大学等全国50余所高校、科研机构及企业的300余名矿业学科领域的中青年学者参加本次研讨会。

2019年

4月18日，由中国矿业大学承办的中国煤炭工业协会2019年兼职副会长联络员第一次（扩大）会议在中国矿业大学召开。

6月25—27日，首届国际矿山通风高峰论坛（IMVF）在中国矿业大学举行，本次论坛汇集了包括中国、美国、加拿大、澳大利亚、波兰等国的矿山通风领域的高校、企业和科研院所的权威专家、学者。会议发表了《国际矿山通风高峰论坛（IMVF 2019）倡议书》。